普通高等学校“十三五”规划教材

大学计算机基础

主　编　王　东　林秋明
副主编　（按汉语拼音排序）
　　　　冉　清　肖祥慧　谢建勤
主　审　钟昌乐

北京大学出版社
PEKING UNIVERSITY PRESS

内 容 简 介

《大学计算机基础》是根据教育部高等学校非计算机专业计算机基础课程教学指导分委员会提出的大学计算机基础课程教学要求，结合新形势下计算机应用需要和教学实践具体情况编写的教材。主要内容包括计算机基础知识、微型计算机系统、Windows 7 操作系统、文字处理软件 Microsoft Word 2013、表处理软件 Microsoft Excel 2013、演示文稿软件 Microsoft PowerPoint 2013、图像处理软件 Adobe Photoshop CS5、动画制作软件 Adobe Flash CS5 及计算机网络初步。

该书在内容编排上侧重于应用，以培养学生的计算机应用能力为目的，在简明扼要地介绍计算机基础知识的同时，重点介绍计算机应用技能。全书内容丰富，结构清晰，叙述深入浅出，语言通俗易懂，适合高等院校非计算机专业本、专科学生使用，也可作为普通读者学习计算机基础知识的教程。

图书在版编目(CIP)数据

大学计算机基础/王东，林秋明主编. —北京：北京大学出版社，2018.7
ISBN 978-7-301-29501-4

Ⅰ. ①大…　Ⅱ. ①王… ②林…　Ⅲ. ①电子计算机—高等学校—教材　Ⅳ. ①TP3

中国版本图书馆 CIP 数据核字(2018)第 095000 号

书　　名　大学计算机基础
DAXUE JISUANJI JICHU
著作责任者　王　东　林秋明　主编
责 任 编 辑　王　华
标 准 书 号　ISBN 978-7-301-29501-4
出 版 发 行　北京大学出版社
地　　址　北京市海淀区成府路 205 号　100871
网　　址　http://www.pup.cn
电 子 信 箱　zpup@pup.cn
新 浪 微 博　@北京大学出版社
电　　话　邮购部 62752015　发行部 62750672　编辑部 62765014
印 刷 者　长沙超峰印刷有限公司
经 销 者　新华书店
787 毫米×1092 毫米　16 开本　19 印张　472 千字
2018 年 7 月第 1 版　2018 年 7 月第 1 次印刷
定　　价　48.00 元

前　言

随着计算机技术的飞速发展，计算机已深入到各个领域，成为人们学习、工作和生活中不可或缺的基础性工具。高等院校的计算机基础教学面临新的形势，信息化不断推动各行各业快速发展，计算机水平成为衡量大学生业务素质与能力的基本组成部分，社会信息化发展对大学生信息素质也提出了更高的要求。

计算机技术更多地融入了专业科研工作和专业课的教学。以计算机技术为核心的信息技术已成为很多专业课教学内容的有机组成部分，各专业对学生的计算机应用能力也有了更加明确和具体的要求。

在这种新形势下，为了使大学计算机教育能够适应新形势下的需求，培养出具备一定的计算机基础知识和基本技能以及拥有利用计算机技术解决本专业领域中问题能力的大学生，教育部高等学校非计算机专业计算机基础课程教学指导分委员会在《关于进一步加强高校计算机基础教学的意见》中明确提出了计算机基础教学中“大学计算机基础”课程的教学要求。为此，我们组织了具有多年计算机基础教学经验的一线教师，在总结教学经验并结合教学实际情况的基础上编写此书。

本书在内容编排上侧重于应用，在简明扼要地介绍计算机基础知识的同时，重点介绍计算机应用技能。全书分为 9 章，主要内容包括计算机基础知识、微型计算机系统、Windows 7 操作系统、文字处理软件 Microsoft Word 2013、表处理软件 Microsoft Excel 2013、演示文稿软件 Microsoft PowerPoint 2013、图像处理软件 Adobe Photoshop CS5、动画制作软件 Adobe Flash CS5 及计算机网络初步等，力求将计算机基础知识的理解和应用能力的培养相结合，以达到提高计算机应用能力的目的。全书内容丰富，结构清晰，叙述深入浅出，语言通俗易懂。

本书由王东、林秋明任主编，谢建勤、冉清、肖祥慧任副主编。第 1、2 章由王东编写，第 3、6 章由肖祥慧编写，第 5、9 章由林秋明编写，第 4 章由冉清编写，第 7、8 章由谢建勤编写。全书由王东统稿。

在本书的编写过程中，同事们给予了许多帮助和支持，特别是钟昌乐对全书的编写工作提出了许多宝贵的指导意见，袁晓辉编辑了教学资源内容，胡锐、邓之豪组织并参与了教学资源的信息化实现，苏文春、陈平提供了版式和装帧设计方案。在此表示衷心感谢。此外，本书的编写还参考了大量文献资料和许多网站的资料，在此一并致以衷心的感谢。

本书适合于高等院校非计算机专业本、专科学生使用，也可作为普通读者学习计算机基础知识的教程。

由于时间仓促以及水平有限，书中错误和不当之处在所难免，恳请读者批评指正。

编　者

2018 年 1 月

目　录

第1章 计算机基础知识

1.1 绪 论

1.1.1 计算机的诞生和发展

1. 计算机的起源

从历史发展的角度来看，计算机是科学技术和生产力发展的必然产物。在人类发展过程中发明了很多计算工具，其演化经历了由简单到复杂、从低级到高级的不同阶段，从“结绳记事”中的绳结到算筹、算盘、计算尺、机械计算机、计算器等。时至近代，技术的发展和社会的进步对计算的速度和精度要求越来越高，原有的计算工具显然不能满足人们的需求，于是产生了计算机。

1943年，由于战争的需要，美国陆军部的弹道研究实验室(Ballistic Research Laboratory，BRL)负责为新武器提供关于角度和轨道的数据表，为此雇佣了200多人用计算器进行计算，工作量十分巨大烦琐，且容易出现错误。美国宾夕法尼亚大学的约翰·莫奇利(John W. Mauchly)教授和他的研究生普雷斯波·艾克特(J. Presper Eckert)建议用真空电子管建立一台通用的计算设备用于这项计算工作，该建议被军方采用。历时4年艰难的研制工作，于1946年成功地研制出世界上第一台电子数值积分和计算机(Electronic Numerical Integrator And Computer，ENIAC)。ENIAC以其运算快速、准确的优点掩盖了其笨重、体积庞大等缺点(重约30吨，占地150平方米)，在当时造成了轰动。其运算速度达到了5 000次/秒，比手摇计算机快1 000倍，比人工计算快200 000倍。ENIAC的出现使人类社会从此进入了电子计算机时代，开创了电子计算机的新纪元。

2. 冯·诺依曼(Von Neuman)机器

现代计算机的一个主要特征是程序存储和控制，但ENIAC并不具备这一特征。1944年，作为ENIAC工程顾问的数学家冯·诺依曼，分析ENIAC的主要缺点是采用预先设置的大量配线控制机器计算而没有存储器，要使计算机能够真正的快速、通用，必须要有一个具有记忆功能的部件——存储器。从计算工作开始，计算机应该自动地通过读取预先存储于存储器中的计算步骤(即程序)，按照计算步骤完成不同的计算操作，这就是著名的**程序存储原理**。该原理最初发表于1945年，冯·诺依曼在此后的离散变量自动电子计算机(Electronic Discrete Variable Automatic Computer，EDVAC)设计中采用了被后人广泛使用的程序存储和二进制等思想。

3. 计算机的发展过程

计算机自诞生后发展迅猛，更新换代快速而频繁。按照计算机所使用的电子器件生产工艺的更替来区分计算机发展阶段，一般将计算机的发展分成4个阶段，习惯上称为四代，相邻两代计算机之间在时间上有一定重叠，每一阶段在技术上都是一次新的突破，在性能上都是一次质的飞跃。

(1) 第Ⅰ代计算机(1946—1957年)。

采用的逻辑元件是电子管,称为电子管计算机,主要用于科学计算。除ENIAC外,其他大多数计算机都是依照程序存储原理设计制造的,其主要代表机型有IBM-701和UNIVAC-1等。由于电子管体积大、功耗高、反应速度慢且寿命短,第Ⅰ代计算机体积庞大,耗电量高,可靠性差,维护困难,计算速度慢(1 000～10 000次/秒),而且造价也高得惊人。

第Ⅰ代计算机采用延迟线或磁鼓作为内存储器,外存储器使用磁带机,存储容量有限。计算机程序设计语言使用的是机器语言和符号语言(汇编语言),没有高级语言,也没有系统软件,一切操作都是由中央处理器集中控制,输入、输出设备简单,采用穿孔纸带或卡片来输出结果。

尽管如此,第Ⅰ代计算机毕竟为计算机技术的发展奠定了基础,其研究成果开始逐步扩展到民用,形成了计算机产业。

(2) 第Ⅱ代计算机(1958—1964年)。

采用的主要逻辑元件是晶体管,称为晶体管计算机,其主要代表机型有IBM-7090和IBM-7094等。晶体管元件有效取代了大部分电子管的功能。晶体管计算机与电子管计算机相比具有体积小、能耗低、寿命长、反应速度快、机械强度高、造价低等特点,所以用晶体管制造出来的计算机很快取代了电子管计算机。

第Ⅱ代计算机的速度和工作可靠性都较第Ⅰ代有明显改善,运算速度达到每秒几万次到几十万次。内存储器普遍采用磁芯,用磁芯取代磁鼓组成的存储器具有存取速度快、成本低、非易失性好等优点。磁盘开始作为外存储器,其容量大大提高。计算机语言出现了诸如FORTRAN、COBOL和ALGOL60等高级程序设计语言,批处理系统也开始出现在部分计算机系统中,为计算机的广泛应用铺平了道路。这个时代的计算机有了操作系统的雏形——系统管理程序。

第Ⅱ代计算机在体系结构上也出现了一些变化,引入了中断、变址和浮点,改革了以中央处理器为中心的集中控制,以通道方式管理输入/输出设备。通道和主机的控制器独立并行工作,分别与内存交换信息,从而使高速的处理器和慢速的输入/输出设备分开,提高了计算机的工作效率。

在这个时期,计算机的应用领域不断扩大,除科学计算外,还用于数据处理和事务管理,从军事与尖端技术领域延伸到气象、工程设计、数据处理以及其他科学研究领域。

(3) 第Ⅲ代计算机(1965—1970年)。

随着半导体技术的发展,1964年人们制造出了集成电路元件,利用特殊工艺把许多个晶体管集成到一块极小的半导体芯片上。计算机开始采用中小规模集成电路元件,称为中小规模集成电路计算机,其主要代表机型有IBM 360、IBM 370、PDP-11和NOVA等。

与第Ⅱ代计算机相比,第Ⅲ代计算机的速度和稳定性有了更大程度的提高,计算速度可达每秒几百万次,而体积、重量、功耗则大幅度下降。存储器普遍采用半导体存储器,存储容量进一步提高,可靠性和存取速度也有了明显改善。终端设备和远程终端迅速发展,并与通信设备、通信技术结合起来,为日后计算机网络的出现打下了基础。高级程序设计语言进一步发展,产生了标准化的高级程序设计语言和人机会话式的BASIC语言。系统管理程序上升为操作系统,使计算机功能更强,应用范围更广。同时,计算机体系结构走向系列化、通用化和标准化。

此时,计算机的应用范围已扩大到企业管理、辅助设计和辅助系统等领域。

(4) 第Ⅳ代计算机(1970 年至今)。

从 20 世纪 70 年代初开始,大规模集成电路元件的产生使计算机进入了大规模和超大规模集成电路计算机时代。与第Ⅲ代计算机相比,第Ⅳ代计算机体积更小,可靠性更强,寿命更长。计算机速度加快,达到每秒几千万次到几十亿次运算。软件配置空前丰富,软件系统开始工程化、理论化,程序设计部分自动化。内存储器普遍采用半导体存储器,存储容量和可靠性均有大幅度提高。在操作系统方面,发展了并行处理技术和多机系统。

这一阶段微型计算机大量进入家庭,产品更新、升级速度加快。应用领域更加广泛,在办公自动化、数据库管理、图像处理、语音识别和专家系统等领域都有计算机大显身手。

(5) 第Ⅴ代计算机。

科学总是在人类不断地自我要求和自我满足中前进的。目前,人们正对第Ⅴ代计算机进行多方面的探索。探索之一是计算机的智能化程度,其中人工智能技术将使机器在智能程度上实现质的飞跃;探索之二是寻找新材料取代当前的集成电路,例如生物计算机、量子计算机的设计思想。

1.1.2 计算机的分类

随着计算机技术的发展和应用的推动,尤其是微处理器的发展,计算机的类型越来越多样化,根据用途及其使用的范围,计算机可以分为通用机和专用机。通用机的特点是通用性强,具有很强的综合处理能力,能够解决各种类型的问题。专用机则功能单一,配有解决特定问题的软、硬件,但能够高速、可靠地解决特定的问题。

在时间轴上,“分代”代表了计算机纵向的发展,而“分类”可用来说明计算机横向的发展。目前,国内外计算机界以及各类教科书中,大都是采用国际上沿用的分类方法,即根据美国电气和电子工程师协会(Institute of Electrical and Electronics Engineers,IEEE)的一个委员会于 1989 年 11 月提出的标准来划分的,即把计算机划分为巨型机、小巨型机、大型主机、小型机、工作站和个人计算机六类。从计算机的运算速度等性能指标来看,计算机主要有:高性能计算机、微型机、工作站、服务器、嵌入式计算机等。这种分类标准不是固定不变的,只适用于某一个时期。

1. 高性能计算机

高性能计算机是指目前速度最快、处理能力最强的计算机,在过去被称为巨型机或大型机。中国的巨型机之父是 2004 年国家最高科学技术奖获得者金怡濂院士。在 20 世纪 90 年代初,金怡濂院士提出了一个我国超大规模巨型计算机研制的全新跨越式方案,方案中把巨型机的峰值运算速度从每秒 10 亿次提升到每秒 3 000 亿次以上,跨越了两个数量级,闯出了一条中国巨型机赶超世界先进水平的发展道路。2016 年 6 月,神威·太湖之光超级计算机是由国家并行计算机工程技术研究中心研制、安装在国家超级计算无锡中心的超级计算机。这款超级计算机安装了 40 960 个中国自主研发的“申威 26010”众核处理器,该众核处理器采用 64 位自主申威指令系统,峰值性能为 12.5 亿亿次/秒,持续性能为 9.3 亿亿次/秒。同月,德国法兰克福国际超算大会(International Supercomputing Conference,ISC)公布了新一期全球超级计算机 TOP500 榜单,太湖之光以超第 2 名近 3 倍的运算速度夺得第一。

高性能计算机数量不多,但却有重要和特殊的用途。在军事上,可用于战略防御系统、大型预警系统、航天测控系统等。在民用方面,可用于大区域中长期天气预报、大面积物探信息处理系统、大型科学计算和模拟系统等。

2. 微型计算机(个人计算机)

微型计算机又称个人计算机(Personal Computer,PC)。1971 年 Intel 公司的工程师马西安 E.(台德)·霍夫(Marcian E.(Ted) Hoff)成功地在一个芯片上实现了中央处理器(Central Processing Unit,CPU)的功能,研制出世界上第一片 4 位微处理器 Intel 4004,设计了世界上第 1 台 4 位微型计算机——MCS-4,揭开世界微型计算机发展的帷幕。随后,许多公司(如 Motorola、Zilog 等)也争相研制微处理器,推出了 8 位、16 位、32 位、64 位的微处理器。每 18 个月,微处理器的集成度和处理速度提高一倍,价格却下降一半。

自 IBM 公司于 1981 年采用 Intel 的微处理器推出 IBM PC 以来,微型计算机因其小、巧、轻、使用方便、价格便宜等优点在过去近 40 年中得到迅速的发展,成为计算机的主流。微型计算机的种类很多,主要分为:台式机(Desktop Computer)、笔记本电脑(Notebook)、个人数字助理(PDA)和平板电脑(Tablet Computer)。今天,微型计算机的应用已经遍及社会各个领域。

3. 工作站

工作站(Workstation)是一种介于微机与小型机之间的高档微机系统。自 1980 年美国 Appolo 公司推出世界上第 1 个工作站 DN-100 以来,工作站迅速发展,成为专门处理某类特殊事务的一种独立计算机类型。工作站通常配有高分辨率的大屏幕显示器和大容量的内、外存储器,具有较强的数据处理能力与高性能的图形功能。

早期的工作站大都采用 Motorola 公司的 680X0 芯片,配置 UNIX 操作系统。现在的工作站多数采用英特尔至强(Xeon)系列处理器,配置 Windows 或者 Linux 操作系统。与传统的工作站相比,Windows/Xeon 工作站价格便宜,有人将这类工作站称为个人工作站,而传统的、具有高图像性能的工作站称为技术工作站。

4. 服务器

服务器(Server)是一种在网络环境中为多个用户提供服务的计算机系统。从硬件上来说,一台普通的微型机也能够充当服务器,但必须安装网络操作系统、网络协议和各种服务软件。服务器的管理和服务有:文件、数据库、图形、图像以及打印、通信、安全、保密和系统管理、网络管理等服务。

根据服务器提供的服务,可分为文件服务器、数据库服务器、应用服务器和通信服务器等。

5. 嵌入式计算机

嵌入式计算机是作为一个信息处理部件嵌入到应用系统之中的微型计算机,与通用型计算机最大的区别是运行固化的软件,用户很难或不能改变软件。嵌入式计算机以 X86 系列、PowerPC 系列、ARM 系列、DSP 系列平台为主,广泛应用于家电、军工、通信、电力、交通、工业、医疗等众多领域。

1.1.3 计算机的特点及应用

1. 计算机的特点

计算机是一种能够自动控制、具有记忆功能的现代化计算和信息处理工具,具有以下

5个方面的特点：

(1) 运算速度快。

计算机的运算速度(也称处理速度)用MIPS(Million Instructions Per Second)来衡量，是指每秒处理的百万级机器语言指令数。以2011年公布的Intel Core i7 2600K CPU为例，其运算速度为128 300 MIPS。计算机如此高的运算速度是其他任何计算工具无法比拟的，使得过去需要几年甚至几十年才能完成的复杂运算任务，现在只需几天、几小时甚至更短的时间就可以完成。这也就是计算机被广泛使用的主要原因之一。

(2) 计算精度高。

一般来说，计算机能处理几十位有效数字，理论上还可以更高。因为数在计算机内部是用二进制编码表示的，数的精度取决于存储这个数的二进制码位数，通过增加数的二进制位数来提高精度，位数越多精度越高。

(3) 记忆力强、容量大。

计算机的存储器类似于人的大脑，能够"记忆"(存储)大量的数据和程序。在计算过程中和计算结束后，把中间结果存储起来供以后使用或计算结果输出。

(4) 具有逻辑判断能力。

计算机在程序执行过程中，根据上一步的执行结果，运用逻辑判断方法自动确定下一步的执行命令。正是因为计算机具有这种能力，使得计算机不仅能解决数值计算问题，而且能解决非数值计算问题，比如信息检索、图像识别、语音识别、自然语言理解、逻辑推理等问题。

(5) 可靠性高、通用性强。

采用大规模和超大规模集成电路的计算机具有非常高的可靠性，不仅用于数值计算，还可以用于信息管理与决策、工业控制、辅助设计、辅助制造、办公自动化、模拟与仿真等，具有很强的通用性。

2. 计算机的应用

由于计算机有上述一系列特点，使得计算机进入了很多领域，服务于科研、生产、交通、商业、国防、卫生等领域。可以预见，其应用领域还将逐步扩大。计算机的主要用途如下：

(1) 数值计算。

主要指计算机用于完成和解决科学研究和工程技术中的数学计算问题，尤其是一些十分庞大而复杂的科学计算，采用其他计算工具是无法解决的。例如天气预报，不但复杂且时间性要求很强，不提前发布就失去了预报天气的意义，而用于求解气象方程式的方法预测气象变化准确度高，但计算量相当大，因此只有借助于计算机，才能更及时、准确地完成这样的工作。

(2) 数据及事务处理。

所谓数据及事务处理，泛指非科技方面的数据管理和计算处理。其主要特点是，原始数据处理量大，而算术运算较简单，并有大量的逻辑运算和判断，结果常要求以表格或图形等形式存储或输出，如财务管理、银行日常账务管理、股票交易管理、图书资料的检索等。

(3) 自动控制与人工智能。

由于计算机不但计算速度快而且具有逻辑判断能力，因此可被广泛用于自动控制。计算机辅助制造(Computer Aided Manufacturing，CAM)是指制造人员进行生产设备的管理、控制和操作，对生产和实验设备及其过程进行控制，大大提高自动化水平，减轻劳动强度，节省生产周期，提高劳动效率，提高产品质量和产量。特别是在现代国防、航空航天、工业制造、交通运输等领域，计算机都起着决定性作用。

随着智能机器人的研制成功，可以代替完成不宜由人来从事的工作。2016年3月9日，轰动世界的谷歌旗下 AlphaGo 计算机与韩国棋手李世石的人机对弈，是计算机人工智能又一个阶段性成果。预计21世纪，人工智能的研究目标是使计算机更好地模拟人的思维活动，那时的计算机将可以完成更复杂的控制任务。

(4) 计算机辅助设计和教育。

计算机辅助设计(Computer Aided Design，CAD)是设计人员利用计算机协助进行最优化设计。目前，在电子、机械、造船、航空、建筑、化工、电器等方面都有计算机的应用，缩短设计周期，提高设计质量。计算机辅助教学(Computer Aided Instruction，CAI)，是利用计算机的功能程序把教学内容变成软件，使得学生可以在计算机上学习，使教学内容更加多样化、形象化，以取得更好的教学效果。

(5) 通信与网络。

随着信息化社会的发展，通信业也发展迅速，计算机在通信领域的作用越来越大，特别是计算机网络的迅速发展。目前遍布全球的因特网(Internet)已把全球的大多数国家联系在一起，加之现在适应不同程度、不同专业的教学辅助软件不断涌现，利用计算机辅助教学和利用计算机网络在家里学习代替去学校、课堂这种传统教学方式已经在许多国家变成现实，如我们国家许多大学开设的网络远程教育、MOOC(慕课)网络学院等。

除此之外，计算机在电子商务、电子政务、健康医疗、智慧城市等领域也得到了快速的发展。

1.1.4 计算机的发展趋势

计算机的发展表现为：巨(型化)、微(型化)、多(媒体化)、网(络化)、智(能化)五种趋向。

1. 巨型化

巨型化是指发展高速、大存储容量的超级计算机，支持诸如天文、气象、宇航、核反应、生物工程等尖端科学以及进一步探索新兴科学，同时也推动计算机具备人脑学习、推理的复杂功能。当今社会知识信息更新速度不断加快，信息量剧增，记忆、存储和处理这些信息是十分必要的。20世纪70年代中期的巨型机运算速度已达每秒1.5亿次，现在则高达每秒数千万亿次。随着人类社会的不断发展，还有进一步提高计算机功能的必要。

2. 微型化

20世纪80年代以来，由于大规模、超大规模集成电路集成度快速提高，计算机微型化发展异常迅速。微型机已渗透到诸如仪器仪表、家用电器、军事装备、智能终端等中、小型机无法进入的领地，其性能指标将持续提高，而价格将持续下降。当前微型机的标志是运算部件和控制部件集成在一起，今后将逐步发展到对存储器、通道处理机、高速运算部件、图形卡、声卡的集成，进一步将系统的软件固化，达到整个微型机系统的集成。

3. 多媒体化

多媒体是“以数字技术为核心的图像、声音与计算机、通信等融为一体的信息环境”的总称。多媒体技术的目标是：无论在什么地方，只需要简单的设备，就能自由自在地以接近自然的交互方式交流所需要的各种媒体信息。

4. 网络化

计算机网络是计算机技术发展中崛起的又一重要分支，是现代通信技术与计算机技术结合的产物。所谓计算机网络，就是在一定的地理区域内，将分布在不同地点、不同机型的计算机和专门的外部设备由通信线路互联组成一个规模大、功能强的网络通信系统，以达到共享信息和资源的目的。

5. 智能化

智能化是建立在现代科学基础之上、综合性很强的边缘学科。通过智能技术让计算机来模拟人或某种生物的感觉、行为、思维过程的机理，使计算机具备“视觉”“听觉”“语言”“行为”“思维”“逻辑推理”“学习”“证明”等能力，形成智能型、超智能型计算机。智能化的研究包括模式识别、物形分析、自然语言理解、定理的自动证明、自动程序设计、专家系统、学习系统、智能机器人等。其基本方法和技术是通过对知识的组织和推理求得问题的解答，因此涉及的内容很广，需要对数学、信息论、控制论、计算机逻辑、神经心理学、生理学、教育学、哲学、法律等多方面知识进行综合。人工智能的研究使计算机突破了“计算”这一基本含义，从本质上拓宽了计算机的能力，越来越多地代替或超越人类某些方面的脑力劳动。

从第一台电子计算机诞生到现在，常用的计算机系统仍然以冯・诺依曼体系结构为主。计算机作为最理想的计算、控制和管理的工具，有力地推动了人类社会的发展，但同时又对计算机技术提出了更高的要求。为了突破运算速度受限的“冯・诺依曼瓶颈”这一障碍，目前还处于研制阶段的采用光器件的光子计算机、生物器件的生物计算机、量子器件的量子计算机将是更新的一代计算机。生物计算机的存储能力巨大，处理速度极快，能量消耗极微，而总体具有模拟人脑的能力。新一代的计算机，或称未来型计算机的曙光已经显露。第Ⅰ代至第Ⅳ代计算机代表了计算机的过去和现在，从新一代计算机身上则可以展望到计算机的未来。

1.2　信息在计算机中的存储

1.2.1　计算机常用计数制及相互转换

在计算机发展初期，冯・诺依曼根据电子元件双稳态的工作特点提出了二进制的思想，并预言采用二进制编码将大大简化机器的逻辑线路，并在 EDVAC 的设计中首次采用了二进制。二进制中只有 0 和 1 两个数码，采用电信号的两个状态(如电压的高低、脉冲的有无)表示。二进制的运算逻辑容易实现，在后来的计算机体系结构设计中被广泛采用。现在的计算机都是基于二进制的，各种信息，包括文本、数据、图片、声音等，都必须转换成二进制的形式才能被计算机接受。也就是说，所有的信息在计算机中都转换成了 0 和 1 的序列。

1. 进位计数制

(1) 计数符号。

对于任意 R 进制的数，其每一个数位可以使用的数字符号个数称为基数或底数，基数为 n，即可称 n 进位制，简称 n 进制。现在最常用的是十进制，通常使用 10 个阿拉伯数字 0～9 进行记数。计算机内部一律采用二进制表示数据信息，编程时还常常使用八进制和十六进制，每一种进制都有固定数目的计数符号。表 1－1 是几种常见进制的主要特征。

二进制：2 个记数符号，0 和 1；采用“逢二进一”的原则计数。

八进制：8 个记数符号，0，1，2，…，7；采用“逢八进一”的原则计数。

十进制:10 个记数符号,0,1,2,…,9;采用“逢十进一”的原则计数。

十六进制:16 个记数符号,0～9,A,B,C,D,E,F,其中 A～F 对应十进制的 10～15;采用“逢十六进一”的原则计数。

表 1-1 常见数制的主要特点

进制	基数	数码	特点	例
二进制	2	0,1	最大为 1,最小为 0,超过 2 就进位	110111 + 10101 = 1001100
八进制	8	0,1,2,3,4,5,6,7	最大为 7,最小为 0,超过 8 就进位	14671 + 15261 = 32152
十进制	10	0,1,2,3,4,5,6,7,8,9	最大为 9,最小为 0,超过 10 就进位	12345 + 11232 = 23577
十六进制	16	0,1,2,3,4,5,6,7,8,9,A,B,C,D,E,F	最大为 F,最小为 0,超过 16 就进位	25437 + 12698 = 37ACF

(2) 权值。

一种数制中某一位上的“1”所表示的数值大小,称为该位的位权。在任何进制中,一个数的每个位置都有一个权值。比如十进制数 32968 的值为

$$(32968)_{10}=3\times10^4+2\times10^3+9\times10^2+6\times10^1+8\times10^0$$

从左向右,每一位对应的权值分别为 $10^4,10^3,10^2,10^1,10^0$。

由于进位的基数不同,不同进制中各位的权值也有所不同。比如二进制数 100101,其值应为

$$(100101)_2=1\times2^5+0\times2^4+0\times2^3+1\times2^2+0\times2^1+1\times2^0$$

从左向右,每个位对应的权值分别为 $2^5,2^4,2^3,2^2,2^1,2^0$。

2. 不同数制的相互转换

(1) 二、八、十六进制转换为十进制。

按权展开求和,即将每位数码乘以各自的权值并累加。

【例 1-1】将$(1001.1)_2$和$(A3B.E5)_{16}$按权展开求和。

$$\begin{aligned}(1001.1)_2&=1\times2^3+0\times2^2+0\times2^1+1\times2^0+1\times2^{-1}\\&=8+1+0.5\\&=(9.5)_{10}\end{aligned}$$

$$\begin{aligned}(A3B.E5)_{16}&=10\times16^2+3\times16^1+11\times16^0+14\times16^{-1}+5\times16^{-2}\\&=2560+48+11+0.875+0.01953125\\&=(2619.89453125)_{10}\end{aligned}$$

(2) 十进制转换为二、八、十六进制。

整数部分和小数部分须分别遵守不同的转换规则。假设将十进制数转换为 R 进制数:

① 整数部分:除以 R 取余法,即整数部分不断除以 R 取余数,直到商为 0 为止,最先得到的余数为最低位,最后得到的余数为最高位。

② 小数部分:乘 R 取整法,即小数部分不断乘以 R 取整数,直到积为 0 或达到有效精度为止,最先得到的整数为最高位(最靠近小数点),最后得到的整数为最低位。

【例 1－2】将$(75.453)_{10}$转换成二进制数(取 4 位小数)。

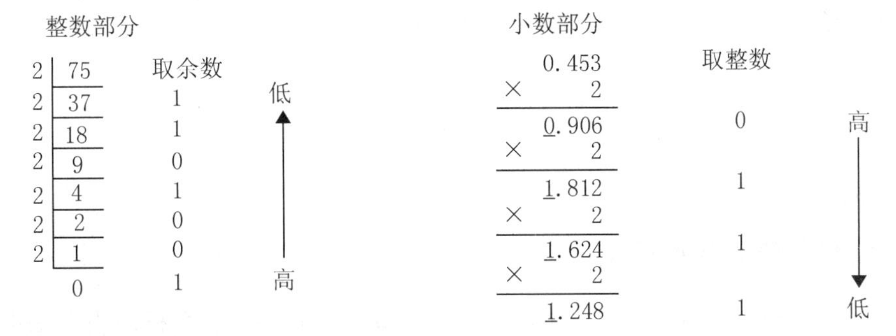

得$(75.453)_{10}=(1001011.0111)_2$。

【例 1－3】将$(152.32)_{10}$转换成八进制数(取 3 位小数)。

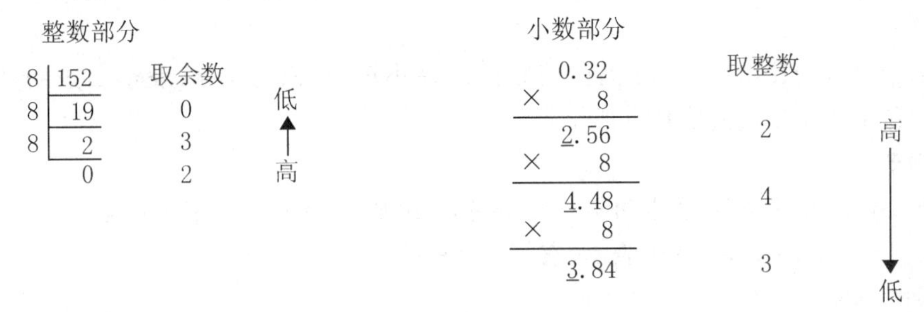

得$(152.32)_{10}=(230.243)_8$。

【例 1－4】将$(237.45)_{10}$转换成十六进制数(取 3 位小数)。

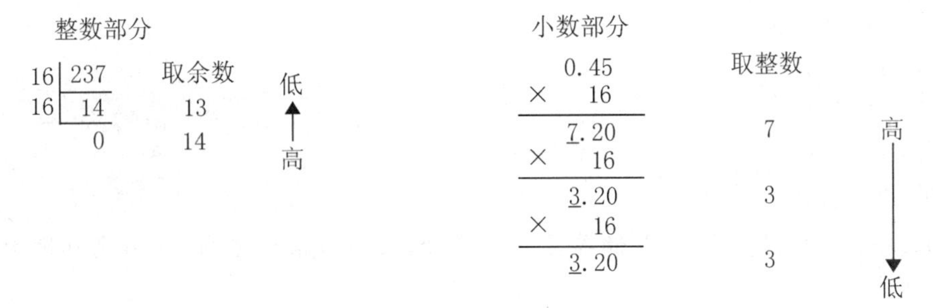

得$(237.45)_{10}=(ED.733)_{16}$。

(3) 二进制转换为八、十六进制。

因为 $2^3=8$,$2^4=16$,所以 3 位二进制数对应 1 位八进制数,4 位二进制数对应 1 位十六进制数。二进制数转换为八、十六进制数比转换为十进制数容易得多,因此常用八、十六进制数来表示二进制数。

将二进制数以小数点为中心分别向两边分组,转换成八(或十六)进制数,每 3(或 4)位为一组,不够位数在两边加 0 补足,然后将每组二进制数化成八(或十六)进制数即可。

【例 1－5】将二进制数 1001101101.11001 分别转换为八、十六进制数。

$(\underline{001}\ \underline{001}\ \underline{101}\ \underline{101}.\underline{110}\ \underline{010})_2=(1155.62)_8$(注意:在两边补零)

1　1　5　5 . 6　2

$(\underline{0010}\ \underline{0110}\ \underline{1101}.\underline{1100}\ \underline{1000})_2=(26D.C8)_{16}$

2　6　D . C　8

(4) 八、十六进制转换为二进制。

将每位八(或十六)进制数展开为3(或4)位二进制数,不够位数在两边加0补足。

【例1-6】$(631.02)_8=(\underline{110\ 011\ 001}.\ \underline{000\ 010})_2$

6 3 1 . 0 2

$(23B.E5)_{16}=(\underline{0010\ 0011\ 1011}.\ \underline{1110\ 0101})_2$

2 3 B . E 5

注意:整数前的高位零可以取消。

1.2.2 数据存储的基本单位

如上所述,任何一个数都是以二进制形式在计算机内存储。计算机的内存是由千千万万个小的电子线路组成,每一个能代表0和1的电子线路能存储一位二进制数,若干个这样的电子线路就能存储若干位二进制数。关于内存,常用到以下一些术语。

1. 位

位(Bit)又称为比特,是计算机存储数据的最小单位,简写为b,表示二进制数据中的1个位,一位能表示二进制信息0或1。

2. 字节

字节(Byte)简写为B,通常每8个二进制位组成一个字节。字节的容量一般用KB、MB、GB、TB、PB、EB、ZB、YB来表示,它们之间的换算关系如下:

1KB=1024B

1MB=1024KB

1GB=1024MB

1TB=1024GB

1PB=1024TB

1EB=1024PB

1ZB=1024EB

1YB=1024ZB

例如:一台微型计算机,内存储器标注为8GB,硬盘容量标注为1TB,则其理论存储容量分别为:

8GB内存容量:8×1024×1024×1024B

1TB硬盘容量:1×1024×1024×1024×1024B

3. 字

在计算机中作为一个整体被存取、传送、处理的二进制数串叫做一个字(Word),每个字中二进制位数的长度,称为字长。一个字由若干个字节组成,不同的计算机系统的字长是不同的,常见的有8位、16位、32位、64位等。字长是计算机系统性能的一个重要指标。字长越长则存取数的范围越大,精度越高。例如:Apple-Ⅱ机字长为8位,称为8位机;IBM-PC/XT字长为16位,称为16位机;386/486计算机字长为32位,称为32位机;现在的计算机大部分是64位机。

4. 地址

计算机系统的内存储器中存放着大量计算机程序和数据,简称内存。内存既能接收计算机内的信息(数据和程序),又能保存信息,还可以根据命令读取已保存的信息。信息存取以字节为单位,内存中存放一个字节信息的空间称为存储单元,必须为每个存储单元进行唯一的整数编号，称为地址(Address)，通过地址可以找到所需的存储单元，取出或存入信息。

1.2.3 计算机中数据的存储

计算机作为一个信息处理工具，处理的信息中除了数值信息还有字符信息，而计算机只能识别二进制，无法直接接受字符信息。因此，需要对字符进行编码，建立字符与 0 和 1 之间的对应关系，以便计算机能识别、存储和处理字符。

在 ANSI(美国国家标准委员会)标准中，西文字符的机内码一般采用标准 ASCII 码。而汉字较多，一个汉字机内码用两个字节表示。为了区别于西文字符，汉字每个字节的高位设成 1。

1. 西文字符的编码

目前国际上普遍使用的是美国标准信息交换码，即 ASCII 码。标准 ASCII 码采用 7 位二进制数编码，共有 128 个字符，另外增加一位奇偶校验位，共 8 位。其中包括 32 个通用字符、10 个十进制数码、52 个英文大小写字母和 34 个专用符号。表 1-2 列出了其中 95 个可以显示或打印出来的图形符号，以及第 0 列、第 1 列和第 7 列第 15 行的 DEL 共 33 个不可以直接显示或打印的控制字符。

表 1-2 ASCII 码表

低位 \ 高位 键名	0	1	2	3	4	5	6	7
0	NUL	DLE	空格	0	@	P	、	p
1	SOH	DCI	!	1	A	Q	a	q
2	STX	DC2	“	2	B	R	b	r
3	ETX	DC3	#	3	C	S	c	s
4	EOT	DC4	$	4	D	T	d	t
5	ENQ	NAK	%	5	E	U	e	u
6	ACK	SYN	&	6	F	V	f	v
7	BEL	ETB	‘	7	G	W	g	w
8	BS(退格)	CAN	(	8	H	X	h	x
9	HT	EM	)	9	I	Y	i	y
A	LF	SUB	*	:	J	Z	j	z
B	VT	ESC	+	;	K	[	k	{
C	FF	FS	,	[	L	\	l	|
D	CR(回车)	GS	_	=	M	]	m	}
E	SO	RS	.	]	N	^	n	~
F	SI	US	/	?	O	—	o	DEL

说明：表中的高位是指 ASCII 码二进制的前 3 位，低位是指 ASCII 码二进制的后 4 位，此处以十六进制数表示，由高位和低位合起来组成一个完整的 ASCII 码。例如：数字 0 的

ASCII 码可以这样查：高位是 3，低位是 0，合起来组成的 ASCII 码为 30(十六进制)，转换成十进制数为 48。

2. 国标 GB2312－80 及其扩充编码

GB2312－80 是应用广泛、历史悠久的一种汉字编码。它是指我国于 1981 年公布的“中华人民共和国国家标准信息交换汉字编码”，简称国标码。它对 6 763 个汉字和 682 个其他基本图形字符进行了编码，涵盖了大多数正在使用的汉字。在国标码中，一个汉字用两个字节表示，每个字节也只用 7 位，其高位未作定义。一般情况下，将国标码的每个字节的高位置成 1，作为汉字机内码，这种编码也称为变形国标码。这样做既解决了西文机内码与汉字机内码的二义性，又保证了汉字机内码与国标码之间非常简单的对应关系。举个例子，汉字“大”的国标码的值为$(0011010001110011)_2$，把两个字节的高位取 1，得到对应的机内码$(10110100\ 11110011)_2$。

GB2312 字符的排列分布情况见表 1－3。

表 1－3 GB2312 字符编码分布表

分区范围	符号类型
第 01 区	中文标点、数学符号以及一些特殊字符
第 02 区	各种各样的数学序号
第 03 区	全角西文字符
第 04 区	日文平假名
第 05 区	日文片假名
第 06 区	希腊字母表
第 07 区	俄文字母表
第 08 区	中文拼音字母表
第 09 区	制表符号
第 10～15 区	无字符
第 16～55 区	一级汉字(以拼音字母排序)
第 56～87 区	二级汉字(以部首笔画排序)
第 88～94 区	无字符

由于 GB2312 表示的汉字比较有限，我国的信息标准化委员会就对原标准进行了扩充，得到了扩充后的汉字编码方案 GBK，常用的繁体字被填充到了原编码标准中留下的空白码段，使汉字个数增加到 20 902。在 GBK 之后，我国又颁布了 GB18030。GB18030 共收录了 27 484 个汉字，总编码空间超过了 150 万个码位。从 Windows 2000 开始已提供了对 GB18030 标准的支持。

在台湾、香港与澳门地区，使用的是繁体中文字符集。而 1980 年发布的 GB2312 面向简体中文字符集，并不支持繁体汉字。在这些使用繁体中文字符集的地区，一度出现过很多不同厂商提出的字符集编码，这些编码彼此互不兼容，造成了信息交流的困难。为统一繁体字符集编码，1984 年，台湾五大厂商宏碁、神通、佳佳、零壹以及大众一同制定了一种繁体中文编码方案，因其来源被称为五大码，英文写作 Big5，后来按英文翻译回汉字后，普遍被称为大五码。

3. Unicode 编码

随着互联网的迅速发展，要求进行数据交换的需求越来越大，于是不同的编码体系越来越成为信息交换的障碍，又因为多种语言共存的文档不断增多，单靠 ANSI 的代码也很难解决这些问题，于是 Unicode 应运而生。

Unicode 是一个多种语言的统一编码体系，被称为“万国码”。Unicode 给每个字符提供了一个唯一的编码，而与具体的平台和语言环境无关。Unicode 采用的是 16 位编码体系，因此能够表示 65 536 个字符，这对表示所有字符及世界上使用的象形文字的语言（包括一系列的数学符号和货币的集合）来说是非常充裕的。前 128 个 Unicode 字符是 ASCII，接下来的 128 个是 ASCII 的扩展，其余的字符供不同语言的文字和符号使用。其版本 V3.0 于 2000 年公布，内容包含字母和符号 10 236 个、汉字 27 786 个、韩文拼音 11 172 个、造字区 6 400 个、保留 20 249 个、控制符 65 个。Unicode 一律使用两个字节表示一个字符，对于 ASCII 字符它也使用两字节表示，因此不用通过高字节的取值范围来确定是 ASCII 字符，还是汉字的高字节，简化了汉字的处理过程。

Unicode 固然统一了编码方式，但是它的效率不高，比如 UCS - 4（Unicode 的标准之一）规定用 4 个字节存储一个符号，那么每个英文字母前都必然有三个字节是 0，这对存储和传输来说都很耗资源。为了提高 Unicode 的编码效率，于是就出现了 UTF - 7、UTF - 7.5、UTF - 8、UTF - 16 以及 UTF - 32 编码。UTF 可以根据不同的符号自动选择编码的长短。比如英文字母可以只用 1 个字节就够了。

4. Base64 编码

有的电子邮件系统（比如国外信箱）不支持非英文字母（比如汉字）传输，因为一个英文字母使用 ASCII 编码来存储，占存储器的 1 个字节（8 位），实际上只用了 7 位二进制来存储，第一位并没有使用，设置为 0，所以，这样的系统认为凡是第一位是 1 的字节都是错误的。而有的编码方案（比如 GB2312）不但使用多个字节编码一个字符，并且第一位经常是 1，于是邮件系统就把 1 换成 0，这样收到邮件的人就会发现邮件乱码。

为了能让邮件系统正常的收发信件，就需要把由其他编码存储的符号转换成 ASCII 码来传输。比如，在一端发送 GB2312 编码，根据 Base64 规则转换成 ASCII 码；接收端收到 ASCII 码，根据 Base64 规则还原到 GB2312 编码。

5. 其他信息在计算机中的表示

当今计算机的应用更多地涉及图形、图像、音频和视频。这些信息也必须经过数字化，转换成计算机能够接受的形式，也就是 0 和 1 组成的信息，才能被计算机处理、存储和传输。

在计算机中表示图形、图像一般有两种方法：一种是矢量图，另一种是位图。基于矢量技术的图形以图元为单位，用数学方法来描述一幅图，如图中的一个圆通过圆心的位置、半径表示。而在位图技术中，一个图像被看成是点阵的集合，每一个点被称作是像素。在黑白图像中，每个像素都用 1 或者 0 来表示黑和白。而灰度图像、彩色图像则比黑白图像更复杂些，每一个像素都是由许多位来表示的。如彩色图像可以各用 1 个字节（8 位）表示颜色中红、绿、蓝的分量，这样，一个像素就要用 24 位来表示。由于图像的数据量很大，一般都要经过压缩后才能进行存储和传输，通常使用的 JPEG 格式就是一个图像压缩格式。

视频可以看作是由多帧图像组成的，其数据量更是大得惊人，往往需要经过一定的视频压缩算法（如 MPEG - 4）处理后，才能存储和传输。音频是波形信息，是模拟量，必须经过数模转换，转换成数字信号才能被计算机处理和存储。

1.3 计算机的日常使用与维护

1.3.1 键盘操作与基本指法

使用计算机的过程就是与计算机进行信息交互的过程，首先必须了解如何向计算机中输入信息。计算机系统向计算机输入信息的典型外部设备是键盘，因此首先要认识键盘，了解各个键的大致用法，然后通过英文打字练习掌握正确的指法，英文打字熟练以后再开始练习中文打字，这样就能够自由地与计算机进行交互了。

1. 认识键盘

键盘是用户向计算机输入信息最常用的设备。无论英文还是汉字的输入，或者向计算机发出操作命令，通常都是通过手指在键盘上敲击来完成，因此熟悉键盘是熟练使用计算机的前提条件。

目前常用的键盘有两种基本格式：PC/XT 格式键盘和 AT 格式键盘。在计算机键盘上，每个键完成一种或几种功能，其功能标识在键的上面。根据不同键字使用的频率和方便操作的原则，键盘划分为 4 个功能区：主键盘区、功能键区、控制键区和小键盘区，如图 1－1 所示。

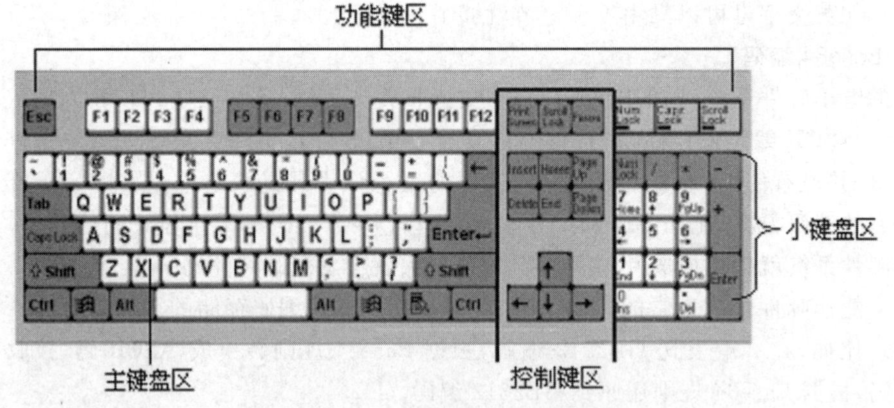

图 1－1 104 键 AT 键盘

下面给出常用键的使用方法：

字母键：在键盘的中央部分，上面标有“A，B，C，D，…”等 26 个英文字母。在打开计算机以后，按字母键输入的是小写字母，输入大写字母需要同时按[Shift]键。

换挡键：即[Shift]键，两个[Shift]键功能相同。在 AT 格式的键盘上标有一个空心箭头和[Shift]标记，在 XT 格式的键盘上则只标有空心箭头，同时按下[Shift]键和具有上下档字符的键，输入的是上档字符。

字母锁定键：[Caps Lock]键。用来转换字母大小写，是一种反复键。按一下[Caps Lock]键以后，再按字母键输入的都是大写字母，再次按一下[Caps Lock]键转换成小写形式。

退格键：上面标有向左的箭头，在 AT 格式的键盘上，除标有箭头外还标有英文词[Backspace]，这个键的作用是删除刚刚输入的字符。

空格键：位于键盘下部的一个长条键，作用是输入空格。

功能键：标有“F1，F2，F3，…，F11，F12”的 12 个键，不同的软件中它们的功能不同。

光标键：键盘上 4 个标有箭头的键，箭头的方向分别是上、下、左、右。“光标”是计算机的一个术语，在计算机屏幕上常常有一道横线或者一道竖线，并且不断地闪烁，这就是光标，光标是指示现在的输入或进行操作的位置。

制表定位键：在键盘左边标有两个不同方向箭头或者标有[Tab]字样的键。按一下这个键，光标跳到下一个位置，通常情况下两个位置之间相隔 8 个字符。

控制键：一些键的统称。这些键中使用最多的是[Enter]键，即回车键。[Enter]键位于字母键的右方，标有带转折的箭头和单词[Enter]，它的作用是表示一行、一段字符或一个命令输入完毕。

键盘上有两个[Ctrl]键和两个[Alt]键，它们常常和其他键一起组合使用。

键盘的右侧称为小键盘或副键盘，主要是由数字键等组成，数字键集中在一起，需要输入大量数字时，用小键盘是非常方便的。在小键盘的上方，有一个[Num Lock]键，这是数字锁定键。当[Num Lock]指示灯亮的时候，数字键起作用，可以输入数字。按一下[Num Lock]键，指示灯灭，小键盘中的数字键功能被关闭，但数字下方标识的按键起作用。

键盘上的另外一些键，在后面的各章里具体介绍软件时再介绍它们的功能。

2. 打字姿势

正确的打字姿势有利于打字准确度和速度的提高，错误的姿势易使打字出错，同时也影响录入速度。开始就要注意打字的正确姿势，不好的姿势成了习惯就很难改变。

入座时，坐姿要端正，腰背挺直而微前倾，全身自然放松。上臂自然下垂，上臂和肘应靠近身体（两肘轻贴于腋边）；指、腕都不要压到键盘上，手指微曲，轻轻按在与各手指相关的基本键位（“ASDF”及“JKL;”）上；下臂和腕略微向上倾斜，与键盘保持相同的斜度。双脚自然平放在地上，可稍呈前后参差状，切勿悬空。座位高度要适度。一般来说，专职打字操作都使用转椅，以调节座位的高低，使肘部与台面大致平行。这些是保持身体不易疲劳的最好姿势，也是正确的打字姿势。

3. 打字的基本指法

“十指分工，包键到指”这对于保证击键的准确和速度的提高至关重要。操作时，开始击键之前将左手小指、无名指、中指、食指分别置于“ASDF”键帽上，左拇指自然向掌心弯曲；将右手食指、中指、无名指、小指分别置于“JKL;”键帽上，右拇指轻置于空格键上。各手指的分工如图 1-2 所示。其中“F”键和“J”键各有一个小小的凸起，操作者进行盲打就是通过触摸这两键来确定基准位。

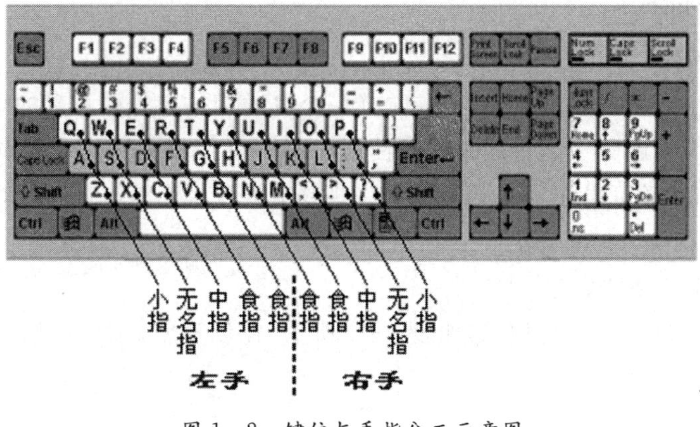

图 1-2　键位与手指分工示意图

注意事项：

(1) 手指尽可能放在基本键位(或称原点键位,就是位于主键盘的第三排的“ASDF”及“JKL;”)上。左食指还要管“G”键,右食指还要管“H”键。同时,左手右手还要管基本键的上一排与下一排,每个手指到其他排“执行任务”后,拇指以外的8个手指,只要时间允许都应立即退回基本键位。实践证明,从基本键位到其他键位的路径简单好记,容易实现盲打,减少击键错误。再则,从基本键位到各键位平均距离短,也有利于提高速度。

(2) 不要使用单指打字术(用一个手指击键)或视觉打字术(用双目帮助才能找到键位),这两种打字方法的效率比盲打要慢得多。

1.3.2 中文输入法

键盘汉字输入是指汉字通过计算机的标准键盘,根据一定的编码规则来输入汉字的一种方法,这是最常用、最简便易行的汉字输入方法。要想输入中文,首先要选择一种汉字输入方法,比较常用的中文输入法有全拼输入法、智能ABC、微软拼音和五笔字型等。单击某种输入法,转换为该种中文输入法状态,屏幕出现这种输入法状态窗口,此时可以输入中文。

没有输入法菜单时,可以按“Shift”键进行中英文输入的转换,也可以按[Ctrl+Shift]键在不同的输入法之间进行切换。

正如上面所述,使用任何一种输入法,都可以输入常规的汉字,但当需要输入一些特殊字符时,可以使用软键盘来进行。Windows提供了多种软键盘,在所选择的输入法状态条上的软键盘按钮上单击鼠标右键,即可打开软键盘选择菜单,从菜单中可以选择需要使用的软键盘。

1.3.3 个人信息安全防护

1. 为计算机设定安全的密码

随着Windows的可管理性和安全性进一步提高,用户可以设置自己的账号和账号密码。为Windows设置密码很简单,在“控制面板”→“用户账户”中创建密码即可。密码的设置基本原则是:容易被自己记住,又不容易被别人破解。下面就介绍两种密码设置方法,使得Windows系统更安全。

(1) 主题变换法。

使用与某一主题相关联的密码,比如选择一个普通却具有重要意义的事件:蜜月、生日、新车、新工作、个人兴趣等。这里的关键是使用与某一事件相关联的各种词语作密码,这样其他人很难猜测到,还可以在其基础上加上一些数字或者大小写混合使用,就更加难以猜测了,比如:hurry或hurry97;maZda06xk等。

(2) 字母数字互换法。

基于数字和字母外观上的相像,如表1-4所示,在创建密码时可以将大小写字母和数字混用,用数字来替换字母。

表 1-4　用数字替换字母映射法(一)

数字	字母	数字	字母
1	L	6	b
2	Z	7	Z
3	E	8	B
4	A	9	g
5	S	0	O

当创建密码时,想要用数字代替字母,可以参考上面的表。比如:scuba 变成 5cu6a;water 变成 w4t3r 等。

字母与数字间的互相变化还可以依据字母在键盘上的位置。键盘最上面的一行字母是:“Q”“W”“E”“R”“T”“Y”“U”“I”“O”“P”,就在他们上面与之相对应的数字是:“1”“2”“3”“4”“5”“6”“7”“8”“9”“0”,这样,就可以用表 1-5 所对应的数字来替换密码中的字母:

表 1-5　用数字替换字母映射法(二)

数字	字母	数字	字母
1	Q	6	Y
2	W	7	U
3	E	8	I
4	R	9	O
5	T	0	P

也就是说,只要按照表中所列的对应关系变换密码,就可以创建出比较安全的密码。比如:scuba 变成 sc7ba;purple 变成 0740l3;rocket 变成 49ck35。

(3) 密码设定的基本原则。

① 密码至少要 6 位;

② 避免使用连续的同一字符;

③ 不要只使用数字或只使用字母;

④ 密码要定期更换;

⑤ 禁止用户在下次登录时改变临时密码;

⑥ 对已用过的密码作记录,避免再次使用;

⑦ 改变所有系统默认的密码;

⑧ 去掉或锁住共享用户账号。

注意:不要使用任何本文中提到的密码,一定注意密码的保密性!

2. 为文档设定密码

(1) Microsoft Office 文档加密。

Microsoft Word、Microsoft Excel 等文档都可以通过设置密码进行保护，但是每篇文档都要手动设置密码是很繁琐的事情，借助 Microsoft Word 的宏操作即可自动为每篇文档都加上密码保护。以 Microsoft Word 2013 为例，说明给文档加密的方法如下：

① 运行 Microsoft Word 后选择“视图”选项卡→“宏”→“录制宏”，弹出录制宏窗口，按提示设置宏名称为“加密文档”，在“将宏指定到”选项下单击“工具栏”按钮。在弹出的自定义窗口中，如果单击“命令”标签，则在右侧窗格的“命令”下，使用鼠标将“Normal. newmacros. 加密文档”添加到“快速访问工具栏”下放置；如果单击录制新宏窗口的“键盘”按钮，则可设定运行宏的快捷键如[Ctrl＋B]，以后要加密文档只要按下快捷键即可。

② 关闭自定义窗口，此时在 Microsoft Word 窗口会弹出录制宏窗口。选择“快速访问工具栏”的加密按钮，按提示依次输入打开和修改文件的密码，单击“确定”退出。

③ 切换到宏录制窗口，单击“停止录制”按钮。这样以后如果要为某文档设置密码，只需单击“快速访问工具栏”→“加密文档”命令，即可为 Word 自动加上密码。

用同样方法可以为 Microsoft Excel 工作表添加宏保护菜单，比如在 Microsoft Excel 中录制一个新宏，宏运行快捷键设置为[Ctrl＋Z]，启动录制的“加密文档”宏以后，在弹出的窗口按提示输入保护密码，最后结束录制。以后需要执行工作表的保护操作时，只要按下[Ctrl＋Z]即可。

(2) 压缩文档加密。

为了减小文件的体积，便于传输，我们都会使用压缩工具来制作压缩文件，而为了文件的保密性，还可以利用压缩软件将被压缩的文件设置压缩密码。现在常用的压缩工具主要有 WinZIP 和 WinRAR，二者都可以实现压缩加密。下面先介绍压缩文件加密的原理，然后介绍如何制作安全的加密的压缩文件。

这两款压缩工具都是利用口令进行加密，在执行压缩时，用户可以设置一个密码，软件在压缩文件时就会将这个密码也一并压缩到压缩包中。而当解压时，程序便会要求输入正确的密码，否则无法打开压缩文件，从而达到加密的目的，下面以 WinRAR 为例，说明文件加密的过程。

① 创建加密压缩包。

选择要压缩的文件及文件夹，单击鼠标右键，选择“添加到压缩文件”，在“常规”选项卡中选择压缩文件格式(rar/zip)，设置压缩文件名，在“高级”选项卡中，单击“设置密码”进行密码设置即可。如果在加密窗口中的“加密文件名”前的复选框里打钩，下次打开压缩包如果密码输入不正确，那么压缩包中的文件名都无法看到。打开加密文件包，加密的文件在 WinRAR 中的文件名旁边会显示一个“*”号。

② 向加密压缩包中添加新文件。

如果将一个文件添加到已加密的压缩包中，则必须在添加前，先通过菜单“文件”→“设置默认密码”进行密码设置，然后再单击“添加”按钮将文件添加到加密压缩包中，此时该文件的密码设置最好和压缩包的密码一致。

3. 消除最近打开过的文档记录

如果在使用计算机的过程中，不想让最近使用过的文档出现在"我最近使用的文档"中，以防其他人看见自己操作文档的记录，那么可以使用如下方法进行设置：

单击"开始""附件"菜单，打开"运行"，输入"gpedit. msc"，弹出"本地组策略编辑器"窗口，如图1－3所示，依次展开"用户配置"→"管理模板"→"'开始'菜单和任务栏"项目，在打开的当前窗口的右侧双击"不要保留最近打开文档的记录"，在弹出对话框的设置标签中，选择"已启用"，单击"确定"按钮即可设置。同样方法再将"退出时清除最近打开文档的历史记录"启用即可。

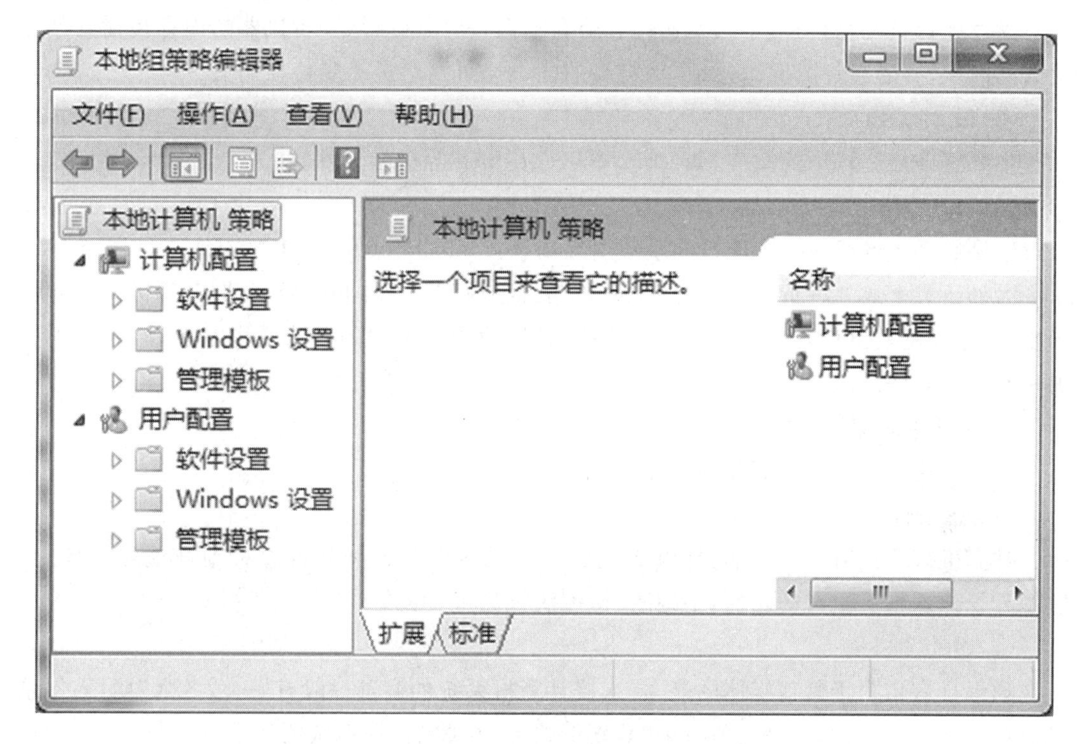

图1－3 组策略窗口

1.3.4 计算机病毒及防治

随着计算机及计算机网络的发展，伴随而来的计算机病毒传播问题越来越多地引起人们的关注。随着 Internet 的流行，大量计算机病毒借助网络传播，如 CIH 计算机病毒、各种蠕虫病毒等，给广大计算机用户带来了极大的损失。在目前网络十分普及的情况下，几乎所有的计算机用户都遇到过病毒的侵袭，以致影响学习、生活和工作。所以，即使是一个普通的用户，学会病毒的防治，也具有很重要的意义。

1. 计算机病毒

计算机病毒(Computer Virus)在《中华人民共和国计算机信息系统安全保护条例》中被明确定义为："指编制或者在计算机程序中插入的破坏计算机功能或者破坏数据的代码，影响计算机使用，能够自我复制的一组计算机指令或者程序代码"。

由于计算机信息频繁进行存取、复制、传送，病毒作为信息的一种形式便随之繁殖、感染。并且当病毒取得计算机控制权之后，他们会主动寻找感染目标，使自己进一步流传。

计算机操作系统往往存在漏洞，容易被病毒利用。提高系统的安全性是防病毒的一个重要方面，但完美的系统是不存在的。另外过度强调病毒检查、防范，会使系统失去了可用性与实用性。因此，病毒与反病毒的技术对抗将长期继续下去。

2. 计算机病毒分类

根据病毒存在的媒体，病毒可以分为：

(1) 网络病毒。

通过计算机网络传播，不改变文件和资料信息，利用网络从一台机器的内存传播到其他机器的内存，并通过计算网络地址，将自身的病毒通过网络进一步传播出去。

(2) 文件型病毒。

主要感染计算机中的文件，如：com，exe，doc，jpeg 等类型文件。

(3) 引导型病毒。

感染启动扇区(Boot)和硬盘的系统引导扇区(Main Boot Record，MBR)。

另外还有上述 3 种情况的混合型，例如：复合型病毒(文件和引导型)同时感染文件和引导扇区，这样的病毒通常都具有复杂的算法，它们使用非常规的办法侵入系统，同时使用了加密和变形算法。

3. 计算机病毒的特性

计算机病毒主要有以下几种特性：

(1) 感染性。

计算机病毒具有再生机制，能够自动将自身的复制品或其变种感染到其他程序体上。这是计算机病毒最根本的属性，是判断、检测病毒的重要依据。

(2) 潜伏性。

病毒具有依附于其他媒体的能力，入侵计算机系统的病毒一般有一个“冬眠”期，入侵系统以后并不立即发作，而是潜伏下来“静观待机”。在此期间，不做任何骚扰动作，也不做任何破坏活动，而要经过一段时间或满足一定的条件后才发作，突发式进行感染，复制病毒副本，进行破坏活动。

(3) 可激发性。

病毒在一定条件下接受外界刺激，使病毒程序活跃起来，实施感染，进行攻击。病毒的触发机制，就是用来控制感染和破坏动作的时机。具有预定的触发条件，这些条件可能是日期、时间、文件类型或某些特定的数据。病毒运行时，其触发机制检查预定条件是否满足，如果满足，则启动感染，进行破坏动作；如果不满足，则继续潜伏。

(4) 危害性。

病毒不仅占用系统资源，甚至使受感染计算机网络瘫痪，删除文件或数据，格式化磁盘，降低运行效率或中断系统运行，造成灾难性后果。破坏的程度取决于计算机病毒设计者的用心。

(5) 隐蔽性。

有的病毒感染宿主程序后，在宿主程序中自动寻找“空洞”，而将病毒拷贝到“空洞”中，并保持宿主程序长度不变，使其难以发现，以争取较长的存活时间，从而造成大面积感染，如 4096 病毒就是这样。

(6) 欺骗性。

病毒程序往往采用几种欺骗技术，如脱皮技术、改头换面、自杀技术和密码技术来逃脱检测，使其有更长的时间去实现传染和破坏的目的。

4. 计算机病毒现象

计算机一旦感染病毒，会表现出各种各样的现象，下面是一些典型现象。

(1) 磁盘重要区域，如引导扇区(Boot)、文件分配表(File Allocation Table, FAT)或根目录区(Root)被破坏，从而系统盘不能使用或使数据文件和程序文件丢失。

(2) 程序加载时间变长，或执行时间比平时长，机器启动和运行速度明显变慢。

(3) 文件的建立日期和时间被修改或因病毒程序在计算机中繁殖，使得程序长度加长。

(4) 内存空间出现不可解释的变小，可执行程序因内存空间不足而不能加载。

(5) 可执行文件运行后，神秘的丢失或产生新的文件。

(6) 更改或重写卷标，使磁盘卷标发生变化，或莫名其妙地出现隐藏文件或其他文件。

(7) 磁盘上出现坏扇区，有效空间减少。有的病毒为了逃避检测，故意制造坏的扇区，而将病毒代码隐藏在坏扇区内。

(8) 没有使用文件复制命令，却发生莫名其妙的文件复制操作，或没做写操作时出现磁盘有写保护信息。

(9) 屏幕上出现特殊的显示，如出现跳动的小球、雪花、小毛虫、局域闪烁、莫名其妙地提问，或出现一些异常响声。

(10) 系统出现异常启动或者莫名其妙地重启，或启动失败，或经常死机。

5. 计算机病毒传播途径

计算机病毒的传染性是计算机病毒最基本的特性，是病毒赖以生存繁殖的条件。计算机病毒必须要"搭载"到计算机上才能感染系统，如果计算机病毒缺乏传播渠道，则其破坏性只局限在被感染的一台计算机上，无法兴风作浪。充分了解计算机病毒的各种传染途径，有的放矢地采取有效措施，能有效地防止病毒对计算机系统的侵袭。

计算机病毒的传播主要通过文件拷贝、文件传送等方式进行，文件拷贝与文件传送需要传输媒介。计算机病毒的主要传播途径有磁盘、光盘和网络。

磁盘作为最常用的交换媒介，在计算机应用早期对病毒传播发挥了巨大的作用，通过软盘相互拷贝和安装程序，传播文件型病毒；另外把带病毒的硬盘移到其他机器使用、维修等，也会把病毒传染扩散到那台机器。

光盘因为容量大，存储了大量的可执行文件，大量的病毒就有藏身之地。对只读式光盘，由于不能进行写操作，因此光盘上的病毒无法清除。尤其是盗版光盘的泛滥，给病毒的传播带来了极大的便利，甚至有些光盘上杀病毒软件本身就带有病毒。

现代通信技术的巨大进步已使空间距离不再遥远，数据、文件、电子邮件可以方便地在各个网络工作站间通过电缆、光纤或电话线路进行传送，为计算机病毒的传播提供了新的"高速公路"，已经成为计算机病毒的第一传播途径。

随着 Internet 的不断发展，病毒发展也出现了一些新趋势。不法分子或好事之徒制作的个人网页，直接提供了下载大批病毒活样本的便利途径；散见于网站上大批病毒制作工具、向导、程序等，使得无编程经验和基础的人制造新病毒成为可能；新技术、新病毒使得几乎所有人在不知情时无意中成为病毒扩散的载体或传播者。

6. 常见病毒的防治

(1) 蠕虫病毒。

蠕虫病毒(Worm)是计算机病毒的一种，通过网络传播，目前主要的传播途径有电子邮件、系统漏洞、聊天软件等。蠕虫病毒是传播最快的计算机病毒种类之一，传播速度最快的蠕虫可以在几分钟内传遍全球，2003年的“冲击波”病毒、2004年的“震荡波”病毒、2005年上半年的“性感烤鸡”、2006年的“熊猫烧香”病毒都属于蠕虫病毒。

蠕虫病毒主要通过3种途径传播：系统漏洞、聊天软件和电子邮件。

其中利用系统漏洞传播的病毒传播速度极快，如利用微软04-011漏洞的“震荡波”病毒，3天之内就感染了全球至少50万台计算机。防止系统漏洞类蠕虫病毒的侵害，最好的办法是打好相应的系统补丁，也可以应用某些杀毒软件的“漏洞扫描”工具，这款工具可以引导用户打好补丁并进行相应的安全设置，彻底杜绝病毒的感染。

通过电子邮件传播，是近年来病毒作者青睐的方式之一，像“恶鹰”“网络天空”等都是危害巨大的邮件蠕虫病毒。这样的病毒往往会频繁大量的出现变种，用户中毒后往往会造成数据丢失、个人信息失窃、系统运行变慢等。防范邮件蠕虫的最好办法，就是提高自己的安全意识，不要轻易打开带有附件的电子邮件。另外，启用某些杀毒软件的“邮件发送监控”和“邮件接收监控”功能，也可以提高自己对病毒邮件的防护能力。

从2004年起，MSN、QQ等聊天软件开始成为蠕虫病毒传播的途径之一。“性感烤鸡”病毒就通过MSN软件传播，在很短时间内席卷全球，一度造成中国大陆地区部分网络运行异常。对于普通用户来讲，防范聊天蠕虫的主要措施之一，就是提高安全防范意识，对于通过聊天软件发送的任何文件，都要经过好友确认后再运行；不要随意点击聊天软件发送的网络链接。

(2) 木马。

木马(Trojan)是指通过一段特定的程序(木马程序)来控制另一台计算机。木马通常有两个可执行程序：一个是客户端，即控制端；另一个是服务端，即被控制端。木马的设计者为了防止木马被发现，采用多种手段隐藏木马。木马的服务一旦运行并被控制端连接，其控制端将享有服务端的大部分操作权限，例如给计算机增加口令，浏览、移动、复制、删除文件，修改注册表，更改计算机配置等。

防治木马的危害，应该采取以下措施：

① 安装杀毒软件和个人防火墙，并及时升级。

② 把个人防火墙设置好安全等级，防止未知程序向外传送数据。

③ 使用安全性比较好的浏览器和电子邮件客户端工具。

(3) 恶意脚本。

恶意脚本是指一切以制造危害或者损害系统功能为目的而从软件系统中增加、改变或删除的任何脚本。传统的恶意脚本包括：病毒、蠕虫、特洛伊木马和攻击性脚本。更新的例子包括：Java攻击小程序(Java Attack Applets)和危险的ActiveX控件。

防止恶意脚本的通用方法如下：

① 在浏览器设置中将 ActiveX 插件和控件以及 Java 相关的组件全部禁止掉也可以避免一些恶意代码的攻击。方法是：打开浏览器，点击“工具”→“Internet 选项”→“安全”→“自定义级别”，在“安全设置”对话框中，将其中所有的 ActiveX 插件和控件以及与 Java 相关的组件全部禁止即可。不过这样做以后，一些制作精美的网页也无法欣赏到了。

② 及时升级系统和浏览器并打补丁。选择一款好的防病毒软件并做好及时升级，不要轻易地去浏览一些来历不明的网站。这样大部分的恶意代码都会被拒之“机”外。

(4) 广告软件。

广告软件(Adware)是指未经用户允许，下载并安装或与其他软件捆绑通过弹出式广告或以其他形式进行商业广告宣传的程序。安装广告软件之后，往往造成系统运行缓慢或系统异常。

防止广告软件，应注意以下方面：

① 不要轻易安装“共享软件”或“免费软件”，这些软件里往往含有广告程序、间谍软件等不良软件，可能带来安全风险。

② 有些广告软件通过恶意网站安装，因此不要浏览不良网站。

③ 采用安全性比较好的网络浏览器，除了 IE 浏览器以外，Chrome，Maxthon，Firefox 等都有广告软件拦截功能。

(5) 浏览器劫持。

浏览器劫持是一种恶意程序，通过 DLL 插件、BHO、Winsock LSP 等形式对用户的浏览器进行篡改，使用户浏览器出现访问正常网站时被转向到恶意网页、IE 浏览器主页/搜索页等被修改为劫持软件指定的网站地址等异常。

浏览器劫持分为多种不同的方式，从最简单的修改 IE 默认搜索页到最复杂的通过病毒修改系统设置并设置病毒守护进程。针对这些情况，应该采取如下措施：

① 不要轻易浏览不良网站。

② 不要轻易安装共享软件、盗版软件。

③ 建议使用安全性能比较高的浏览器，并可以针对自己的需要对浏览器的安全设置进行相应调整。如果给浏览器安装插件，尽量从浏览器提供商的官方网站下载。

如果浏览器被劫持，可以先用杀毒软件对电脑进行彻底杀毒，再使用某些杀毒软件的“系统修复”功能，就可以使系统恢复正常。

(6) 邮件病毒。

所谓电子邮件病毒就是以电子邮件方式作为传播途径的计算机病毒，实际上该类病毒和普通病毒一样，只不过是传染方式改变而已。针对邮件病毒，可采取如下措施：

① 不要轻易打开电子邮件附件中的文档文件。对方发送过来的 E-mail 信件及相关附件的文档，首先要用“save as”命令保存起来，待用杀毒软件检查无毒后才可以打开使用。如果用鼠标直接双击相关的附件文档，则会自动启用 Microsoft Word 或 Microsoft Excel，如有病毒则会立刻传染，不过在运行 Microsoft Office 时，如有“是否启用宏”的提示，那绝对不要轻易打开，否则极有可能传染上邮件病毒，Melissa 和 Papa 病毒就是其中的例子。

② 不要轻易执行附件中的 *.EXE 和 *.COM 文件。这些附件极有可能带有病毒或

黑客程序，轻易运行，很可能带来不可预测的结果，对于这些相识和不相识的朋友发过来的文件都必须检查，确定无异后才可放心使用，BO 和 HAPPY99 病毒就是其中的例子。

③ 对于自己往外传送的附件，也一定要仔细检查，确定无毒后，才可发送，虽然电子邮件病毒相当可怕，但只要不轻易运行和打开附件，是不会传染上病毒的，仍可放心使用。

④ 对付电子邮件病毒，在运行的计算机上安装实时化的杀毒软件，最为有效。实时化杀毒软件会时刻监视用户对外的任何操作。如从网上下载有关文件或接收电子邮件，运行有关邮件附件的文档或程序时，时刻监视着这些文件是否带毒。如有，会自动进行报警，并立即清除，不需人为干涉，当然对于这些软件要及时升级，才能取得最佳的效果。

7. 计算机病毒防范方法

计算机病毒的工作过程包括 6 个环节：感染源或本体、感染媒介、感染对象、激活、触发、破坏（或表现）。感染源和感染对象、感染媒介都依附于某些存储介质，可能是可移动的存储介质，也可能是计算机网络。计算机病毒的防范措施包括管理和技术两个方面。从管理方面采取的措施，一方面可控制病毒的产生，另一方面可切断病毒传播的途径。管理措施主要有：

(1) 对工作人员进行计算机病毒及其危害性的教育，增强防病毒的意识，并健全机房管理制度，如应建立登记上机制度，有病毒能及时追查、清除，不致扩散；

(2) 外来的程序或磁盘如需使用应先查杀病毒，不要轻易使用未知来源的软件，谨慎使用公共软件和共享软件，防止计算机病毒的扩散和传播；

(3) 对系统文件和重要数据文件进行写保护或加密，口令尽可能选用随机字符，以增加入侵者破译口令的难度；

(4) 定期与不定期地进行磁盘文件备份工作，不要等到由于病毒破坏，机器硬件或软件故障使用户数据受到损伤时再去急救，重要的数据应当及时进行备份；

(5) 很多游戏盘因非法复制带有惩罚性病毒，应禁止工作人员将各种游戏软件装入计算机系统，以防将病毒带入系统；

(6) 一般病毒主要破坏 C 盘的启动区和系统注册表文件内容，因此要将系统注册表文件和用户文件分开存放，对于系统中的重要数据，要定期拷贝；

(7) 选用 1～2 种功能强的杀毒软件，建立自己的病毒防火墙，在线查杀病毒或定期检测计算机系统，并定期升级。

另外，从技术方面采用的措施主要包括软件预防和硬件预防，以及网络防范技术。

软件预防主要通过安装病毒预防软件，并使预防软件常驻内存，当发生病毒入侵时，及时报警并终止处理，达到不让病毒进行传染和破坏的目的。这种预防措施只能预防已知病毒，对一些不能诊断或未知的病毒则无能为力，故有一定的局限性。现在知名的杀毒软件，都有专门网站，不断发布新版本，只要是该软件的正版用户，可免费通过网络升级，不断增加软件对新病毒的防御能力。

硬件预防方法有两种：一是设计计算机病毒过滤器，使得该硬件在系统运行过程中能够防止病毒的入侵；二是改变现有计算机的系统结构，从根本上弥补病毒入侵的漏洞，杜绝计算机病毒的产生和蔓延。

习　题

1.1　计算机的发展经历了几个时期？每个时期的特点是什么？

1.2　计算机的应用可分为几个方面？

1.3　信息在计算机中是如何表示的？常用的信息表示方法有几种？

1.4　十进制与二、八、十六进制之间是如何转换的？

1.5　什么是计算机病毒？它有哪些特征？

1.6　计算机病毒分哪几类？应如何防范？

1.7　你平时使用什么杀毒软件？说出它的优点和缺点。

第2章　微型计算机系统

2.1　微型计算机系统的发展

微型计算机(Micro Computer)是指以大规模、超大规模集成电路为主要部件,以集成了计算机主要部件——控制器和运算器的微处理器为核心,配以存储器、输入/输出接口电路以及系统总线所制造出的计算机系统。由于微型计算机在通常情况下只能供单个用户使用,所以也常把它叫做个人计算机(Personal Computer,PC),目前在学习和工作上所见的计算机大多数都属于微型计算机。本书若无特别说明,所提到的计算机均指微型计算机。

1971年,美国Intel公司研究并制造了Intel 4004微处理器芯片。该芯片能同时处理4位二进制数,集成了2 300个晶体管,每秒可进行6万次运算,成本低于100美元。它是世界上第一个微处理器芯片,以它为核心组成的MCS-4计算机,标志着世界上第一台微型计算机的诞生。从那时起,短短40多年时间,微型计算机的发展经历了五个阶段。

1. 4位和8位低档微处理器时代(1971—1973年)

该阶段是4位和8位低档微处理器时代,通常称为第Ⅰ代,其典型产品是Intel 4004和Intel 8008微处理器(如图2-1,图2-2所示)以及分别由它们组成的MCS-4和MCS-8微机。该阶段产品的基本特点是采用PMOS工艺,集成度低,系统结构和指令系统都比较简单,主要采用机器语言或简单的汇编语言,指令数目较少,多用于家电和简单控制场合。

图2-1　Intel 4004微处理器

图2-2　Intel 8008微处理器

2. 8位中高档微处理器时代(1974—1978年)

该阶段通常称为第Ⅱ代,典型产品有Intel公司的Intel 8080/8085、Motorola公司的MC6800及美国Zilog公司的Z80等,以及各种8位单片机,如Intel公司的8048、Motorola公司的MC6801、Zilog公司的Z8等。该阶段产品的基本特点是采用NMOS工艺,集成度提高约4倍,运算速度提高约10～15倍,指令系统比较完善,具有典型的计算机体系结构和中断、DMA等控制功能。软件方面除了汇编语言外,还有BASIC、FORTRAN等高级语言和相应的解释程序和编译程序,在后期还出现了操作系统,如CP/M就是当时流行的操作系统。

3. 16位微处理器时代(1978—1984年)

该阶段通常称为第Ⅲ代,1978年6月,Intel公司推出主频4.77MHz的字长为16位的微处理器芯片 Intel 8086，如图 2-3 所示。8086 微处理器的诞生标志着第Ⅲ代微处理器问世。该阶段的典型产品包括 Intel 公司的 8086/8088、80286，Motorola 公司的 M68000，Zilog 公司的 Z8000 等微处理器。其特点是采用 HMOS 工艺，集成度和运算速度都比第Ⅱ代提高了一个数量级。指令系统更加丰富、完善，采用多级中断、多种寻址方式、段式存储结构、硬件乘除部件，并配置了软件系统。

图 2-3 Intel 8086 微处理器

这一时期的著名计算机产品有 IBM 公司的个人计算机。1981 年推出的 IBM-PC 机采用 8088CPU。紧接着 1982 年又推出了扩展型的个人计算机 IBM-PC/XT，对内存进行了扩充，并增加了一个硬盘驱动器。1984 年 IBM 推出了以 80286 处理器为核心组成的 16 位增强型个人计算机 IBM-PC/AT。由于 IBM 公司在发展 PC 机时采用了技术开放的策略，使 PC 机风靡世界。

4. 32 位微处理器时代(1985—1992 年)

该阶段通常称为第Ⅳ代。1985 年 10 月，Intel 公司推出了 80386DX 微处理器，如图 2-4 所示，标志着进入了字长为 32 位的数据总线时代。该阶段典型产品包括 Intel 公司的 80386/80486，Motorola 公司的 M68030/68040 等。其特点是采用 HMOS 或 CMOS 工艺，集成度高达 100 万晶体管/片，具有 32 位地址线和 32 位数据总线。每秒钟可完成 600 万条指令。微机的功能已经达到甚至超过超级小型计算机，完全可以胜任多任务、多用户的作业。同期，其他一些微处理器生产厂商(如 AMD、TEXAS 等)也推出了 80386/80486 系列的芯片。

图 2-4 Intel 80386 微处理器

5. Pentium 系列微处理器时代(1993—2005 年)

该阶段通常称为第Ⅴ代，典型产品是 Intel 公司的奔腾系列芯片及与之兼容的 AMD 的 K6 系列微处理器芯片。该阶段产品内部采用了超标量指令流水线结构，并具有相互独立的指令和数据高速缓存。随着 MMX(Multi Media eXtended)微处理器的出现，微机的发展在网络化、多媒体化和智能化等方面跨上了更高的台阶。2000 年 3 月，AMD 与 Intel 分别推出了时钟频率达 1 GHz 的 Athlon 和 Pentium III。2000 年 11 月，Intel 又推出了 Pentium 4 微处理器，如图 2-5 所示，集成度高达每片 4 200 万个晶体管，主频 1.5 GHz，400 MHz 的前端总线，使用全新 SSE2 指令集。2002 年 11 月，Intel 推出的 Pentium 4 微处理器的时钟频率达到 3.06 GHz。

图 2-5 Intel Pentium 4 微处理器

2001 年 Intel 公司发布第一款 64 位的产品 Itanium(安腾)微处理器。2003 年 4 月，AMD 公司推出了基于 64 位运算的 Opteron(皓龙)微处理器。2003 年 9 月，AMD 公司的 Athlon 64 微处理器问世，如图 2-6 所示，标志着 64 位计算时代的到来。

图 2-6 AMD 公司的 Athlon 微处理器

6. 多核处理器时代(2006 年以后)

2006 年，Intel 公司推出酷睿 2 双核处理器(Core2 Duo)，标志着奔腾时代即将终结，多核处理器正在成为市场的主流。多核技术指的是在一个芯片上集成多个微处理器核心来提高程序的并行性。每个微处理器核心实质上都是一个相对简单的单线程微处理器或者比较简单的多线程微处理器，这样多个微处理器核心就可以同时执行程序代码，提高了应用程序执行的并行性。在服务器领域，Intel 也同时推出了双核安腾 2 处理器 Montecito。2016 年 6 月 Intel 首次推出的 Core i7 极致版桌机处理器，如图 2-7 所示，导入了 10 核心架构设计，同期推出的 Xeon E7 系列服务器 CPU 支持 10 核心 20 线程，如图 2-8 所示，后续将逐渐推出12 核心、16 核心等设计。AMD 公司也于 2016 年 4 月推出基于 Zen 架构的 8 核服务器级 CPU 产品。估计在不久的将来，处理器将能实现 100 到 1 000 个核心结合在单芯片上。

图 2-7 Intel Core i7 微处理器

图 2-8 Intel Xeon E7 微处理器

2.2 微型计算机的组成与工作原理

2.2.1 计算机系统组成

一个完整的计算机系统由硬件系统和软件系统两大部分组成。硬件系统是指能够收集、加工、处理以及输出数据的所需物理设备实体，是看得见摸得着的各种部件总和；软件系统是指为了运行、管理和维护计算机所编制的各种程序和数据的集合。二者协同工作，不可分割。对于没有装入任何软件的机器称为“裸机”，无法完成任何信息处理任务。

半个多世纪以来，计算机虽然已经发展出巨型机、大型机、微型机、工作站等多种不同的系列，并应用在不同的场合，但它们的基本结构和信息的处理功能却是相似的。图 2－9表示了一个完整计算机系统的组成部分。

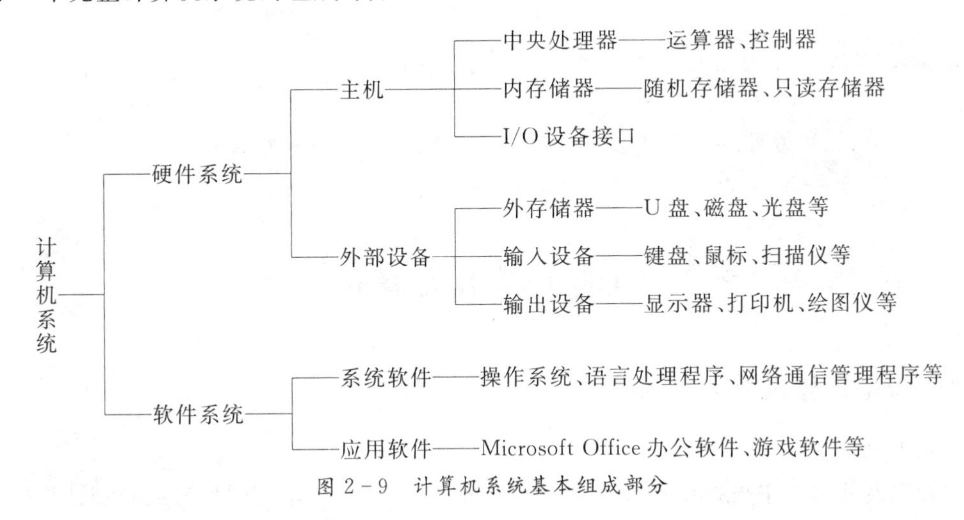

图 2－9　计算机系统基本组成部分

微型计算机的硬件系统大多采用以总线为中心的体系结构，一般由主机系统和外部设备系统两大部分组成。前者的组成部分有微处理器、主板、内存储器等部件，它们被安装在主机箱内；后者的组成部分有硬盘、电源、显示器、键盘、鼠标、打印机和音箱等，通过特定的连接线与主机系统进行信息交换。

2.2.2　计算机工作原理

计算机的工作过程实质上就是执行程序的过程，而怎样组织程序，则涉及计算机体系的结构问题。1946 年，美籍匈牙利科学家冯·诺依曼博士在总结 ENIAC 计算机的基础上，提出了一个全新的“存储程序控制”的通用电子计算机方案，此方案可以概括为如下 3 点内容：

(1) 计算机的硬件系统由 5 个基本部分组成：运算器、控制器、存储器、输入设备和输出设备。

(2) 计算机系统采用二进制(0，1)来表示程序和数据。二进制的设计不仅可以简化计算机结构，而且可以提高运算速度和运算精度。

(3) 将编好的程序和数据按一定的顺序存放在计算机的存储器中，由控制器和运算器共同完成指定的任务。

这就是“存储程序控制”计算机的基本工作原理。冯·诺依曼的上述构想奠定了现代计算机设计的基础，后来人们把采用这种设计思想的计算机称为冯·诺依曼型计算机。图 2－10 描述了冯·诺依曼型计算机系统的基本组成和工作方式。

必须看到，传统的冯·诺依曼型计算机本质上是采取串行处理的工作机制，即使有关数据已经准备好，也必须逐条执行指令序列。而提高计算机性能的根本方向之一是并行处理。因此，近年来人们谋求突破传统冯·诺依曼体系的束缚，这种努力被称为非诺依曼化，对所谓非诺依曼化的探讨仍在争议中。

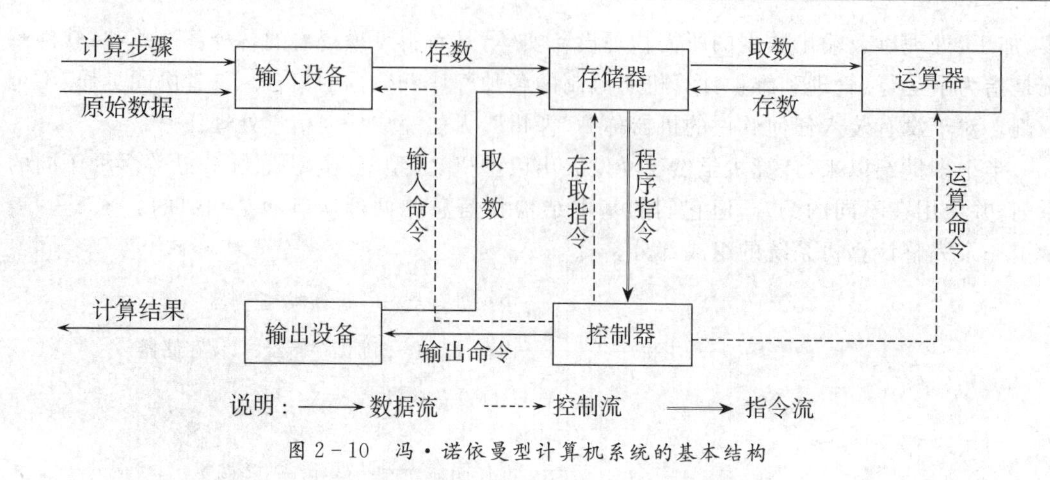

图 2-10 冯·诺依曼型计算机系统的基本结构

2.3 微型计算机的硬件系统

2.3.1 微型计算机的主机系统

1. 微处理器

微处理器又称为中央处理器(Central Process Unit,CPU)。不同型号的微型计算机,其性能的差异主要体现在微处理器性能的不同,而微处理器的性能又与它的内部结构、硬件配置有关。每种微处理器都具有专门的指令系统,但无论哪种微处理器,其内部结构都是基本相同的,主要由运算器和控制器两大部件组成。

(1) 运算器。

运算器又称算术逻辑单元(Arithmetical and Logical Unit,ALU),其主要功能是对二进制数进行算术运算和逻辑运算,通常由若干个寄存器、一个加法器和一些控制线路等组成。运算器在控制器控制下实现其计算功能,运算结果由控制器指挥送到内存储器中。

(2) 控制器。

控制器(Control Unit,CU)是计算机的神经中枢,负责从内存储器中取出指令进行分析,然后按时间的先后顺序向其他的部件发出控制信号,保证各部件协调一致地工作。通常由指令寄存器、译码器、程序计数器和操作控制器等组成。

2. 内存储器

计算机必须能够存储数据,以便处理数据。依照数据被使用的方式不同,计算机通常在不止一个地方储存数据。简单来说,对于正等着被处理的数据,计算机把它们放到一个地方;当数据不需要立即处理时,计算机又把它们放到另一个地方。内存是计算机中存放正等待处理数据的地方,外存则是数据不需要处理时长期保存数据的地方。

在计算机中,内存通过高速数据传输线路与 CPU 相连接,是计算机中的工作存储器,用来存放正在运行的程序(包括操作系统)和需要立即处理的数据。CPU 工作时,所执行的指令及处理的数据都是从内存中取出的,产生的结果也存放在内存中。

有 3 种主要类型的内存:只读存储器、随机访问存储器、高速缓冲存储器。

(1) 只读存储器(Read-Only Memory,ROM)。

顾名思义,只读存储器是指只能从中读取数据,而不能向里面写入数据的存储设备。

ROM 中的数据是在厂家生产时利用专门设备一次性写入，用户不能随意更改。一般用来存放专用的或固定的程序和数据，如磁盘引导程序、开机自检程序等。

ROM 的特点是：计算机断电后存储器中的数据不会丢失。

(2) 随机存储器(Random Access Memory，RAM)。

随机存储器也叫读写存储器，是一种与用户关系最为密切的存储器，通常所说的“内存”即是指这种存储器。RAM 中存放的是当前正在使用的程序、数据、中间结果以及需要与外存储器交换的数据，CPU 根据需要可随时对 RAM 中的数据进行读写操作。由于所有的应用程序都需要由 RAM 传送给 CPU 进行处理，因此 RAM 的容量大小直接影响到程序运行速度的快慢。

RAM 的特点是：① 存储器中的数据可以反复使用，直到向存储器写入新的数据时其内容才会被更新；② 存储器中的数据在计算机断电后将消失。

因而，RAM 是计算机处理数据的临时存储区，要想使数据长期保存起来，必须将其存放在外存储器中。目前微型计算机中的 RAM 基本上是以内存条的形式进行组织的，如图 2－11 所示，其优点是扩展方便，用户可根据需要随时增加或减少 RAM 的数量。

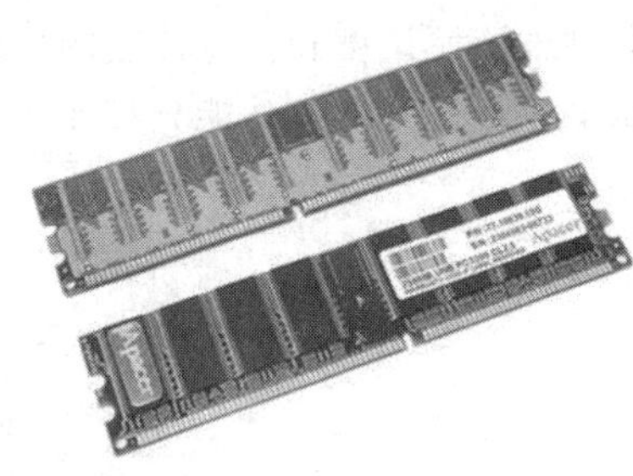

图 2－11　内存条的正反面视图

(3) 高速缓冲存储器(Cache)。

随着 CPU 执行速度的提高，对 RAM 存取速度的要求也在提高。由于制造工艺的限制，目前 RAM 的响应速度远远达不到 CPU 的要求，制约了计算机系统整体性能的提升。Cache 部件正是为了协调 CPU 和 RAM 之间的速度差问题而引入的。

Cache 是指在 CPU 与 RAM 之间设置的一级或两级存储器，称为高速缓冲存储器，由静态存储器芯片制造而成，其特点是速度快、容量小、价格贵。在计算机工作时，系统首先把数据从外存储器读入到 RAM 中，再由 RAM 送入到 Cache 中，最后由 CPU 直接对 Cache 中的数据进行存取操作。目前多数的外部设备如硬盘、图形显示卡等都引入了 Cache 部件以加快数据的处理能力，但是 Cache 的容量并不是越大越好，过大的 Cache 会降低系统在 Cache 中查找的效率。

3. 总线

总线(Bus)是一组连接各个部件的公共通信线，即系统各部件之间传送信息的公共通道。由一组物理导线组成，按传送信息类型的不同可以分为数据总线、地址总线和控制总线 3 大类。不同的 CPU 芯片，其数据总线、地址总线和控制总线的根数也不同。

(1) 数据总线(Data Bus，DB)。

数据总线主要用来传送数据信息，决定了 CPU 和其他部件之间每次交换数据的位数，是衡量计算机性能的重要指标之一。前面所说的计算机字长即为数据总线的宽度，如标准 32 位 CPU 带有 32 条数据总线，则其字长为 32 位，每次可以交换 32 位二进制数据。

(2) 地址总线(Address Bus，AB)。

地址总线用于传送 CPU 发出的地址信息，其目的在于指明与 CPU 交换信息的内存单元或输入输出设备的位置。因此，地址总线的宽度决定了 CPU 的最大寻址能力。

(3) 控制总线(Control Bus，CB)。

控制总线是用来传送控制信号、时序信号和状态信息等，其主要目的是对数据总线和地址总线形成有效的控制访问。

采用总线结构可以方便地对计算机各部件进行扩充，同时，由于采用统一的总线标准，不同部件之间的互连也将更容易实现。目前在微型计算机上已经采用的总线标准有：ISA总线、EISA总线、VESA总线、PCI/AGP总线、PCI-X总线以及主流的PCI-Express总线和HyperTransport高速串行总线，PCI-Express 4.0和HyperTransport 4.0已经提上日程，将会再次带来效能提升。

4. 主板

当打开电脑机箱时，电脑板卡中面积最大的电路板就是整个系统的基石——主板(MotherBoard或MainBoard)。主板不仅是用来承载电脑关键设备的基础平台，同时还起着硬件资源调度和信息传输的作用，对于整个系统的稳定性、兼容性起着决定性的作用。典型的主板外观及其功能分布如图2-12所示。

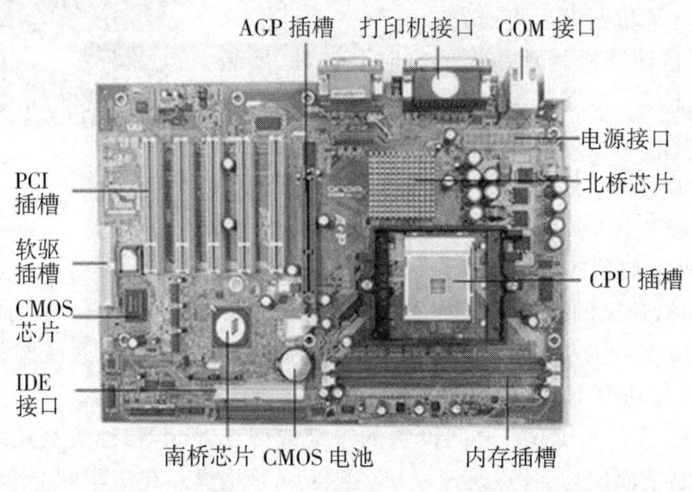

图2-12 主板及其功能分布

通常，一块主板由以下部件构成：

(1) 芯片组。

芯片组(Chipset)由一组超大规模集成电路芯片构成，是主板的灵魂和中枢。芯片组被固定在主板上，不仅负责主板上各种总线之间的数据和指令传输，而且还承担着硬件资源的分配与协调。芯片组有南北桥之分，北桥芯片担负着CPU、内存、显卡之间的数据和指令的交换、控制以及传输任务；南桥芯片则为外存储器(硬盘、光驱等)以及其他硬件资源(USB、PCI、ISA等设备)提供可靠的连接。

(2) CPU插槽。

用于固定和连接CPU芯片。由于集成化程度和制造工艺的不断提高，越来越多的功能被集成到CPU上，为了使CPU安装更加方便，现在的CPU插座基本上采用零插槽式设计。

(3) 内存插槽。

内存插槽是用来插放内存条的，根据不同类型的内存条，主板上采用的内存插槽也不同，目前主流的内存插槽有SDRAM、DDR SDRAM、RDRAM等类型。不同类型的内存条只能和与之匹配的内存插槽配合使用。

(4) 总线扩展槽。

主板上有一系列符合当前总线接口标准的扩展槽，用以连接各种功能板卡，在图 2-12 所示的主板中其总线扩展槽有 AGP 插槽和 PCI 插槽等，用户可在这些扩展槽上插入各种用途的板卡，如显示卡、声卡、网卡等，以扩展微型计算机的功能。这种开放的体系结构为用户组合各种功能设备提供了很大的方便。

(5) 输入输出接口。

输入输出接口(Input/Output Interface，I/O 接口)是 CPU 与外部设备之间交换信息的连接电路，可以分为总线接口和通信接口两大类别。当需要外部设备与 CPU 之间进行信息交换时，一般使用总线接口把微型计算机的总线与外部设备连接起来，如连接硬盘驱动器或光盘驱动器的 IDE 接口；当微型计算机系统与其他系统直接进行数字通信时则使用通信接口，如连接鼠标或键盘的 COM 接口。

(6) 基本输入输出系统 BIOS 和 CMOS。

基本输入输出系统(Basic Input/Output System，BIOS)是在计算机启动时测试硬件、启动操作系统并支持与硬件设备之间数据传输的一组基本软件例程。BIOS 为计算机提供最底层、最直接的硬件控制程序，计算机的原始操作都是依靠固化在 BIOS 中的程序来完成的。而 CMOS 是一种存储 BIOS 配置信息的系统存储器，是微机主板上的一块允许适当读写的 RAM 芯片，用来保存当前系统的硬件配置和用户对某些参数的设定。每块主板上至少存在一块 CMOS 芯片，为保证不至于丢失里面的信息，在计算机停止工作的情况下，依靠主板上的 CMOS 电池来供电。

5. 主机箱和电源

微型计算机的主机箱作为计算机主要配件的载体，其任务就是固定与保护配件。从外形上讲，机箱有立式和卧式之分，以前使用的多是卧式机箱，而现在一般采用的是立式机箱，其原因在于立式机箱没有高度限制，可以提供更多的扩展槽，而且更有利于内部散热。从结构上分，机箱按不同的主板规格可以分为 AT、ATX、Micro ATX 等多种类型，目前市场上主要以 ATX 机箱为主，如图 2-13 所示，下一代机箱结构倾向于 BTX；而 LPX、NLX、Flex ATX 则是 ATX 的变种，多见于国外的品牌机，国内尚不多见；EATX 和 WATX 则多用于服务器/工作站机箱。

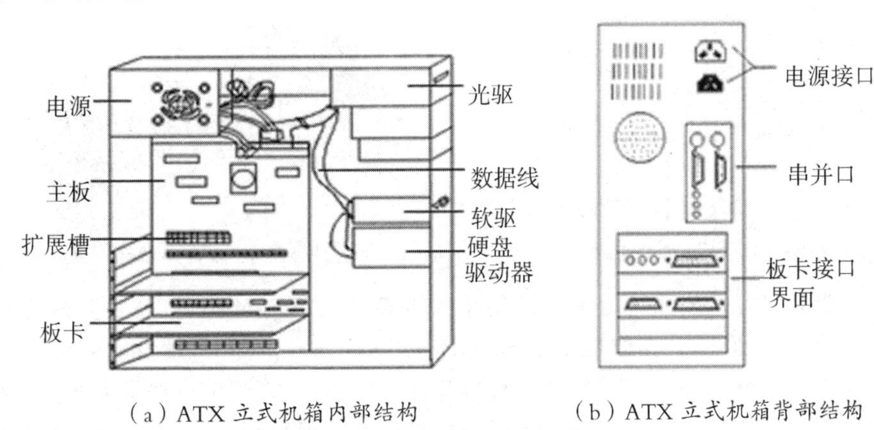

(a) ATX 立式机箱内部结构　(b) ATX 立式机箱背部结构

图 2-13　主机机箱结构示意图

电源的作用就是把市电(220V 交流电压)进行隔离和变换为计算机需要的稳定的低压直流电。按照机箱结构的不同，电源也可分为 AT 电源、ATX 电源、Micro ATX 电源等类型,其中 AT 电源已经淘汰不再使用,目前广泛使用的是 ATX 电源。ATX 电源最主要的特点是:不采用传统的市电开关来控制电源是否工作,而是采用“+5VSB、PS-ON”的组合来实现电源的开启和关闭,同时采用 ATX 电源还可以实现计算机的远程开关控制。

主机箱和电源都是标准化、通用化的计算机设备,计算机的主机系统就是安装在主机箱内所有部件的统一体,它是微型计算机硬件系统的核心。

2.3.2 微型计算机的外部设备系统

1. 外存储器

外存储器简称外存,又称为辅助存储器,是微型计算机内存储器的延伸,其作用是长期存放计算机工作所需要的系统文件和程序、用户文档和数据等资料。目前最常用的外存储器有磁盘、光盘和闪存盘等。这些存储设备既属于输入设备,又属于输出设备。它们的共同特点是存储量大、价格低廉,而且在断电情况下可以长期保存信息,有时又称为永久性存储器。外存储器在微型计算机中目前普遍使用 2 种存储技术:磁存储和固态存储技术。

(1) 磁存储技术。

硬盘存储技术属于磁存储,通过磁化磁盘表面的微粒来存储数据。微粒保留磁化方向直到这个方向被改变,因此,使用磁盘和磁带可以相当持久地保存数据,但它们也是可更改的存储介质,这可通过改变磁盘表面部分微粒的磁环方向来更改或删除磁存储的数据。磁存储的这个特性为编辑数据和再利用无用数据的存储介质提供了很大的灵活性。但存储在磁介质上的数据会因为磁场、灰尘、湿度等而改变。磁介质会逐渐丧失磁性以致丢失数据,因而数据存储在磁介质上一定年限后,需要重新复制数据以防止数据丢失。

硬盘由一个或多个盘片和与之相关的读写头组成。硬盘盘片由覆盖有磁性氧化物的铝或玻璃的扁平硬质盘片构成。每个盘片分为若干个磁道和扇区,多个盘片表面的相应磁道在空间上形成多个同心圆柱面。每个盘片都有一个读写头,通过它在硬盘盘片表面的移动来读取和写入数据(不是直接接触,而是悬在离盘片表面很近的地方)。读写头是磁盘驱动器中通过使存储磁盘表面的微粒受磁来写数据或读取数据的机械装置。图 2-14 是硬盘的工作原理示意图,图 2-15 是硬盘的内部结构剖面图。

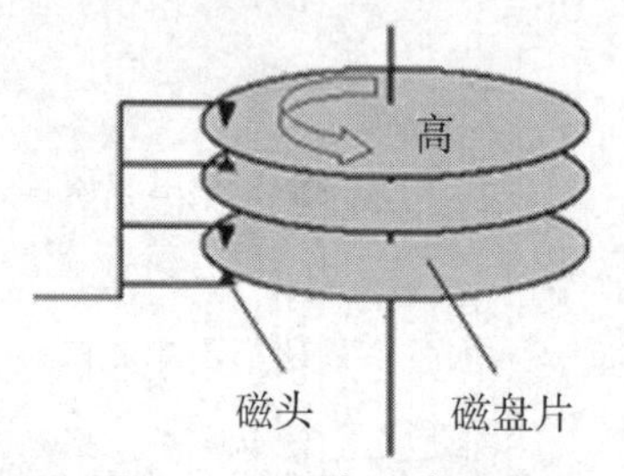

图 2-14 硬盘工作原理

图 2-15 硬盘内部结构剖面

硬盘按盘片半径的大小可分为 3.5 英寸、2.5 英寸、1.8 英寸等,目前大多数微机上使用的是 3.5 英寸大小的硬盘,存储容量是 500GB~6TB。通常情况下,硬盘安装在计算机的主机箱中。还有一种移动硬盘,通过 USB 接口和计算机连接,方便用户携带大容量的数据。

硬盘的转速是以每分钟多少转来表示的,单位为转/每分钟(Revolutions Per Minute, RPM)。转速越快,将读写头定位到特定数据的速度就越快。例如,7 200rpm 的驱动器存取数据的速度快于 5 400rpm 的。

如果读写头遇到盘面上的灰尘颗粒或其他污垢,就会造成磁头碰撞,这会对盘上的数据造成损害。为了防止污垢接触盘片而造成读写磁头碰撞，硬盘都是封装在一个密封的盒子里。但是，震动也会造成磁头碰撞，所以在搬动和运输时需要小心，应该备份硬盘中的数据以防磁头碰撞造成数据损坏。

(2) 固态存储技术。

固态存储器使用不易失存、可删除、低功率的芯片来存储数据。芯片的线路像网格一样排列，并且网格中的每个单元格都有作为门的晶体管。门打开，电流流通，单元格的值变为“1”，门关闭，单元格的值变为“0”。开关门需要的功率很低，使得像数码相机这样用电池驱动的设备的固态存储器更加完美。数据一旦被存储，就不易失存，不需要外部电源的芯片也能保留数据。

固态存储器可以通过读卡器将数据传入计算机或从计算机导出，有的则可以直接插入计算机的USB(Universal Serial Bus)接口。

固态存储技术的优点在于：不包含活动部件，能比磁存储或光存储更快地存取数据；持久耐用，不会受到震动、磁场和强烈温度波动的影响；容量大，价格便宜。

由于上述优点，固态存储器是非常理想的移动存储设备，已经广泛应用于数码相机、MP3音乐播放器、PDA和手机等电子消费产品。常见的固态存储器包括下列几种：

① 闪存卡(USB Flash Drive)。

闪存卡，通常称为优盘，是一种采用闪存(Flash Memory)和USB接口技术相结合的存储设备，如图2-16所示，可直接插到计算机的USB端口。闪存不需要读卡器，这使得计算机间的数据传送变得简单。

② 快闪记忆卡(Compact Flash，CF)。

快闪记忆卡与火柴盒大小差不多，如图2-17所示，内嵌有用来读写固态网格中的数据的控制器。内嵌控制器可按照电子控制器的指示移动到读卡器上，这样连在计算机上的适配器就可读取卡上的数据。由于有着大容量存储和高访问速度，快闪记忆卡经常用在数码相机中。

图2-16　闪存卡

图2-17　快闪记忆卡

③ 安全数字系统卡(Secure Digital，SD)。

安全数字系统卡是一种基于半导体快闪记忆器的新一代记忆设备，如图2-18所示，它被广泛地使用在便携式装置上，例如数码相机、PDA和多媒体播放器等。SD卡由日本松下、东芝及美国SanDisk公司于1999年8月共同开发研制。大小犹如一张邮票的SD记忆卡，重量只有2克，但却拥有高记忆容量、快速数据传输率、极大的移动灵活性以及很好的安全性。

④ 固态硬盘(Solid State Drive，SSD)。

固态硬盘，简称固盘，是用固态电子存储芯片阵列制成的硬盘，由控制单元和存储单元(FLASH芯片、DRAM芯片)组成，如图2-19所示。固态硬盘在接口的规范和定义、功能及使用方法上与普通硬盘完全相同，在产品外形和尺寸上也完全与普通硬盘一致。虽然成本较高，但也正在逐渐普及到组装电脑市场。由于固态硬盘技术与传统硬盘技术不同，所以产生了不少新兴的存储器厂商。厂商只需购买 NAND 存储器，再配合适当的控制芯片，就可以制造固态硬盘了。新一代的固态硬盘普遍采用 SATA－2 接口、SATA－3 接口、SAS 接口、MSATA 接口、PCI－E 接口、NGFF 接口、CFast 接口和 SFF－8639 接口。

图 2－18　安全数字系统卡

图 2－19　SSD 内部结构

2. 输入设备

输入是指利用某种设备将数据转换成计算机可以接受的编码的过程，在这过程中所使用的设备称为输入设备（Input Devices）。常用的输入设备有键盘、鼠标、扫描仪、数字化仪和光笔等。

（1）键盘。

键盘（Keyboard）是微型计算机中最主要的输入设备，是实现人机对话的重要工具。通过它可以输入程序、数据和操作命令，以实现对计算机的控制。键盘通过一个带 5 针插头的五芯电缆与主板上的 COM 接口相连，使用串行方式的通信接口传输数据，或者通过 USB、蓝牙（Bluetooth）连接到主机。

（2）鼠标。

鼠标（Mouse）也是微型计算机中主要的输入设备，是用来控制显示器上光标移动位置的一种指点式设备。在软件支持下，通过鼠标上的功能按钮，向计算机发出输入命令，以完成某种特殊的操作，但不能输入字符和数据。

随着 Windows 操作系统的流行，鼠标成了不可缺少的输入设备。从系统内部来讲，鼠标可以分为两种类型：PS/2 型鼠标和串行鼠标，目前常见的是 PS/2 型鼠标。从鼠标的构造来讲，鼠标可以分为机械式和光电式两种，其中光电式鼠标占据了主流位置。

（3）扫描仪。

扫描仪（Scanner）是一种高精度的光电一体化产品，它通过光电器件将检测到的图形、图像、文本的光信号转换为电信号，再将电信号转化为数字信号传输到计算机中处理。这样用户就可以利用扫描仪输入照片来建立自己的电子影集，还可以利用扫描仪配合字符识别软件（Optical Character Recognition，OCR）来输入报纸或书籍的内容，以免除键盘输入汉字的辛苦。事实上，扫描仪已经成为继键盘、鼠标之后的第三个主要的输入设备。

（4）数字化仪。

数字化仪是在专业应用领域中用途非常广泛的一种图形输入设备，数字化仪能将各种图形，根据坐标值，准确地输入电脑，并能通过屏幕显示出来。用户通过专门的电磁感应压感笔或光笔在上面写或者画图形，并将信息传输给计算机系统。数字化仪大量地用于工程设计图纸的输入，用于计算机辅助设计。近年来，它也用于非键盘方式（手写）输入汉字和用于PDA。使用它，无需学习任何汉字输入方法，就能自然、方便地输入汉字。

（5）数码相机。

数码相机用于将真实物体数字化，数码相机直接以数字形式拍摄照片，照片可以直接传送到计算机中，集成了影像信息的转换、存储、传输等部件，具有数字化存储功能。

（6）条形码读入器。

条形码是一种用线条和线条间的间隔按一定规则表示数据的条形符号。条形码读入器具有准确、可靠、实用、输入速度快等优点，广泛用于商场、银行、医院等单位。

（7）其他输入设备还包括光笔、麦克风、触摸屏、声音识别设备等。

3. 输出设备

输出设备的任务是将计算机的运算结果或工作过程以人们所能理解的直观形式表现出来并传送到指定的位置，这些信息可以通过打印机打印在纸上或显示在显示器屏幕上，也可以输出到磁盘上保存起来。常用的输出设备有显示器、打印机、音箱、绘图仪等。

（1）显示器。

显示器（Monitor）是微型计算机中最主要的输出设备，用来将系统信息、计算机的处理结果、用户程序或文档等显示在屏幕上。

① 显示器的分类。显示器的类型很多，根据显像管的不同可分为以下3种类型：

• 阴极射线管（Cathode Ray Tube，CRT）显示设备采用大型玻璃电子管，电子管内的枪状机械装置射出电子束到屏幕上，激活单个颜色点形成图像。CRT显示设备价格便宜而且可靠，主要缺点是体积大、耗电量大并且辐射相对较大。

• 液晶显示器（Liquid Crystal Display，LCD）通过处理液体晶状单元层内的光线来产生图像。LCD是笔记本电脑的标准设备。独立LCD称为“LCD监视器”或“平板显示器”，目前逐渐替代CRT监视器成为台式计算机的显示设备。LCD监视器显示清晰、辐射低、轻便且紧凑，主要缺点是价格较贵。

• 等离子显示器（Plasma Display Panel，PDP）通过使平板式屏幕上排列的微小的带有颜色的荧光发光的技术来创建屏幕图像。“等离子”得名于用氖气填充的气体并使它们发光。与LCD相似，等离子显示器紧凑和轻便，也比CRT贵很多。等离子显示器由于尺寸较大，尚未广泛应用在电脑显示屏上。

② 显示器的主要性能。衡量显示器性能好坏的指标主要有：屏幕尺寸、像素和点距、分辨率、刷新频率和颜色深度等。

• 屏幕尺寸：指从屏幕的一个角到其对角的长度，用英寸度量，一般显示器屏幕的尺寸从13英寸到24英寸。很显然，尺寸越大，则视觉效果越好，但价格也越高。

• 像素（Pixel）和点距（Pitch）：显示器上的文本或图像都是由一个一个的小点组成的，这些点称为像素，像素是组成图像和文本的最小单位。屏幕上相邻两个同色点之间的距离称为点距。一般来说，屏幕上像素越多越密，点距越小，则其显示质量也就越高。现在显示器的点距一般为0.26毫米～0.23毫米。

• 分辨率：指显示器屏幕上水平和垂直方向上的像素数目。在实际使用中，分辨率通常用一个乘积来表示，例如：640×480、800×600、1 024×768、1 280×1 024、1 440×900等，它表示水平方向的像素点数与垂直方向的像素点数的乘积，分辨率越高，屏幕上所能呈现的图像也就越精细。

• 刷新频率：指屏幕更新的速度。一般来说，CRT 显示器每秒至少刷新 60 次(60Hz)。从理论上来讲，只要刷新率达到 85Hz，也就是每秒刷新 85 次，人眼就感觉不到屏幕的闪烁了，但实际使用中往往有人能看出 85Hz 刷新率和 100Hz 刷新率之间的区别，所以从保护眼睛的角度出发，刷新率仍然是越高越好。对于 LCD 来说，由于液晶板本身并不发光，只是液晶分子控制光线的偏转或通过，发光的是背光源，即荧光灯管，在使用的时候即使把刷新率调到 60Hz 用户也不会感到屏幕在闪烁，"刷新频率"对 LCD 来说已经没有多大意义了。

• 颜色深度：显示器可以显示的颜色数量被称为"颜色深度"或"位深度"。24 位的颜色深度(有时称为"真彩色")，可以显示超过 1 600 万种颜色。

另外，计算机的显示系统除了显示器外，还需要显示卡的支持。显示卡(又称显示适配器)的作用是控制显示器的显示方式。在显示器里也有控制电路，但起主要作用的是显示卡。显示卡一般会含有图形处理单元和专用视频内存，这样可以增强图形图像的处理速度和图像的显示效果。

(2) 打印机。

打印机(Printer)是计算机产生硬拷贝的一种输出设备，提供用户保存计算机处理的结果。打印机的种类很多，目前常用的有针式打印机、喷墨打印机和激光打印机 3 种。

① 针式打印机。针式打印机打印的字符和图形是以点阵的形式构成的，打印时打印头接触色带击打纸面来实现打印的任务。这类打印机的优点是耗材便宜，缺点是速度慢、噪音大、质量差。

② 喷墨打印机。喷墨打印机是直接将墨水喷到纸上来实现打印的，打印过程中无机械击打动作。这类打印机的优点是价格低廉，打印效果较好，无噪音，可以实现彩色打印，较受用户欢迎，缺点是使用的纸张要求较高，墨盒消耗较快，耗材贵。

③ 激光打印机。激光打印机采用与复印机相同的技术，将光点印在光感鼓膜上，经过静电充电的墨被放置到鼓膜上然后再传到纸上，具有打印速度快、分辨率高、无噪音等优点，缺点是价格稍贵。

(3) 绘图仪。

绘图仪是一种能按照人们要求自动绘制图形的设备，可将计算机的输出信息以图形的形式输出。主要用于绘制各种管理图表和统计图、大地测量图、建筑设计图、电路布线图、各种机械图与计算机辅助设计图等。最常用的是 $X-Y$ 绘图仪。现代的绘图仪已具有智能化的功能，自身带有微处理器，可以使用绘图命令，具有直线和字符演算处理以及自检测等功能。这种绘图仪一般还可选配多种与计算机连接的标准接口。

其他输出设备还包括音频输出设备如音箱等。

2.3.3 微型计算机的技术指标

计算机的性能涉及体系结构、软硬件配置、指令系统等多种因素，一般来说主要有下列的技术指标：

(1) 字长。

字长是指计算机运算部件一次能同时处理的二进制数据的位数，通常是 8 的整数倍。字长描述的是数据总线的宽度，字长越长，可用来表示二进制数的有效位数就越多，计算机的精度也就越高，处理能力也就越强，如 32 位 CPU 的字长是 32 位，当今的个人计算机通常都是 64 位处理器。

(2) 时钟主频。

计算机有一个系统时钟用来定时发出脉冲以控制所有系统操作的时间，其频率决定了计算机执行指令的速度，以及计算机在一定时间内所能够执行的指令数。衡量时钟频率的单位是兆赫兹(Megahertz，MHz)和吉赫兹(Gigahertz，GHz)。1MHz 相当于 1s 内有100 万个周期，1GHz 相当于 1s 内有 10 亿个周期。最初 IBM - PC 的微处理器时钟频率是 4.77MHz。现在的微处理器的时钟频率已经达到 3.0GHz 以上。如果其他条件一样，CPU 的时钟频率越高，就意味着越快的处理速度。

(3) 存取周期。

存取周期是指 CPU 对内存储器完成一次完整的读操作或写操作所需的时间。存取周期越短，计算机的运行速度就越快。

(4) 运算速度。

运算速度通常指的是计算机每秒所能执行的指令条数，常用百万次/秒(MIPS)来表示。这个指标有时更能直观地反映出计算机的运行速度。

(5) 内存容量。

内存储器用来存储正在运行或随时需要使用的程序和数据，内存的大小直接影响程序的运行。一般来说，内存的容量越大，所能存储的数据和运行的程序就越多，计算机的信息处理能力就越强。

2.4 微型计算机的软件系统

2.4.1 计算机软件概述

完整的计算机系统由硬件系统和软件系统两部分组成，没有任何软件的裸机本身几乎不能完成任何功能，只有配备一定的软件，才能发挥其作用。

计算机软件是指计算机程序及其有关文档。为了告诉计算机做些什么，按什么方法、步骤去做，必须把有关的处理步骤告诉计算机。计算机可以识别和执行的操作所表示的处理步骤称为程序。我国颁布的《计算机软件保护条例》对程序的概念给出了更为精确的描述："计算机程序是指为了得到某种结果而可以由计算机等具有信息处理能力的装置执行的代码化指令序列，或者可被自动地转换成代码化指令序列的符号化序列，或者符号化语句序列。"

文档是指用自然语言或者形式化语言所编写的用来描述程序的内容、组成、设计、功能规格、开发情况、测试结果及使用方法的文字资料和图表等。例如程序设计说明书、流程图、用户手册等。文档不同于程序，程序是为了装入机器以控制计算机硬件的动作，实现某种过程，得到某种结果而编制的；而文档是供有关人员阅读的，通过文档人们可以清楚地了解程序的功能、结构、运行环境、使用方法，更方便人们使用软件、维护软件。因此在软件概念中，程序和文档是一个软件不可分割的两个方面。

从应用的观点来看，计算机软件一般分为系统软件和应用软件。

系统软件是指管理、监控和维护计算机资源的软件，这些资源包括硬件资源与软件资源。系统软件的目的是用来扩大计算机的功能，提高计算机的使用效率，方便用户使用计算机，一般由计算机生产厂家或专门的软件公司开发研制。常见系统软件有：操作系统、语言处理程序、数据库管理系统和一些相关的服务性程序。

除了系统软件及其相关的支撑软件以外的其他软件称为应用软件，是由计算机生产厂家、软件公司或个人用户为支持某一应用领域、解决某个实际问题而专门研制的应用程序。用户可以通过这些应用程序完成自己的特定任务。例如，利用 Microsoft Office 套件创建文档、利用反病毒软件清理计算机病毒、利用娱乐工具软件看电影听歌等。

2.4.2 系统软件

1. 操作系统

操作系统(Operating System，OS)，主要用于管理和控制计算机的硬件资源和软件资源，合理地组织计算机各部分协调工作，为用户提供操作和编程界面。操作系统是直接运行在裸机上的最基本最重要的系统软件，是整个软件系统的核心，绝大部分软件都必须在操作系统的支持下才能运行。

(1) 操作系统的功能。

操作系统由一系列不同功能的程序组成，是一个庞大的资源管理集合体，通常包括下列5大功能模块：

① 处理器管理：处理器(也就是 CPU)是计算机系统中最重要的硬件资源，任何程序只有占有了 CPU 才能运行。操作系统可以使 CPU 按预先规定的优先顺序和管理原则，轮流地为不同的外部设备和用户服务，或在同一段时间内并行地处理几项任务，以达到资源共享，从而使计算机系统的工作效率得到最大的发挥。

② 作业管理：作业包括程序、数据以及解题的控制步骤，可以是一个计算问题，也可以是一个要打印的文档。操作系统对进入计算机系统的所有作业进行组织和管理，同时还为用户提供一个操作界面，以方便用户控制自己的作业资源。

③ 存储器管理：当计算机处理一个问题时，既要用到不同的硬件资源，也要用到不同的软件和数据，这时如何合理地分配与使用有限的内存空间，并保证它们相互之间不干扰，就是操作系统对存储器管理的一项重要工作了。

④ 文件管理：主要负责文件的存储、检索、共享和保护，为用户提供文件管理的方便。操作系统根据用户的要求实现按文件名存取，并负责控制文件的存取权限、打印等操作。

⑤ 设备管理：根据用户的请求进行设备分配，同时还能随时接收设备的请求。操作系统控制外部设备和 CPU 之间的通道，把提出请求的外部设备按一定的优先顺序排好队，等待 CPU 响应。

(2) 操作系统的分类。

操作系统种类繁多，不同的硬件结构，尤其是不同的应用环境，应有不同类型的操作系统来实现不同的工作目标。按操作系统发展的先后，与微型计算机系统关系密切的有以下3大类：

① 单用户单任务操作系统。单用户单任务操作系统是指一台计算机同时只能有一个用户在使用，该用户独自享用系统的全部硬件和软件资源，一次只能提交一个作业。常用的单用户单任务操作系统有：MS-DOS、PC-DOS、CP/M 等。

② 单用户多任务操作系统。这种操作系统也是为单个用户服务的，但允许用户一次提交多项作业。例如，用户可以在进行文档编辑工作的同时播放音乐。常用的单用户多任务

操作系统有：Windows 系列和 Linux 系列等。

③ 网络操作系统。网络操作系统用于对多台计算机的软件和硬件资源进行管理和控制，提供网络通信和网络资源的共享服务。常用的网络操作系统有：UNIX、Netware、Windows Server 系列、Linux 企业版系列等，这类操作系统通常用在计算机网络中的服务器上。

（3）常用的微机操作系统介绍。

近年来，微型计算机的硬件性能不断的提高，其所用的操作系统也在逐步呈现多样化，功能也越来越强大。早期微机上所用的操作系统主要有 DOS 和 Windows 两种，后来又新兴一种名为 Linux 的操作系统，下面简单介绍它们的特点：

① DOS 操作系统。

当 IBM 公司设计出 IBM－PC 微型计算机时，Microsoft 公司为其设计了配套的操作系统，这就是 DOS 操作系统，即磁盘操作系统（Disk Operating System）的简称。DOS 操作系统是单用户、单任务的文本命令型操作系统，其主要特点是：单机封闭式管理（单用户）；在某一时刻只能运行一个应用程序（单任务）；只能接收和处理文本命令。由于 Windows 操作系统的出现，DOS 操作系统现在已经很少见到了。

② Windows 操作系统。

Windows 操作系统是一个单用户、多任务、图形命令型的开放平台。其主要特点是：允许同时运行若干个程序（多任务）；用图形界面代替文本命令，用户更容易掌握和接受。随着个人电脑软、硬件的发展，Windows 操作系统经历了 Windows 3.x、Windows 95、Windows 98、Windows 2000、Windows XP、Vista、Windows 7、Windows 8、Windows 10 等多个版本的变迁。目前广泛流行的是 Windows 7，具有很好的稳定性和简便性。

③ Linux 操作系统。

Linux 是一种新兴的操作系统，其优点在于其程序代码完全公开，而且是完全免费使用。公开代码有利于用户的再开发——当然不是普通用户能做的事情，免费则能使大家都能用得起。但是，目前该操作系统还处于成长期，能使用的应用程序较少，稳定性和简便性还欠缺，用户群体不多。

2. 语言处理程序

人和计算机交流信息使用的语言称为计算机语言，程序是计算机语言的具体体现，是用某种计算机语言按问题的要求编写而成的。随着计算机语言的进化，程序也越来越趋近于人而脱离机器。

常用的计算机程序设计语言可分为以下几种：

（1）机器语言（Machine Language）。

机器语言是一种用二进制代码“0”和“1”表示的，能被计算机直接识别和执行的语言指令。用机器语言编写的程序，称为机器语言程序，是一种低级语言。由于机器语言程序不便于记忆、阅读和书写，兼容性也不好，通常不用机器语言直接编写程序。

（2）汇编语言（Assembly Language）。

汇编语言是一种用助记符表示的面向机器的程序设计语言。汇编语言的每条指令对应着一条机器语言代码，因此不同类型的计算机系统一般有不同的汇编语言。用汇编语言编制的程序称为汇编语言程序，机器不能直接识别和执行，必须由汇编程序或汇编系统翻译成机器语言程序才能运行。汇编语言适用于编写直接控制机器操作的底层程序，与机器密切相关，不容易使用。

(3) 高级语言(High Level Language)。

高级语言是一种比较接近自然语言和数学表达式的计算机程序设计语言。一般用高级语言编写的程序称为源程序。计算机不能直接识别和执行源程序代码，而必须把它通过编译或解释的方式翻译成机器指令才可以执行。

① 编译方式：将源程序整个编译成目标程序，然后通过链接程序将目标程序链接成可执行文件。如C语言。

② 解释方式：将源程序逐句翻译，翻译一句执行一句，边翻译边执行，不产生目标程序。如BASIC语言和Perl语言。

常用的高级语言有：BASIC语言、PASCAL语言、FORTRAN语言、C语言等。

③ 面向对象的语言(Object - Oriented Language)：面向对象的语言是一类以对象作为基本程序结构单位的程序设计语言，用于描述的设计是以对象为核心，而对象是程序运行时刻的基本成分。使用这种语言，不必关心问题的解法和处理过程的描述，只要说明所要完成的加工和条件，指明输入数据以及输出形式，就能得到所要的结果，而其他工作都由系统完成。该种语言常用的有C++、JAVA等。

3. 数据库管理系统

数据库管理系统(Database Management System，DBMS)的作用是管理以各种数据结构存放的信息，是有效地进行数据存储、共享和处理的工具。目前，微型计算机系统中常用的单机数据库管理系统有：ACCESS、Visual FoxPro等，适合于网络环境的大型数据库管理系统有：Sybase、Oracle、DB2、SQL Server等。数据库管理系统主要应用于档案管理、财务管理、图书资料管理、仓库管理、人事管理等数据处理方面。

2.4.3 应用软件

应用软件可以用不同的方法分类，比如娱乐软件、个人软件、各种专业应用软件等。一般来讲，应用软件主要分为通用应用软件、专用应用软件和个人应用软件等类型。

1. 通用应用软件

通用应用软件是指功能单一、通用性强、一般在市场上可以购买到的应用软件，如Microsoft Office Word、金山WPS等各类文字处理软件，Microsoft Office Excel、IBM Lotus等各类电子表格软件以及众多的办公软件。

2. 专用应用软件

专用应用软件指提供给各类行业使用的专业性应用软件，如各类财务管理软件、计算机辅助设计软件、视频/音频编辑软件、制图及绘画软件、企业资源计划系统以及各类行业软件等。

3. 个人应用软件

个人应用软件指面向个人使用的各类软件和程序，如个人娱乐工具软件、教育/学习软件以及各类用户程序等。

运行上述应用软件都需要系统软件的支持，在不同的系统软件下开发的应用程序要在不同的系统软件下运行。正是由于这些为解决不同目的而产生的应用软件，才构成了计算机多样化的功能，才更加吸引人们投入到计算机的学习和应用中去。

习　题

2.1　微型计算机系统的发展经历了哪些阶段？各阶段的主要特征是什么？

2.2　微型计算机系统的硬件主要包括哪五个部分？各部分的功能是什么？

2.3　请说明冯·诺依曼型计算机系统的基本组成和工作方式。

2.4　请说明微型计算机的技术指标主要有哪些？

2.5　什么是计算机软件？微型计算机的软件主要有哪几类？区别是什么？

2.6　常见的操作系统有哪些？其主要特点是什么？

第3章　Windows 7 操作系统

3.1　操作系统的概述

Windows 操作系统是一款由美国微软公司开发的窗口化操作系统。采用了 GUI 图形化操作模式，使计算机变得简单易用、更具人性化，是目前世界上使用最广泛的操作系统。

1985 年，微软公司正式发布了第一代窗口式多任务系统——Windows 1.0。该操作系统的推出标志着 PC 机开始进入图形用户界面时代。1990 年微软推出 Windows 3.0，随后发布了 Windows 3.2 中文版本。不论是图形操作系统的稳定性，还是友好性，Windows 3.x 都有了巨大的改进。1995 年 8 月 24 日，微软推出具有里程碑意义的 Windows 95。Windows 95 是第一个独立的 32 位操作系统，并实现真正意义上的图形用户界面，使操作界面变得更加友好，使个人电脑走入了普及化的进程。1998 年 6 月，微软公司发布 Windows 98，与 Internet 的紧密集成是 Windows 98 最重要的特性，它让互联网真正走进个人应用。2000 年年初微软公司发布 Windows 2000，是第一个基于 NT 技术的纯 32 位的 Windows 操作系统，实现了真正意义上的多用户。2001 年 10 月 25 日，微软公司发布 Windows XP。2006 年微软公司发布 Windows Vista，进一步丰富了 Windows 家族成员，提高了产品性能。

2009 年 10 月 23 日微软公司发布 Windows 7，供个人、家庭及商业使用，一般安装于笔记本电脑、平板电脑、多媒体中心等。Windows 7 支持更多新硬件的功能，64 位版本支持超过 4GB 内存使用，多任务性能更好，具有出色的兼容性和稳定性以及更友好的图形界面。

3.2　Windows 7 的基本操作

3.2.1　启动和关闭

1. 启动

一般是加电启动，也即开启电源启动计算机。最常见的是从硬盘启动，操作系统是安装在计算机硬盘中的；也可以光盘启动，一般是由于计算机操作系统有损坏，或者需要对系统的一些关键文件进行操作；也可以 U 盘启动，将操作系统的安装文件下载到 U 盘，使用 U 盘为计算机安装操作系统；还有网路启动，使用网络接收网路服务器上的安装程序来启动计算机。

正常启动计算机后，进入 Windows 7 操作系统界面，如图 3-1 所示。

2. 关闭

最常用的关闭计算机方式，是在 Windows 7 桌面左下角单击“开始”按钮，在弹出的“开始”菜单中，单击右下角的“关机”按钮 关机 。如果想重新启动计算机，可以单击“关机”按钮右边的箭头，然后选择“重新启动”选项。

图 3-1　Windows 7 桌面

3.2.2　桌面布局

启动操作系统后用户所看到的屏幕区域称为桌面，在桌面上用户可以放置一些常用的文档、应用程序快捷方式或其他文件。

1. 桌面图标

桌面图标是图形界面操作系统常用的标识，代表的对象可以是文件、文件夹、应用程序等。双击桌面图标可以打开文件或文件夹，运行应用程序。

在桌面上安装操作系统后，默认有几个桌面图标，如“计算机”“我的文档”“网络”和“回收站”等。还有用户安装应用程序时，添加到桌面的应用程序快捷方式图标，如 Internet Explorer、Microsoft Excel 2013 等，双击图标，可以打开相应的应用程序。

2. “开始”菜单

Windows 操作系统中最重要的组件就是“开始”菜单，通过“开始”菜单可以快速运行或查看计算机中安装的应用程序、日常工具、系统维护工具以及附件等。

单击桌面左下角的“开始”按钮，打开“开始”菜单，再单击“所有程序”子菜单，在“开始”菜单左边显示计算机中安装的大部分程序，如图 3-2 所示。

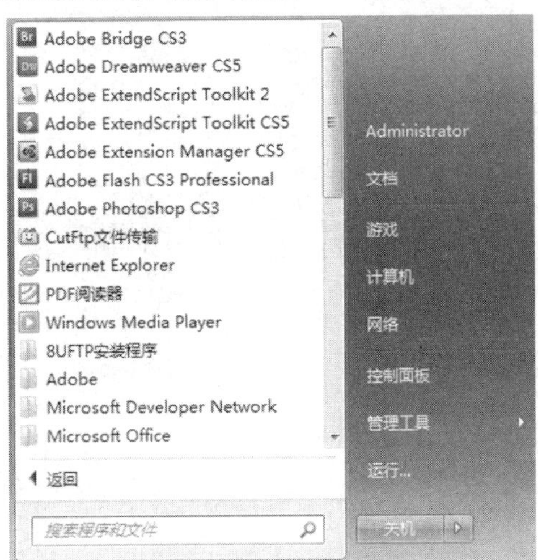

图 3-2　“开始”菜单

在“开始”菜单的左下角，有一个“搜索程序和文件”的搜索条，具有强大的搜索功能，在搜索条中搜索“PowerPoint”时，只要输入“po”就出现搜索结果列表，并且搜索结果是动态变化的，根据输入进度的不同，将会实时显示符合当前输入的搜索结果。在搜索条中输入程序名，还能启动应用程序。例如，可以在搜索条中输入“calc”，然后按[Enter]键，可以打开计算器程序。

“开始”菜单的右侧，是常用项目链接，主要包括有文档、计算机、图片、控制面板、设备和打印机、运行等。单击这些链接，可以打开相应的项目。

3. 任务栏和“开始”菜单属性

任务栏位于 Windows 桌面的底部，覆盖整个显示器。任务栏主要由“开始”按钮、应用程序图标、输入法和通知区域组成。当多个应用程序(多个任务)运行时，任务栏按钮区会显示正在运行的应用程序按钮，用鼠标单击某个任务按钮，可切换到对应的应用程序窗口。

在“开始”菜单的空白处单击鼠标右键或在任务栏上单击鼠标右键，弹出“任务栏”菜单，如图 3-3 所示，从菜单中选择“属性”选项，打开“任务栏和「开始」菜单属性”对话框，单击“自定义(C)…”按钮，在弹出的“自定义「开始」菜单”对话框中，可以对“开始”菜单进行调整，如图 3-4 所示。通过调整“开始”菜单的设置，可以满足不同用户对计算机的需求。

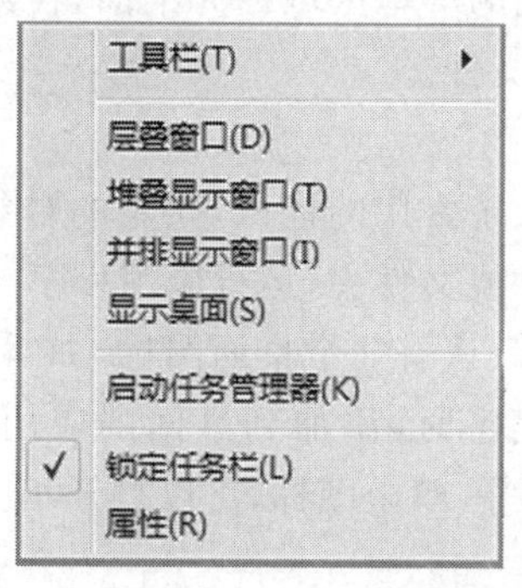

图 3-3 任务栏菜单

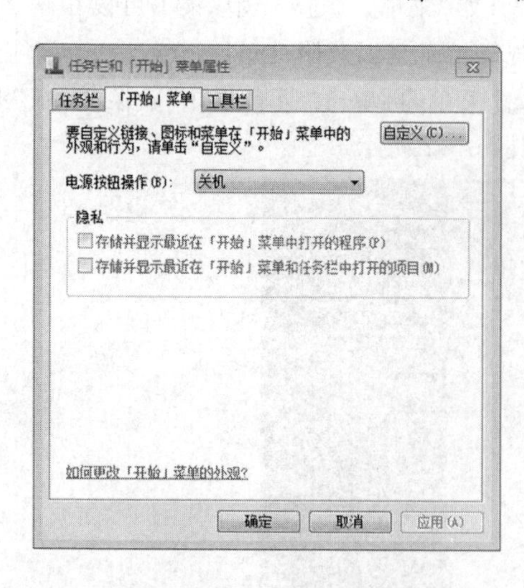

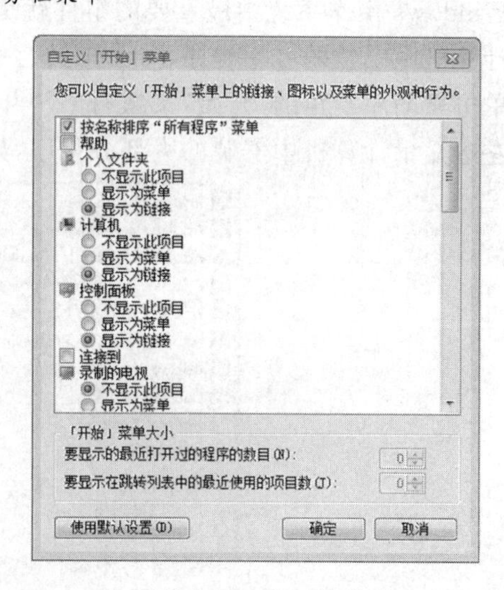

(a)任务栏和「开始」菜单　　(b)自定义「开始」菜单

图 3-4 任务栏和「开始」菜单属性以及自定义「开始」菜单

4. Windows 窗口

窗口是操作系统用户界面中最重要的部分，用户与计算机的大部分交互操作都是在窗口中完成的，运行一个应用程序实例就会打开一个 Windows 窗口。

双击桌面“计算机”图标，打开“计算机”窗口，如图 3-5 所示。窗口一般由标题栏、地址栏、菜单栏、工具栏、工作区和状态栏组成。每个窗口的右上角都有“最小化”“最大化”和“关闭”3 个按钮，可以显示 3 种窗口状态，用户可以自由调整窗口。

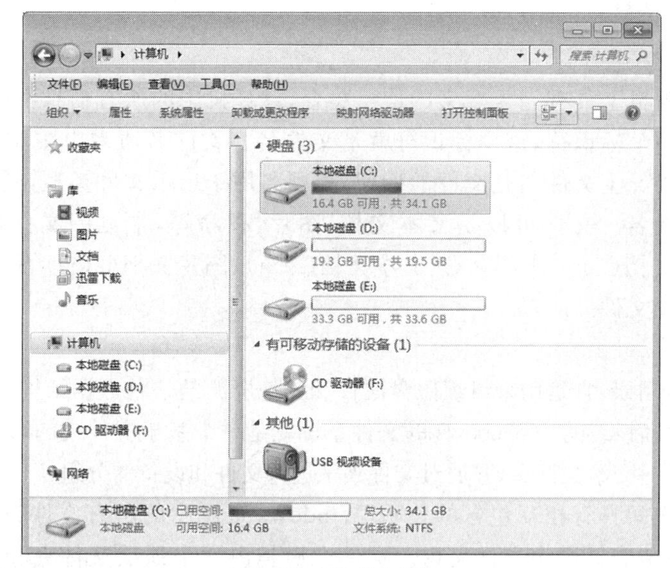

图 3-5　“计算机”窗口

5. 菜单

最常见的菜单是窗口顶部的菜单，它们是一直显示的，无须进行任何操作，就可以一直看到。大多数窗口顶部菜单都有“文件”“编辑”“查看”“工具”“帮助”等项，如图 3-5 所示。但有些菜单默认是不显示的，只有当鼠标单击某个按钮或按下某个键时，才会出现。大多数的程序都有鼠标右键菜单，也叫快捷菜单，在不同程序中单击鼠标右键，会出现不同菜单。

在桌面上单击鼠标右键，弹出桌面快捷菜单，如图 3-6(a)所示，可以设置桌面图标的查看方式、排列方式等。鼠标右键单击某个文件夹，弹出与该文件夹相关的快捷菜单，如图 3-6(b)所示。

(a)桌面快捷菜单

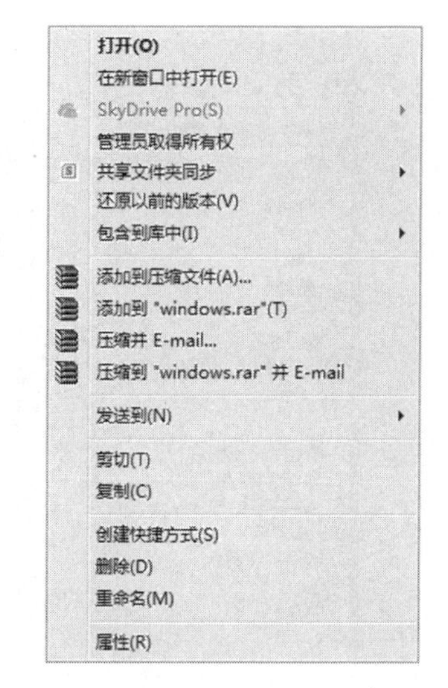

(b)文件夹快捷菜单

图 3-6　桌面快捷菜单和文件夹快捷菜单

3.3 文件管理

3.3.1 文件和文件夹

1. 文件

文件是一组逻辑上具有完整意义的信息集合，计算机中的所有信息都以文件形式存在，每个文件被赋予一个标识符，这个标识符就是文件名。文件名通常由主文件名和扩展名组成，中间用“.”连接。主文件名是文件的标识，扩展名用于指示文件类型，同一类型的文件有相同的图标和扩展名。文件可以是文本文档、图片、程序等，常见的文件类型和扩展名有 Microsoft Word 文档(.doc 或.docx)、文本文档(.txt)、图片文档(.jpg)等，可以通过资源管理器来浏览和查看文件。

2. 文件夹

文件夹又称为目录，它是用来组织磁盘文件和其他资源的一种数据结构，是为方便查找、维护和存储文件信息而设置的。Windows 的文件系统就是一个基于文件夹的管理系统，它将计算机的所有资源都统一交给文件夹，并通过文件夹来进行文件和设备的分组、归类管理。

由于文件夹之间具有相互包含的关系，Windows 资源中的所有文件夹构成一个层次型的树状结构，这种结构就称为文件夹树。文件夹树是由一个顶层文件夹和若干层子文件夹构成的目录结构，每一层中又可以包含相同的或不同的文件，通过文件夹树所设定的类别可以快速准确的查找出所需要的文件。

3.3.2 资源管理器

资源管理器是 Windows 的文件管理工具，除了可以完成文件的一般管理工作(如文件的建立、删除、复制等)外，还可以启动应用程序，管理打印机，对计算机资源进行设置和使用等。启动资源管理器的方法是，双击桌面上“计算机”图标，出现资源管理器窗口，如图 3-7 所示。

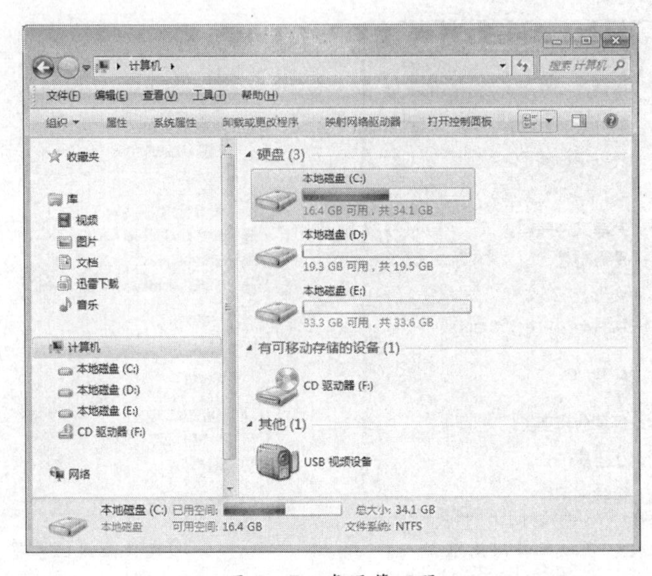

图 3-7 资源管理器

资源管理器的顶部是地址栏和搜索栏，地址栏能够提高用户查找和打开文件夹的效率。搜索栏与“开始”菜单中搜索条基本相同，但搜索栏更智能化，拥有更方便的筛选功能。

菜单栏位于地址栏下方，资源管理器默认情况下是看不到窗口顶部的菜单栏，因为菜单中的很多操作都能在鼠标右键快捷菜单中完成，如果需要显示窗口顶部菜单，按[Alt]键，资源管理器中的窗口顶部菜单会临时出现，当用户操作完成后会继续隐藏。

工具栏也在地址栏的下方，Windows 的工具栏按钮都是动态变更的，会根据不同文件夹显示不同的内容，例如在资源管理器中单击某个音乐文件，工具栏将会显示“播放”“刻录”等按钮。

导航窗格位于资源管理器的左边中部，分为“收藏夹”“库”“计算机”“网络”等几个部分，能辅助用户在不同应用中切换。

资源管理窗格位于中部，根据在导航窗格中选择的部分不同而显示不同内容。例如，选择“计算机”则显示本台计算机上的所有硬件设备和存储设备，选择某个文件夹，则显示该文件夹下的所有子文件夹和文件。

细节窗格位于资源管理器的底部，根据选择的内容，显示相应的信息。例如，选择本地磁盘 C，则显示 C 盘的大小、可用空间等信息。通过细节窗格可以了解文件的主要内容、标题等，并且这些信息可以用于搜索。

预览窗格位于资源管理器的右边中部，默认情况下预览窗格不显示，但可以单击工具栏右侧的“显示预览窗格”按钮 ，显示或隐藏预览窗格。

3.3.3 文件操作

在资源管理器中可以进行文件的建立、复制、移动、删除、更改和压缩等常用的操作。资源管理器中默认是不显示菜单栏，如果要一直显示菜单栏，可以在工具栏单击“组织”下拉按钮，选择菜单中的“布局”→“菜单栏”选项，资源管理器窗口顶部就会出现菜单栏，如图 3-8 所示，便于进行文件操作。

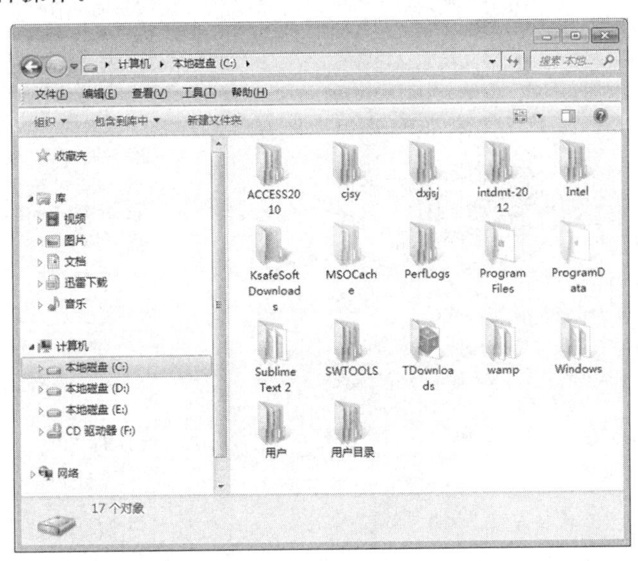

图 3-8 文件夹窗口

1. 新建文件或文件夹

在资源管理器的空白处，单击鼠标右键，弹出快捷菜单，鼠标移动到“新建”上，弹出“新建”菜单，如图 3 - 9 所示。

文件的创建一般是基于不同应用程序完成的，在新建菜单中可以建立多种文件，如 Microsoft Office 文档、文本文档、Adobe Flash 文档和压缩文档等。例如，单击“文本文档”命令，在当前磁盘或文件夹下建立一个空白的记事本文档，打开该文档，可以输入相应内容。单击“新建”菜单顶部的“文件夹”命令，则在当前目录下建立一个空白文件夹，可以用来存放文件。

2. 复制、移动和删除文件或文件夹

对文件进行操作要先选定文件，选定文件的方法有多种：单击鼠标左键，选择一个文件；选中一个文件，按住[Ctrl]键，继续选择下一个文件，可以选择多个不连续的文件；选中一个文件，按住[Shift]键，则可以选择多个连续文件。

复制文件是移动鼠标指针选中要复制的源文件或文件夹，单击窗口菜单中的“编辑”→“复制”命令，再选定要粘贴文件或文件夹的目标位置，单击窗口菜单中的“编辑”→“粘贴”命令，完成复制。也可在要复制的文件或文件夹上，单击鼠标右键，弹出快捷菜单，如图 3 - 10 所示。在快捷菜单中选择“复制”命令，然后在目标文件夹中再次单击鼠标右键，在弹出的快捷菜单中选择“粘贴”命令。还可选中要复制的文件，按[Ctrl＋C]组合键，然后在目标文件夹中，按[Ctrl＋V]组合键。

移动操作与复制操作类似，只是将“编辑”→“复制”命令，改为“编辑”→“剪切”命令即可。

删除文件或文件夹，可单击窗口菜单中的“文件”→“删除”命令，也可鼠标右键单击要删除的文件或文件夹，在弹出的快捷菜单中选择“删除”命令。还可选中要删除的文件，按[Delete]键。删除的文件或文件夹暂存在“回收站”中，可以在桌面上的“回收站”中查看和恢复被误删除的文件。

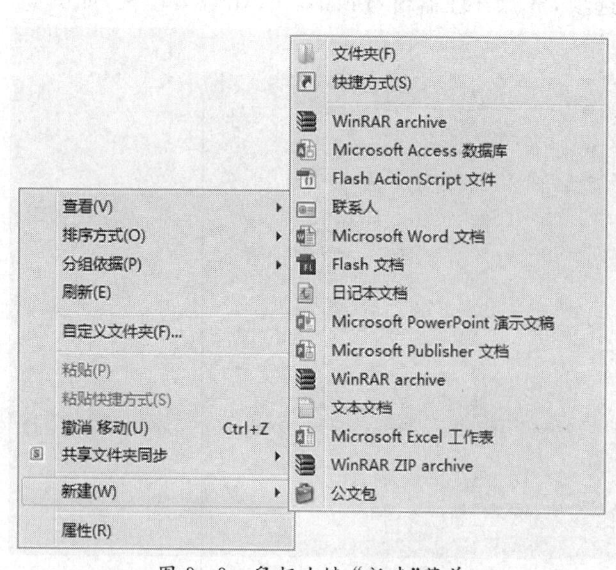

图 3 - 9 鼠标右键“新建”菜单

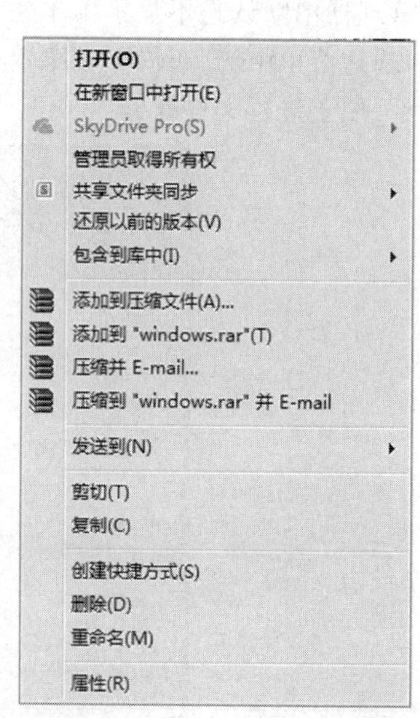

图 3 - 10 文件夹鼠标右键菜单

3. 重命名文件或文件夹

用鼠标右键单击要更改文件名的文件或文件夹，在弹出的快捷菜单中选择“重命名”命令，输入新的文件名。也可选中文件后，再次用鼠标左键点击文件名，文件名变为可修改状态，则可以修改文件名。

4. 设置文件属性

文件属性是附加在文件上的信息，可以帮助用户识别文件，使文件描述更加具体。鼠标右键单击某个文件，在弹出的快捷菜单中选择“属性”命令，弹出相应文件的“属性”对话框，如图 3－11 所示，可以看到文件的元数据信息。文件的部分属性可以由用户来设置，在对话框中，选择“只读”属性，可将文件设置为只读文件，表示该对象可以被打开读取内容，但不能对其做出修改和删除。选择“隐藏”属性，可隐藏文件，一般情况下看不到该文件，以免误操作。单击“高级”按钮，可以进行更多参数设置。

5. 压缩文件

压缩文件需要在计算机上安装一种压缩文件程序，常见的压缩文件是 WinRAR 软件，它是基于无损数据压缩的一种压缩文件格式，压缩比率高。

选定一个或多个文件，单击鼠标右键，弹出快捷菜单，如图 3－12 所示。在快捷菜单中选择“添加到压缩文件(A)…”命令，出现“压缩文件名和参数”对话框，可以输入压缩文件名，选择压缩文件格式、压缩方式和压缩选项等，完成文件压缩。还可在快捷菜单中选择“添加到‘ *.rar’(T)”“压缩并 Email…”命令，直接压缩文件。

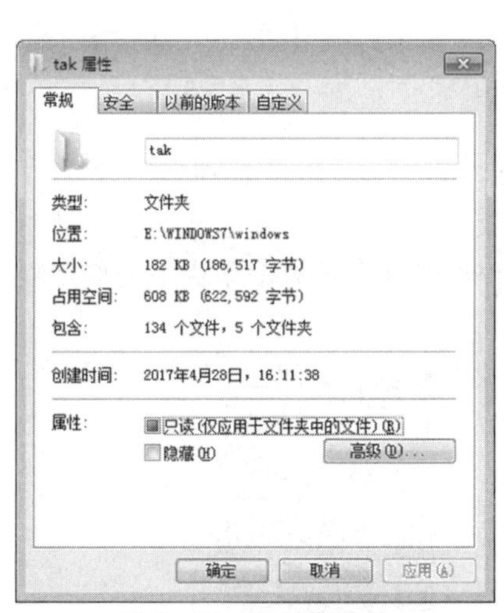

图 3－11　文件夹属性

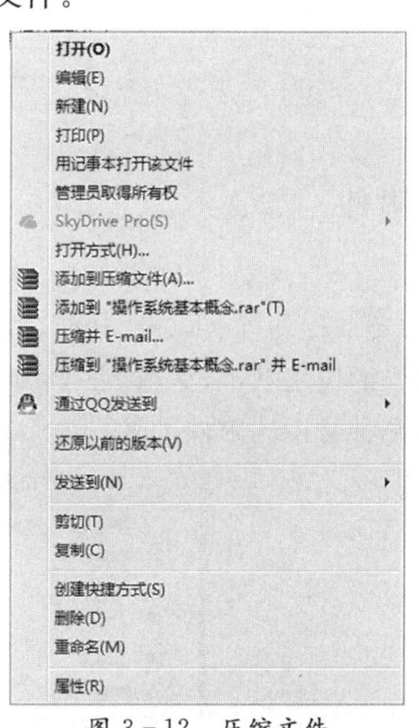

图 3－12　压缩文件

6. 查找文件和文件夹

搜索功能用于在当前计算机的工作环境下快速查找指定的文件、文件夹、网络上的计算机和用户等。可以直接在资源管理器的搜索栏中输入关键词，如图 3－13 所示，在输入的同时 Windows 便已经开始搜索，符合关键词的部分会以高亮形式显示。

图 3－13　按名称搜索

如果要按日期和大小搜索文件，可以加上搜索条件，如图 3－14 所示。在搜索栏中输入

“修改日期:”,则出现“选择日期或日期范围”条件框,选择相关日期;在搜索栏中输入“大小:”可以选择要查找文件的大小范围。

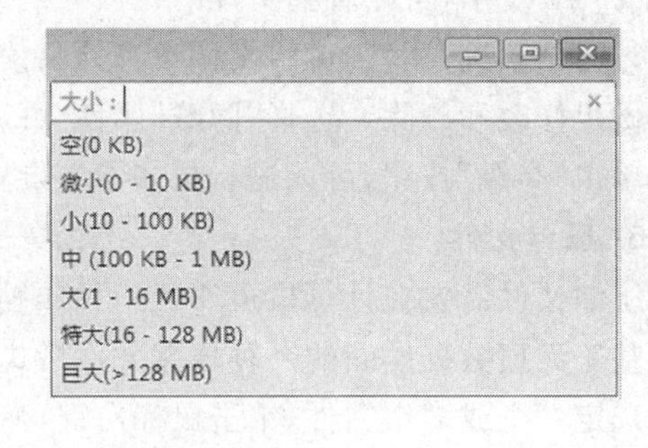

图 3-14 按修改日期或大小搜索

3.4 附件和桌面小工具

3.4.1 附件

附件是系统自带的一套工具包,里面包含了“Windows 资源管理器”“便笺”“画图”“计算器”等多种应用软件。单击“开始”按钮,选择菜单“开始”→“所有程序”→“附件”,显示附件中所包含的应用软件,如图 3-15 所示,单击程序名称即可启动附件中的应用程序。下面简单介绍几种常用的附件工具。

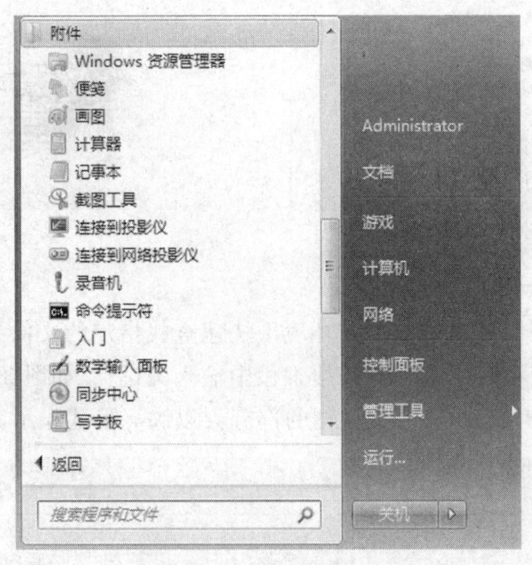

图 3-15 附件

1. 记事本

记事本的功能比较简单,用于纯文本文档的编辑,没有符号、图片和段落等排版功能,但由于运行速度快,占用空间小,非常适合于编辑一些篇幅短小、不带格式要求的文档,可以快速地将文章、网页文字保存起来。

选择"附件"→"记事本"命令,即可打开记事本编辑窗口,如图 3-16 所示。它的界面比较简洁,只有菜单栏没有工具栏,在此窗口中可以创建和编辑仅包含文字和数字的纯文本格式字符,其默认的保存格式是标准的 ANSI(美国国家标准化组织)字符集,并自动设置文件的扩展名为.txt。

记事本窗口中,"编辑"菜单,可以对记事本中文字进行复制、移动或删除等操作。记事本的"格式"菜单,可以设置文本的字体样式、字形以及字体大小;还可以"自动换行",使得每行字数按记事本窗口的大小动态调整,便于用户阅读。

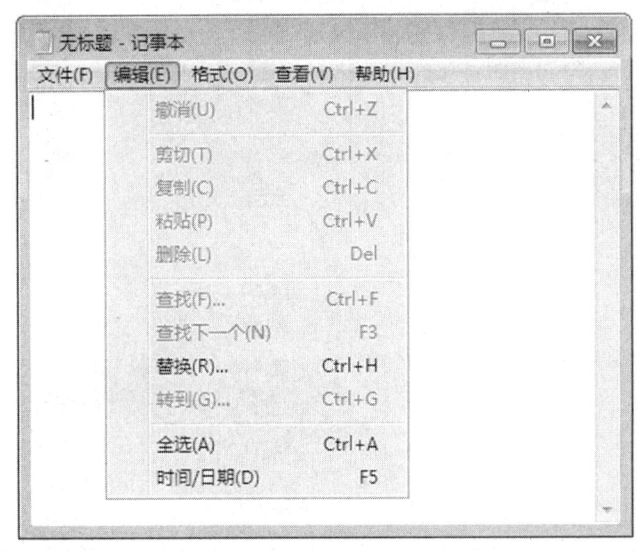

图 3-16　记事本窗口

2. 计算器

选择"附件"→"计算器"命令,启动计算器,如图 3-17 所示。打开计算器,默认的是标准型模式。计算器拥有多种模式,切换不同模式可以满足不同需要。

图 3-17　计算器标准型

在"查看"菜单中,单击"标准型""科学型""程序员""统计信息"等命令,可以在计算器的

4 种模式间切换。在“查看”菜单中,单击“单位换算”“日期计算”“工作表”等命令,可以在当前模式中扩展出来的窗格里,进行单位互相转换、日期加减计算和工作表的数据计算等。

3. 便笺

便笺是一个非常方便实用的小工具,用户可以随意创建便笺来记录需要提醒的事,如地址、电话号码、会议时间等,然后将便笺贴在计算机桌面上。

选择“附件”→“便笺”命令,可将便笺添加到桌面,如图 3-18 所示。在便笺中单击,变为可编辑状态,输入所需内容。

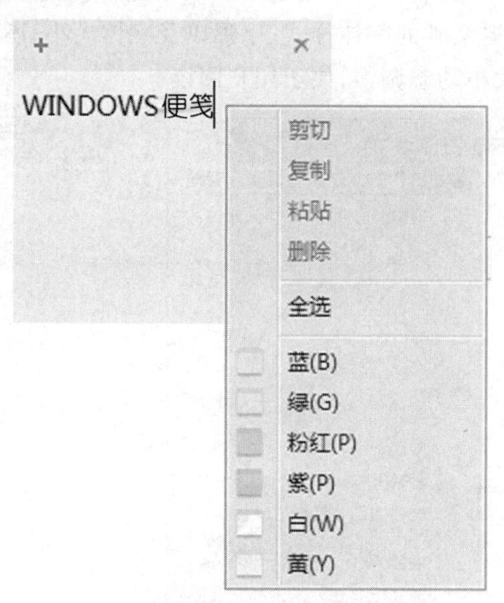

图 3-18 便笺工具

在便笺的标题处,单击“+”号,可以添加另一个便笺到桌面;单击“×”号,可以删除桌面上当前的便笺。在便笺上单击鼠标右键,弹出快捷菜单,有 6 种颜色选项,可以用来更改便笺颜色。

4. 截图工具

Windows 的截图工具不仅可以按多种形状截取图片,还可以使用铅笔工具和橡皮擦工具对截取的图片进行编辑,并可以复制已编辑的截图,或者将所截图形以多种图片格式保存到计算机中。

选择“附件”→“截图工具”命令,弹出“截图工具”对话框,如图 3-19 所示。在截图工具对话框中,单击“新建”按钮旁边的下拉按钮,有四种截图形状,选择一种截图形状,可以截取相应形状的图片。

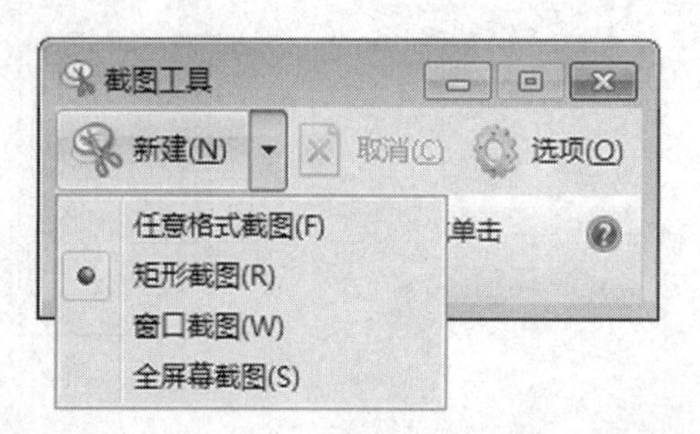

图 3-19 截图工具对话框

拖拽鼠标截取图形后，弹出“截图工具”窗口，如图 3－20 所示。在此窗口中，可以使用铅笔工具和橡皮擦工具编辑所截图形，可以将图形复制到其他文档中，也可以单击菜单“文件”命令，将截取的图形保存成图片文件。

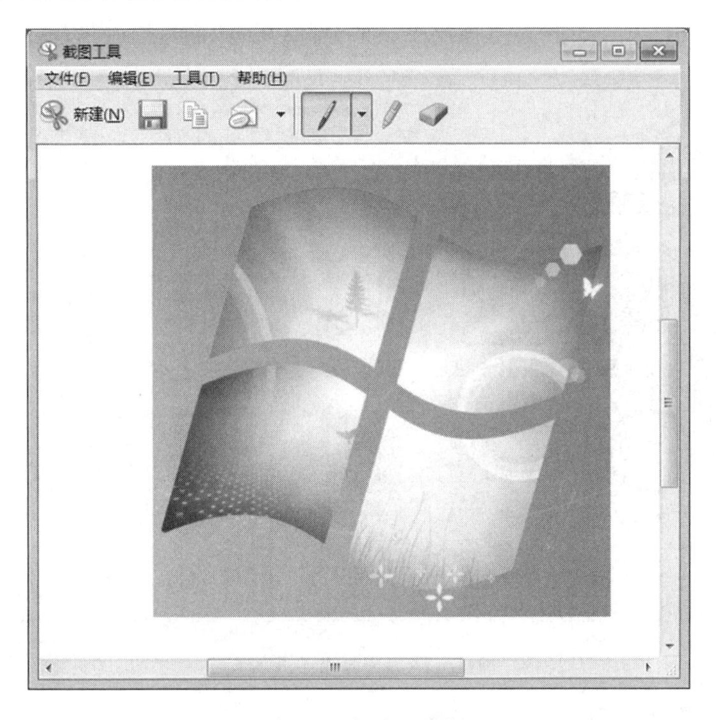

图 3－20 截图工具窗口

在“截图工具”对话框中，单击“选项”命令，弹出“截图工具选项”对话框，如图 3－21 所示。可以更改截图工具设置，如“隐藏提示文字”“总是将截图复制到‘剪贴板’”“退出前提示保存截图”等。

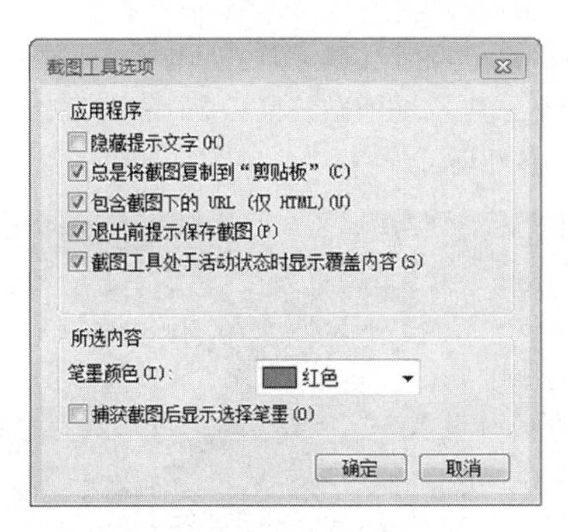

图 3－21 截图工具选项

3.4.2 桌面小工具

Windows 桌面小工具是不错的桌面组件，可以改善用户的桌面体验，例如在桌面放置时钟、日历或者天气等小牌子，可以实时关注这些信息。

1. 桌面小工具面板

桌面小工具面板可以轻松管理小工具，随时添加或删除小工具。选择菜单“开始”→“控制面板”→“桌面小工具”选项，弹出“桌面小工具”面板，如图 3-22 所示。选择一个小工具时，单击“显示详细信息”按钮，显示该小工具的介绍、版本、制造商等信息。

图 3-22　桌面小工具面板

2. 添加小工具到桌面和关闭小工具

添加小工具到桌面的方法有两种：一是在小工具面板选中小工具，单击鼠标右键，在快捷菜单中选择“添加”命令，小工具会自动添加到桌面的右侧顶部；二是在小工具面板选中小工具后按住鼠标左键，移动鼠标将其拖拽到桌面。放置在桌面上的小工具，可以调整大小并放在合适位置，如图 3-23 所示。

关闭小工具有两种方式：一是在小工具上单击鼠标右键，在弹出的快捷菜单中选择“关闭小工具”命令，可以关闭小工具；二是直接将鼠标指针移动至小工具上，此时小工具右上角出现三个按钮，单击“关闭”按钮即可。

图 3-23　时钟和日历小工具

3.5 系统设置和管理

3.5.1 个性化

Windows 为用户提供了更改桌面背景、窗口颜色、分辨率和屏幕保护等多种个性化设置。在桌面空白处单击鼠标右键，弹出的快捷菜单如图 3-24 所示，选择"个性化"命令，弹出个性化面板，如图 3-25 所示。

图 3-24 桌面右键菜单

图 3-25 个性化面板

1. 更改桌面背景

在个性化面板中，单击"桌面背景"选项，弹出"桌面背景"面板，如图 3-26 所示。可以选择已有的一个图片文件作为桌面背景，也可以选择多个图片文件创建一个幻灯片作为桌面背景。如果用户要用自己保存的图片文件作为背景，可以单击"浏览"按钮，在文件中选择图片，单击"保存修改"按钮即可。

图 3-26 桌面背景

2. 屏幕保护设置

在个性化面板中，单击“屏幕保护程序”选项，弹出“屏幕保护程序设置”对话框，如图 3-27所示。在屏幕保护程序下拉列表中选择一个屏幕保护程序，在“等待”框中设置等待时间，单击“确定”按钮，完成设置。

图 3-27 屏幕保护程序

3. 调整显示分辨率

在个性化面板的左下角，单击“显示”选项，在弹出的“显示”面板中，单击“更改显示器设置”选项，弹出“屏幕分辨率”面板，如图 3-28 所示。单击“分辨率”选取框右侧的下拉箭头，拖动滑块选择需要的分辨率。还可以通过方向选取框来选择显示方向，单击“确定”按钮，完成设置。

图 3-28　显示器分辨率

3.5.2　磁盘管理

磁盘管理功能是用来管理远程或本地计算机上的驱动器，如查看磁盘状态、磁盘清理和磁盘碎片整理等。

1. 查看磁盘状态

在资源管理器中选中一个分区也即磁盘(如 C 盘)，单击鼠标右键，在弹出的快捷菜单中选择“属性”命令，弹出该磁盘的属性对话框，如图 3-29 所示。

图 3-29　磁盘属性

在磁盘属性对话框的“常规”选项卡中，可以查看磁盘状态，了解磁盘的卷标、文件系统、磁盘总容量、已用空间和可用空间等。

2. 磁盘清理

在磁盘属性对话框的“常规”选项卡中，单击“磁盘清理”按钮，启动磁盘清理工具，该工具会扫描计算机中可以释放的内容，例如已下载的程序文件、Internet 临时文件、回收站、设置日志文件等。扫描完成后，弹出磁盘清理对话框，如图 3－30 所示。在对话框中，选中要清理的内容，单击“确定”按钮。

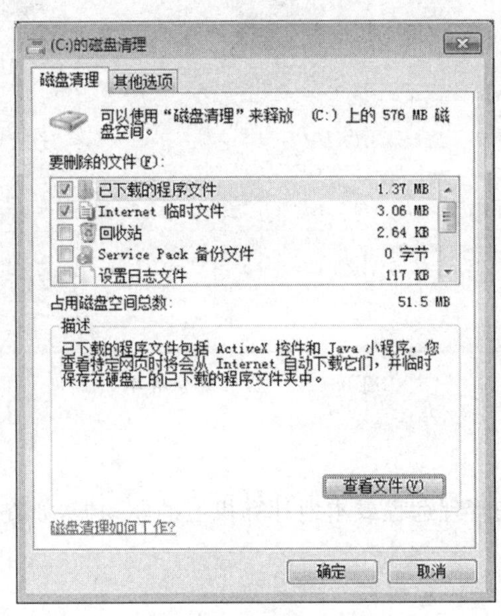

图 3－30 磁盘清理

3. 磁盘碎片整理

存储在计算机中的文件时间长了会导致系统产生磁盘碎片，使用磁盘碎片整理工具整理磁盘中的碎片文件，可以改善磁盘性能，优化磁盘。在磁盘属性对话框中，选择“工具”选项卡，如图 3－31 所示。

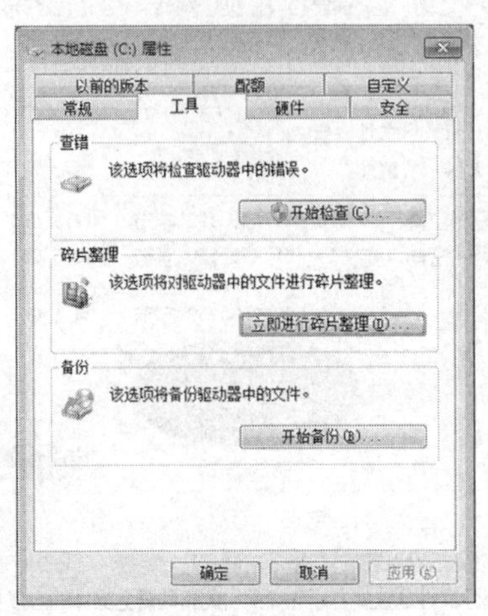

图 3－31 工具选项

单击“立即进行碎片整理”按钮，弹出“磁盘碎片整理程序”对话框，如图 3－32 所示。在对话框中，可以看到所有磁盘，选中一个磁盘分区，单击“分析磁盘”按钮可以开始分析分区中的磁盘碎片。分析完成后，单击“磁盘碎片整理”按钮，开始碎片整理。

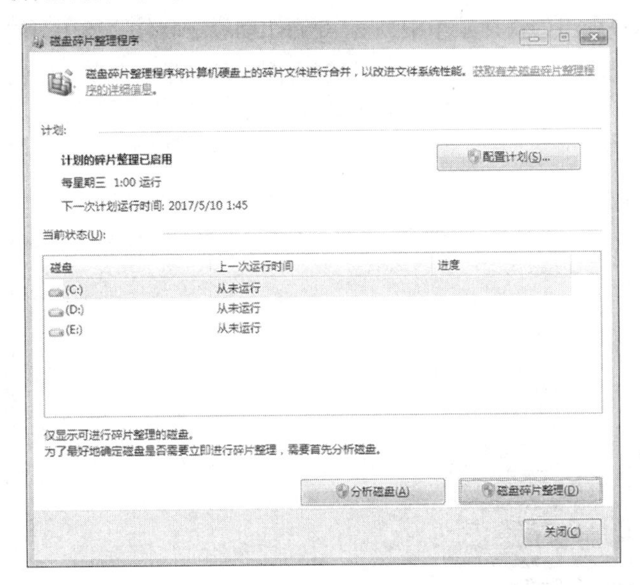

图 3-32　磁盘碎片整理

3.5.3　系统配置和硬件管理

1. 系统配置

在桌面的“计算机”图标上单击鼠标右键，在弹出的快捷菜单中选择“属性”命令，弹出“系统”面板，如图 3-33 所示。通过该窗口，可以了解本地计算机中的 Windows 版本信息、处理器(CPU)的型号、内存大小、系统类型、计算机名称等一些基本信息。

图 3-33　计算机系统

2. 硬件管理

在“系统”面板中，单击“设备管理器”选项，弹出“设备管理器”窗口，如图 3-34 所示。在窗口中可以看到本计算机的所有设备，主要有“处理器”“磁盘驱动器”“计算机”“监视器”“网络适配器”“显示适配器”等。单击某一项会显示设备的具体列表，如单击“处理器”，显示有两个 CPU 设备。双击某个设备，弹出该设备属性对话框，可以查看具体的属性和驱动程序名称等。在某个设备上单击鼠标右键，在弹出的快捷菜单中列有“更新驱动程序软件”“禁用”和“卸载”等。

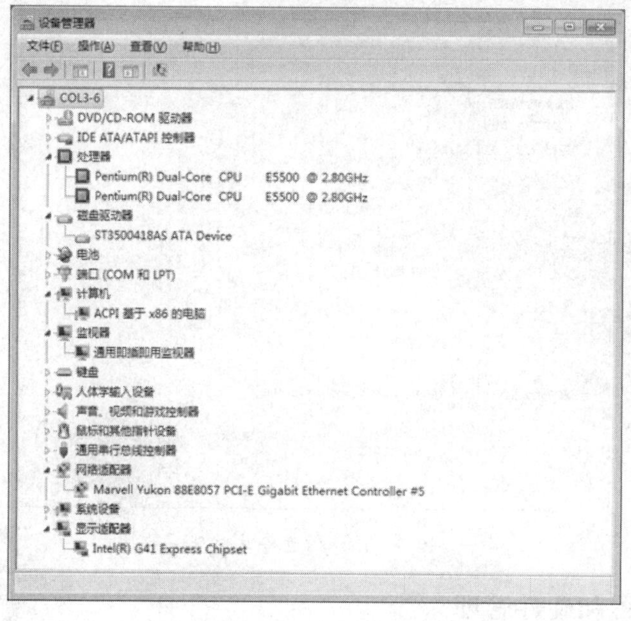

图 3-34 设备管理器

3.5.4 网络配置

1. 网络连接

计算机连接网络需要连接设备，也即网卡（也称网络适配器）。Windows 中网络的建立、配置和连接等网络操作都可以在“网络和共享中心”面板中完成。

在桌面的“网络”图标上单击鼠标右键，在弹出的快捷菜单中选择“属性”命令，弹出“网络和共享中心”窗口，如图 3-35 所示，在窗口中可以查看活动的网络状态以及网络接入方式。单击“更改适配器设置”选项，弹出“网络连接”面板，面板中显示本机所有的网络连接，包括本地连接和用户建立的网络连接。本地连接是指正常工作的网络适配器，在计算机操

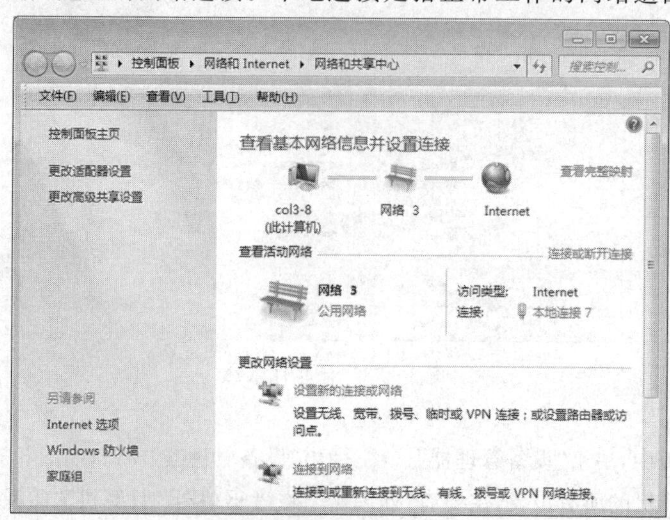

图 3-35 网络和共享中心

作系统安装好后始终处于活动状态；网络连接是指用户手动设置的无线、宽带、拨号等专用网络，由各地的互联网服务提供商（Internet Service Provider，ISP）提供，是一项收费服务。

2. 网络参数配置

计算机在网络中要与其他设备进行通信，就必须要有 Internet 协议（版本为 TCP/IPv4 和 TCP/IPv6），才能正常访问 Internet，浏览网页、下载文件、在线聊天等。因此计算机网络连接时要有一个有效的 IPv4 地址。

在“网络和共享中心”窗口中，单击右侧中部的“本地连接”选项，在弹出的“本地连接”对话框中单击“属性”按钮，弹出“本地连接属性”对话框，如图 3-36 所示。选中网络项目中的“Internet 协议版本 4（TCP/IPv4）”复选框，单击“属性”按钮，弹出“TCP/IPv4”属性对话框，如图 3-36 所示。一般情况下可用“自动获得 IP 地址”实现配置。如果需要配置网络参数，则要向计算机的网络管理员索要参数进行配置，如配置 IP 地址、网关、DNS 服务器等。

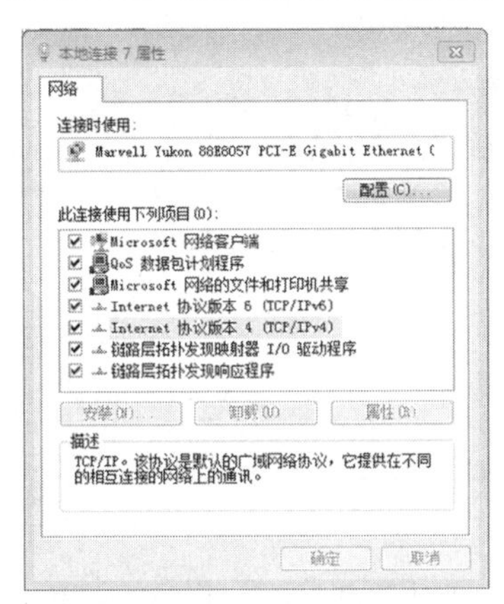

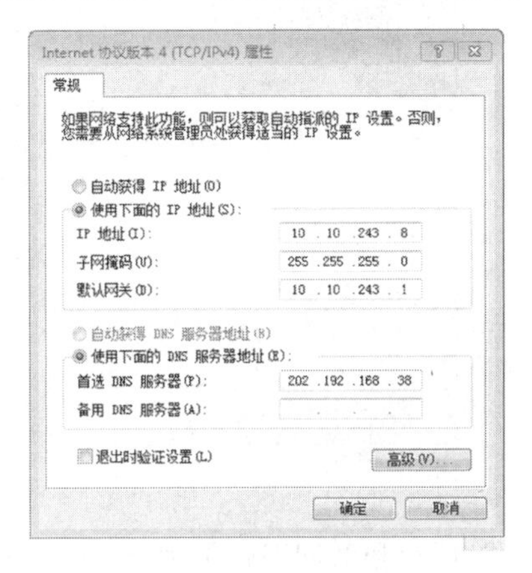

（a）本地连接　　　　（b）Internet 协议版本 4

图 3-36　本地连接和 Internet 协议版本 4

3.5.5　控制面板

控制面板在 Windows 中是非常重要的面板，方便用户对操作系统进行设置和管理。通过它能快速找到需要的设置，大多数的系统设置都能在控制面板中找到。

单击“开始”菜单中的“控制面板”命令，打开“控制面板”窗口，如图 3-37 所示。其中的

图 3-37　控制面板

有些设置，通过在桌面的“计算机”“网络”等图标上单击鼠标右键，以及单击桌面右键菜单就可以进行设置，此处简单介绍“时钟、语言和区域”以及“程序”设置的方法。

1. 时钟、语言和区域

在“控制面板”中，单击“时钟、语言和区域”选项，打开“时钟、语言和区域”面板，如图 3－38 所示。

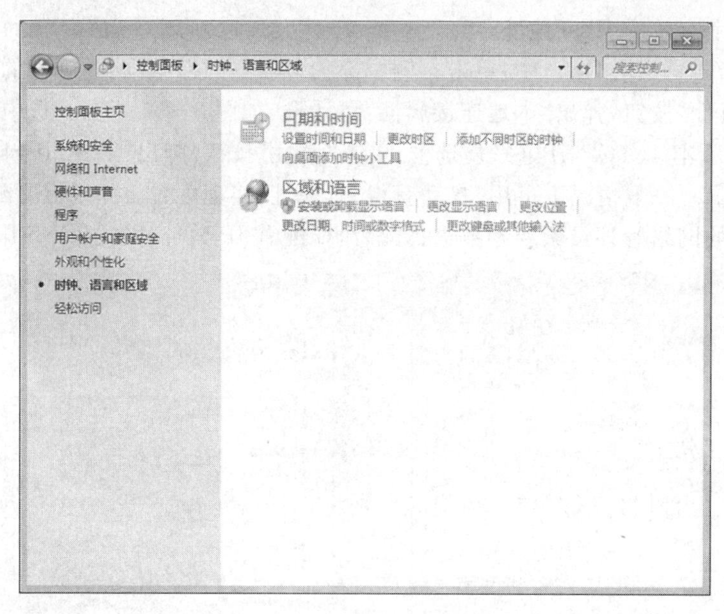

图 3－38 时钟、语言和区域

单击“设置日期和时间”选项，弹出“日期和时间”对话框，如图 3－39 所示。也可以在桌面任务栏最右侧，单击时间日期显示处，在出现的对话框中，单击“日期和时间”选项，打开“日期和时间”对话框。默认的是与计算机同步的自动时间，一般不需要调整。也可以单击“更改日期和时间”按钮，调整和校对时间，更改日历设置等。单击“更改时区”按钮，则可以选择不同时区。

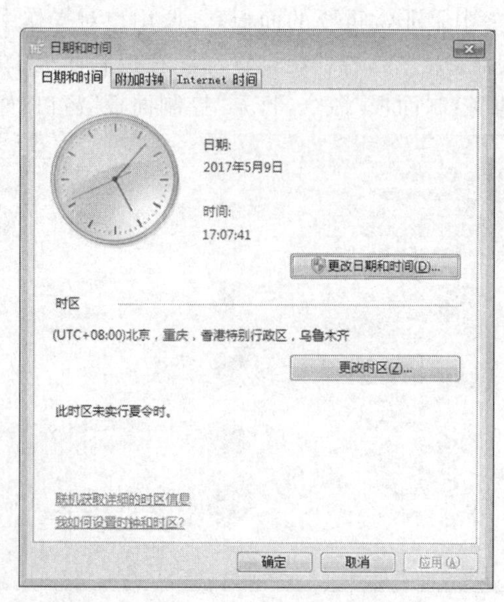

图 3－39 日期和时间

2. 卸载程序

在“控制面板”中,单击“程序”选项,打开“程序”面板,如图 3-40 所示。包括“程序和功能”“默认程序”“桌面小工具”等。

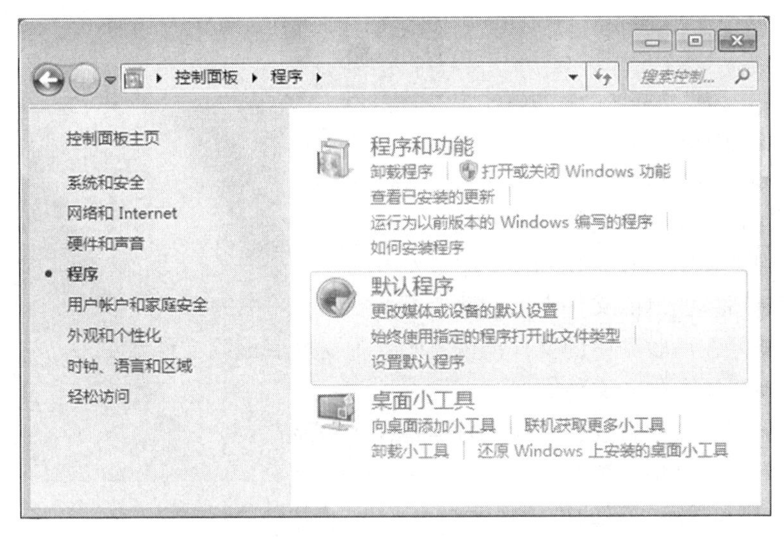

图 3-40 程序

单击“程序和功能”选项,弹出“程序和功能”面板,如图 3-41 所示。大多数应用程序在安装后,都会将卸载程序添加到“程序和功能”面板中,在该面板中,可以管理计算机中所安装的程序以及 Windows 功能。

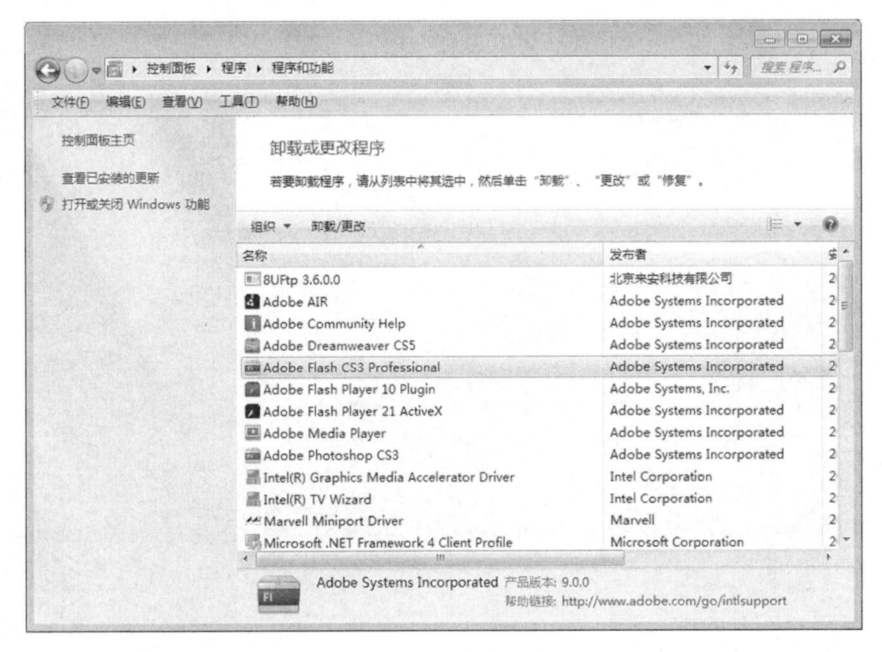

图 3-41 卸载程序

在“程序和功能”面板右侧的列表中,选中一个要卸载的程序,在“卸载或更改程序”下方出现“卸载/更改”选项,单击此选项,进入卸载程序,将不需要的程序卸载,节省磁盘空间,提高系统运行速度。

有些应用程序在安装时,会将程序以及卸载程序的快捷方式都放进"开始"菜单中,并将卸载程序放在程序的安装位置,因此可以直接在"开始"菜单或者资源管理器中使用卸载程序进行卸载。

习 题

3.1 简述操作系统的主要功能?

3.2 Windows 7 的桌面元素有哪些?

3.3 如何设置文件和文件夹的属性?

3.4 如何查找 C 盘中的所有 jpg 图片?

3.5 复制、移动、删除文件夹的方法有哪些?

3.6 被删除在回收站中的文件能恢复吗? 如何彻底删除文件?

3.7 如何压缩文件和文件夹?

3.8 如何更改桌面背景? 如何设置屏幕保护程序?

3.9 如何配置网络参数?

3.10 如何卸载不需要的应用程序?

第4章　文字处理软件 Microsoft Word 2013

4.1　Microsoft Word 2013 的概述和基本操作

4.1.1　Microsoft Word 2013 的特点

微软公司推出的 Microsoft Office 2013 集成自动化办公软件套件是 Microsoft Office 2010 套件的升级版本。主要包含的组件有：文字处理软件 Microsoft Word 2013、电子表格软件 Microsoft Excel 2013、演示文稿制作软件 Microsoft PowerPoint 2013、数据库管理软件 Microsoft Access 2013、电子邮件管理软件 Microsoft Outlook 2013 等。Microsoft Office 2013 在操作界面上做了进一步的优化，更加简洁新颖，其中的“文件选项卡”呈现一种全新的面貌，使得用户操作起来更高效直观。

Microsoft Word 2013 是 Microsoft Office 2013 套件中最重要的组件之一，因为其强大的文字处理功能而成为用户数量最多的一款文字编辑处理软件。Microsoft Word 2013 与 Microsoft Word 2010 相比较，功能和界面等方面都有了一定的提高。新增功能主要包括：

(1) 全新的阅读体验。Microsoft Word 2013 增加了全新的阅读模式，可以实现阅读对象的缩放、插入文档中的联机视频在文档窗口内观看、方便快捷地展开和折叠应用了标题样式的文档正文或者副标题。文字也会配合屏幕尺寸自动重新排列，使用户不再因界面而分心，专注于内容的阅读，自动创建书签功能使用户可以快速回到上次离开的阅读位置。

(2) 添加了润饰和样式。可以创建更加美观和更有吸引力的文档，可以处理更多种类的媒体类型。增添了一些有新特色的模板供用户选用。可以直接将 PDF 格式文档打开并像普通的 Word 文档一样随心所欲地对其进行编辑。增加的实时版式和对齐参考线可以用于调整或者移动图片、形状对象以及方便对象与文本之间的位置对齐。

(3) 协同处理能力。在同步办公上更加强大，可以在云中保存和共享文件，帮助用户更好地与他人协同工作。

4.1.2　Microsoft Word 2013 的启动与退出

1. 启动

如果计算机已经安装好了 Microsoft Word 2013(以下简称 Word 2013)，可以采用如下方法来启动 Word 2013：

(1) 单击任务栏上的菜单“开始”→“所有程序”→“Microsoft Office”→“Microsoft Word 2013”，如果最近启动过 Word 2013，也可以直接在“开始”菜单下找到完成启动。

(2) 如果在桌面已经有建立好的 Word 2013 应用程序快捷图标，双击该快捷方式。

(3) 通过双击已经保存在磁盘中的 Word 2013 文档来启动 Word 2013。

Word 2013 启动时，自动显示“开始屏幕界面”，如图 4-1 所示。

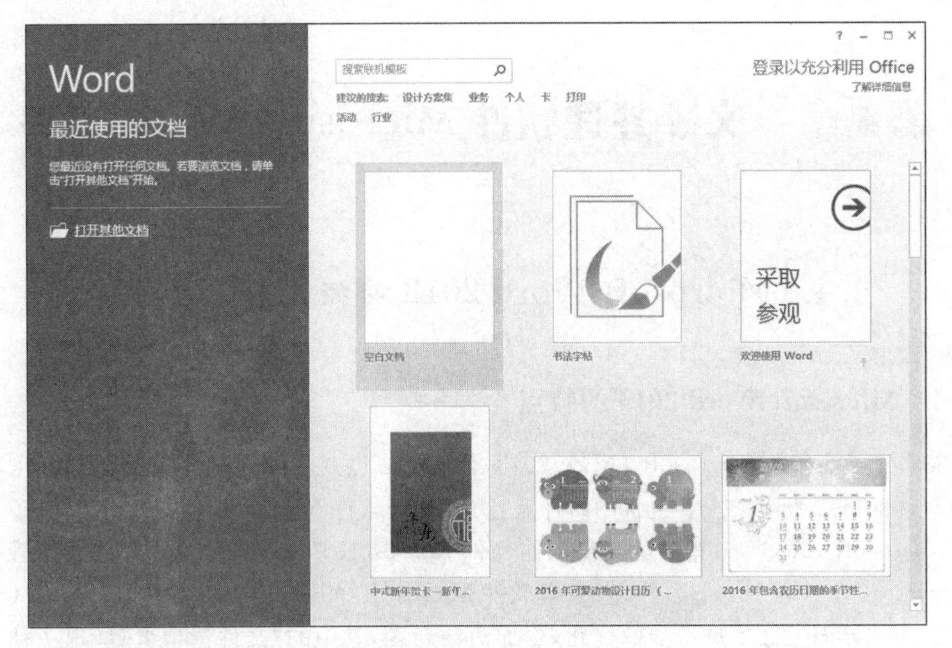

图 4－1 开始屏幕界面

2. 退出

可以通过以下方法退出 Word 2013：

(1) 单击 Word 2013 应用程序窗口右上角控制按钮中的“关闭”按钮 ×。

(2) 单击快速访问工具栏上的图标，选择“关闭”命令。

当应用程序窗口中的文档内容有修改且没有保存时，Word 2013 就会弹出如图 4－2 所示的对话框，要求用户做出选择：单击“保存”按钮表示保存文档再退出；单击“不保存”按钮表示不保存文档直接退出；单击“取消”按钮表示不退出 Word 2013 应用程序。

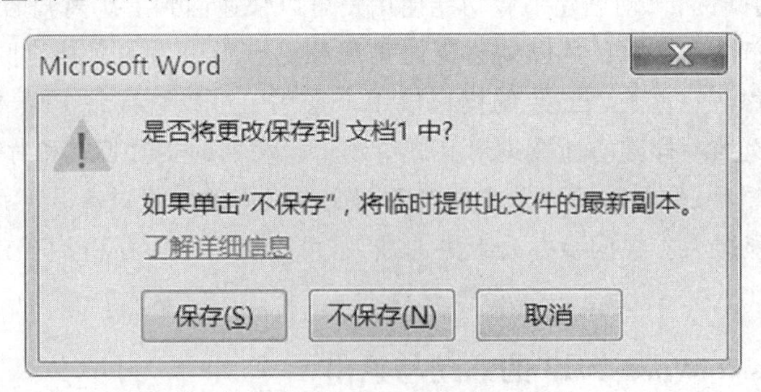

图 4－2 是否保存文档对话框

4.1.3 Microsoft Word 2013 的窗口介绍

启动 Word 2013 后，用户可以在如图 4－1 所示的开始屏幕中选择新建空白文档，或者使用 Word 2013 提供的各种功能模板创建文档。如单击“空白文档”选项后，Word 2013 应用程序窗口如图 4－3 所示。

具体组成部分如下：

(1) 标题栏位于窗口的最上方，主要显示的信息形如“ * - Microsoft Word”，其中“ * ”表示当前正在窗口中被编辑的文档文件名。

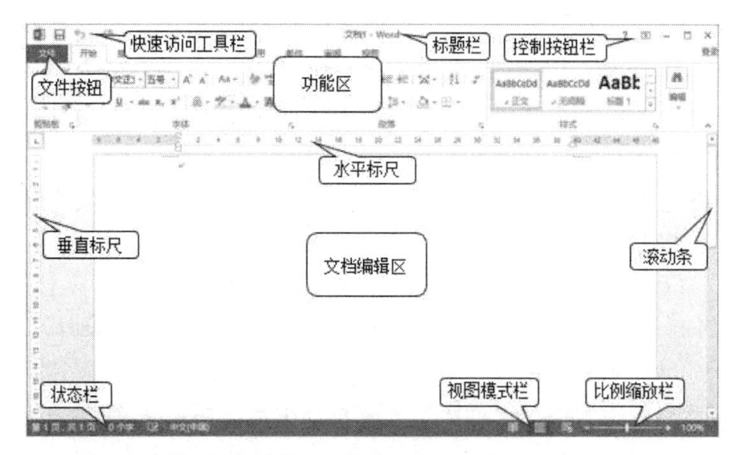

图 4-3　Microsoft Word 2013 窗口组成

(2) 控制按钮栏位于窗口最上方的右侧部分，包括 Word 2013 帮助，功能区显示选项，最小化，还原/最大化和关闭共 5 个按钮。

(3) 文件按钮。通过该按钮可以获得和文件相关的所有操作，包括“新建”“打开”“保存”“另存为”“打印”等。单击“文件”按钮，打开“文件”操作界面，界面的左侧为命令选项区域，右侧显示当前命令的下级命令或者操作选项。

(4) 功能区是位于标题栏和水平标尺之间的部分。功能区包括了 Word 2013 几乎所有的操作命令，由多个“选项卡”和对应的命令组成。选项卡包括“开始”“插入”“页面布局”“引用”“邮件”“审阅”“视图”等。每个选项卡的命令分成多个组放置，比如“开始”选项卡的命令分为“剪贴板”“字体”“段落”“样式”“编辑”5 个组。通常组的右下角有一个“对话框启动器”按钮 用来打开组的命令对话框。单击控制按钮栏中的“功能区显示选项”按钮 可以设置“自动隐藏功能区”“显示选项卡”“显示选项卡和命令”。

(5) 标尺分为水平标尺和垂直标尺。水平标尺位于功能区下方、文档编辑区之上；垂直标尺位于文档编辑区左侧，主要用来显示文档内容的位置以及调整页面边距和段落的缩进。

(6) 文档编辑区即水平标尺之下、状态栏之上的工作区域，是放置 Word 2013 文档内容的地方。编辑区包括的其他元素有插入点、选取区等。

(7) 滚动条。当需要查看的文档内容没能显示在当前屏幕时，可以通过滚动条来调整。水平和垂直方向各有一个滚动条。

(8) 状态栏。位于窗口最下方左侧。主要用于显示当前文档的信息。比如当前页码、总页数、总字数等信息。

(9) 视图模式栏位于窗口最下方。共有“页面视图”“阅读版式视图”“Web 版式视图”3 个按钮，用来切换文档的查看方式。通常在编辑文档的时候，多使用“页面视图”，这是一种所见即所得模式。

(10) 比例缩放栏位于视图模式栏的右侧。通过点击比例缩放栏中的“+”“-”按钮或者使用鼠标拖动滑块，可以方便地调节文档编辑区的显示比例。

4.1.4　新建文档

1. 空白文档的建立

如果用户需要创建的是一个空白文档，可以用如下方法：

(1) 启动 Word 2013,在如图 4-1 所示的“开始屏幕”界面单击右侧的“空白文档”按钮，

(2) 单击“文件”→“新建”命令,在右侧的“新建”窗格中单击“空白文档”按钮。

在新建的空白文档窗口,用户可以根据需要进行文档内容的输入和编辑工作。

2. 其他类型文件的建立

为方便用户快速生成一些特定格式的文档,如贺卡、日历、报告、个人简历等,Word 2013 还提供了丰富多彩的各种模板,用户可以根据这些模板来快速生成所需要的文档。如想生成的文档是一份个人简历,则操作步骤如下：

(1) 单击“文件”→“新建”命令,在“新建”窗格中单击“简历(永恒设计)”按钮,弹出如图 4-4 所示的“简历”设计对话框；

(2) 在对话框中,单击“创建”按钮 创建 ,系统自动生成简历框架文档；

(3) 将个人的相关信息在文档的对应位置输入,则可快速生成一份个人简历。

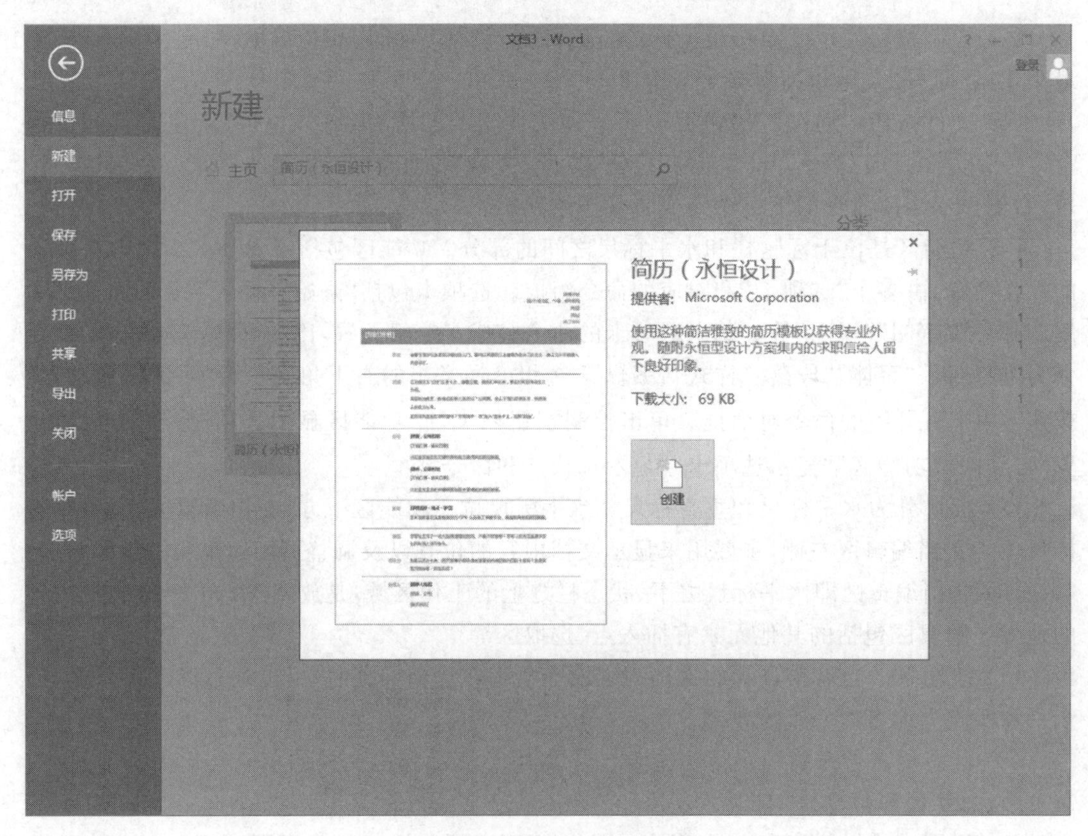

图 4-4 “简历”设计对话框

4.1.5 保存文档

用户将内容录入或者修改好后,一定要存盘。屏幕上显示出来的信息如果不存盘,一旦遇上停电或者死机等意外情况,内容将可能丢失。为了避免造成不必要的损失,应养成操作过程中定时保存文档的习惯。保存文档的方式有两种:“保存”和“另存为”。

1. 文档的“保存”

如果文档的文件名和保存的位置不需要更改,则可通过如下操作选择“保存”方式来存盘：

(1) 单击"文件"→"保存"命令；

(2) 单击快速访问工具栏上的"保存"按钮。

通常系统不做任何提示会自动保存文档修改结果。但是，如果该文档是首次存盘，系统会弹出"另存为"对话框，要求用户输入文档保存的位置和名称。

2. 文档的"另存为"

如果对当前修改的文档要以其他文件名或位置保存，则单击"文件"→"另存为"命令，在弹出窗口中，选择文件保存的位置或者单击"浏览"按钮，打开如图4-5所示的"另存为"对话框，调整保存的相关信息。其中，"文件夹"区域用于设置文件保存的磁盘位置；"文件名"栏用于输入保存时的文件名；"保存类型"栏用于选择文件保存的类型。默认类型为"Word 文档(*.docx)"。

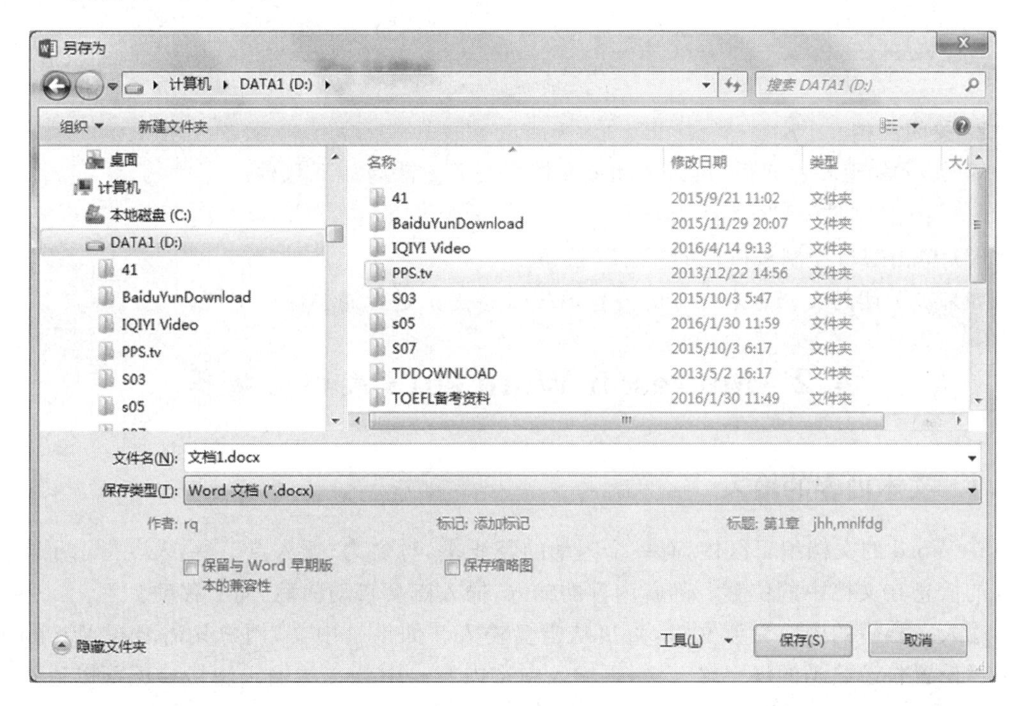

图4-5 "另存为"对话框

4.1.6 打开和关闭文档

1. 打开文档

如果用户要查看或编辑保存在磁盘中的某个文档，必须先在 Word 2013 中打开该文档，可以采用的打开文档方式如下：

(1) 在"计算机"或"资源管理器"中找到该文件，双击该文档将其打开。

(2) 单击"文件"→"打开"命令。

(3) 单击快速访问工具栏的"打开"按钮。

使用后两种方法，Word 2013 都会打开"文件"窗口，选择最近打开过的文档或者单击"计算机"→浏览按钮，打开如图4-6所示的"打开"对话框，在该对话框中选择文档所在的位置及需要打开的文档，最后单击"打开"按钮 打开(O) ，完成该文档的打开操作。

图 4-6 “打开”对话

2. 关闭文档

Word 文档编辑完成后,可以关闭该文档。关闭方法有如下几种:

(1) 单击“文件”→“关闭”命令。

(2) 单击窗口控制按钮栏的“关闭”按钮 ×。

如果被关闭的文档有未保存的内容,Word 将提示是否需要保存文档。

4.2 Microsoft Word 2013 文档的编辑

4.2.1 文本内容的输入

在 Word 的文档编辑区内,有一个闪动的竖线 |,称之为“插入点”。插入点指示了当前输入的信息在文档中的位置。随着内容的输入,插入点会自动向后、向下移动。

输入文档中的内容为英文时,直接从键盘输入。如果是中文,用户只需要在 Windows 任务栏设置自己熟悉的汉字输入法,再输入中文内容。中英文的输入法切换还可以通过按组合键[Ctrl+Shift]切换。

在输入内容时,应该注意以下问题:

(1) 在每行的末尾不要按[Enter]键换行,只需继续输入内容,插入点会自动转入下一行。只有在一个自然段结束时才需要按[Enter]键换行。

(2) 段首和文字之间不要用空格键来产生首行文字的缩进,应该用格式设置方法实现。具体方法将在后续内容中介绍。

(3) 利用[Delete]或[Backspace]键删除不需要的字符。按一次删除一个字符。其中按[Delete]键用于删除插入点右侧的字符,按[Backspace]键则删除左侧的字符。

在处理文档的过程中,常需要插入一些特殊的内容到文档中,比如键盘上没有的特殊符号、日期和时间等。

1. 特殊符号的插入

当用户想输入的是数学符号、希腊字母、货币符号等此类符号时,可以用如下步骤实现,以输入符号“℃”为例:

(1) 将插入点定位到目标位置；

(2) 在功能区单击“插入”→“符号-符号”命令 Ω符号▾（此处表示先选择“插入”选项卡，再单击“符号”组中的“符号”命令 Ω符号▾，后面操作类似），在其下拉菜单中可以看到部分常用符号，再单击“其他符号”命令，弹出“符号”对话框。如图 4-7 所示；

(3) 在对话框中的“符号”选项卡内，拖动滚动条，查找到符号“℃”，单击选中；

(4) 单击“插入”按钮。

图 4-7 “符号”对话框

2. 日期和时间的输入

如果需要在文档中的某个位置插入当前系统的日期和时间，可用如下步骤实现：

(1) 将插入点定位到目标位置；

(2) 单击“插入”→“文本-日期和时间”命令 日期和时间，弹出如图 4-8 所示的“日期和时间”对话框；

图 4-8 “日期和时间”对话框

（3）在“可用格式”列表框中选择需要的样式，如果希望插入的内容为动态的，则同时选择“自动更新”复选框；

（4）单击“确定”按钮。

4.2.2 文本的选定

1. 光标的定位

移动插入点到合适的位置，常常是编辑文档内容时首先要做的工作。移动插入点的方法主要有：

（1）利用鼠标：移动鼠标到合适的位置，单击鼠标。

（2）利用键盘：主要按键和功能如下：

[↑][↓][←][→]：插入点分别向上下逐行、左右逐字移动。

[PageUp][Page Down]：插入点分别向上或下翻一屏。

[Home][End]：插入点分别移动到行首或行尾。

（3）利用命令：单击“开始”→“编辑-查找”命令查找，在其下拉菜单中选择“转到”，弹出如图4-9所示的“查找和替换”对话框，默认选中“定位”选项卡，在“定位目标”列表框中单击要移至位置的类型，如选择“页”，接着在右边的“输入页号”栏输入页码，单击“定位”按钮将插入点定位到指定页的页首。

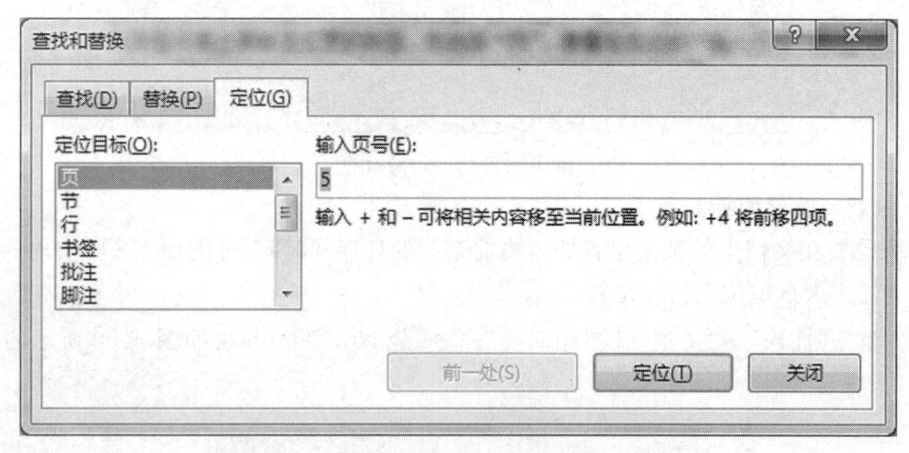

图4-9 “查找和替换”对话框的“定位”选项卡

2. 选定文本

在编辑文本的过程中，用户常需要对成行、成段甚至全文进行复制、移动、删除操作，这些操作首先要做的就是选定要操作的文本内容。掌握正确的方法，可以使用户快捷准确地选取文本。常用方法有：

（1）利用鼠标：在文本范围内直接拖动鼠标。

（2）利用[Shift]键：将插入点定位到需选中文本的开始之处，按住[Shift]键不放，鼠标再单击需选中文本的结尾处。

（3）利用选取区：选取区是指文档窗口左侧的一片空白区，鼠标移动到该区域时呈现为右斜箭头。利用选取区选文本的方式有：

单击选取区：选定鼠标指向的一行文本；

双击选取区：选定鼠标指向的一段文本；

三击选取区：选定全文。

在选取区上下拖动鼠标：可选中拖动范围内的连续多行文本。

这些选取方法，用户可根据情况来选用。如被选定文本不在同一屏显示时，用第(2)种比第(1)种方法方便。如果是整段或全文的选取，用方法(3)较方便。

无论采用哪种方式，被选定的文本都将呈现选中状态(背景为灰色)。要取消选定，只需单击鼠标即可。

4.2.3　文本的编辑修改

文本的编辑修改包括删除、复制、移动等。

1. 删除文本

前面介绍了利用[Delete]和[Backspace]键删除单个字符，配合文本的选定，还可以实现大块文本的删除，具体步骤为：

(1) 选定需要删除的文本；

(2) 按[Delete]键，或者单击"开始"→"剪贴板-剪切"命令剪切。

2. 复制文本

对文档编辑过程中重复出现的文本或者段落，可以通过复制的方法快速获得。具体步骤为：

(1) 选定需要复制的文本；

(2) 单击"开始"→"剪贴板-复制"命令复制；

(3) 将插入点定位到复制的目标位置；

(4) 选择"开始"→"剪贴板-粘贴"命令将文本保留源格式复制到目标位置。

如果单击"粘贴"命令的下拉箭头，在弹出的下拉菜单中可以根据需要选择更多粘贴文本的方式，其中：可保留全部复制内容按源格式粘贴、可将复制内容源格式清除，合并为目标位置格式、仅粘贴复制内容中的文本，清除格式和非文本内容。

3. 移动文本

如果想在文档编辑时，移动某些内容的位置，比如段落的交换等，具体步骤为：

(1) 选定需要移动的文本；

(2) 单击"开始"→"剪贴板-剪切"命令剪切；

(3) 将插入点定位到移动的目标位置；

(4) 单击"开始"→"剪贴板-粘贴"命令将内容移动到目标位置。

4.3　Microsoft Word 2013 的文档格式排版

在 Word 中输入文档的内容后，为了使文档的布局更美观，通常还需要对文档进行字符、段落等格式设置以展示特定的风格。

4.3.1　设置字符格式

字符格式是指字符的外观，包括字体、字形、字号、字体颜色、缩放、边框、底纹、间距、动态效果等属性。其中字体、字形、字号、字体颜色、下划线等属于字符的基本格式。

1. 字符格式的设置方法

设置字符格式的方法有多种，常用的方法包括："开始"选项卡中的"字体"组的命令按钮、"字体"对话框、浮动工具栏。

(1)"开始"选项卡中的"字体"组的命令按钮。

"开始"选项卡中的"字体"组的命令按钮及功能如图 4-10 所示。

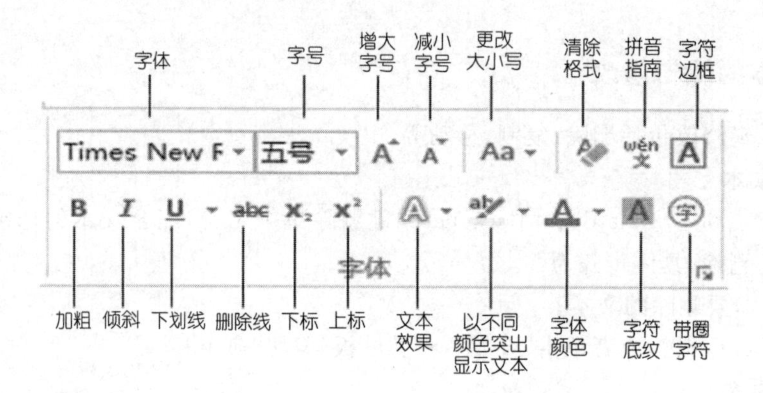

图 4-10 "开始"选项卡"字体"组

通过"字体"组的命令按钮设置字符格式，只需先选中文本，再单击相应的命令按钮就可以完成字符格式设置。如果命令按钮右侧有下拉箭头▾，则单击箭头可以展开该命令的下拉列表，在下拉列表中选择子命令完成设置。

(2)"字体"对话框。

单击"开始"→"字体-显示'字体'对话框"按钮，打开"字体"对话框。"字体"对话框包括"字体""高级"两张选项卡，如图 4-11 所示。

"字体"选项卡可以设置字符的字体、字形、字号、字体颜色、下划线等常用字符格式。"高级"选项卡可以设置字符的高级格式，如字符的缩放、间距等。

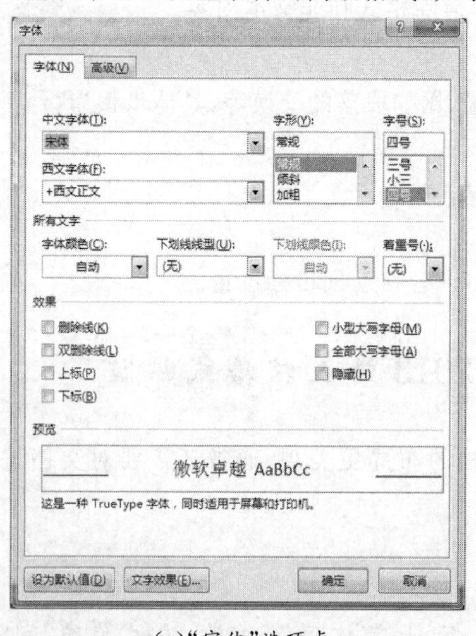

(a)"字体"选项卡

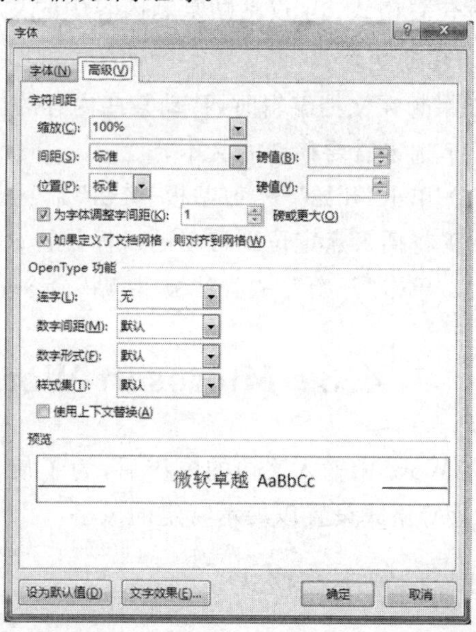

(b)"高级"选项卡

图 4-11 "字体"对话框

（3）浮动工具栏。

浮动工具栏是 Microsoft Office 2007 版本之后新增的功能，用来帮助用户快速设置选定文本的常见字符格式和段落格式。通过浮动工具栏可以设置的字符格式主要包括：字体、字号、字形、字体颜色、增大字号、缩小字号、拼音指南等。

选中需要设置格式的文本，鼠标箭头上方会自动打开浮动工具栏，如图 4－12 所示。单击浮动工具栏上的命令按钮可以完成相应的字符格式设置。

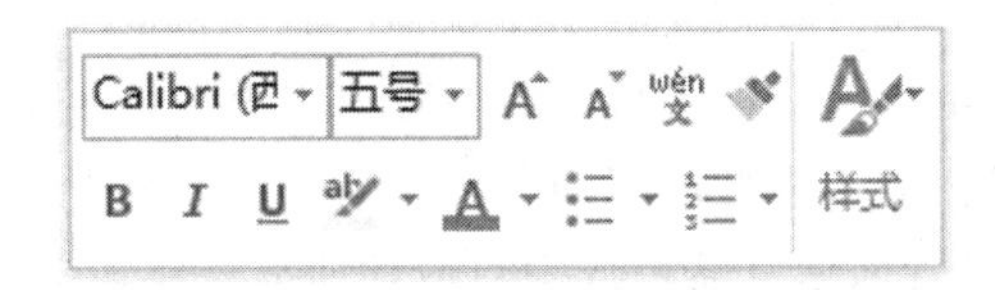

图 4－12　浮动工具栏

2. 字体的设置

Word 2013 提供了多种常用的中文和西文字体，还可通过操作系统添加其他的字体。字体设置的操作步骤为：

（1）选中需要修改字体的文本；

（2）单击“开始”→“字体-字体”命令 宋体 ，在其下拉列表选择需要的字体；或在“字体”对话框“字体”选项卡的“中文字体”栏“西文字体”栏选择需要的字体；或通过浮动工具栏“字体”按钮选择需要的字体。

3. 字号的设置

Word 2013 的字号有两种表示方法。第一种按照中文的“初号”“一号”“二号”……逐次减小；另一种用阿拉伯数字“5”“6”“7”……由小到大递增。设置方法与字体的设置方式类似，通过单击格式工具栏的“字号”命令按钮 五号 选择设置；或者通过“字体”对话框的“字体”选项卡的“字号”栏设置；或者通过浮动工具栏的“字号”按钮设置。

4. 字形的设置

Word 2013 的字形设置是指字符在保持已有的其他字符格式的基础上，是否加粗、倾斜。与字体的设置方式类似，通过单击“字体”组的“加粗”命令按钮 B 或者“倾斜”命令按钮 I 完成设置；或者通过“字体”对话框的“字体”选项卡的“字形”栏设置；或者通过浮动工具栏的“加粗”“倾斜”按钮设置。

5. 字体颜色的设置

Word 2013 字体颜色的设置方法与字体的设置方式类似，通过单击“字体”组的“字体颜色”命令按钮 A ，在其下拉列表中选择设置颜色；或者通过“字体”对话框的“字体”选项卡的“字体颜色”栏设置；或者通过浮动工具栏的“字体颜色”按钮设置。

6. 字符边框和字符底纹的设置

在文档编辑过程中，可以通过添加边框来将文本与文档中的其他部分区分开来，也可以通过应用底纹来突出显示文本。单击“字体”组的“字符边框”命令按钮 A 为选中文本添加边框；单击“字符底纹”命令按钮 A 为选中文本添加底纹。

7. 字符的缩放和字符间距的设置

字符的缩放和字符间距的设置属于高级字符格式，只能通过“字体”对话框的“高级”选项卡来完成设置。字符的缩放主要是指将字符在水平方向上拉宽或变窄。字符间距指相邻字符之间的间隔距离。设置字符缩放和间距的操作步骤为：

(1) 选中要更改的文本；

(2) 单击“开始”→“字体-对话框启动器”按钮，打开“字体”对话框；

(3) 单击“高级”选项卡，如图 4-11(b)所示，如需设置字符缩放比例，则在“缩放”栏输入或选择想要的百分比；如需设置字符间距，则在“间距”栏选择“加宽”或“紧缩”，然后在右侧的“磅值”栏调整具体的间距磅值。

4.3.2 设置段落格式

Word 2013 将文档中用“↵”来标记结束的一段内容当做是一个段落。段落格式的设置包括段落的对齐方式、缩进、段落内部的行间距、段落间的间距、制表位等。

字符格式的设置，在设置前通常需要选中对应的所有文本。而进行段落格式的设置，可以不用选中整个段落，只需要将插入点放入该段的任意位置就可直接设置格式。

1. 段落格式的设置方法

进行段落设置的方法有：“开始”选项卡中的“段落”组的命令按钮、“段落”对话框、水平标尺、浮动工具栏。

(1) “开始”选项卡中的“段落”组的命令按钮。

“开始”选项卡中的“段落”组的命令按钮及功能如图 4-13 所示。

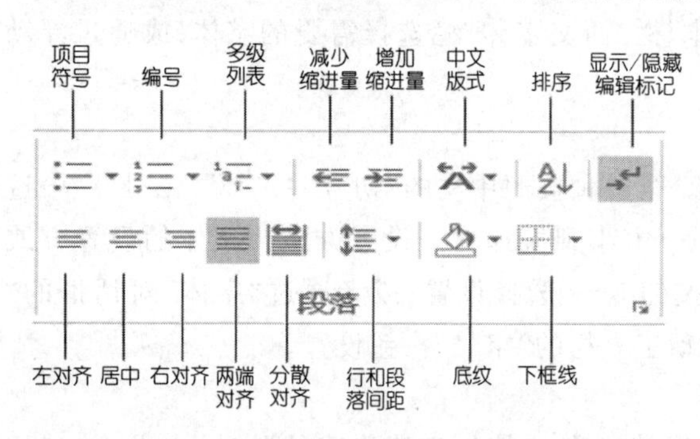

图 4-13 “开始”选项卡“段落”组

(2) “段落”对话框。

单击“开始”→“段落-显示‘段落’对话框”按钮，打开“段落”对话框，如图 4-14 所示，在“缩进和间距”选项卡可以进行常用段落格式的设置。如段落的对齐方式、段落的缩进、段落的间距等。

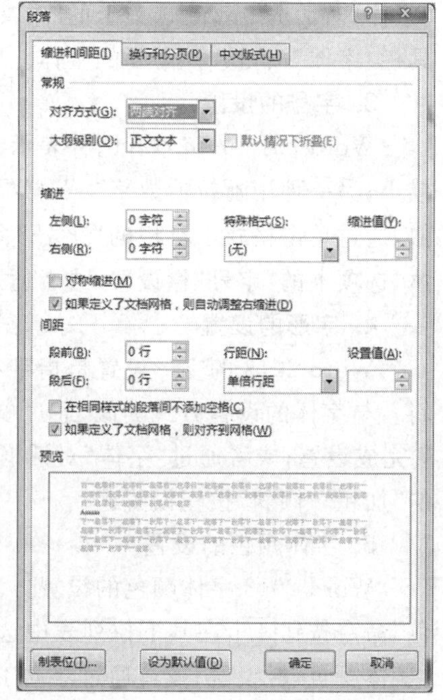

图 4-14 “段落”对话框

(3) 水平标尺。

水平标尺上与段落格式相关的按钮、游标及功能如图 4-15 所示，主要用来设置段落的缩进。拖动标尺上的游标可以设置首行缩进、悬挂缩进、左缩进和右缩进。

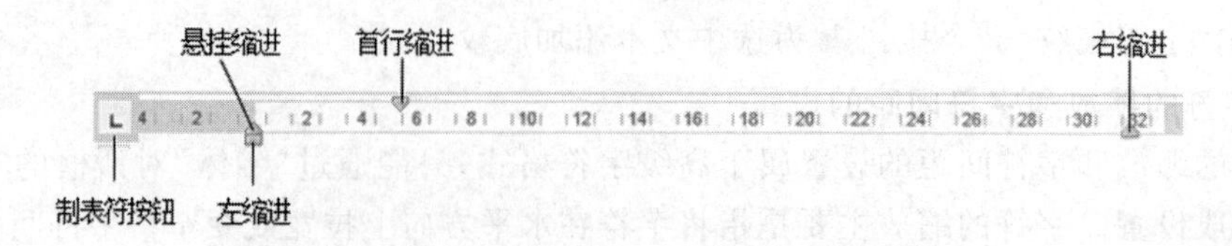

图 4-15 水平标尺上与段落格式相关的按钮、游标

(4) 浮动工具栏。

选中需要设置格式的文本，鼠标箭头上方会自动打开如图 4-12 所示的浮动工具栏。通过浮动工具栏可以设置的段落格式主要包括项目符号和编号等。单击浮动工具栏上的"项目符号"命令按钮 和"编号"命令按钮 可以完成相应的段落格式设置。

2. 段落对齐方式的设置

段落的对齐方式是常用的段落格式设置。具体的对齐方式有左对齐、居中对齐、右对齐、两端对齐和分散对齐等。例如设置段落居中对齐，具体步骤为：

(1) 选中需要设置居中对齐的段落；

(2) 单击"开始"→"段落-居中"命令按钮 ；或者打开如图 4-14 所示的"段落"对话框，在"缩进和间距"选项卡的"常规"栏"对齐方式"中选择"居中"。

3. 段落缩进的设置

段落的缩进包括整个段落的左右缩进、首行的缩进与悬挂缩进。可以通过拖动水平标尺对应的游标来完成。也可以在如图 4-14 所示的"段落"对话框的"缩进和间距"选项卡的"缩进"栏设置：左右缩进通过调整该栏"左侧""右侧"列表框的值进行设置；首行缩进与悬挂缩进则通过该栏"特殊格式"和"度量值"列表框进行设置，通常是先在"特殊格式"列表框中选择方式，接着在"磅值"列表框调整缩进的量。

几种段落缩进的效果如图 4-16 所示。注意观察水平标尺上游标的位置变化。

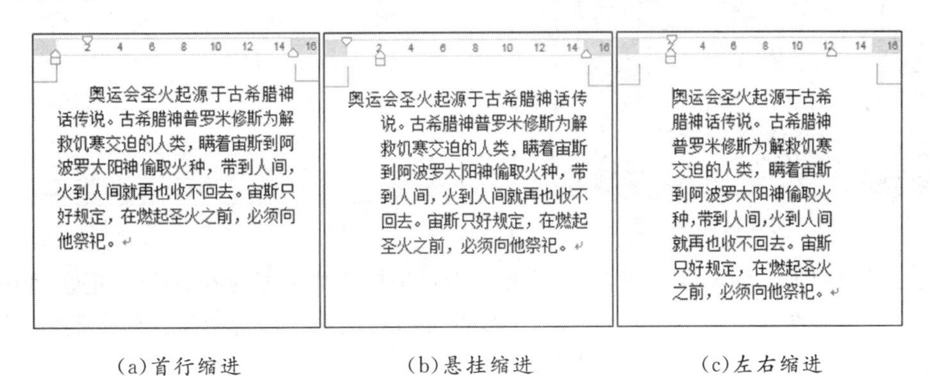

(a)首行缩进　　(b)悬挂缩进　　(c)左右缩进

图 4-16　几种段落缩进的效果

4. 段落间距的设置

段落的间距包括段落内部的行间距和当前段落与其前后段落之间的间距。段落的间距主要通过如图 4-14 所示的"段落"对话框的"缩进和间距"选项卡的"间距"栏设置。

行间距可以通过单击"段落"组的"行和段落间距"按钮 设置；或者通过"缩进和间距"选项卡的"间距"栏的"行距"和"设置值"列表框设置，在"行距"列表框中选择行距类型即可。如果选择的类型为"多倍行距""最小值""固定值"，还可以在"设置值"列表框中调整具体的数字。

段与段之间的距离通过"段前"和"段后"列表框进行设置。

5. 制表位的设置

在文档的编辑过程中，常需要编排如图 4-17 所示的定位编辑格式的内容，如果采用制表位的方法来制作，将会更方便，也更易于内容的修改。

具体的步骤如下：

（1）选定要在其中设置制表位的段落；

（2）单击“开始”→“段落-对话框启动器”按钮，打开“段落”对话框，单击对话框中的“制表位”按钮，弹出如图4－18所示的“制表位”对话框。在“制表位位置”栏，键入新制表符的位置，在“对齐方式”下，选择对齐方式，然后单击“设置”按钮，如此反复；

（3）设置好制表位的标尺形如：8 10 12 14 16 18 20 22 24 26 28 31；

（4）按键盘的[Tab]键，插入点跳至第1个制表位位置，输入“姓名”；再按[Tab]键，插入点跳至下一制表位，输入“部门”……

姓名	部门	补贴
赵小洋	采购	235.5
马丽丽	人事	70.5
李晓丹	财务	250.5
吴清清	销售	325.0
王勇	生产	1230.5
张君华	技术	80.5
张胜华	品控	1120.5

图4－17 定位编辑格式示例

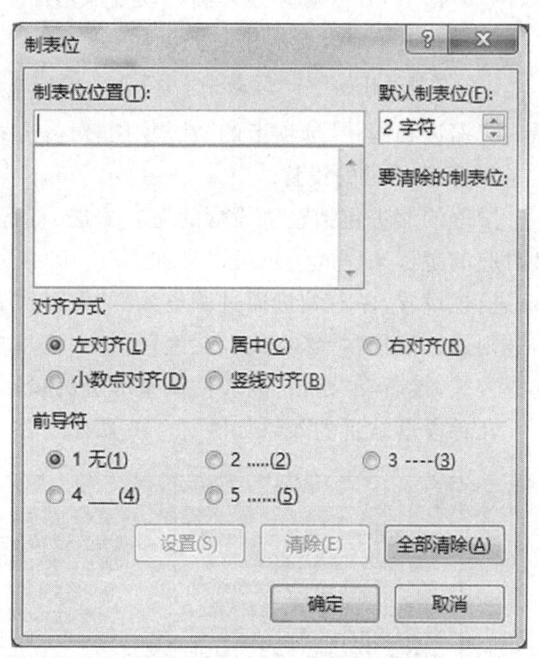

图4－18 “制表位”对话框

也可以使用水平标尺设置制表位：反复单击水平标尺最左端的制表位按钮，其中包含的制表符类型有左、居中、右、小数点、竖线等，选中需要的类型后，然后在水平标尺上要插入制表位的位置单击鼠标即可。

如果想移动或删除已经设置好的制表位，只需选定包含要移动或删除的制表位所在的段落。用鼠标指向水平标尺上相应的制表符，左右拖动制表位标记即可移动该制表位；向下拖离水平标尺即可删除该制表位。

6. 段落边框和底纹的设置

通过“段落”组的“下框线”命令按钮和“底纹”命令按钮也可以设置边框和底纹，只是功能比“字体”中的“字符边框”和“字符底纹”功能更强一些。底纹颜色可以选择，边框的样式可以自行设置。

为文本添加边框，具体步骤如下：

（1）选中文本或段落；

（2）单击“开始”→“段落-边框”按钮命令，在其下拉菜单中选择边框线的种类完成添加。如需设置其他样式的边框，则在下拉菜单中选择“边框和底纹”命令，弹出如图4－19所示的“边框和底纹”对话框，在“边框”选项卡中设置边框的类型和边框线的样式、颜色、宽度以及应用方式。

边框和底纹
边框(B)
页面边框(P)
底纹(S)
设置:
无(N)
方框(X)
阴影(A)
三维(D)
自定义(U)
样式(Y):
颜色(C):
自动
宽度(W):
0.5 磅
预览
单击下方图示或使用按钮可应用边框
微软卓越 AaB
应用于(L):
文字
选项(O)...
确定
取消

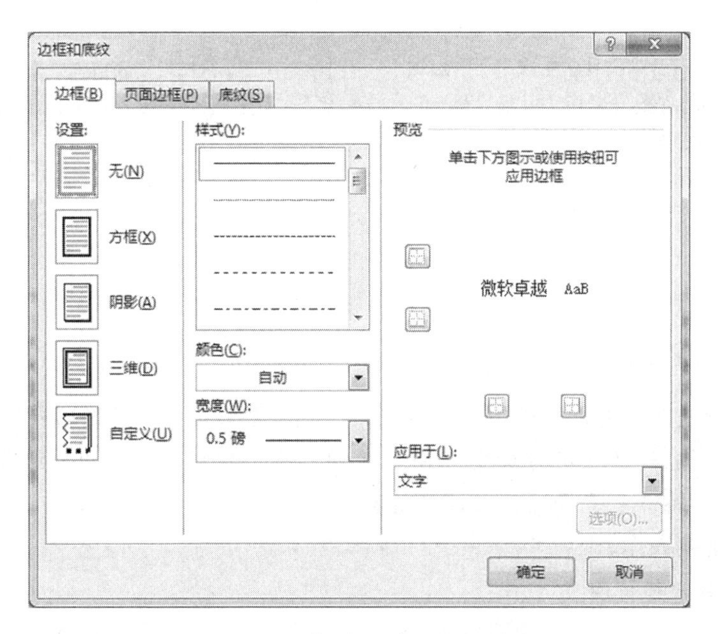

图 4-19　“边框和底纹”对话框

使用“边框和底纹”对话框的“底纹”选项卡可以进行底纹的设置。

4.3.3　设置其他格式

1. 首字下沉

首字下沉是一种常见的特殊文字格式。常见形式有下沉式和悬挂式两种。设置首字下沉的操作步骤为：

(1) 选中需设置首字下沉的段落；

(2) 单击“插入”→“文本-首字下沉”命令 首字下沉▾，在其下拉菜单中选择效果命令：“下沉”或者“悬挂”。

两种下沉效果如图 4-20 所示。

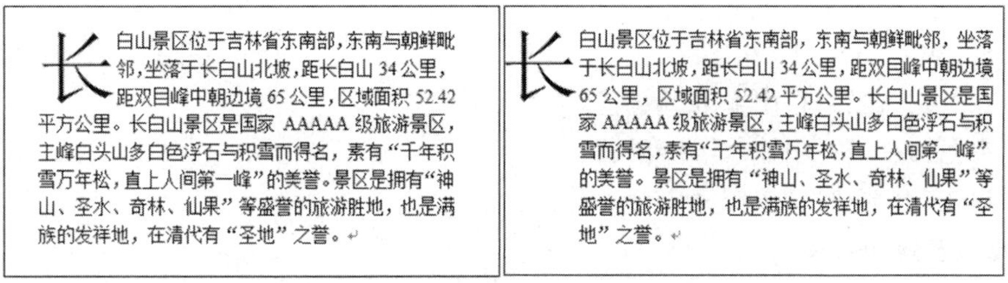

长白山景区位于吉林省东南部，东南与朝鲜毗邻，坐落于长白山北坡，距长白山 34 公里，距双目峰中朝边境 65 公里，区域面积 52.42 平方公里。长白山景区是国家 AAAAA 级旅游景区，主峰白头山多白色浮石与积雪而得名，素有“千年积雪万年松，直上人间第一峰”的美誉。景区是拥有“神山、圣水、奇林、仙果”等盛誉的旅游胜地，也是满族的发祥地，在清代有“圣地”之誉。
长白山景区位于吉林省东南部，东南与朝鲜毗邻，坐落于长白山北坡，距长白山 34 公里，距双目峰中朝边境 65 公里，区域面积 52.42 平方公里。长白山景区是国家 AAAAA 级旅游景区，主峰白头山多白色浮石与积雪而得名，素有“千年积雪万年松，直上人间第一峰”的美誉。景区是拥有“神山、圣水、奇林、仙果”等盛誉的旅游胜地，也是满族的发祥地，在清代有“圣地”之誉。

(a) 下沉　　(b) 悬挂

图 4-20　下沉和悬挂效果

2. 分栏排版

分栏是指将文档内容分为多个列块显示，如图 4-21 所示。多用于报刊和一些手册的排版。可以使用“页面布局”选项卡“页面设置”组中的“分栏”命令按钮实现分栏排版。如设置文本分两栏显示，具体步骤如下：

(1) 选中需要参加分栏的文本；

(2) 单击“页面布局”→“页面设置-分栏”命令，在其下拉菜单中选择“两栏”。

长白山景区位于吉林省东南部，东南与朝鲜毗邻，坐落于长白山北坡，距长白山34公里，距双目峰中朝边境65公里，区域面积52.42平方公里。长白山景区是国家AAAAA级旅游景区，主峰白头山多白色浮石与积雪而得名，素有“千年积雪万年松，直上人间第一峰”的美誉。景区是拥有“神山、圣水、奇林、仙果”等盛誉的旅游胜地，也是满族的发祥地，在清代有“圣地”之誉。

图 4-21 分栏效果

4.3.4 查找与替换

查找与替换是文档编辑过程中常用的操作。当文档较长时，用查找和替换命令来完成对特定内容的查找、替换和定位会更加快捷方便。Word 2013 不仅可对普通文本查找、替换，还可查找替换特殊字符，如段落标记、制表符等。因为替换操作包含有查找的功能，所以下面主要讲解替换操作。

1. 普通的查找和替换

例如，想将一篇文档中的所有“微机”替换成“计算机”，具体操作步骤为：

(1) 单击“开始”→“编辑-替换”命令 替换，弹出如图 4-22 所示的“查找和替换”对话框；

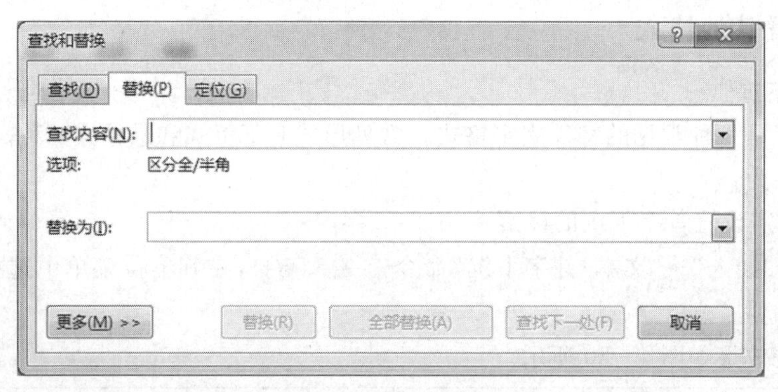

图 4-22 “查找和替换”对话框

(2) 在“查找内容”栏中输入“微机”；

(3) 在“替换为”栏中输入“计算机”；

(4) 单击“全部替换”按钮完成自动替换。

2. 高级查找和替换

Word 2013 中还可以实现较复杂的查找替换，例如特殊字符和带格式文本的查找替换。单击“查找和替换”对话框的“更多”按钮，展开对话框的高级搜索选项部分，如图 4-23 所示。

在对话框中，“搜索选项”栏几个常用查找条件的含义如下：

(1) “搜索”：设置查找的范围为全文档或者从当前插入点向上或者向下位置开始；

(2) “区分大小写”：选中时，只查找与“查找内容”框中大小写完全相符的字母；

(3) “全字匹配”：选中时，搜索全字匹配的单词(而不是单词的某一部分)；

(4) “区分全/半角”：选中时，区分全角和半角字符。

图 4－23　单击“高级”按钮后的“查找和替换”对话框

Word 2013 可以查找或替换带有格式的文本。例如：将全文中所有的“计算机”替换成红色、四号的 computer。操作步骤为：

(1) 单击“开始”→“编辑-替换”命令，弹出如图 4－22 所示的“查找和替换”对话框；

(2) 在“查找内容”栏中输入“计算机”；

(3) 在“替换为”栏中输入“computer”；

(4) 单击“更多”按钮，展开对话框的高级搜索选项部分；

(5) 将插入点定位在“替换为”栏的文本框中；

(6) 单击“格式”按钮，在弹出的菜单中选“字体”项，设置红色、四号；

(7) 单击“全部替换”按钮，完成替换。

如果所设置的格式有误，可以按“不限定格式”按钮清除格式。特殊字符的查找替换通过单击“特殊格式”按钮选择所需要查找或替换的字符。特殊字符主要指无法在对话框中直接输入的符号，比如段落标记、任意数字、任意字符等。

4.3.5　格式的复制与样式

在文档编辑过程中，利用格式的复制功能，可以避免逐一设置格式的麻烦。格式的复制可以利用格式刷和样式功能来完成。

1. 格式刷

格式刷可以用来复制段落和字符格式。例如字符格式的复制操作步骤如下：

(1) 选定含有需要复制格式的一些文本；

(2) 单击“开始”→“剪贴板-格式刷”命令，鼠标指针变为；

(3) 在需要应用该格式的文本上拖动鼠标。

如果双击格式刷按钮,还可以多次复制该格式。复制操作完成后,需要再次单击格式刷按钮,使鼠标恢复为标准形状。

段落格式的复制要求选定的源段落和被复制的目标段落都必须包括段落标记符"↵",操作步骤同字符格式复制类似。

2. 样式

Word 2013 允许在文档中为一组特定的字符、段落、编号、图片、表格的格式指定一个名称保存起来,以方便格式的复制和修改,保持文档风格的一致性。这一组命名的特定格式,称之为"样式",其名称称为"样式名"。

"开始"选项卡的"样式"组中列出了样式库中各种常用样式按钮供用户查看和应用,如"标题 1""标题 2"……也可以打开"样式"任务窗格,在窗格内完成样式的新建、应用、修改、删除等管理操作。

(1) 新建样式。

新建样式的具体步骤如下:

① 单击"开始"→"样式-显示'样式'窗口"按钮,打开如图 4-24 所示的"样式"任务窗格;

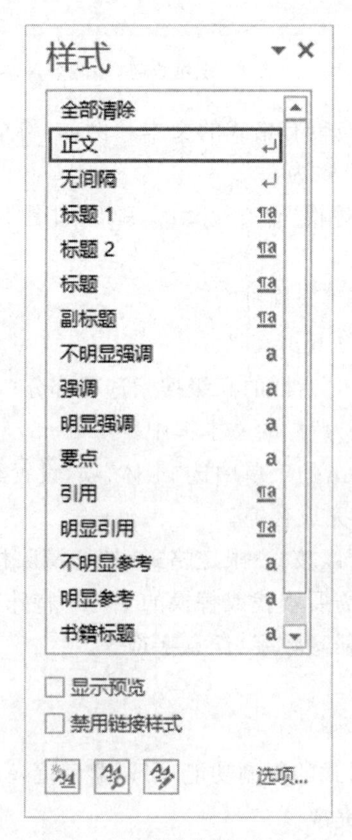

图 4-24 "样式"任务窗格

② 单击"样式"任务窗格的"新建样式"按钮,弹出如图 4-25 所示的"根据格式设置创建新样式"对话框;

③ 在"名称"框中输入新建的样式名,如"ABC";

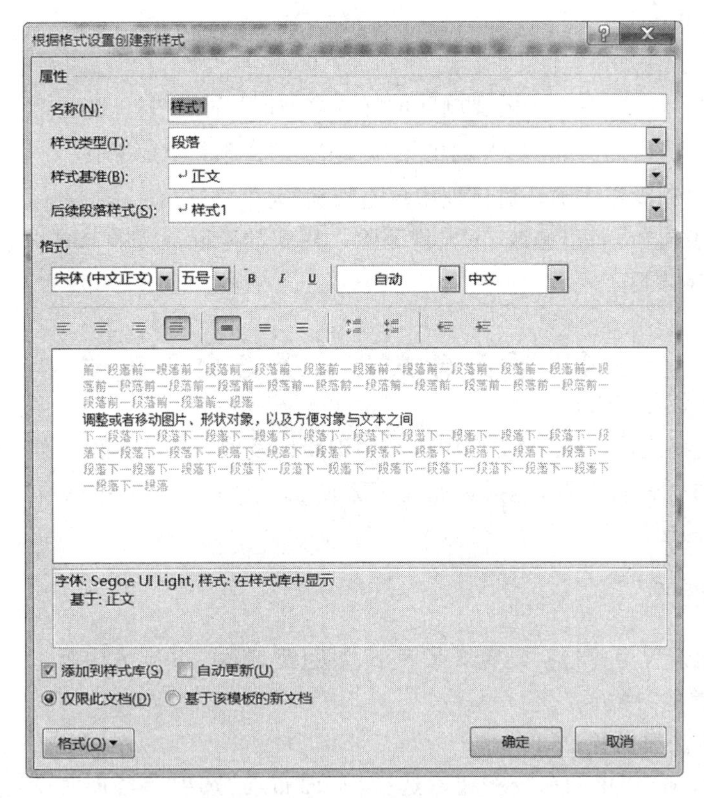

图 4-25　“根据格式设置创建新样式”对话框

④ 单击“格式”按钮，在弹出的菜单中选择“字体”进行字符格式设置、选择“段落”进行段落格式设置；

⑤ 单击“确定”按钮完成新建样式。

新建完成的样式会自动添加到样式库列表中，供用户选择使用。

(2) 应用样式。

应用样式就是把一个已经存在的样式应用到文档中。例如应用样式“ABC”的步骤如下：

① 选中需要应用样式 ABC 的段落或文本；

② 在“样式”组中的样式库中找到“ABC”样式，单击选用。或者单击“样式”任务窗格列表中“ABC”。

(3) 修改样式。

样式修改就是对已经存在的样式进行修改，样式修改后，原来应用该样式的部分会自动刷新。修改样式的方法如下：

① 单击“开始”→“样式-显示‘样式’窗口”按钮，打开“样式”任务窗格；

② 鼠标指向需要修改的样式名(不要单击)，这时样式名的右侧会出现；

③ 单击，在弹出菜单中选择“修改”项，弹出“修改样式”对话框；

④ 单击该对话框中的“格式”按钮，在弹出的菜单中选择“字体”“段落”等项进行相应格式的修改；

⑤ 单击“确定”按钮即可完成样式修改。

(4) 删除样式。

删除样式的方法如下：

① 鼠标指向“样式”窗格中需要删除的样式名，如 ABC；

② 单击样式名右侧的 ，在弹出的下拉菜单中选“删除 ABC”项；

③ 在弹出的删除样式确认对话框中单击按钮“是”。

系统定义的样式只可以修改，不允许删除。样式的删除只是将该样式所含有的格式清除，不会删除文本内容。

4.4 页面格式的设置与打印输出

新建一个文档之后，除了对文档中内容的编辑以及内容格式的设置外，还常常需要对页面整体的外观格式进行设置，包括页面文字方向、页边距、纸张大小的设置、页眉页脚的设置，脚注和尾注的使用等。

4.4.1 页面设置

文档的页面设置主要包括设置纸张大小、页边距、版式、文字方向等。

1. 页面设置的方法

页面设置方法有两种：

(1) “页面设置”组中的命令按钮。选择“页面布局”选项卡，“页面设置”组如图 4-26 所示。

(2) “页面设置”对话框。单击“页面布局”→“页面设置-显示‘页面设置’对话框”按钮 ，打开“页面设置”对话框，通过对话框的“页边距”“纸张”“版式”“文档网格”4 张选项卡进行相应的设置。

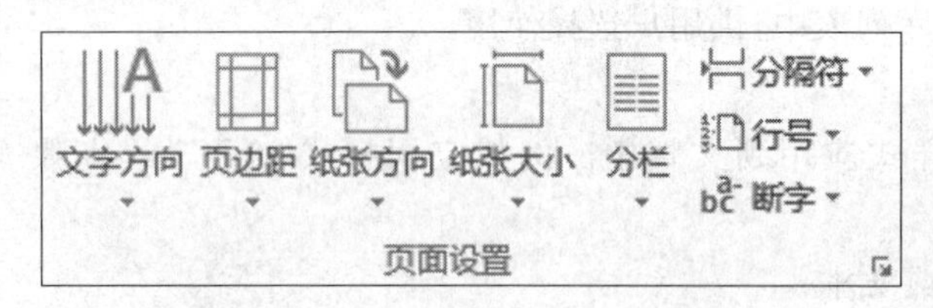

图 4-26 “页面布局”选项卡“页面设置”组

2. 页边距的设置

设置上、下、左、右 4 个方向文档的页边距。具体方法如下：

(1) 单击“页面布局”→“页面设置-页边距”命令按钮 ，在其下拉菜单中选择常用的边距格式完成设置。

(2) 如需要设置其他边距，可在下拉菜单中选择“自定义边距”命令，打开如图 4-27 所示的“页面设置”对话框的“页边距”选项卡，在“页边距”栏中设置具体的边距参数值。

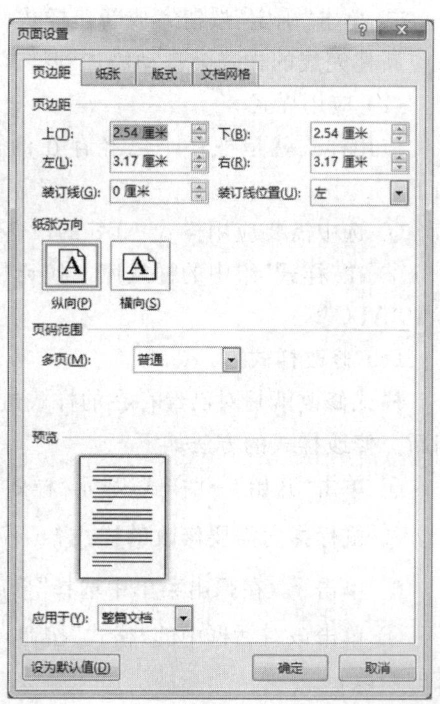

图 4-27 “页面设置”对话框“页边距”选项卡

3. 纸张方向的设置

纸张方向的设置方法如下：

(1) 单击“页面布局”→“页面设置-纸张方向”命令按钮，在下拉菜单中选择“横向”或者“纵向”。

(2) 打开如图 4－27 所示的“页面设置”对话框的“页边距”选项卡，在“纸张方向”栏中选择纸张的方向。

4. 纸张大小的设置

纸张大小的设置方法如下：

(1) 单击“页面布局”→“页面设置-纸张大小”命令按钮，在下拉菜单中选择常用的纸张规格完成设置。

(2) 如需要设置其他纸张规格，可在下拉菜单中选择“其他页面大小”命令，打开如图 4－28 所示的“页面设置”对话框的“纸张”选项卡，在“纸张大小”栏选择纸张规格，如果列表中的纸张规格不符合要求，可在“宽度”和“高度”处输入参数值，自定义纸张大小。

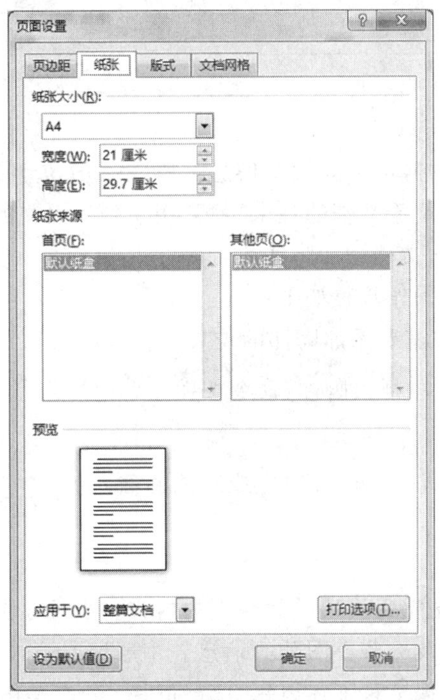

图 4－28　“页面设置”对话框“纸张”选项卡

5. 版式的设置

在“页面设置”对话框的“版式”选项卡可以进行版式的设置，包括设置奇偶页页眉和页脚不同、页面文本垂直方向的对齐方式等。

6. 文字方向的设置

文字方向的设置方法如下：

(1) 单击“页面布局”→“页面设置-文字方向选项”命令按钮，在其下拉菜单中选择文字方向的类型完成设置。

(2) 如需要设置其他类型的文字方向，可在下拉菜单中选择“文字方向选项”命令，打开如图 4-29 所示的“文字方向”对话框,选择合适的文字方向完成设置。

图 4-29 “文字方向”对话框

7. 脚注和尾注

脚注和尾注是对文档内容的补充说明信息。脚注一般位于页面的底部,可以作为文档某处内容的注释;尾注一般位于文档的最末尾,常用于列出引文的出处等。通过“引用”选项卡的“脚注”组的命令可以为文档添加脚注或者尾注。

以添加脚注为例,具体操作步骤如下:

(1) 将插入点放于正文需要添加脚注的位置;

(2) 单击“引用”→“脚注-插入脚注”命令按钮 AB¹插入脚注 ,插入点自动来到当前页面底端,并为当前脚注自动编号;

(3) 在编号后面输入脚注具体信息,完成脚注的插入。

4.4.2 设置页眉和页脚

页眉和页脚是出现在文档每页顶端和底端的内容。出现在页眉页脚中的内容多为章节标题、作者、页码、总页数以及一些小图片等信息。一般情况下,每页出现的页眉页脚内容都是相同或相似的,会重复出现。且不需要每页分别进行设置操作。也可以根据需要设置特殊的页眉页脚格式,比如文档奇偶页使用不同的页眉页脚、文档的每一节使用不同的页眉页脚等。

1. 添加页眉页脚

Word 2013 提供了丰富的页眉、页脚的内置布局样式供用户直接选用。单击“插入”选项卡“页眉和页脚”组的“页眉”“页脚”命令按钮,可以进入页眉页脚编辑状态来完成页眉页脚的添加设置操作。

以添加每页都相同的页眉为例,具体操作步骤如下:

(1) 单击“插入”→“页眉和页脚-页眉”命令按钮 ,弹出如图 4-30 所示的下拉菜单;

（2）在下拉菜单中选择“编辑页眉”；

（3）文档自动进入页眉编辑状态，同时在功能区自动打开“页眉和页脚工具”，如图 4－31 所示；

（4）输入页眉内容，如“清明节”。也可以插入其他信息到页眉中。如日期时间、页码、图片等；

（5）页眉编辑完成后，单击“页眉和页脚工具”中的“关闭页眉和页脚”命令按钮 ☒ 退出页眉页脚编辑状态。

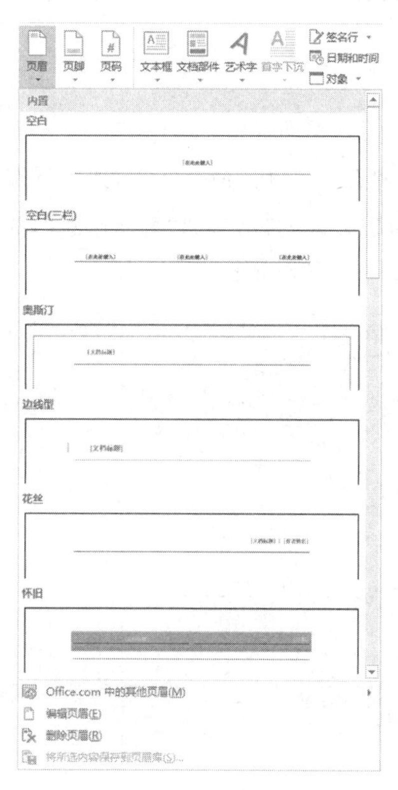

图 4－30　“页眉”命令按钮下拉菜单

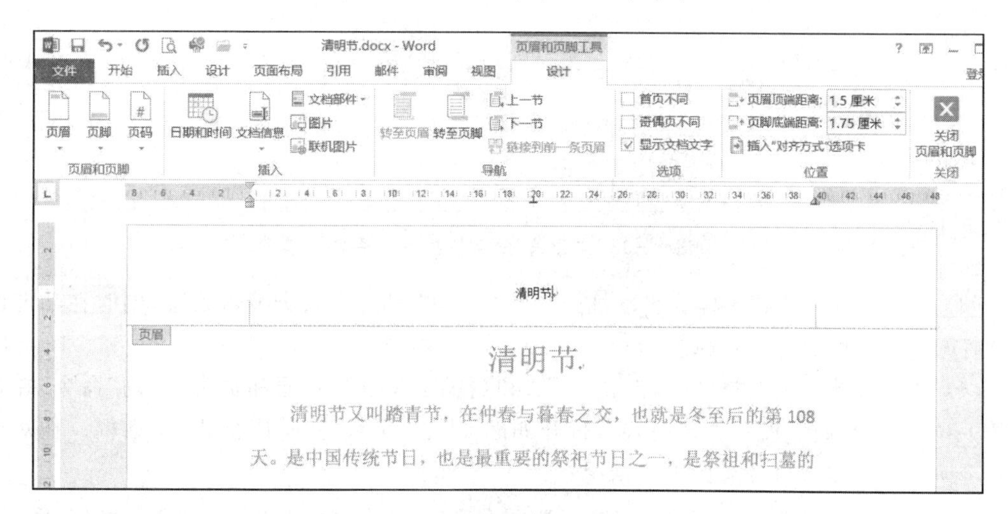

图 4－31　页眉编辑状态及“页眉和页脚工具”

当文档处于页眉页脚编辑状态时,“页眉和页脚工具”会在功能区自动打开,同时文档正文部分处于不可以编辑的灰色状态;当退出页眉页脚编辑状态后,“页眉和页脚工具”自动关闭,同时恢复文档为可编辑状态。

如果要设置奇数页和偶数页不同的页眉和页脚,首先选中“页眉和页脚工具”中“选项”组的“奇偶页不同”,然后分别对偶数页、奇数页设置不同的页眉页脚内容。单击“导航”组的“转至页眉”“转至页脚”按钮 可以切换奇偶页。

添加页脚,只需要单击“页眉和页脚”组的“页脚”命令按钮 ,后续步骤类似页眉的添加操作。

2. 添加页码

为文档添加页码的具体操作步骤如下:

(1) 单击“插入”→“页眉和页脚-页码”命令 ,弹出下拉菜单;

(2) 在下拉菜单中选择页码插入的位置,如“页面底端”,并在下级菜单中选择一种内置布局样式,如“普通数字 3”,如图 4-32 所示;

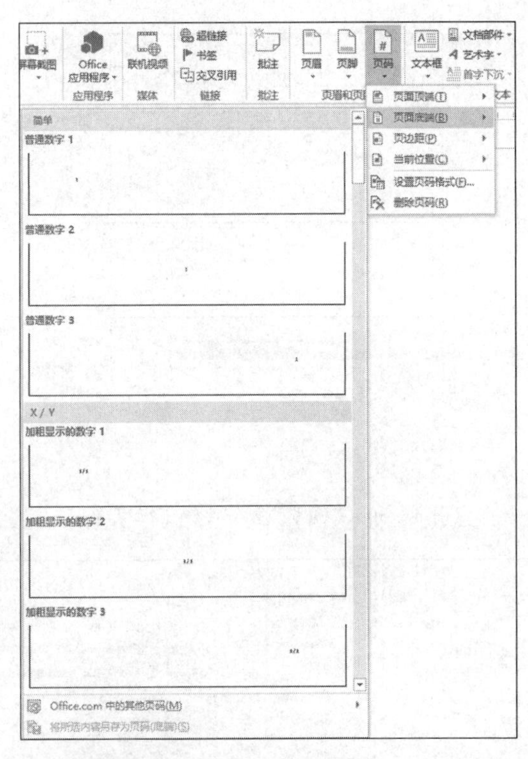

图 4-32 “页码”命令按钮下拉菜单

(3) 页码按照内置布局样式自动插入页脚位置,文档进入页脚编辑状态,同时在功能区自动打开“页眉和页脚工具”选项卡;

(4) 如需调整页码的格式,可单击“页眉和页脚工具”中“页眉和页脚-页码”命令,在弹出的下拉菜单中选择“设置页码格式”,打开如图 4-33 所示的“页码格式”对话框。在对话框中可调整编号格式以及起始页码情况;

(5) 页码编辑完成后,单击“页眉和页脚工具”中的“关闭页眉和页脚”命令按钮 退出页眉页脚编辑状态。

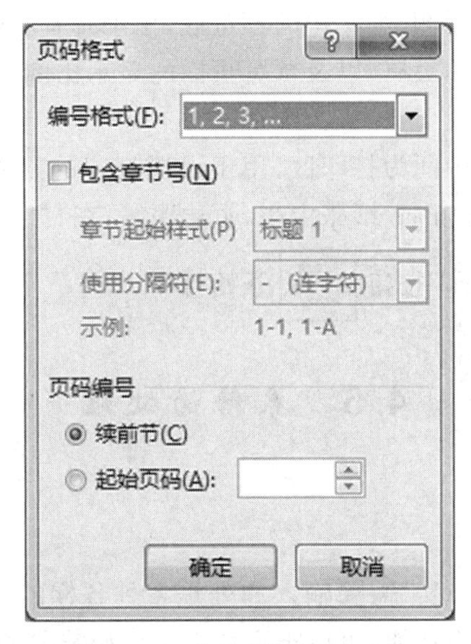

图 4－33　“页码格式”对话框

4.4.3　打印文档

文档编辑完成后，可以对整体效果进行查看预览，并将文档打印输出。进入打印预览和打印窗口的方法如下：

(1) 单击窗口左上角“快速访问工具栏”的“打印预览和打印”按钮 。如果该按钮未在工具栏上列出，则单击“自定义快速访问工具栏”按钮 ，在展开的下拉菜单中选择“打印预览和打印”，将按钮添加到工具栏中。

(2) 单击“文件”按钮，在其下拉菜单中选择“打印”。

打开的“打印预览和打印”窗口如图 4－34 所示。

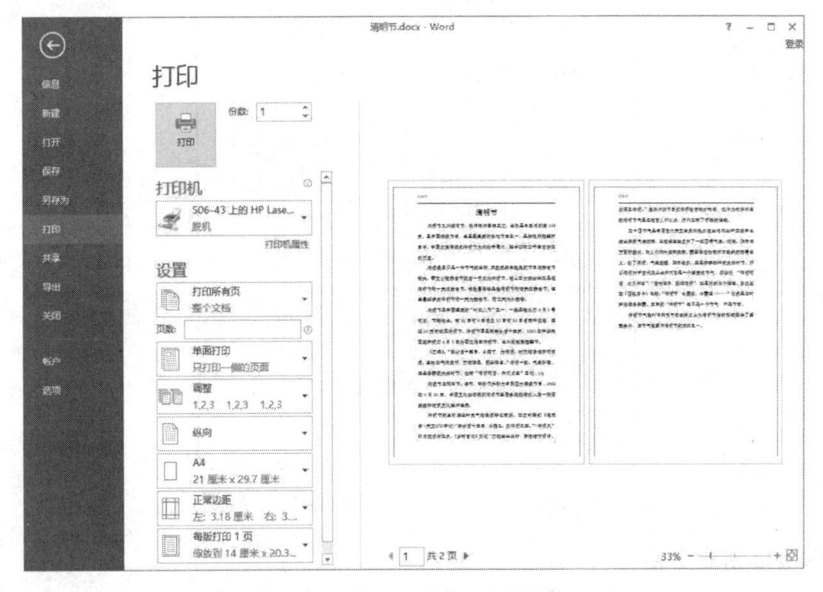

图 4－34　“打印预览和打印”窗口

1. 打印预览

在“开始”→“打印”窗口右侧，为文档的预览区，用于查看文档的整体页面效果。用下方的工具栏可以调整当前预览的页码，以及预览页面的显示比例。

2. 打印文档

“开始”→“打印”窗口的中间为打印区，用于设置打印的参数和输出打印。在“设置”栏可设置打印的页面范围、纸张方向、纸张大小、页边距等；在“打印机”栏选择和电脑连接的打印机。设置完成后，单击“打印”按钮 打印 开始打印。

4.5 表格的处理

4.5.1 创建表格

在实际文档编辑工作中，经常需要输入和处理各种各样的表格。Word 2013 具有较强的表格处理能力。使用其表格功能，可以很方便地制作出需要的各种表格。

单击“插入”→“表格”命令 ，弹出如图 4-35 所示的下拉菜单。下拉菜单中的不同命令对应表格创建的不同方法，具体如下：

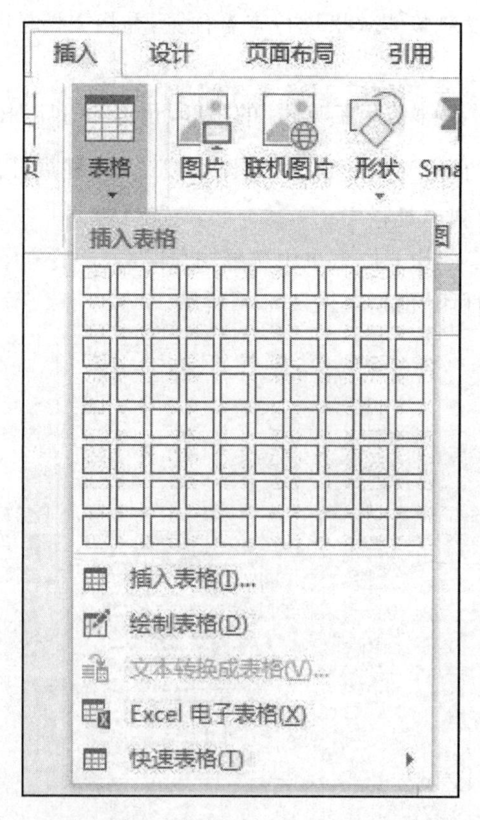

图 4-35 “表格”命令按钮下拉菜单

1. 利用网格创建表格

利用如图 4-35 所示下拉菜单中的“插入表格”网格区域，可以快速生成一个表格，具体操作步骤如下：

(1) 将插入点定位到文档需要创建表格的位置；

(2) 单击“插入”→“表格”命令，在其下拉菜单的“插入表格”网格区域，将光标移动到网格上方，直到突出显示所需表格的列数和行数，单击鼠标。

在文档插入点位置立即自动生成一个空表。

2. 利用“插入表格”命令创建表格

利用如图 4-35 所示下拉菜单中的“插入表格”命令，可以生成一个列宽固定的表格，具体操作步骤如下：

(1) 将插入点定位到文档需要创建表格的位置；

(2) 单击“插入”→“表格”命令，在其下拉菜单中选择“插入表格”命令，弹出如图 4-36 所示的“插入表格”对话框；

(3) 在“表格尺寸”栏，设置所需的行数和列数，在“自动调整”操作栏设置表格的列宽类型；

(4) 单击“确定”按钮。

这样在插入点位置就自动生成一个空表。

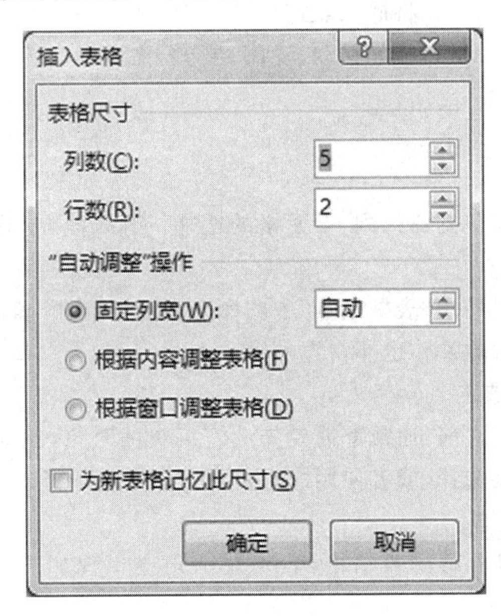

图 4-36　“插入表格”对话框

3. 利用“绘制表格”命令创建表格

利用如图 4-35 所示下拉菜单中的“绘制表格”命令，可以绘制一些不规则的表格。具体操作步骤如下：

(1) 将插入点定位到文档需要创建表格的位置；

(2) 单击“插入”→“表格-添加表”命令，在其下拉菜单中选择“绘制表格”命令，指针会变为铅笔状；

(3) 拖动鼠标绘制出表格的外围边框，然后再在外围框内绘制行、列框线。

实际绘制表格时，可以根据需要将第 3 种方法和第 1、2 种方法分别结合使用。表格创建完成以后，只要将插入点置于表格内，Word 2013 会自动在功能区打开“表格工具”。利用“表格工具”可以实现对表格的编辑和修饰等操作。“表格工具”有“设计”“布局”两张选项卡，如图 4－37 所示。

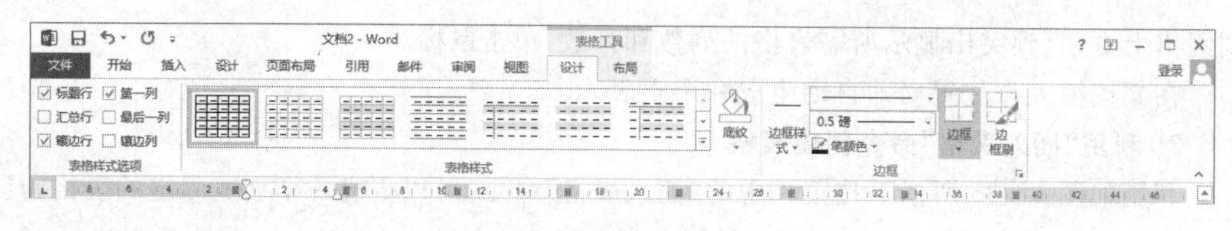

(a)“设计”选项卡

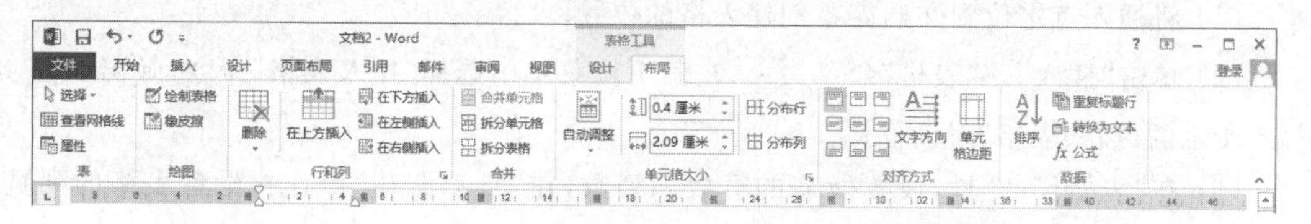

(b)“布局”选项卡

图 4－37 表格工具

如果需要输入表格内容，先将插入点定位到相应的单元格，然后输入文本或者插入图片等信息。对于单元格内容的操作，如移动、复制、删除、格式设置等，与普通文本的操作完全一致。

4.5.2 编辑表格

表格的编辑操作主要包括：行、列、单元格的增加、删除、复制、移动以及单元格的合并、拆分等。

表格的编辑操作除了使用“表格工具”中的命令实现外，在准确选好操作对象的基础上，利用浮动工具栏和快捷菜单操作也非常方便。

1. 表格编辑对象的选定

进行表格的编辑操作之前，通常都需要先选定编辑的对象，比如整张表格、行、列、单元格等。可以使用鼠标直接选择，或者使用“表格工具”命令来选择。

(1) 使用鼠标直接选择。

① 整表的选定：将鼠标移到表格内，表格左上角会出现如图 4－38 所示的移动句柄 ⊞，单击 ⊞ 选中整表。

② 整行的选定：将鼠标移到需要选中的行前，当指针变为如图 4－38 所示的 ↗ 形状时，单击鼠标选中该行。

③ 整列的选定：将鼠标移到需要选中的列上方，当指针变为如图 4－38 所示的 ⬇ 形状时，单击鼠标选中该列。

④ 单元格的选定：将鼠标移到需要选中的单元格的左侧，当指针变为如图 4－38 所示的 ↗ 形状时，单击鼠标选中该单元格。

如果需要选中的对象是连续多行、多列、多个单元格，只需当鼠标呈现上述状态时在多行或多列方向拖动鼠标即可。如果要选中的行或列是不连续的，可以按住[Ctrl]键复选。

(2) 使用“表格工具”命令选择。

单击"表格工具-布局"→"表"→"选择表格"命令 ，弹出如图 4－39 所示的下拉菜单，然后根据需要单击选择当前单元格、列、行或者整张表格。

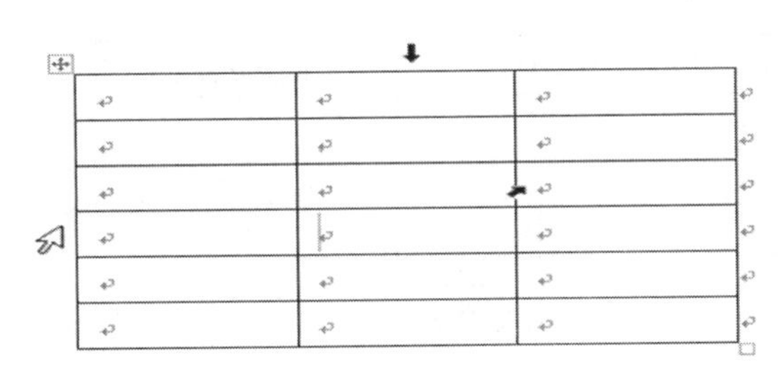

图 4－38　表格编辑对象的选定

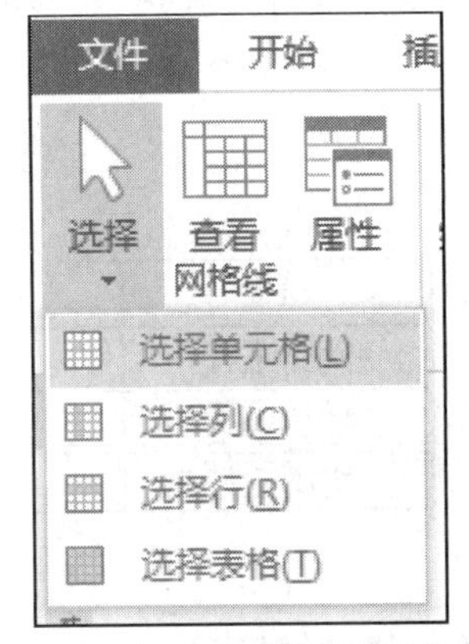

图 4－39　"选择表格"命令下拉菜单

2. 行、列的编辑

行和列的编辑操作除了选定对象不同，其余都相似。故仅以列的操作为例介绍。

(1) 列的复制。

具体操作步骤如下：

① 选定需要复制的列；

② 执行复制命令：单击"开始"→"剪贴板-复制"命令；或者单击鼠标右键，在快捷菜单中选择"复制"命令；

③ 选择目标位置列；

④ 执行粘贴命令：单击"开始"→"剪贴板"→"粘贴"→"插入为新列"命令 ；或者单击鼠标右键，在快捷菜单中单击粘贴选项"插入为新列"命令 。

(2) 列的移动。

列的移动和列的复制操作类似，只需将第② 步的"复制"命令替换为"剪切"命令。

(3) 列的删除。

列的删除方法有如下几种：

① 表格工具：选定需要删除的列，单击"表格工具-布局"→"行和列"→"删除表格" →"删除列"命令。

② 浮动工具栏：选定需要删除的列，单击浮动工具栏上的"删除表格" →"删除列"命令。

③ 快捷菜单：选定需要删除的列，单击鼠标右键，在快捷菜单中选择"删除列"命令。

(4) 列的插入。

列的插入方法有如下几种：

① 表格工具：单击插入位置旁边的任一单元格，单击"表格工具-布局"→"行和列"→"在左侧插入" /"在右侧插入" 命令。

② 浮动工具栏：选中插入位置旁边的任一列，在浮动工具栏上单击"插入表格" →"在左侧插入"/"在右侧插入"命令。

③ 快捷菜单：选中插入位置旁边的任一列，单击鼠标右键，在快捷菜单中单击“插入”→“在左侧插入列”/“在右侧插入列”命令。

④ 直接插入：将光标移到表格两列之间分割线的上侧，出现⊕符号，单击该符号，在分割线位置插入一列。如果是插入行，将光标移到表格两行之间分割线的左侧，会出现⊕符号，如图 4-40 所示。

班级	人数	平均分	优秀名额
网络工程	25	80	5
环境工程	17	78	2
土木工程	21	81	3

图 4-40　直接插入行列时⊕符号位置

3. 单元格的编辑

(1) 单元格的插入。

使用“表格工具”可以完成单元格的插入，具体操作步骤如下：

① 单击插入位置所在的单元格；

② 单击“表格工具-布局”→“行和列-显示‘插入单元格’对话框”按钮，弹出如图 4-41 所示的“插入单元格”对话框；

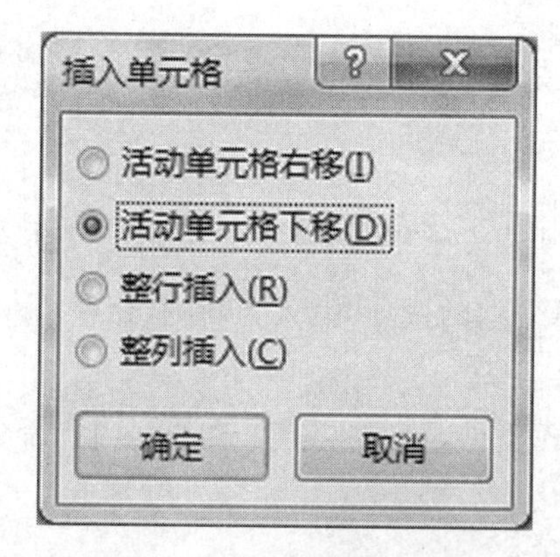

图 4-41　“插入单元格”对话框

③ 选择插入方式，并单击“确定”按钮完成单元格插入。

单元格的插入也可以使用快捷菜单完成。

(2) 单元格的删除。

使用“表格工具”可以完成单元格的删除，具体操作步骤如下：

① 选中需要删除的单元格；

② 单击“表格工具-布局”→“行和列”→“删除”→“删除单元格”命令，弹出如图 4-42 所示的“删除单元格”对话框；

③ 选择删除方式，并单击“确定”按钮完成单元格删除。

单元格的删除也可以使用浮动工具栏和快捷菜单完成。

(3) 单元格的合并。

合并是将多个单元格合并为一个。使用“表格工具”可以完成单元格的合并，具体操作

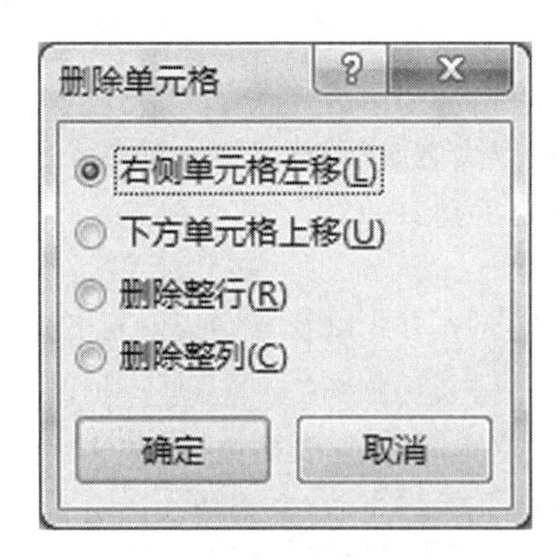

图 4-42　“删除单元格”对话框

步骤如下：

① 选中需要合并的多个单元格；

② 单击“表格工具-布局”→“合并-合并单元格”命令 。

单元格的合并也可以使用快捷菜单完成。

(4) 单元格的拆分。

拆分是将一个单元格拆为多个单元格。使用“表格工具”可以完成单元格的拆分，具体操作步骤如下：

① 选中需要拆分的单元格；

② 单击“表格工具-布局”→“合并-拆分单元格”命令 ，弹出如图 4-43 所示的“拆分单元格”对话框；

③ 输入拆分的行数和列数，单击“确定”按钮完成拆分。

单元格的拆分也可以使用快捷菜单完成。

图 4-43　“拆分单元格”对话框

4. 表格的拆分

在表格编辑过程中，有时需要将一个表格拆分为两个独立的表格。具体操作步骤如下：

(1) 单击要成为第 2 个表格首行的行；

(2) 单击“表格工具-布局”→“合并-拆分表格”命令 ，表格自动拆分为独立的两个表格。

如果希望拆分表格且第 2 个表格自动分页，可按组合键[Ctrl+Enter]来直接实现。

4.5.3 格式化表格

表格的格式化操作包括设置表格属性、单元格的对齐方式、表格的边框底纹及表格的自动套用格式等。通常通过"表格工具"来完成。

1. 表格属性的设置

表格属性包括整表的宽度、对齐方式以及行、列、单元格的大小设置等。

(1) 整表属性的设置。

单击"表格工具-布局"→"单元格大小-表格属性"命令，弹出如图4-44所示的"表格属性"对话框，默认选中"表格"选项卡。在该选项卡内可以设置整个表格的尺寸、对齐方式、文字环绕等属性。

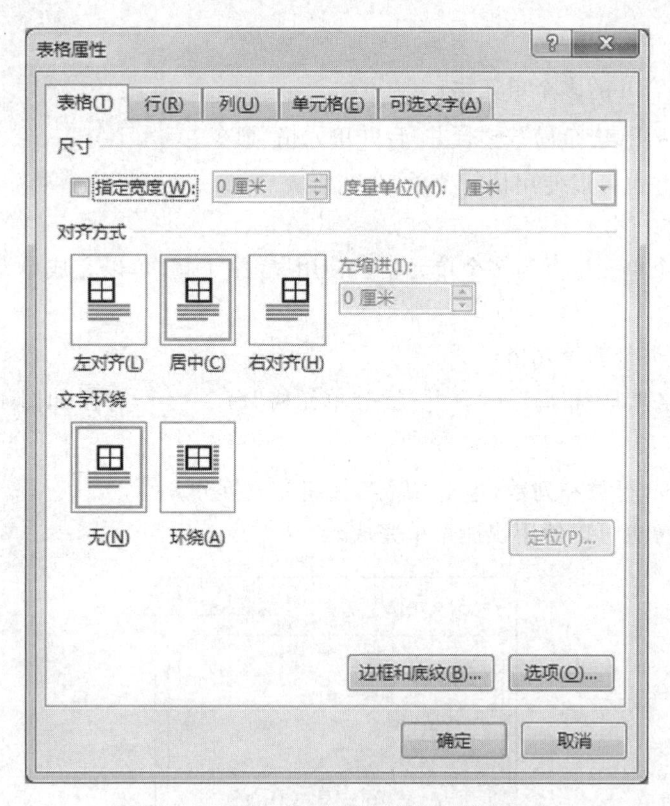

图4-44 "表格属性"对话框"表格"选项卡

(2) 行高、列宽、单元格宽度的调整。

通过鼠标的直接拖动可以进行行高、列宽和单元格宽度的调整。先移动鼠标到框线上，当光标变成 ÷ 或 ◂‖▸ 样时，再直接拖动框线到合适位置即可。如果是调整单元格的宽度，必须先选中需要调整宽度的单元格。

如果行高、列宽、单元格宽度需要进行精确的调整，则使用"表格工具"中命令来实现。以列宽的调整为例：

① 选定要调整宽度的列；

② 单击"表格工具-布局"→"单元格大小-宽度"命令 宽度: 4 厘米 ，调整宽度值。

行高、列宽和单元格宽度的调整还可以在如图4-44所示的"表格属性"对话框，选择

“行”“列”“单元格”选项卡分别进行设置。

2. 单元格内容的对齐

设置单元格内容的对齐方式如下：

(1) 水平方向：选中单元格，单击“开始”→“段落”组中相应对齐命令。

(2) 垂直方向：选中单元格，单击“表格工具-布局”→“表格属性”命令，在弹出的“表格属性”对话框中选择“单元格”选项卡，在“垂直对齐方式”栏中选择对齐方式。

(3) 水平和垂直两个方向：选中单元格，单击“表格工具-布局”→“对齐方式”组的对齐方式命令。一共有 9 种对齐方式可以选择。

3. 设置表格的边框和底纹

表格的边框和底纹可以通过“表格工具-设计”选项卡中的命令按钮、浮动工具栏或“边框和底纹”对话框来设置完成。

(1) 边框的设置。

通过“表格工具-设计”选项卡中的命令为表格设置边框的具体步骤如下：

① 选择需要设置边框和底纹的单元格区域；

② 单击“表格工具-设计”→“边框笔样式”命令 ，在其下拉菜单中，选择边框线型；

③ 在“边框-笔划粗细”命令 0.5 磅 下拉菜单中，选择边框线的粗细磅值；

④ 在“边框-笔颜色”命令 笔颜色 下拉菜单中，选择一种边框线颜色；

⑤ 在“边框-边框”命令 下拉菜单中，选择加框线的位置，如图 4-45 所示，则前面设计的边框样式就自动运用到选定的区域。

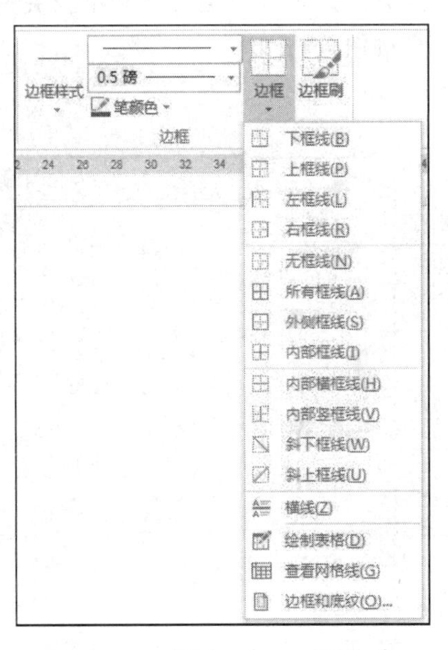

图 4-45　“边框”命令下拉菜单

按照①～④步设计好边框样式之后，也可以单击“边框-边框刷”命令 ，此时光标变成笔刷形状 ，然后在表格中需要的边框上刷动就可以完成边框线的设置。再次单击“边框刷”命令停止笔刷状态。

（2）底纹的设置。

选中需要添加底纹的单元格区域，单击“表格工具-设计”→“表格样式-底纹”命令 ，在其下拉菜单中选择底纹颜色完成设置。

4. 表格的样式

除了通过前面讲述的方法可对表格进行修饰，还可以直接套用 Word 2013 已定义好的 100 多种内置表格样式。利用这些样式，可以快速地修饰表格的底纹、边框、字体、颜色、行高列宽等内容。具体方法如下：

（1）选中需要运用样式的表格；

（2）单击“表格工具-设计”，在“表格样式”组的样式列表中，选择一种内置样式应用到表格。

4.5.4 数据排序与计算

1. 排序

Word 2013 提供了表格内的数据自动排序的功能。如需将如图 4－46 所示的表格按照商品名称排序，则具体操作步骤如下：

（1）将插入点放入表格；

（2）单击“表格工具-布局”→“数据-排序”命令 ，弹出如图 4－46 所示的“排序”对话框；

（3）在对话框的“主要关键字”栏，设置排序主要关键字和类型，如按照“商品名称”拼音升序排列；

（4）如有需要，按照同样的方法设置次要关键字和第三关键字；

（5）设置完毕，单击“确定”按钮。

排序完成后的效果如图 4－46 所示。

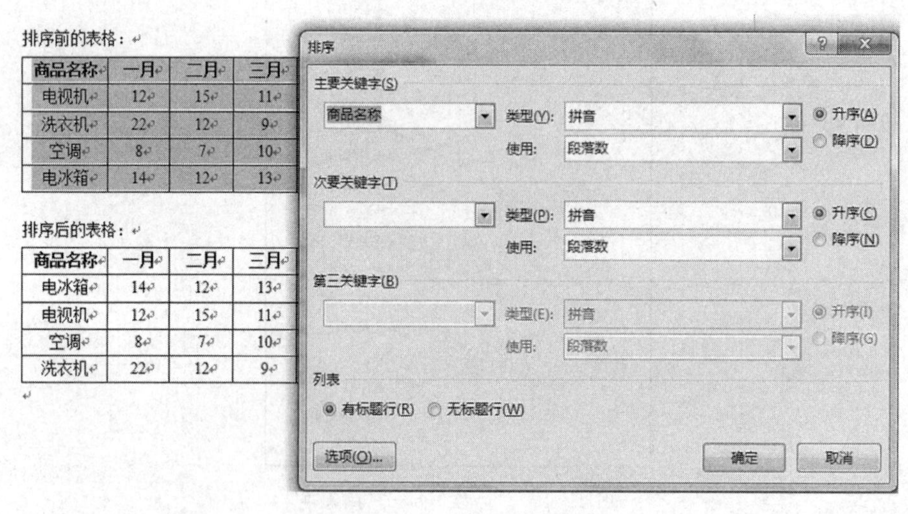

图 4－46 表格的排序

2. 计算

Word 2013 具有对表格的数据进行简单运算的功能。具体操作步骤如下：

（1）选中或者将插入点定位到要得到运算结果的单元格；

（2）单击“表格工具-布局”→“数据-排序”命令 *fx* 公式 ，弹出如图 4-47 所示的“公式”对话框；

（3）在对话框的“公式”栏输入公式，如有必要，可在“编号格式”栏设置运算结果显示的格式；

（4）设置完毕，单击“确定”按钮完成排序。

商品名称	一月	二月	三月	一季度总销售量
电视机	12	15	11	
洗衣机	22	12	9	
空调	8	7	10	
电冰箱	14	12	13	

公式
公式(F):
=SUM(LEFT)
编号格式(N):
粘贴函数(U):
粘贴书签(B):
确定
取消

图 4-47　表格中的公式计算

其中输入的公式必须以“=”号开头，通常使用系统的统计函数进行公式的计算，常用的统计函数有求和函数 SUM、求平均值函数 AVERAGE、求最大值函数 MAX 等，这些函数可以直接在“公式”对话框的“粘贴函数”栏进行选择。而对于函数的运算参数，系统分别用 LEFT、RIGHT、ABOVE 表示当前单元格左、右、上的所有单元格。

4.5.5　表格与文本的转换

Word 2013 提供了表格和文本的互相转换功能。

1. 将文本转换成表格

通常需要转换成表格的文本，应使用逗号、制表符或其他分隔符号标记新列开始的位置。转换的具体方法如下：

（1）选中要转换成表格的文本；

（2）单击“插入”→“表格”→“文本转换成表格”命令，弹出如图 4-48 所示的“将文字转换成表格”对话框；

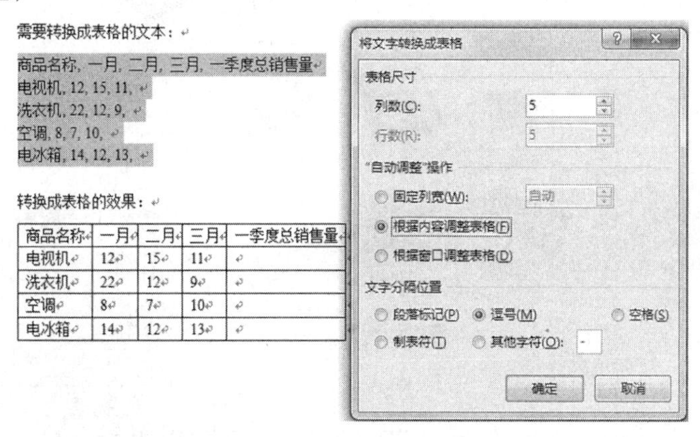

图 4-48　文本转换成表格

（3）在“自动调整操作”栏设置列宽，在“文字分隔位置”栏，选择分隔文本的符号；

（4）设置完毕，单击“确定”按钮完成转换。

2. 将表格转换成文本

表格转换成文本的步骤如下：

(1) 将插入点定位到表格中；

(2) 单击“表格工具-布局”→“数据-转换为文本”命令 ，弹出“表格转换成文本”对话框；

(3) 在“文字分隔符”栏，选择所需的用来替换列标记的分隔符；

(4) 设置完毕，单击“确定”按钮。

4.6 图形图片的处理

Word 2013 可以在文档中插入多种格式的图片、艺术字、文本框，还可以利用 Word 提供的一套绘图工具绘制简单的形状。通过对文档中这些对象的排版，可实现图文混排的效果。

4.6.1 插入图片及其格式设置

1. 插入图片

(1) 图片文件的插入。

Word 2013 允许将电脑中的图片文件插入到文档中，其操作步骤如下：

① 将插入点定位到要插入图片的位置；

② 单击“插入”→“插图-图片”命令 ，弹出如图 4-49 所示的“插入图片”对话框，在该对话框中设置图片文件的位置并选择图片文件；

③ 单击“插入”按钮将图片插入文档中。

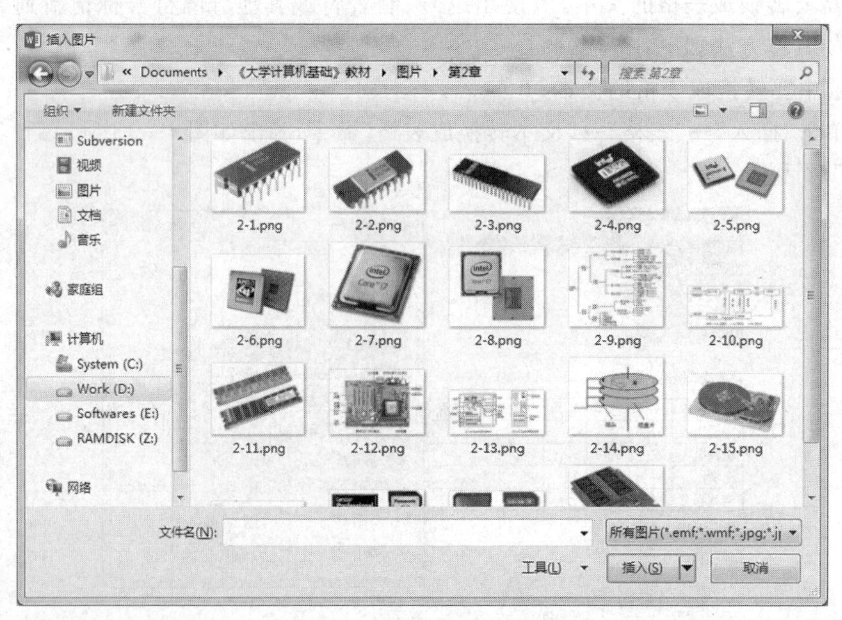

图 4-49 “插入图片”对话框

(2) 联机图片的插入。

Word 2013 提供了从各种联机来源搜索图片并插入到文档中的功能，比如从网络搜索图片并插入到文档中的步骤为：

① 将插入点定位到要插入图片的位置；

② 单击"插入"→"插图-联机图片"命令 ，弹出联机搜索图片对话框，在对话框的文本框中输入搜索关键词(如"熊猫")，并点击搜索按钮开始搜索，搜索结果如图 4-50 所示；

③ 如有需要，可以在列表上方的工具栏设置搜索图片的尺寸、类型、颜色等；

④ 单击选中满意的图片，可以多选，然后单击"插入"按钮完成联机图片的插入。

图 4-50　搜索联机图片对话框

(3) 屏幕截图的插入。

Word 2013 提供了将当前电脑桌面内容截图并插入到文档中的功能。可以截取本文档之外的其他已经打开的应用程序窗口，也可以剪辑部分屏幕内容，并以图片形式插入到文档中。具体操作步骤如下：

① 将插入点定位到要插入屏幕截图的位置；

② 单击"插入"→"插图-屏幕截图"命令 ，弹出如图 4-51 所示的下拉菜单；

③ 如果需要插入整个其他活动应用程序窗口，则在"可用视窗"中选择窗口完成插入截图；如果需要剪辑屏幕，则单击"屏幕剪辑"命令，当前文档窗口自动最小化，进入截图状态，在需要的位置拖动鼠标完成截图，系统自动将截取的图片插入到当前编辑文档中。

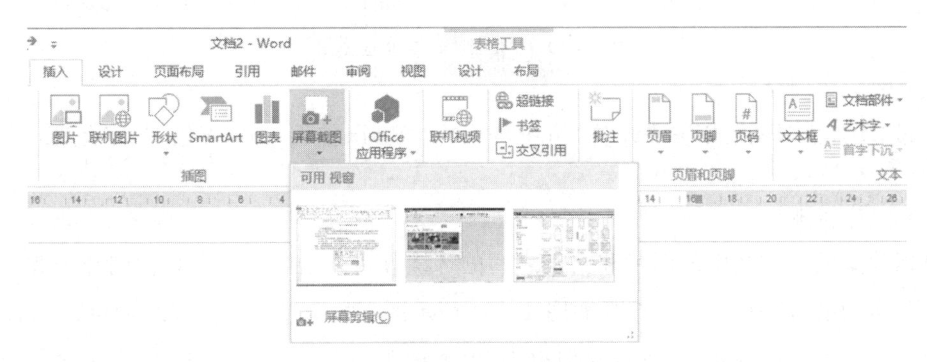

图 4-51　"屏幕截图"命令下拉菜单

2. 设置图片格式

插入到文档中的图片文件、联机图片、屏幕截图，可通过设置改变图片的格式，如修饰图片、文字的环绕方式，缩放或者裁剪等，以实现图文混排的效果。

(1) 图片的选择。

要对图片进行格式设置，首先需要选中图片，用鼠标单击图片可以将其选中，如果要同时选中多个图片，可以按住[Shift]键复选。

当插入的图片被选中时，在功能区会自动打开“图片工具”选项卡，如图 4-52 所示。通过选项卡的命令可以完成图片格式的各种设置。

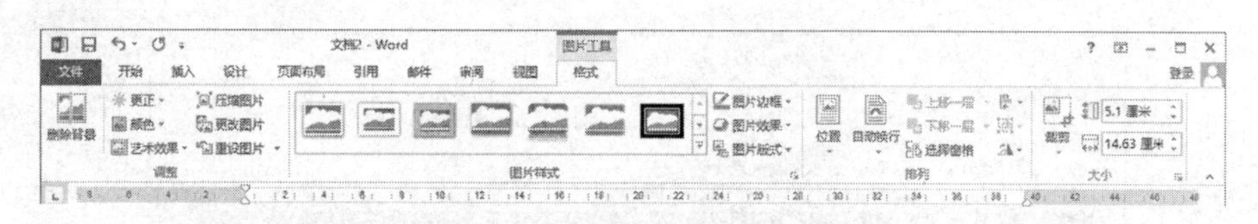

图 4-52　“图片工具”选项卡

(2) 图片的位置移动。

如果想移动图形的位置，当鼠标指向图片呈 时，拖动鼠标到目的地即可。

(3) 图片的大小设置。

插入文档中的图片可以按照需要进行大小的缩放。当图片被选中时，图片四周有 8 个小方形的控制点，通过拖动图片的控制点可以调整图形的大小。如需精确调整，可单击“图片工具-格式”→“大小-宽度”命令 宽度: 以及“高度”命令 高度: ，输入参数设置图片缩放尺寸，或者单击“大小”组的对话框启动器进入“布局”对话框设置。

插入文档中的图片还可以按照需要进行裁剪。选中图片，单击“图片工具-格式”→“大小-裁剪”命令 ，打开如图 4-53 所示的下拉菜单。选择“裁剪”命令可进入裁剪状态，用鼠标拖动裁剪粗实线完成裁剪操作。选择“裁剪为形状”可将图片裁成各种内置形状，选择“纵横比”可将图片按照不同比例尺寸裁剪。

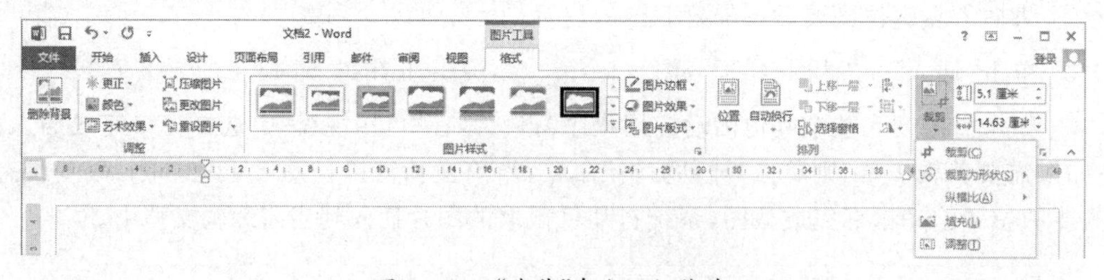

图 4-53　“裁剪”命令下拉菜单

(4) 图片的调整。

通过“图片工具-格式”→“调整”组中的命令可以调整图片的颜色、艺术效果、背景删除等。

(5) 图片的排列。

可以设置插入文档中的图片和文字之间的环绕方式。选中图片，单击“图片工具-格式”→“排列-自动换行”命令 ，打开如图 4-54 所示的下拉菜单，选择需要的环绕方式。

对于插入的多张图片，可以将它们组合，以方便当做一个整体管理，如一起移动。将多个图片同时选中，单击“绘图工具-格式”→“排列-组合”命令 →“组合”完成组合。如果要取消已经组合的形状，选择“组合”命令中的“取消组合”即可。

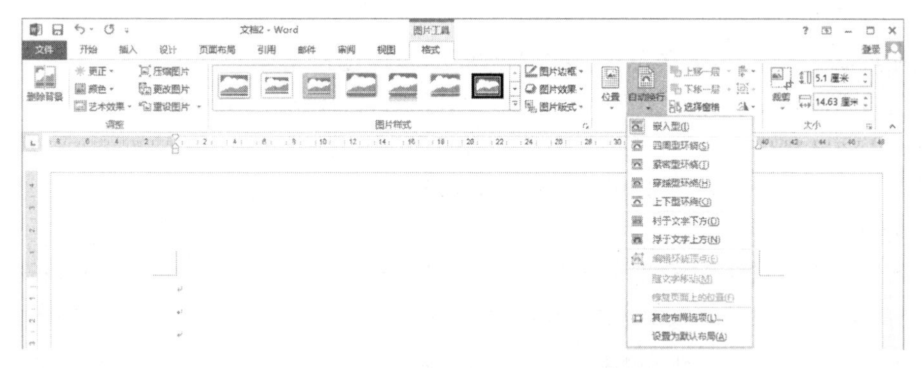

图 4 - 54　“自动换行”命令下拉菜单

(6) 图片的样式。

通过“图片工具-格式”→“图片样式”组中的命令可以对图片的样式进行设置。“快速样式”命令提供多种可直接套用的预定义样式方案。“图片边框”命令 可以设置图片的边框颜色、线型、宽度。“图片效果”命令 可以设置图片的某种特殊效果，如阴影、发光、映像或三维旋转等。

4.6.2　绘制形状

Word 2013 提供了简单的形状绘图工具，以供在文档中绘制实际需要的形状。如直线、圆矩形、箭头、流程图、星与旗帜、标注等。选择“插入”→“插图-形状”命令进行形状的绘制，“形状”命令菜单如图 4 - 55 所示。

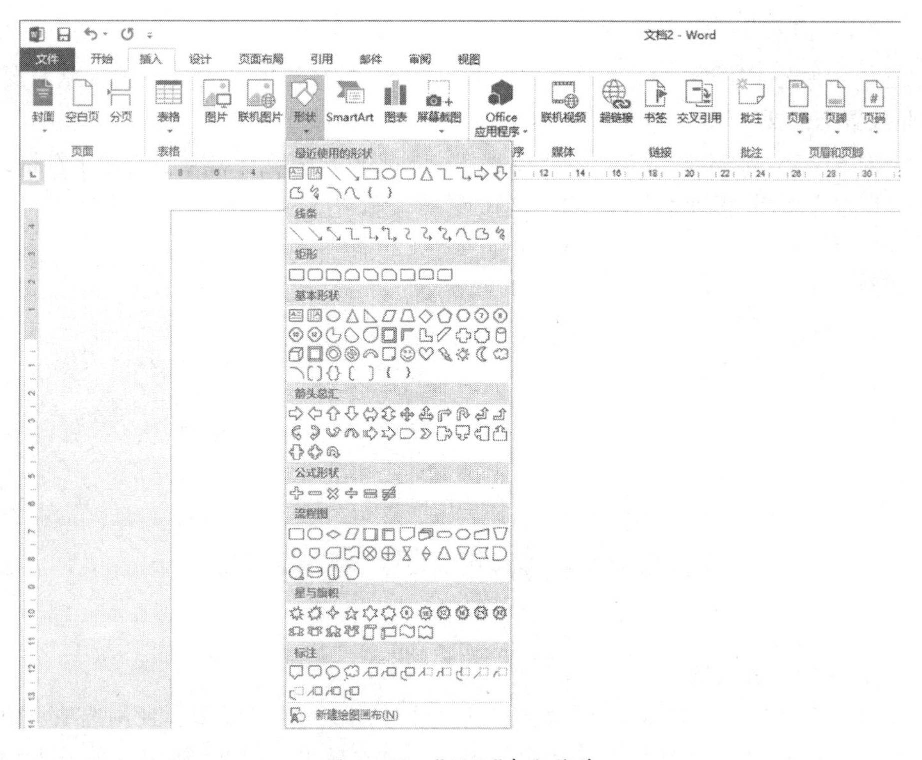

图 4 - 55　“形状”命令菜单

1. 绘制形状

绘制形状如直线、矩形等，只需要在“形状”菜单中选择相应的形状按钮，接着在需要绘制图形的位置拖动鼠标即可完成绘制。绘制的形状默认环绕方式为浮于文字上方。

Word 2013 提供了绘图画布功能，在“形状”菜单中选择“新建绘图画布”命令，然后在画布范围内绘制的所有形状可被当做一个整体处理。

2. 设置形状的格式

要编辑或设置形状的格式，同图片一样，也必须通过鼠标点击选中对象。当形状被选中时，在功能区会自动打开“绘图工具-格式”选项卡，如图 4-56 所示。通过选项卡的命令可以完成形状的大小、排列、样式等格式设置，其设置方法与图片的格式设置方法类似。

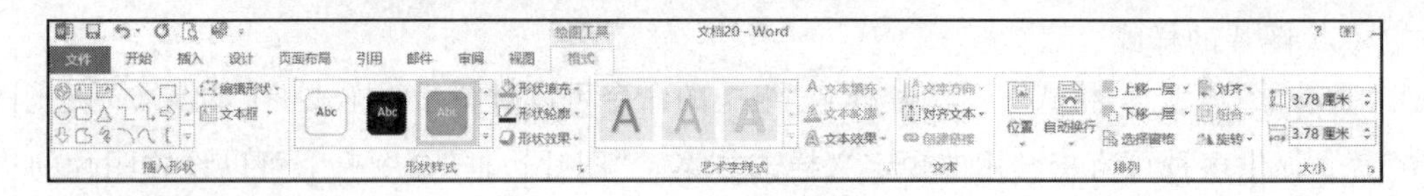

图 4-56 “绘图工具”选项卡

4.6.3 插入艺术字

1. 艺术字的插入

利用 Word 2013 提供的艺术字功能，可将文字设置为各式各样的旋转、扭曲等修饰艺术效果。操作步骤如下：

(1) 将插入点定位到需要插入艺术字的位置；

(2) 单击“插入”→“文本-艺术字”命令 ，在如图 4-57 所示的下拉菜单列出的快速样式中选择一种艺术字样式，例如第二行第二列的样式，文档中自动插入艺术字对象，提示“请在此放置您的文字”；

(3) 输入文字，如“学好计算机的重要性”，同时还可选中输入的文字设置字符格式；

(4) 设置完毕后，得到如图 4-58 所示的艺术字效果。

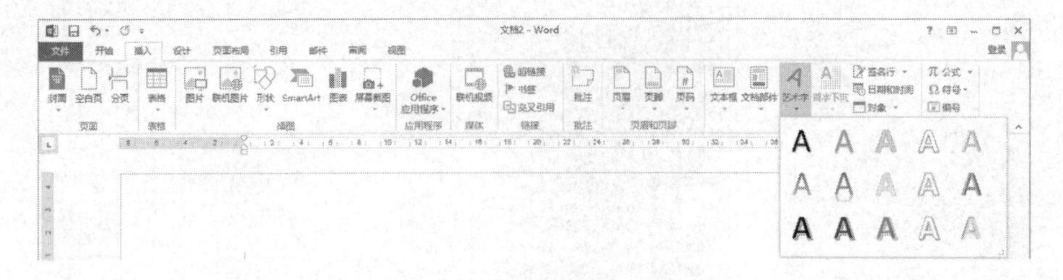

图 4-57 “艺术字”快速样式列表

学好计算机的重要性

图 4-58 艺术字效果

2. 艺术字的格式设置

选中插入到文档中的艺术字，系统会自动打开“绘图工具”选项卡。使用选项卡中“艺术字样式”组的命令，可以设置艺术字文本的填充、轮廓、效果等样式，使用选项卡中“形状样式”组的命令，可以设置整个艺术字形状的填充、轮廓、效果等样式。

4.6.4　文本框的使用

文本框是一种可移动、可调大小的文字或图形容器。使用文本框，可以在一页上放置数个文字块，或者将部分文字按与文档中其他文字不同的方向排列，并可以放置在页面的任意位置。

1. 文本框的插入

单击“插入”→“文本-文本框”命令 可以插入文本框。“文本框”下拉菜单如图 4-59 所示。其中，选择“内置”命令中的文本框样式可以自动插入该样式的文本框，选择“绘制文本框”或者“绘制竖排文本框”命令可以分别绘制横排或者竖排的文本框。将插入点定位到绘制好的文本框内，就可添加文本或图形。

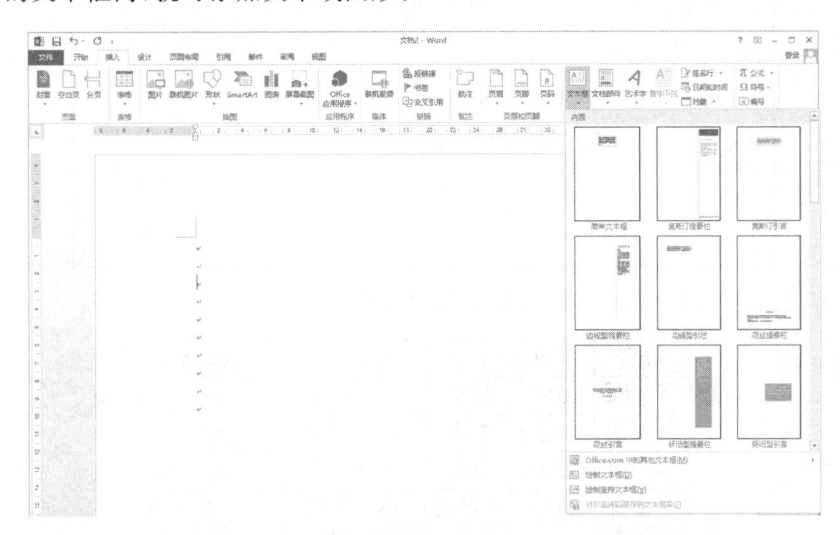

图 4-59　“文本框”下拉菜单

2. 文本框的格式设置

当文本框处于选中或编辑状态时，系统会自动打开如图 4-56 所示的“绘图工具”选项卡。使用选项卡中的命令可以设置文本框形状或者框内文本的格式，设置方法与形状、艺术字的格式设置类似。

4.7　Microsoft Word 2013 的高级应用

4.7.1　邮件合并

使用 Word 2013 提供的邮件合并功能，可方便、快捷地向客户发送信函或传真、生成信封、使用个性化的电子邮件为所有员工表达新年祝福等工作。

邮件合并的原理如下：将给每个客户或员工信函邮件中，相同的重复部分保存为一个文档，称为主文档；将所有收信人的姓名、地址等信息存放在一个表格中，并保存为另外一个文档，称为数据源文档。邮件合并就是将主文档和数据源文档的信息合并在一起，生成一个将数据源中的每一行(一条记录)作为一个单独的套用信封、信函、邮件等样式的合并文档。通过“邮件”选项卡来完成邮件合并操作，“邮件”选项卡如图 4-60 所示。

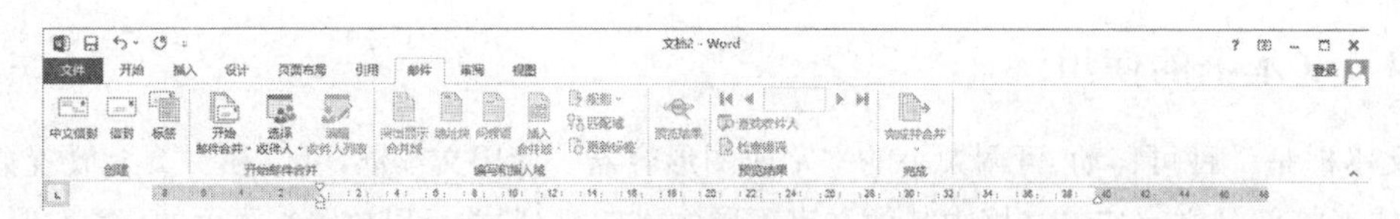

图 4-60　"邮件"选项卡

以发送一批学生的补考通知单为例，利用"邮件合并"工具栏来完成的具体步骤如下：

(1) 分别创建如图 4-61 所示的主文档和图 4-62 所示的数据源文档，将数据源文档存盘并关闭；

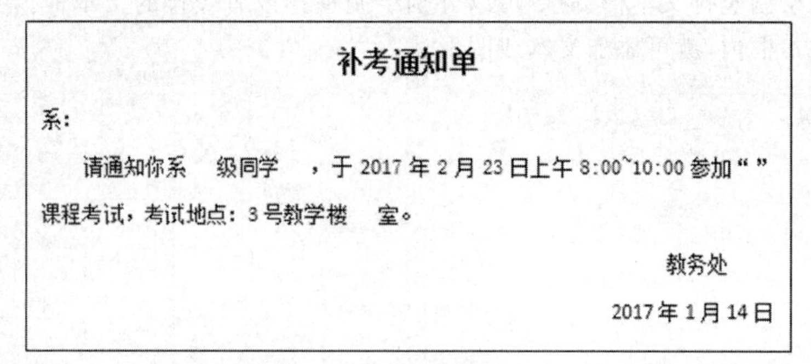

补考通知单

系:

请通知你系　级同学　，于 2017 年 2 月 23 日上午 8:00~10:00 参加" "课程考试，考试地点：3 号教学楼　室。

教务处

2017 年 1 月 14 日

图 4-61　主文档

姓名	年级	系别	考试科目	考试地点
于小洋	2016	数学	大学英语	201
马英丽	2015	生物	高等数学	107
张丹丹	2016	法律	大学英语	301
吴庆林	2014	计算机	操作系统	303
王浩勇	2016	化学	计算机基础	402
李树鹏	2014	机电	自动控制	104

图 4-62　数据源文档

(2) 在主文档中，单击"邮件"→"开始邮件合并-开始邮件合并 "→"信函"命令，设置文件类型为信函；

(3) 单击"邮件"→"开始邮件合并-选择收件人 "→"使用现有列表"命令，在弹出的"选取数据源"对话框打开(1) 中保存的数据源文档；

(4) 将插入点定位在主文档的"系："的前面，单击"邮件"→"编辑和插入域-插入合并域 "→"系别"命令完成"系别"域的插入；类似方法，将插入点定位到合适位置，将其他的域插入到主文档中，完成的样式如图 4-63 所示；

(5) 单击"邮件"→"完成-完成并合并"→"编辑单个文档"命令，在弹出的"合并到新文档"对话框中选择"全部"，系统自动将合并后的套用信函结果生成在一个新文档窗口中，套用信函首页效果如图 4-64 所示；

补考通知单

«系别»系：

请通知你系 «年级» 级同学 «姓名» ，于 2017 年 2 月 23 日上午 8:00~10:00 参加“«考试科目»”课程考试，考试地点：3 号教学楼 «考试地点» 室。

教务处

2017 年 1 月 14 日

图 4－63　插入域后的主文档

（6）分别保存结果窗口和主文档窗口，完成邮件合并。

补考通知单

数学系：

请通知你系 2016 级同学 于小洋 ，于 2017 年 2 月 23 日上午 8:00~10:00 参加“大学英语”课程考试，考试地点：3 号教学楼 201 室。

教务处

2017 年 1 月 14 日

图 4－64　合并后的套用信函首页效果

4.7.2　公式编辑

Word 2013 提供了公式编辑器用于编辑一些复杂的公式。单击“插入”→“符号-公式 π ”→“插入新公式”命令，系统会在当前位置插入公式对象并自动打开如图 4－65 所示的“公式工具-设计”选项卡。利用该选项卡的命令可以很方便地插入各种公式符号和结构，完成公式的编辑操作。

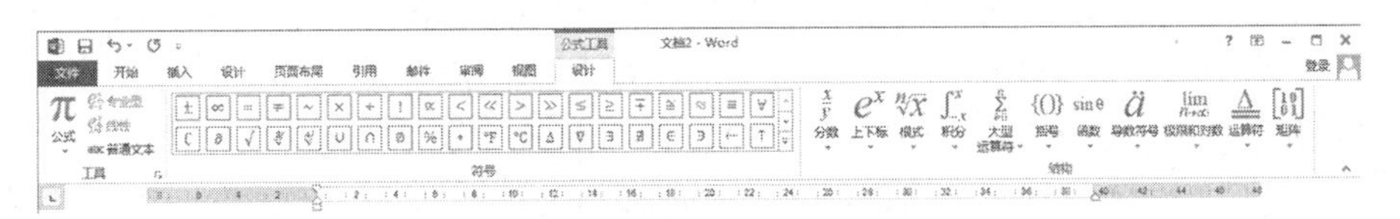

图 4－65　“公式工具-设计”选项卡

下面以如图 4－66 所示公式为例，说明如何利用公式编辑器创建公式：

（1）将插入点定位到需要插入公式的位置，单击“插入”→“符号”→“公式 π ”→“插入新公式”命令，系统自动插入空白的公式对象 在此处键入公式。，并打开“公式工具-设计”选项卡，进入公式编辑状态；

$$\mu(a,b,x)=\frac{a}{b}\sum_{i=1}^{n}x\int_{0}^{1}abx\,\mathrm{d}x$$

图 4－66　公式示例

（2）单击“公式工具-设计”→“符号-μ”插入公式中，再从键盘上输入“$(a,b,x)=$”；

(3) 单击“公式工具-设计”→“结构-分数 $\frac{x}{y}$”→“分数(竖式) $\frac{\square}{\square}$”命令插入分数结构到公式中,在分数的上、下方插槽分别输入“a”“b”,并将插入点定位到整个分式的右侧;

(4) 单击“公式工具-设计”→“结构-大型运算符 $\sum_{i=1}^{n}$”→“求和 $\sum_{\square}^{\square}\square$”命令插入求和结构到公式中,在 $\sum$ 的上、下方和右侧插槽分别输入“n”“$i=1$”和“x”;

(5) 单击“公式工具-设计”→“结构-积分 $\int_{-x}^{x}$”→“积分 $\int_{\square}^{\square}\square$”命令插入积分结构到公式中,在 $\int$ 的上、下方和右侧插槽分别输入“1”“0”和“$abx\,\mathrm{d}x$”;

(6) 在公式之外的任意位置单击鼠标,完成公式输入。

习　题

4.1　Word 2013 有哪些主要功能?

4.2　文档的操作流程由哪些步骤组成?

4.3　文档的“保存”和“另存为”命令有什么区别?

4.4　如何实现文本方便快速的选定?

4.5　字符格式和段落格式分别包含哪些具体的格式?

4.6　制表位有什么作用? 如何利用标尺和菜单设置制表位?

4.7　如何利用格式刷工具实现文本的字符和段落格式的复制操作?

4.8　如何建立表格? 表格的编辑主要包括哪些操作?

4.9　主要有哪些插入文档中的图形对象? 如何编辑文档中的图形对象?

4.10　什么是邮件合并? 邮件合并的具体步骤如何?

第5章　表处理软件 Microsoft Excel 2013

5.1　Microsoft Excel 2013 概述

5.1.1　Microsoft Excel 2013 的新功能

Microsoft Excel 2013 中文版(以下简称 Excel 2013)不仅保留了以前版本的全部优点，还新增和改进了一些功能，使操作更简洁、方便。

1. 界面更简洁

打开 Excel 2013 后，首先进入的是全新的界面，除了打开空白工作簿外，还提供了不同预算、日历、表单和报告的模板，界面更加简洁、实用。

2. 全新功能区取代原来的菜单栏和工具栏

Excel 2013 用功能区代替了菜单栏和工具栏。功能区分为两部分，一是选项卡，如“开始”“插入”等；二是不同选项卡下面有不同的命令内容，如“插入”选项卡的“插图”“筛选器”等。

3. 新增快速分析工具

Excel 2013 新增快速分析工具，当打开一个 Excel 2013 表格，选定数据表部分单元格区域，这时选定区域的右下角会出现一个快速分析工具的图标 。单击该图标将出现“格式”“图表”“汇总”“表”“迷你图”的选项界面，如图 5-1 所示。选择“格式”，可设置“数据条”

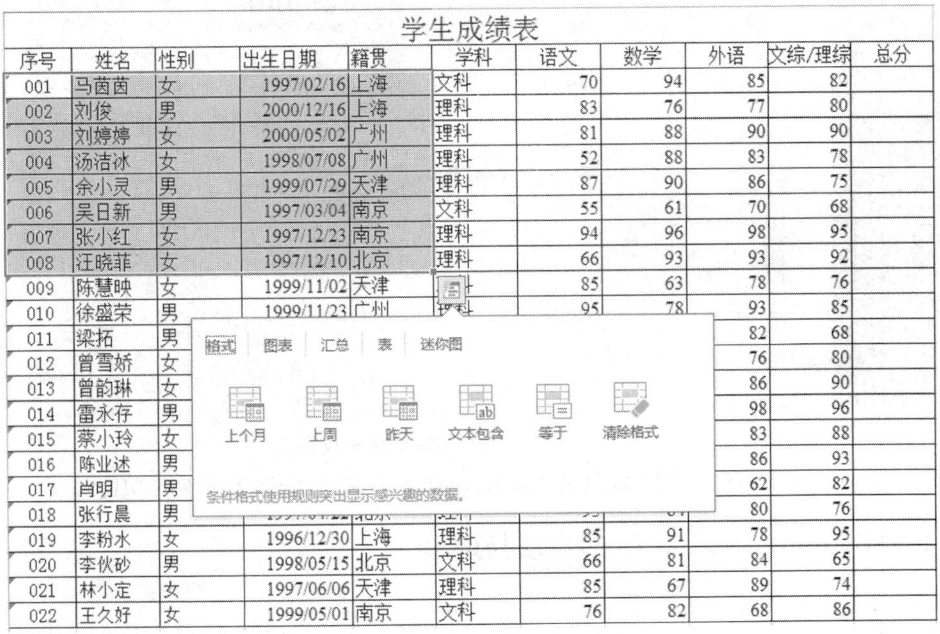

学生成绩表
序号 姓名 性别 出生日期 籍贯 学科 语文 数学 外语 文综/理综 总分
001 马茵茵 女 1997/02/16 上海 文科 70 94 85 82
002 刘俊 男 2000/12/16 上海 理科 83 76 77 80
003 刘婷婷 女 2000/05/02 广州 理科 81 88 90 90
004 汤洁冰 女 1998/07/08 广州 理科 52 88 83 78
005 余小灵 男 1999/07/29 天津 理科 87 90 86 75
006 吴日新 男 1997/03/04 南京 文科 55 61 70 68
007 张小红 女 1997/12/23 南京 理科 94 96 98 95
008 汪晓菲 女 1997/12/10 北京 理科 66 93 93 92
009 陈慧映 女 1999/11/02 天津 85 63 78 76
010 徐盛荣 男 1999/11/23 广州 95 78 93 85
011 梁拓 男 82 68
012 曾雪娇 女 76 80
013 曾韵琳 女 86 90
014 雷永存 男 98 96
015 蔡小玲 女 83 88
016 陈业述 男 86 93
017 肖明 男 62 82
018 张行晨 男 80 76
019 李粉水 女 1996/12/30 上海 理科 85 91 78 95
020 李伙砂 男 1998/05/15 北京 文科 66 81 84 65
021 林小定 女 1997/06/06 天津 理科 85 67 89 74
022 王久好 女 1999/05/01 南京 文科 76 82 68 86
格式 图表 汇总 表 迷你图
上个月 上周 昨天 文本包含 等于 清除格式
条件格式使用规则突出显示感兴趣的数据。

图 5-1　Excel 2013 的快速分析工具

“色阶”“图标集”等格式内容选项;选择“图表”,可插入图表;选择“汇总”可进行数据的计算和分析等。快速分析工具功能比较强大,既可以设置 Excel 2013 单元格格式的常规操作,也可以对单元格进行数据计算和分析。

4. 新增实时预览功能

Excel 2013 新增实时预览功能,如果设置了某单元格区域的格式,只要选定工作表单元格区域,就可以预览到设定格式的即时效果。

5. 更加智能地推荐数据透视表和图表

当有户选择数据制作数据透视表或图表的时候,Excel 2013 除了列出所有的数据透视表和图表类型供用户选择外,还可根据选定数据的特点,向用户推荐几种数据透视表或图表的类型,尤其是数据透视表,有时候用户还不知道要创建怎样的数据透视表,Excel 2013 就会列出几种数据透视表供用户选择。

6. 增强数据透视表的功能

Excel 2013 还新增了数据透视表的筛选功能,通过数据透视表的“插入切片器”“插入日程表”,按条件筛选出指定数据。

7. 强大的网络联机功能

Excel 2013 在新建 Excel 2013 工作簿的时候,除了提供新建空白工作簿和六大类别的工作簿模板外,还提供了联机搜索模板的功能,选择要搜索的类型,即可搜索出更多的模板,如图 5-2所示。

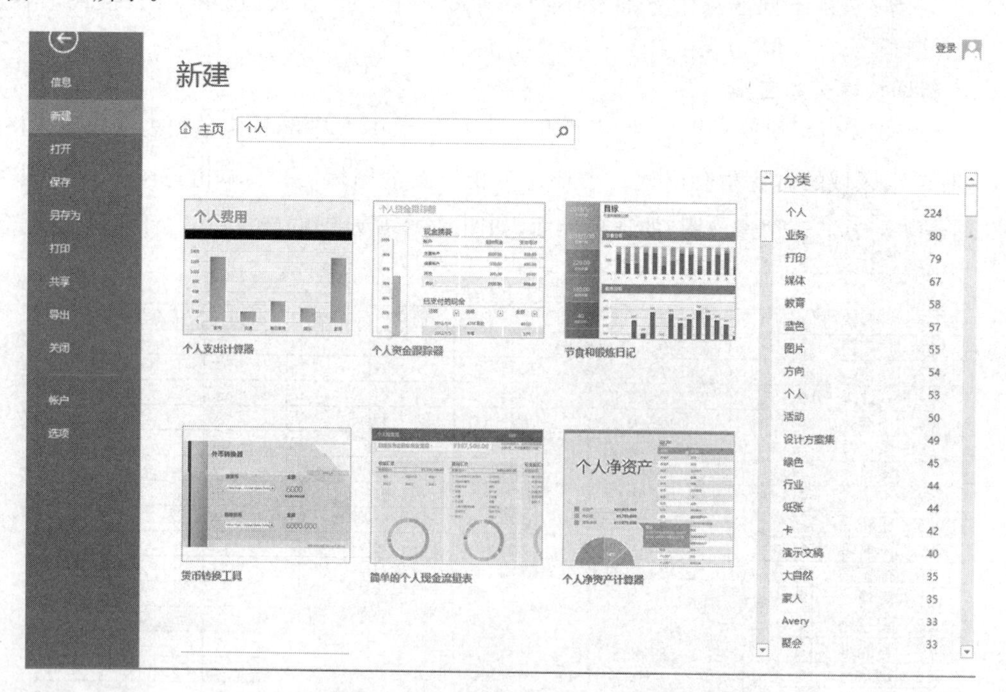

图 5-2 Excel 2013 联机搜索模板

此外,Excel 2013 还提供搜索网络上的图片和保存文件到微软网盘的功能。

5.1.2 Microsoft Excel 2013 的启动与退出

1. Excel 2013 的启动

在使用 Excel 2013 之前,首先需要启动 Excel 2013 程序,使 Excel 2013 处于工作状态。

启动 Excel 2013 的方法主要有以下两种：

（1）在 Windows 7 操作环境下，单击桌面左下角的“开始”，在弹出的“开始”菜单中选择“所有程序”→“Microsoft Office 2013”→“Excel 2013”命令。

启动 Excel 2013 之后，首先进入智能选择的界面，如图 5-3 所示。选择“空白工作簿”，系统会创建一个名为“工作簿 1. xlsx”的新工作簿。在 Excel 2013 中创建的文件就是工作簿，它的扩展名为. xlsx，默认工作簿的名字为“工作簿 1. xlsx”。

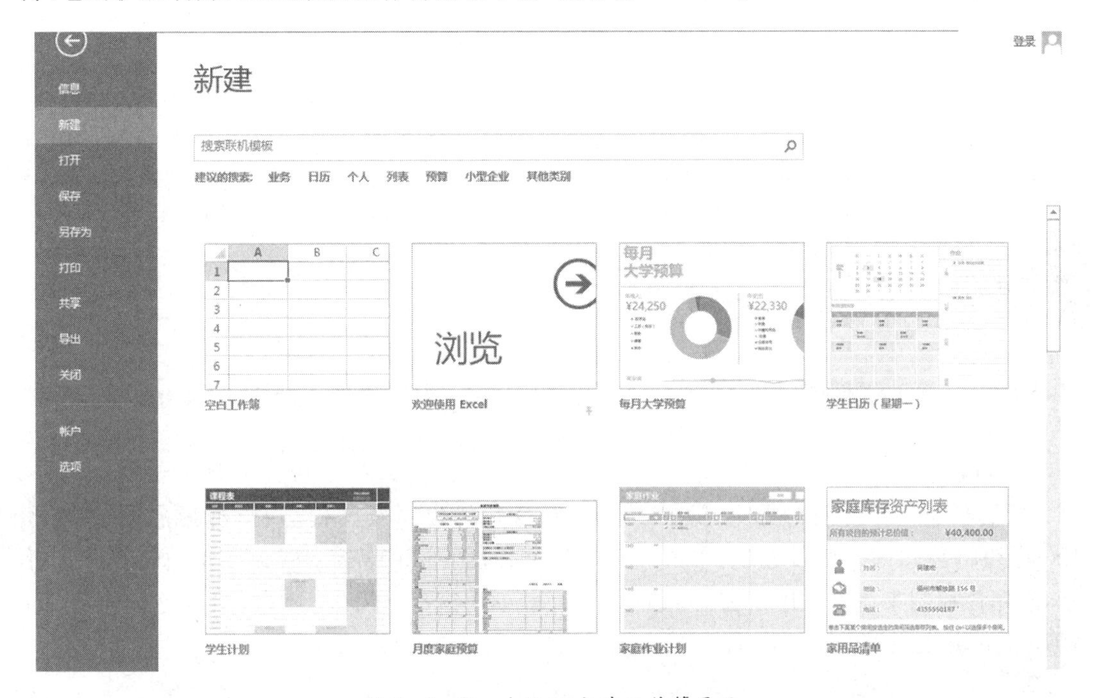

图 5-3　Excel 2013 新建工作簿界面

（2）双击任何一个扩展名为. xlsx 的文件，系统则自动启动 Excel 2013。

Excel 2013 可以同时打开多个工作簿，每个工作簿对应一个窗口。

2. Excel 2013 的退出

退出 Excel 2013 工作窗口的方法有以下 4 种：

（1）在 Excel 2013 的“文件”选项卡中选择“关闭”命令。

（2）单击 Excel 2013 窗口右上角的“关闭”按钮。

（3）单击 Excel 2013 窗口左上角的控制菜单按钮弹出控制菜单，选择“关闭”命令。

（4）按快捷键[Alt+F4]。

如果在退出 Excel 2013 时尚有已修改但未保存的文件时，则会出现“保存”对话框。若选择“保存”对话框中的“保存”按钮，则保存该文件后退出 Excel 2013，若选择“不保存”按钮，则不保存该文件的修改并退出 Excel 2013，若选择“取消”按钮，则返回 Excel 2013 窗口。

5.1.3　Microsoft Excel 2013 的工作窗口

成功启动 Excel 2013 后，即可进入工作窗口中。Excel 2013 的工作窗口主要包括标题栏、功能区、状态栏、编辑栏和工作表区等，如图 5-4 所示。

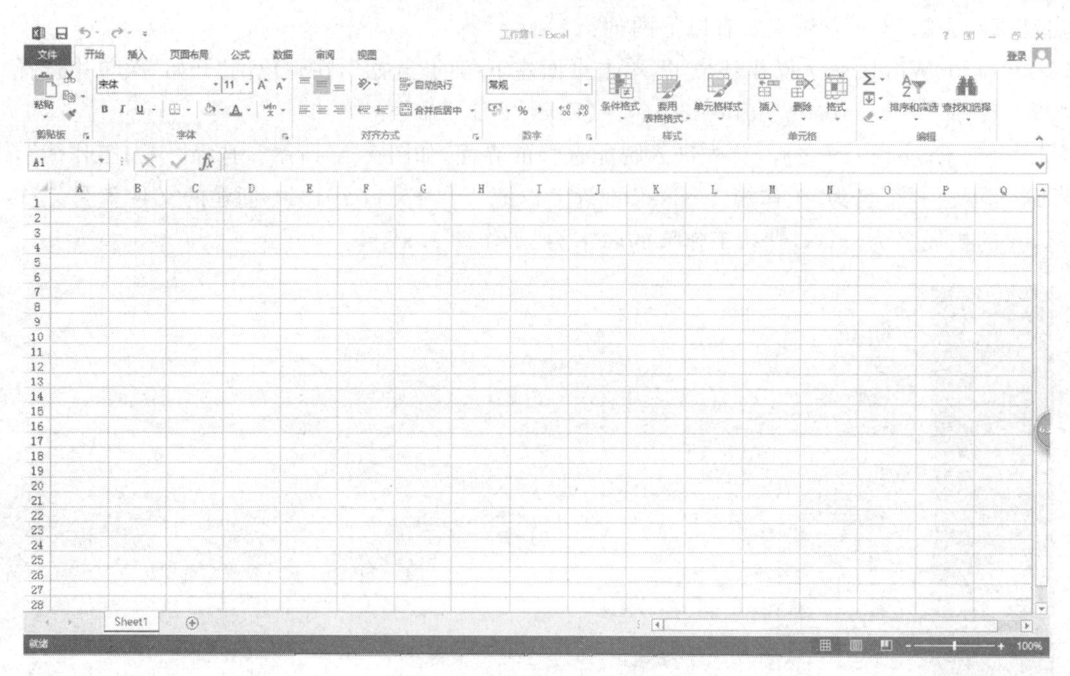

图 5-4 Excel 2013 工作界面

1. 标题栏

标题栏位于工作窗口最上端用于标识所打开的程序及文件名称，标题栏最左端是 Excel 2013 窗口的控制图标，单击该图标会弹出 Excel 2013 窗口控制菜单，如图 5-5 所示，利用该控制菜单可以还原窗口、移动窗口、最小化窗口、最大化窗口、关闭打开的 Excel 2013 文件并退出 Excel 2013 程序等操作，其中具体命令说明如下：

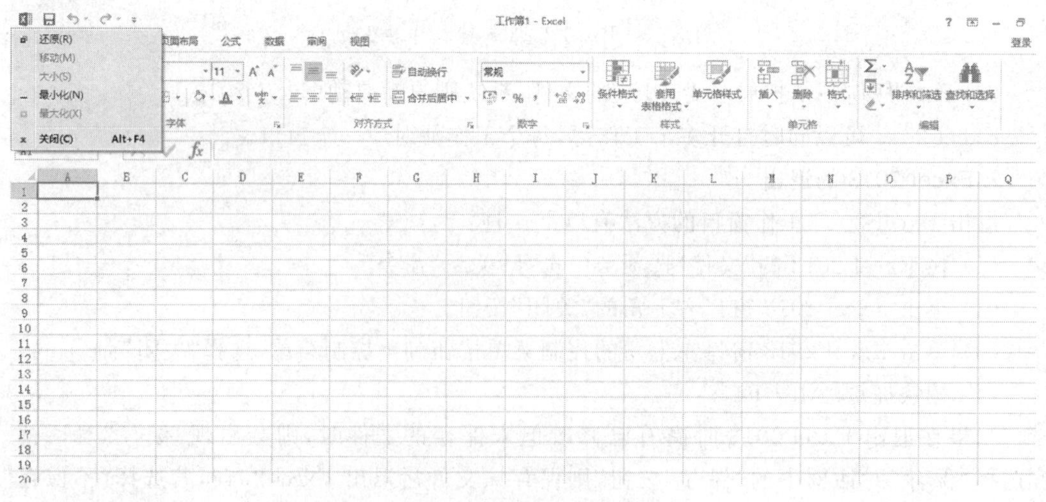

图 5-5 窗口控制菜单

(1)“还原”命令：选择该命令可将最大化的窗口还原为最大化之前的窗口大小。

(2)“移动”命令：选择该命令可用鼠标指针指向窗口的标题栏移动窗口（此命令在窗口最大化时不可用）。

(3)“大小”命令：选择该命令可用鼠标指针指向窗口的边框或者四个角中的任意顶点，当鼠标指针变成双向箭头形状时，拖动鼠标即可改变窗口大小。

(4)“最小化”命令:选择该命令可使窗口缩减至最小,以图标的形式显示在桌面任务栏中。

(5)“最大化”命令:选择该命令可将窗口最大化,占满整个屏幕(此命令在窗口最大化时不可用)。

(6)“关闭”命令:选择该命令可关闭 Excel 2013 窗口,退出该程序。

2. 功能区

Excel 2013 的功能区代替了原来的菜单栏和工具栏,在功能区选择不同选项卡,将进入不同的命令内容。功能区分为两部分,一是选项卡,如“开始”“插入”等,二是不同选项卡下面有不同的命令内容。如“插入”选项卡有几种命令组:图表命令组、筛选器命令组等,命令组下还设置了相关命令,单击可执行。如有下拉三角形图标,说明下面还有更多的命令选项可供选择,如图 5 - 6 所示。

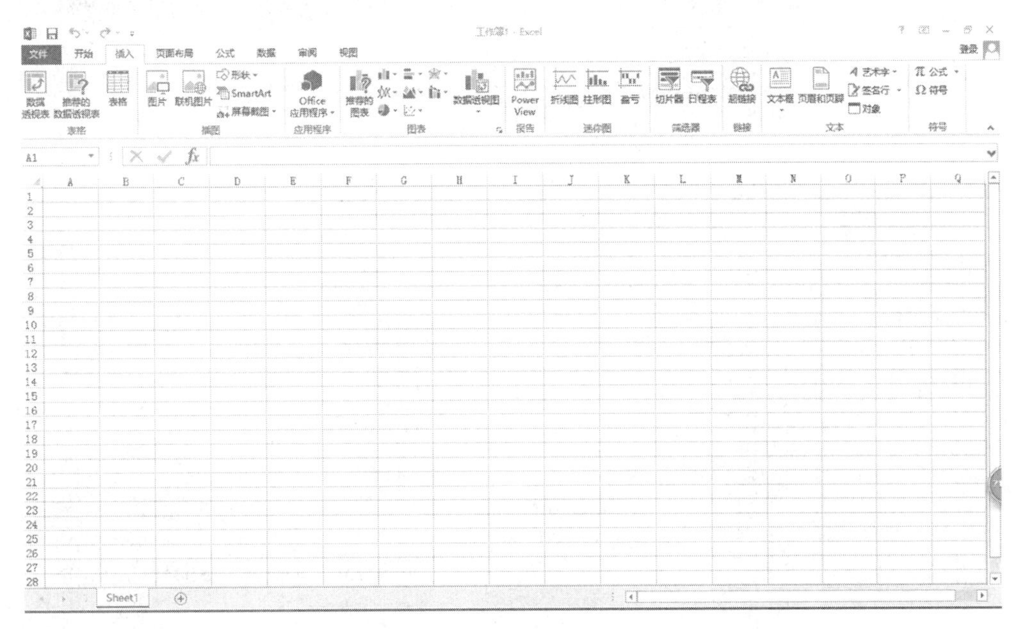

图 5 - 6　Excel 2013 功能区

Excel 2013 还提供了自定义功能区的功能,鼠标右击选项卡区域,从弹出的右键菜单中选择自定义功能区,如图 5 - 7 所示,即弹出自定义功能区设置的选项卡,如图 5 - 8 所示,如要新增一个选项卡,那就单击新建选项卡按钮,如只是想在当前选项卡里面增加功能,只要点击相应的选项卡,再单击新建组即可。如果要自定义一个新选项卡,再在新选项卡中增加功能,则要点击新建选项卡,再在新选项卡中增加新功能。新建的选项卡和组均可以进行重命名,并设置图标。

3. 状态栏

状态栏位于 Excel 2013 窗口的底部,用来显示当前工作表的状态。在大多数情况下,状态栏的最左端显示“就绪”字样,表明工作表正准备接受新的数据,在单元格中输入数据时,则显示“输入”字样。

4. 编辑栏

编辑栏用于显示当前单元格中的内容。当用户想在单元格中输入、编辑数据或公式时,可先选定单元格,然后直接在编辑栏中输入数据,再按[Enter]键确认。

图 5-7 自定义

图 5-8 自定义功能区的设置

5. 工作表区

工作表区是由方格组成的用于记录数据的区域,每个方格称为一个单元格。工作表区是屏幕中最大的区域,所输入的信息都存储在其中。

5.2 工作簿的操作

工作簿是管理工作表的"文件夹",它以文件夹的方式存储,一个工作簿可以由多个工作表来组成,可以建立不同名字的工作表,以存放不同的内容,它们共同存放在一个工作簿中,工作簿的扩展名为.xlsx。

5.2.1 Microsoft Excel 2013 工作簿的组成

组成 Excel 2013 文档的三要素是工作簿、工作表和单元格。

1. 工作簿

由若干个工作表可以组成一个 Excel 2013 工作簿文档，通常保存的 Excel 2013 文档其实就是一个工作簿文件。

新建一个工作簿文档，系统默认只有一张空白工作表，但可以根据需要增加工作表。一个工作簿文档所含的工作表数量，从理论上讲，仅受计算机的容量限制，但一个工作簿中包含太多的工作表，则文档运行速度会减慢，并容易出错。

2. 工作表

工作表用于对数据进行组织和分析。最常用的工作表由排成行和列的单元格组成，称作电子表格；另外一种常用的工作表称为图表工作表，其中只包含图表。图表工作表与其他的工作表数据相链接，并随工作表数据更改而更新。

一个工作簿默认由一个工作表组成，它的默认名字为 Sheet1。当然，用户可以根据需求，自己增加或减少工作表的数量。当打开某一工作簿时，它包含的所有工作表也同时被打开，工作表名均出现在 Excel 工作簿窗口下面的工作表标签栏里。

对于工作簿和工作表的关系，可以把工作簿视作活页夹，把每一个工作表视作活页夹的一页。对工作表的操作主要有以下 5 个方面：

(1) 选择工作表。要对某一个工作表进行操作，必须先选中(或称激活)它，使之成为当前工作表。方法：单击工作簿底部的工作表标签即可。

(2) 工作表的重命名。在实际应用中，一般不建议使用 Excel 2013 默认的工作表名称，而是要给工作表重命名，以便于实际工作中通过工作表标签来定位。方法：右键单击工作表标签，从快捷菜单中选择“重命名”命令，或者直接双击工作表标签，然后输入新的工作表名称(可以是中文，也可以是英文)，如图 5-9 所示。

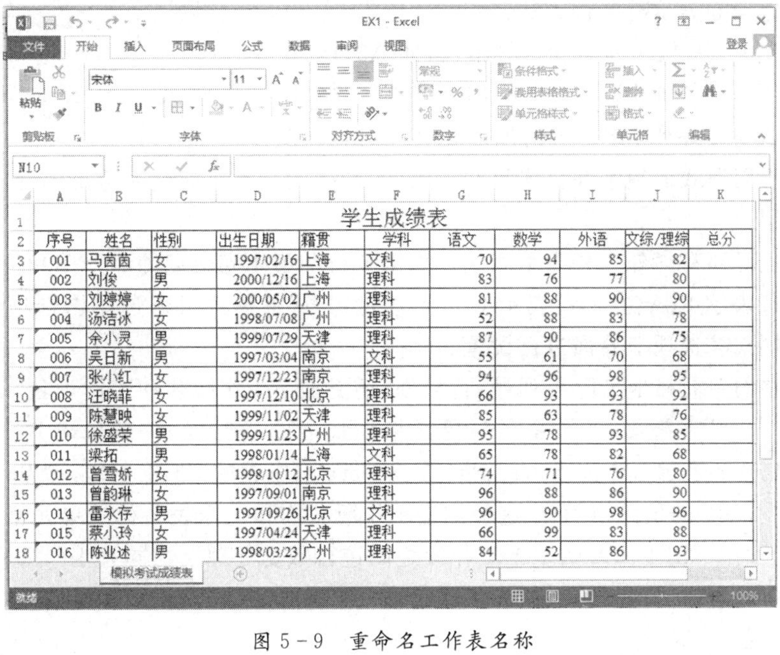

学生成绩表

序号	姓名	性别	出生日期	籍贯	学科	语文	数学	外语	文综/理综	总分
001	马茵茵	女	1997/02/16	上海	文科	70	94	85	82	
002	刘俊	男	2000/12/16	上海	理科	83	76	77	80	
003	刘婷婷	女	2000/05/02	广州	理科	81	88	90	90	
004	汤洁冰	女	1998/07/08	广州	理科	52	88	83	78	
005	余小灵	男	1999/07/29	天津	理科	87	90	86	75	
006	吴日新	男	1997/03/04	南京	文科	55	61	70	68	
007	张小红	女	1997/12/23	南京	理科	94	96	98	95	
008	汪晓菲	女	1997/12/10	北京	理科	66	93	93	92	
009	陈慧映	女	1999/11/02	天津	理科	85	63	78	76	
010	徐盛荣	男	1999/11/23	广州	理科	95	78	93	85	
011	梁拓	男	1998/01/14	上海	文科	65	78	82	68	
012	曾雪娇	女	1998/10/12	北京	理科	74	71	76	80	
013	曾韵琳	女	1997/09/01	南京	理科	96	88	86	90	
014	雷永存	男	1997/09/26	北京	文科	96	90	98	96	
015	蔡小玲	女	1997/04/24	天津	理科	66	99	83	88	
016	陈业述	男	1998/03/23	广州	理科	84	52	86	93	

模拟考试成绩表

图 5-9　重命名工作表名称

(3) 插入工作表。单击工作表标签右侧的加号⊕,即可把一个新的工作表插入在当前工作表的后面,并成为新的当前工作表。

(4) 删除工作表。鼠标指向工作表标签并右击,在快捷菜单中选择“删除”命令。

(5) 移动或复制工作表。工作表可以在工作簿内或工作簿之间进行移动或复制。在同一个工作簿内移动和复制工作表,可以直接使用鼠标拖动工作表标签实现工作表的移动;按住[Ctrl]键并拖动工作表标签,则可以实现复制。

在不同的工作簿间移动或复制工作表时,鼠标指向工作表标签,单击鼠标右键,从快捷菜单中选择“移动或复制工作表”命令,然后在弹出的“移动或复制工作表”对话框的“工作簿”列表中选择目的工作簿即可,如果复制或移动工作表需要保留原来工作表记得勾选“建立副本”。

在实际应用中,工作表的移动和复制用途很大。例如,常常要派出多人来采集数据,每个人采集的数据都使用 Excel 2013 来输入,并生成单独的工作簿文件。如果要把这些多人采集的数据汇总到一个工作簿文件中,这时就可以依次打开相应的工作表并将其复制到汇总的工作簿文件中,方便进行数据处理。

3. 单元格

Excel 2013 工作表的基本元素是单元格,单元格内可以包含文字、数字或公式。在工作表内每行、每列的交点就是一个单元格。在 Excel 2013 中,一个工作表总共有 16 384 列、1 048 576 行,列名用字母及字母组合 A～Z,AA～AZ,BA～BZ,……,AAA～XFD 表示,行名用自然数 1～1 048 576 表示。所以,一个工作表中最多可以有 16 384×1 048 576 个单元格。

(1) 单元格地址。

单元格在工作表中的位置用地址标识。即由它所在列的列名和所在行的行名组成该单元格的地址,其中列标在前,行号在后。例如,第 C 列和第 4 行交点的那个单元格的地址就是 C4。一个单元格的地址,如 C4,也称为该单元格的引用。

单元格地址的表示有 3 种方法:

① 相对地址:直接用列号和行号组成,如 A3,IV36 等。

② 绝对地址:在列号和行号前都加上 $ 符号,如 $B$1,$B$2:$B$8 等。

③ 混合地址:在列号或行号前加上 $ 符号,如 $B3,E$9 等。

这 3 种不同形式的地址在公式复制的时候,产生的结果可能是完全不同的,具体情形在后面详细介绍。

单元格地址还有另外一种表示方法。如第 3 行和第 4 列交点的那个单元格可以表示为 R3C4,其中 R 表示 Row(行),C 表示 Column(列)。这种形式可通过单击选项卡“文件”→“选项”中的“公式”选项卡界面进行设置。

一个完整的单元格地址除了列号、行号外,还要加上工作簿名和工作表名。其中工作簿名用方括号“[ ]”括起来,工作表名与单元格地址之间用感叹号“!”号隔开。如:[Sales.xlsx] Sheet1! C3 表示工作簿 Sales.xlsx 中 Sheet1 工作表的 C3 单元格,而 Sheet2! B8 则表示工作表 Sheet2 的单元格 B8。这种加上工作簿名称和工作表名称的单元格地址表示方法,是为了用户在不同工作簿的多个工作表之间进行数据处理。在同一工作簿内进行操作,工作簿名是可以省略的;同理,在同一工作表内进行操作,工作表名也是可以省略的。

(2) 单元格区域。

单元格区域是指由工作表中一个或多个单元格组成的矩形区域。区域的地址由矩形对角的两个单元格的地址组成，中间用冒号“:”相连。如 B2:E8 表示从左上角是 B2 单元格到右下角是 E8 单元格的一个连续区域。区域地址前同样也可以加上工作表名和工作簿名以进行多工作表之间的操作，如 Sheet5！A1:C8。

(3) 单元格或区域的选择。

在 Excel 2013 中，许多操作都是和区域直接相关的。一般来说，在进行操作（如输入数据、设置格式、复制等）之前，要预先选择好单元格或区域，被选中的单元格或区域，称为当前单元格或当前区域。

用鼠标单击某单元格，即选中该单元格；用鼠标单击行名或列名，即选中该行或列。选择区域的方法则有多种：

① 在所要选择的区域的任意一个角单击鼠标左键并拖曳至区域的对角，释放鼠标的左键。如在 A1 单元格单击鼠标左键后，拖曳至 D8，则选择了区域 A1:D8。

② 在所要选择的区域的任意一个角单击鼠标左键，然后释放鼠标，再把鼠标指向区域的对角，按住[Shift]键，同时单击鼠标左键。如在 A1 单元格单击鼠标左键后，释放鼠标，然后让鼠标指向 D8，按住[Shift]键的同时单击鼠标左键，则选择了区域 A1:D8。

③ 在编辑栏的“名称”框中直接输入 A1:D8，即可选中区域 A1:D8。如果要选择若干个连续的列或行，也可直接在“名称”框中输入。如输入 A:BB 表示选中 A 列到 BB 列；输入 1:30 表示选中第 1 行到第 30 行。

④ 如果要选择多个不连续的单元格、行、列或区域，可以在选择一个区域后，按住[Ctrl]键的同时，再选取第 2 个区域。

(4) 单元格或区域的命名。

在选择了某个单元格或区域后，可以为某个单元格或区域赋一个名称。赋一个有意义的名称可以使得单元格或区域变得直观明了，容易记忆和被引用。命名的方法有如下两种：

① 选中要命名的单元格或区域，然后单击编辑栏的“名称”框，在“名称”框内输入一个名称，并按[Enter]键。注意，名称中不能包含空格。

② 选中要命名的单元格或区域，单击右键，从快捷菜单中选择“定义名称”，弹出“新建名称”对话框，如图 5－10 所示。在“名称”文本框中输入该区域要定义的名称，即可给选定的区域命名。

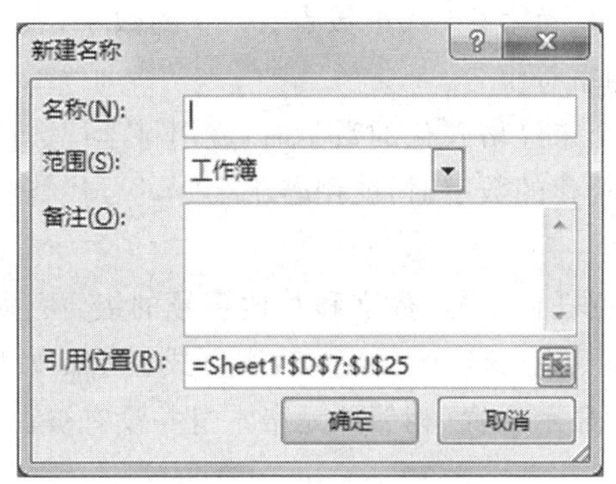

图 5－10　单元格区域“新建名称”对话框

定义了名称后，单击编辑栏中的“名称”框的下拉按钮，选中所需的名称，即可利用名称快速地定位（或选中）该名称所对应的单元格或区域。

定义了名称后，凡是可输入单元格或区域地址的地方，都可以使用其对应的名称，效果是一样的。在一个工作簿中，名称是唯一的。也就是说，定义了一个名称后，该名称在工作簿的各个工作表中均可共享。

5.2.2 工作簿的创建、打开与保存

1. 创建工作簿

在由“开始”菜单方式启动 Excel 2013 时，首先会进入到空白工作簿和工作簿模板的选择界面（当有一个 Excel 2013 工作簿处于打开状态时，系统会自动打开空白工作簿）。此外，还可以利用快捷键[Ctrl+N]快速创建新的空白工作簿。

2. 打开已有的工作簿

打开已有工作簿的方法很简单，可以通过以下方法操作：

(1) 选择“文件”→“打开”命令，输入文件名或在文件列表中单击文件。

(2) 双击工作簿文档图标，也可直接打开工作簿。

3. 保存工作簿

保存工作簿的方法也很简单，可以通过以下方法：

(1) 选择“文件”→“保存”或“另存为”的命令。

(2) 单击工具栏上的“保存”按钮 。

(3) 按[Ctrl+S]组合键。

需要注意的是，新建工作簿如果没有重命名，则系统将自动以“工作簿 1.xlsx”作为该工作簿的名称。

5.3 编辑工作表

5.3.1 数据类型简介

单元格中的数据的类型有 3 种：文本、数字、逻辑值。

1. 数字

数字只能包含正号(+)、负号(-)、小数点、0～9 的数字、百分号(%)、千分位号(,)等符号，它是正确表示数值的字符组合。

当单元格容纳不下一个未经格式化的数字时，就用科学记数法显示它（如 3.45E+12）；当单元格容纳不下一个格式化的数字时，就用若干个“#”号代替。

2. 文本

单元格中的文本可包括任何字母、数字和其他符号的组合。每个单元格可包含 32 000 个字符（早期版本的 Excel 只有 255 个），以左对齐方式显示。如果单元格的宽度容纳不下文本串，可占相邻单元格的显示位置（相邻单元格本身并没有被占据），如果相邻单元格已经有数据，就截断显示。

3. 逻辑值

单元格中可输入逻辑值 TRUE（真）和 FALSE（假）。逻辑值常常由公式产生，并用作条件。

5.3.2　运算符的优先级简介

Excel 2013 中公式按特定次序计算数值。如果公式中同时用到多个运算符，Excel 2013 将按表 5-1 所列的顺序进行运算。如果公式中包含相同优先级的运算符，例如，公式中同时含乘法和除法运算，则 Excel 2013 将从左到右进行计算。

表 5-1　运算符优先级列表

运算符	说明
:(冒号)，(逗号)(空格)	引用运算符
—	负号(如—1)
%	百分比
^	幂指数
* 和/	乘和除
＋和—	加和减
&	文本运算符
=<><=>=<>	比较运算符

如果要改变运算顺序，可利用圆括号将公式中要先计算的部分括起来。

5.3.3　输入数据

在单元格中可以输入各种数据类型的数据，如数字、文字、日期和时间、逻辑值等。可以使用以下方法对单元格进行数据输入。

单击要输入数据的单元格，然后直接输入。也可以单击要输入数据的单元格，然后单击编辑栏，在编辑栏中输入、编辑或修改单元格的数据。

输入过程中发现有错误，可用[Backspace]键删除。按回车键或用鼠标单击编辑栏中的“√”符号完成输入。若要取消，可直接按[Esc]键或用鼠标单击编辑栏中的“×”符号。

Excel 2013 能够识别两种形式的内容输入：常量和公式。

1. 输入数字(数值)

简单数字直接输入即可，但必须是一个数字的正确表示。表 5-2 给出了数字输入时允许的字符。

表 5-2　数字输入时允许的字符

字 符	功 能
0～9	数字的任意组合
＋	当与 E 在一起时表示指数，如 1.25E＋8
—	表示负数，如—95.76
( )	表示负数，如(123)表示—123
，(逗号)	千位分隔符，如 123，456，000
/	表示分数(分数时前面是一个空格，如 4 1/2)或日期分隔符

续表

$	金额表示符
%	百分比表示符
.(点号)	小数点
E和e	科学记数法中指数表示符
:	时间分隔符
(一个空格)	整数和分数分隔符(如4 1/2),日期和时间分隔符(如2016/5/4 15:30)
注:连线符号-和有些字母也可解释为日期或时间项的一部分,如5-Jul和8:45 AM	

2. 日期和时间

Excel 2013对于日期和时间的输入非常灵活,可接受多种格式的输入。

(1) 输入日期。

对于用户来讲,输入日期时,可在年、月、日之间用"/"或"-"连接。例如,要输入2016年5月15日,可输入2016/5/15或2016-5-15。为了避免产生歧义,在输入日期时,年份不要用两位数表示,而应该用四位数,整个日期格式则用YYYY-MM-DD(如2016-5-15)的形式,并且不必理会原来工作表中的日期格式。

如果只输入了月和日,则Excel 2013就会自动取计算机内部时钟的年份作为该单元格日期数据的年份。如输入"10-1",如果计算机时钟的年份为2016年,那么,该单元格实际的值是2016年10月1日,当选中这个单元格时,这个值可从编辑栏中看到。

(2) 输入时间。

时间数据由时、分、秒组成。输入时,时、分、秒之间用冒号分隔,如8:45:30表示8点45分30秒,如8:45,表示8点45分。Excel 2013也能识别仅仅输入的小时数,如输入8:(要加上冒号),Excel会自动把它转换成8:00。

Excel中的时间是以24小时制表示的,如果要按12小时制输入时间,请在时间后留一空格,并输入AM或PM(A或P)分别表示上午或下午。如果输入3:00而不是3:00PM,将被表示为3:00AM。

(3) 同时输入日期和时间。

如果要在同一单元格中键入日期和时间,请在中间用空格分离。如输入2016年5月15日下午4:30,则可输入2016-5-15 16:30(时间部分要用24小时制)。

Excel 2013对用户输入的数据能作一定程度的自动识别。例如输入"10-1",Excel 2013会将它解释成日期,并显示为10月1日或1-Oct。如果Excel 2013不能识别用户所输入的日期或时间格式,则输入的内容将被视作文本。

3. 把数字作为文本输入

在某些特定的场合,需要把纯数字的数据作为文本来处理,如产品的代码、邮政编码、电话号码等。输入时,在第一个字母前加上单引号"'"。如输入:'123,单元格中显示左对齐方式的123,则该123是文本而非数字,虽然表面上看起来是数字。

总之,对于初学者来说,不要被单元格中所显示的数据所迷惑而忽略了本来的值。如果想完全了解某一个单元格中的数据的“真相”，最简单有效的方法是选中该单元格，查看其在编辑栏中显示的内容，编辑栏中显示的内容才是该单元格的“本质”。

4. 输入文本

输入任何数据，只要系统不认为它是数值(包括日期和时间)和逻辑值，它就是文本型数据。如果想把任何一串字符(数字、逻辑值、公式等)当做文本输入，只要输入时，在第一个字母前加单引号“'”。如输入“'TRUE”，则单元格中显示的 TRUE 是一个文本，而不是一个逻辑值。需要强调的是，如果在单元格中没有输入任何内容，则称该单元格是空的，而如果输入了一个空格后，该单元格就不为空，它的值是一个空格(虽然看不见)。因此，在输入数据的时候，无论是数字、逻辑值或文本一定不要多加空格，否则很容易产生错误，并且不容易查找和改正。

5. 输入批注

批注的输入可通过单击右键快捷菜单中“插入批注”命令来完成。单元格一旦有批注后，在单元格的右上角就出现一个红色的小方块，表示该单元格有批注信息。当光标移动到单元格时就会在旁边显示批注的内容。

5.3.4　数据验证

Excel 2013 提供的数据验证功能可以让用户对单元格中的数据进行限制，并在不合法的输入发生时，出现错误信息提示。

选择需数据验证的单元格区域，包括已输入数据的单元格及将要输入数据的空白单元格。选择菜单“数据”→“数据有效性”，弹出“数据有效性”对话框，选择“设置”选项卡，在“有效性条件”栏的“允许”下拉列表中，指定选择的单元格中所要求的数据格式，选择“任何值”可用于删除当前的有效条件；在“允许”下拉列表框中选择一个选项后，将出现其他选项，用以指定其他的条件或限制，例如在列表框中选择“整数”，将出现允许的最小值和最大值选项。

单击“输入信息”选项卡，选择“选定单元格时显示输入信息”复选框，进而指定当一个单元格被选择时显示的信息，在“输入信息”文本框中输入所需词语。单击“出错警告”选项卡，选择“输入无效数据时显示出错警告”选项，用以指定当输入无效数据时，将显示出错信息对话框，否则不显示。在“标题”文本框中输入出错信息对话框的标题，在“错误信息”文本框中输入将要显示的出错信息。单击“确定”按钮完成“数据有效性”对话框中的设置。

5.3.5　数据的自动填充

Excel 2013 的数据不仅可以从键盘直接输入，当输入的数据有规律时，可以考虑使用 Excel 2013 的数据自动输入功能，它可以方便快捷地输入等差、等比甚至自定义的数据序列。

1. 自动填充

(1) 用鼠标进行自动填充。

自动填充是根据初始值决定以后的填充项。用鼠标指向初始值(一个或两个)所在单元格右下角的“填充柄”(黑色实心■)，当单元格指针变为黑色实心的“十”字样式时，按下鼠标左键，拖拽至填充的最后一个单元格，放开鼠标左键，即完成自动填充。通过自动填充可以将选定区域中的内容按某种规律进行复制。

利用自动填充功能复制单元格中数据时，遵循自动填充规则，这些规则如表 5-3 所示。

表 5-3 自动填充规则

数据结构形态	序 列	初始值	扩展区域
单一数据	无结构，只复制数据本身	学校 78	学校，学校，学校 78,78,78
数 值	基于数据结构递增	11,21	31,41,51,61
带数值的文本	基于数值部分的结构建立序列	学校 1，学校 2	学校 3，学校 4，学校 5
星 期	按星期几的格式建立序列	星期一 Mon	星期二，星期三 Tues, Wed
月	按月份的格式建立序列	一月 Jan	二月，三月 Feb, Mar
年	按年的格式建立序列	2000,2001	2002,2003,2004
时 间	按时间区间的格式建立序列	2:20AM,2:30AM	2:40AM,2:50AM

其中的“星期”和“月”之所以能够自动填充，是因为在 Excel 2013 内，已经把它们定义成序列，也可以把任何的数据定义成“自定义序列”，然后进行自动填充。

(2) 用功能区的编辑命令进行自动填充。

选择要进行复制的单元格及一组与之相邻的单元格，选择功能区的“开始”→“编辑”命令组→“填充”，其中有“向下”“向右”“向上”和“向左”等多种选项，如图 5-11 所示。根据数据复制的方向，选择其中某一选项，便可把一个单元格中的信息复制到一组选择的相邻单元格中，但单元格中的批注并不复制。

还可对不连续的单元格进行复制，先选定需输入数据的若干个单元格，在活动单元格中输入数据，再按组合键[Ctrl+Enter]，自动填充数据到其余的单元格。

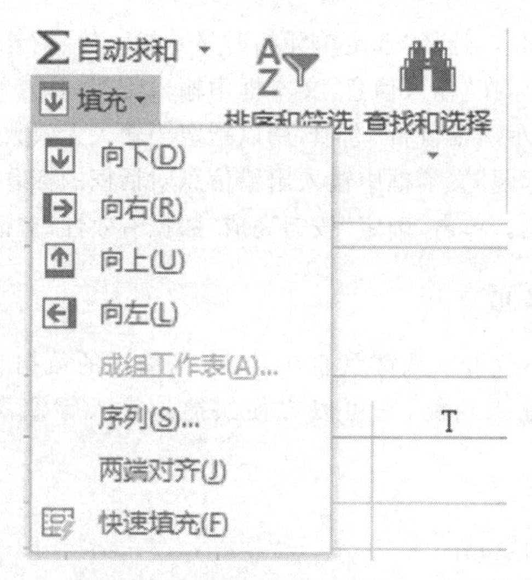

图 5-11 “填充”选项卡

2. 自定义序列

选择菜单“文件”→“选项”→“高级”，在弹出的“Excel”对话框中，如图 5-12 所示，选择“常规”→“编辑自定义列表”，在弹出的“自定义序列”列表框中选择“新序列”，在“输入序列”文本框中每输入一个序列成员如“第 1 课”，按一次[Enter]键，输入完所有序列成员后，单击“添加”按钮，序列定义成功，就可使用其进行自动填充了，新的自定义序列结果如图 5－13 所示。

图 5－12　“Excel 选项”对话框

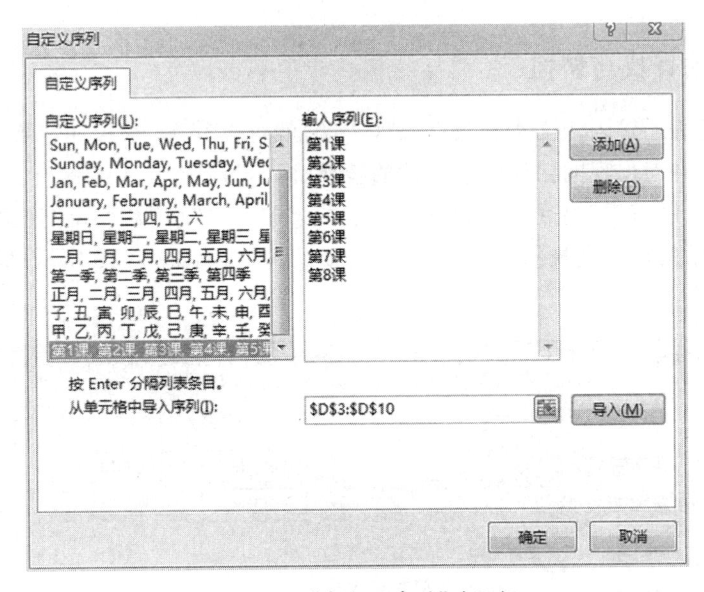

图 5－13　“自定义序列”对话框

如果想将工作表中已有的系列数据作为自定义序列，可用鼠标选中这些数据，在“自定义序列”对话框中单击“导入”按钮即可。

3. 产生一个序列

当输入的有规律的数据无法用自动填充来输入时，比如等比序列，就可以用填充选项来实现。用填充选项产生一个序列的操作方法为：首先在单元格中输入初始值并按[Enter]键，然后选中该单元格，单击“开始”→“编辑”组→“填充”下拉菜单→“序列”，弹出“序列”对话框，如图 5-14 所示。

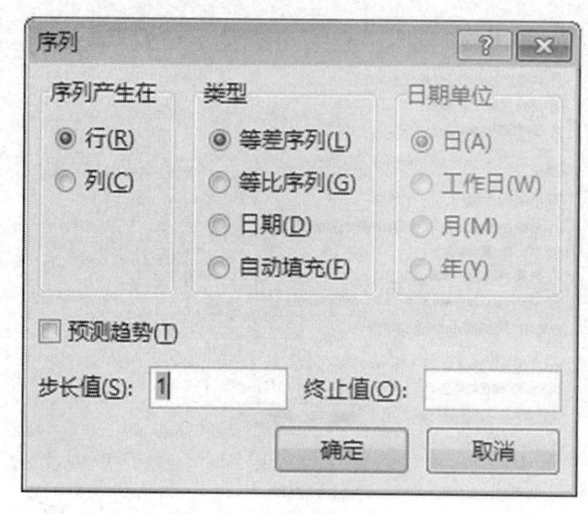

图 5-14 “序列”对话框

通过该对话框可指定数据和日期类型(使用“自动填充”功能时，这些特征通常自动设置)。利用“序列”对话框中的“步长值”和“终止值”这两个文本框可设置该序列增加的步长和终止值。如果不设置“终止值”，需在选择初始值的同时选择相邻的区域，以将数据填充到这些区域。

Excel 2013 新增了“快速填充”功能，会根据从用户数据中识别的模式，一次性输入剩余数据。具体操作是：首先在单元格输入初始值，然后单击“开始”→“编辑”组→“填充”下拉菜单→“快速填充”。

5.3.6 数据的查找与替换

如果在工作表中输入的文本和数据出现错误，就可以利用“查找和替换”功能查找整个工作表中的错误并对出现的错误做一次性的替换，而不需要逐一查找修改。

单击“开始”→“编辑”组→“查找和选择”下拉菜单→“替换”命令，即弹出“查找和替换”对话框，在该对话框输入查找的内容，再输入替换的内容，如图 5-15 所示，即可实现数据的查找与替换。

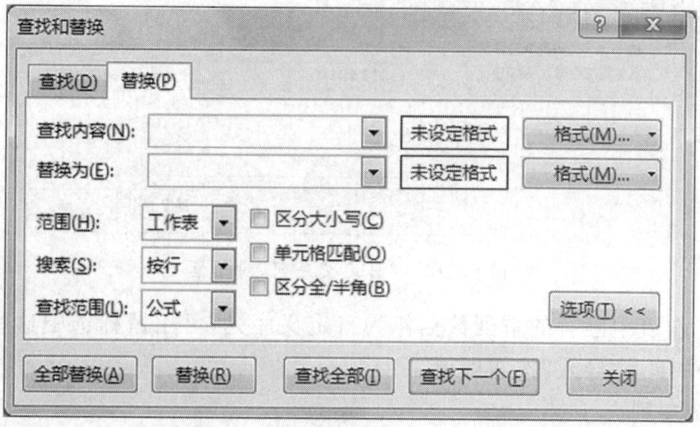

图 5-15 “查找和替换”对话框

如果要为查找或替换指定格式，单击选项卡中的“选项”按钮，然后单击“格式”，即可对查找或替换的内容设置格式。

在“范围”下拉列表框中有“工作表”或“工作簿”两种选择，用来确定是在工作表中还是在整个工作簿中进行搜索。在“搜索”下拉列表框中分为按行和按列两种选择，用来确定是按行还是按列查找。在“查找范围”下拉列表中有公式、值和批注 3 种选择，用来确定查找范围。用户还可以根据需要设置查找是否区分大小写、单元格匹配和区分全角/半角等。

单击“查找全部”和“查找下一个”按钮可进行查找；单击“全部替换”或“替换”按钮，即可进行替换；若要中断查找或替换的过程，可按[Esc]键。

5.3.7　数据的移动和复制

对单元格中的内容进行编辑时，有时可能出现某些单元格中的内容相同或单元格的位置需要变动的情况，这时候如果利用 Excel 2013 提供的移动与复制数据的功能，就可提高用户的工作效率。

对单元格中内容进行移动或复制操作时，可以利用 Excel 2013 提供的两种方法进行。一是利用鼠标直接进行操作，但只适用于在同一张工作表中进行。另一种是利用剪切或复制和粘贴命令，这种方法不但可以在同一张工作表中进行，还可以在不同工作表中进行。

用鼠标进行数据移动或复制操作的方法如下：

(1) 移动鼠标指针到要进行移动或复制的数据所在单元格或单元格区域的边框上。

(2) 当鼠标指针变成十字形状时，按住鼠标左键不放；若复制单元格数据则同时按下[Ctrl]和鼠标左键。

(3) 拖动鼠标到目标单元格或单元格区域中，则单元格中的数据被移动或复制。

当用剪切或复制和粘贴命令进行数据移动或复制时，方法如下：

(1) 选定要进行移动或复制的单元格或单元格区域的内容。

(2) 单击选项卡“开始”→“剪贴板”组中的剪切或复制命令，将内容放在剪切板中。

(3) 选定要移动或复制数据的目标单元格或单元格区域。

(4) 单击“粘贴”命令，即可将剪切板的内容粘贴在目标区域中。

5.3.8　管理工作表

Excel 2013 工作簿是包含一个或多个工作表文件的文件，该文件可用来组织各种相关信息。可在多张工作表中输入并编辑数据，并且可以对多张工作表的数据进行汇总计算。在创建图表时，既可将其置于原数据所在的工作表上，也可将其放置在单独的图表工作表上。

通过单击工作簿窗口底部的工作表标签，从弹出的快捷选项卡中可以移动或复制工作表，还可以用不同颜色来标记工作表标签，以便更容易识别。活动工作表的标签将按所选颜色加上下划线，非活动工作表的标签按所设置的颜色显示。

工作表的插入、删除、移动或复制、重命名、标签颜色设置以及隐藏和显示均可通过右键单击工作簿底部工作表标签，从弹出的快捷菜单中设置，如图 5－16 所示。

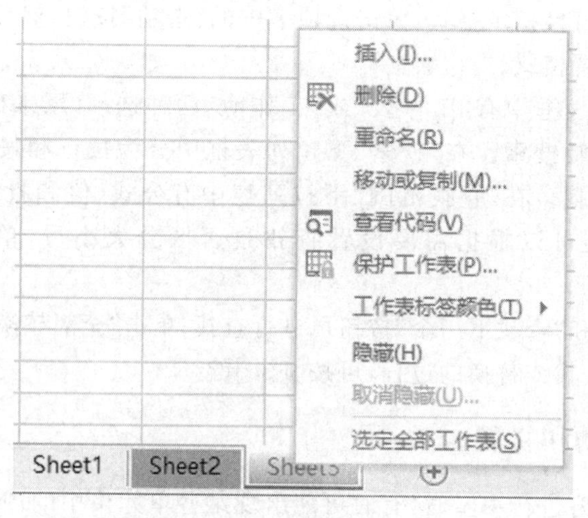

图 5-16　工作表快捷菜单

5.3.9　拆分和冻结工作表

1. 拆分工作表

拆分窗口是把工作表当前活动窗口拆分成窗格，并且在每个窗格中都可通过滚动条显示出工作表的每一部分，目的是为了同时查看工作表的不同部分。用户可以按垂直方式、水平方式、水平和垂直混合方式分割一个工作簿窗口，用户可以把拆分的各个部分当成分开的窗口使用。拆分窗口的方法是：单击选项卡“视图”→“窗口”组→“拆分”命令，即可在选定单元格处将工作表拆分为 4 个独立窗口，如图 5-17 所示。如需要取消拆分的话，再单击“拆分”命令按钮 拆分 即可。

学生成绩表

序号	姓名	性别	出生日期	籍贯	学科	语文	数学	外语	文综/理综	总分
001	马茵茵	女	1997/02/16	上海	文科	70	94	85	82	
002	刘俊	男	2000/12/16	上海	理科	83	76	77	80	
003	刘婷婷	女	2000/05/02	广州	理科	81	88	90	90	
004	汤洁冰	女	1998/07/08	广州	理科	52	88	83	78	
005	余小灵	男	1999/07/29	天津	理科	87	90	86	75	
006	吴日新	男	1997/03/04	南京	文科	55	61	70	68	
007	张小红	女	1997/12/23	南京	理科	94	96	98	95	
008	汪晓菲	女	1997/12/10	北京	理科	66	93	93	92	
009	陈慧映	女	1999/11/02	天津	理科	85	63	78	76	
010	徐盛荣	男	1999/11/23	广州	理科	95	78	93	85	
011	梁拓	男	1998/01/14	上海	文科	65	78	82	68	
012	曾雪娇	女	1998/10/12	北京	理科	74	71	76	80	

图 5-17　拆分窗口

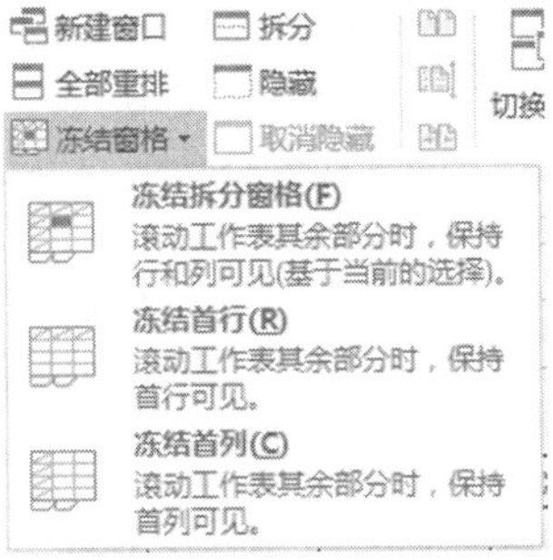
新建窗口
拆分
全部重排
隐藏
切换
冻结窗格
取消隐藏
冻结拆分窗格(F)
滚动工作表其余部分时，保持行和列可见(基于当前的选择)。
冻结首行(R)
滚动工作表其余部分时，保持首行可见。
冻结首列(C)
滚动工作表其余部分时，保持首列可见。

图 5-18　冻结窗口命令

2. 冻结工作表

在使用滚动条滚动查看数据量较大的电子表格时，滚动屏幕后由于表头部分的滚动而无法根据表头来查看每一项数据的含义，从而影响数据的核对，这时可以使用工作表窗口的冻结功能，以保持工作表的某一部分在其他部分滚动时始终可以看见。冻结工作表的方法是：单击选项卡“视图”→“窗口”组→“冻结窗格”命令，如图 5-18 所示。

“冻结窗格”有 3 个选项：

(1)“冻结拆分窗格”；

(2)“冻结首行”；

(3)“冻结首列”。

5.4　设置工作表格式

在单元格中输入数据后，为了美化表格还需要对表格样式进行设置，例如，设置字体、字号、数字格式、对齐方式和边框底纹等。

5.4.1　设置字体格式

设置字体格式可以通过“开始”选项卡的字体命令组设置，如图 5-19 所示。如设置表格标题为隶书，蓝色，22 号字；正文字体为楷体，黑色，12 号字等。

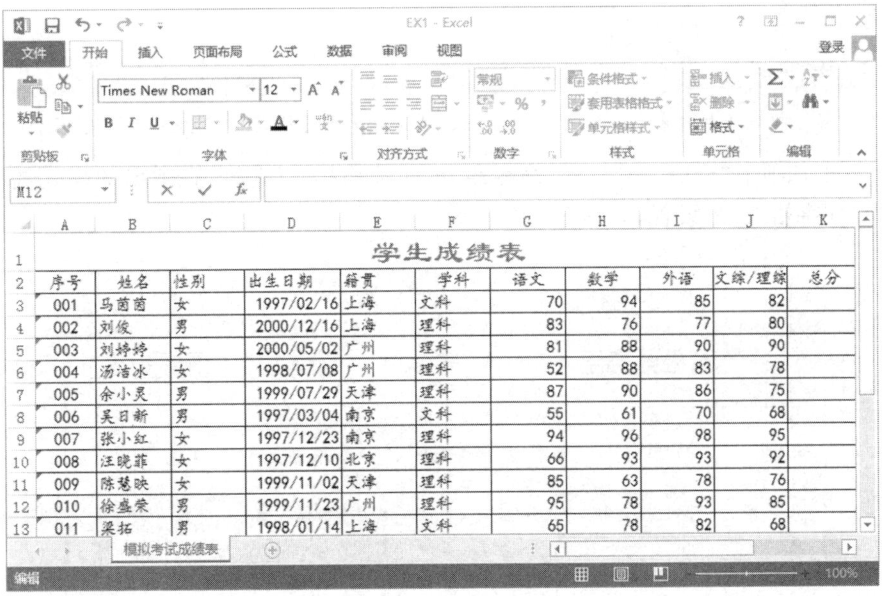
EX1 - Excel
文件
开始
插入
页面布局
公式
数据
审阅
视图
登录
粘贴
Times New Roman
12
常规
条件格式
套用表格格式
单元格样式
插入
删除
格式
剪贴板
字体
对齐方式
数字
样式
单元格
编辑
M12
学生成绩表
序号 姓名 性别 出生日期 籍贯 学科 语文 数学 外语 文综/理综 总分
001 马茵茵 女 1997/02/16 上海 文科 70 94 85 82
002 刘俊 男 2000/12/16 上海 理科 83 76 77 80
003 刘婷婷 女 2000/05/02 广州 理科 81 88 90 90
004 汤洁冰 女 1998/07/08 广州 理科 52 88 83 78
005 余小灵 男 1999/07/29 天津 理科 87 90 86 75
006 吴日新 男 1997/03/04 南京 文科 55 61 70 68
007 张小红 女 1997/12/23 南京 理科 94 96 98 95
008 汪晓菲 女 1997/12/10 北京 理科 66 93 93 92
009 陈慧映 女 1999/11/02 天津 理科 85 63 78 76
010 徐盛荣 男 1999/11/23 广州 理科 95 78 93 85
011 梁拓 男 1998/01/14 上海 文科 65 78 82 68
模拟考试成绩表
编辑
100%

图 5-19　字体命令组设置

5.4.2　设置数字格式

在财务管理中涉及很多数字的格式：如分数、百分数、货币形式、科学计数等，Excel 2013 提供了多种数据格式，设置方法有两种：

（1）利用选项卡“开始”中的“数字”命令组，可以直接利用快捷命令设置，如“会计数据格式”、“百分比样式”%、“千位分割样式”,、“增加小数位数”、“减少小数位数”等，如图 5－20 所示。

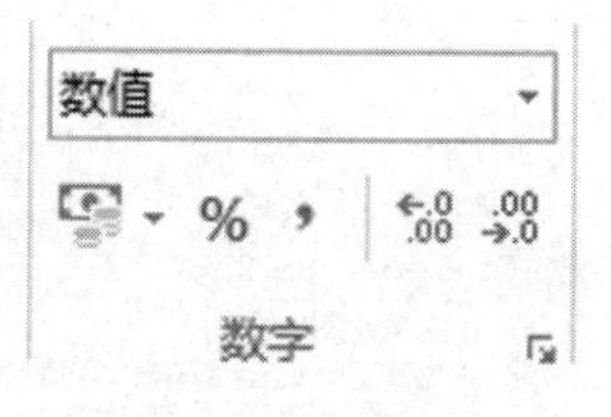

图 5－20 数字命令组

如果要设置的格式快捷命令中没有，可以从数字下拉列表中选择设置，如图 5－21 所示；还可以单击“数字”右侧的数字格式按钮，在弹出的对话框中设置，如图 5－22 所示。

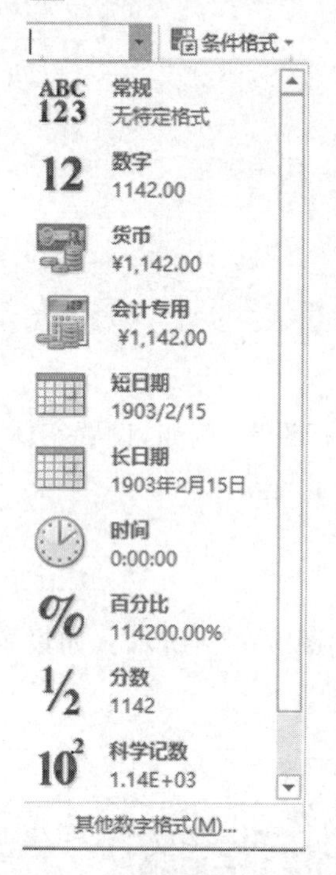

图 5－21 数字格式下拉列表

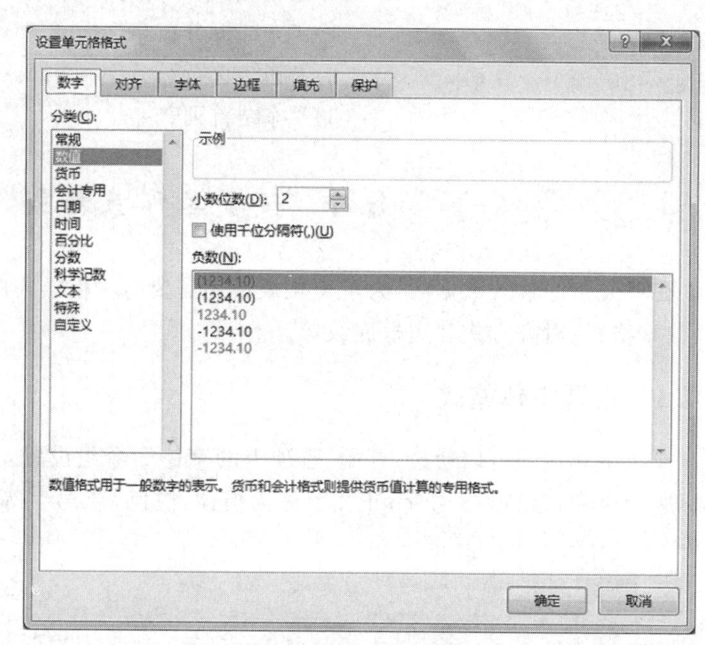

图 5－22 “设置单元格格式”对话框中数字选项卡

（2）单击选项卡“开始”→“样式”命令组→“单元格样式”命令，在弹出的样式选项卡中，通过选择“数字格式”来设置，如图 5－23 所示。

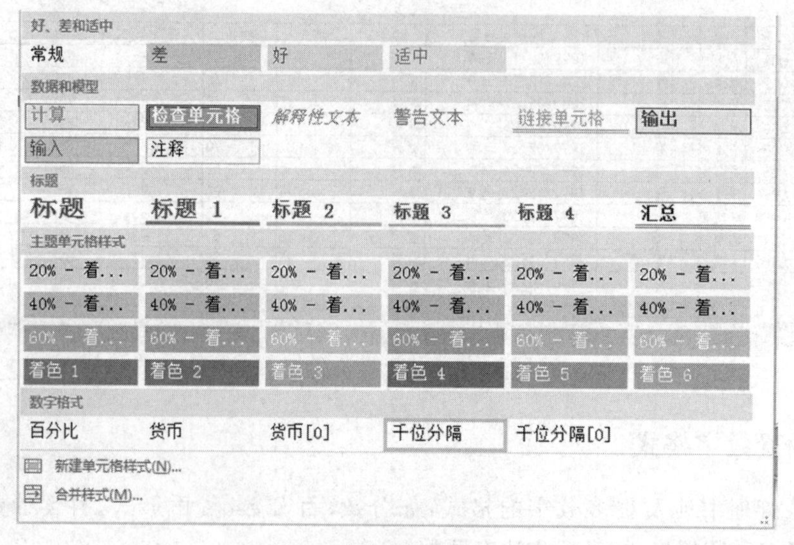

图 5－23 “单元格样式”选项卡

5.4.3　调整行高和列宽

工作表中的行高和列宽是有固定的高度和宽度的，如果用户在单元格中录入的内容过多，就会导致无法显示，此时需要调整行高和列宽。调整行高和列宽的方法有两种，一是通过鼠标拖动的方式调整；另一种是通过选项卡精确设置。

利用鼠标拖动的方法来调整工作表的行高时，只需要将鼠标指向行头的下边界处，当鼠标变为“↕”时，将鼠标拖动到所需的行高处即可。调整工作表的列宽时，只需要将鼠标指向列头的右边界处，当鼠标变为“↔”时，将鼠标拖动到所需的列宽即可。

通过选项卡精确设置则需选中行头或列头，单击鼠标右键，在弹出的选项卡中，选择“行高”或“列宽”命令，在弹出的“行高”或“列宽”对话框中可精确设置行高或列宽，如图 5 - 24 所示。

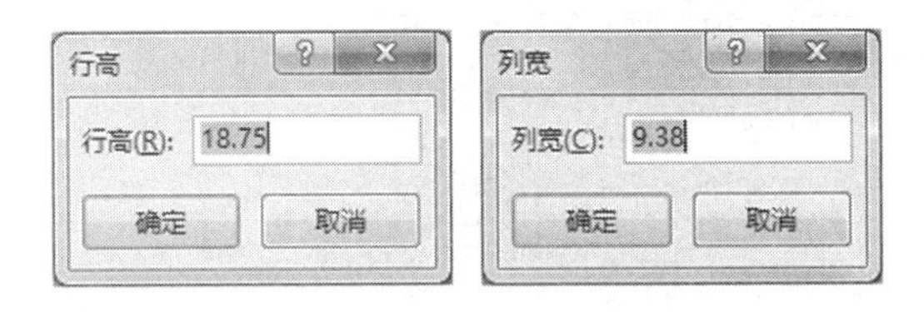

图 5 - 24　精确“行高”“列宽”的设置

5.4.4　设置边框和填充颜色

除了对表格的数据进行美化外，还可以对表格的外观进行美化，使表格看起来更美观、清晰。

1. 添加表格边框

Excel 2013 中单元格之间的网格线在默认情况下是不能被打印输出的，要使打印出的表格有边框，用户可以通过“开始”→“字体”，选择“边框”按钮 ▦ ▾ 或“单元格”→“格式-设置单元格格式”对话框的“边框”选项卡为单元格区域添加边框，如图 5 - 25 所示。可在线条“样式”“颜色”和“边框”中选择所需要的选项。

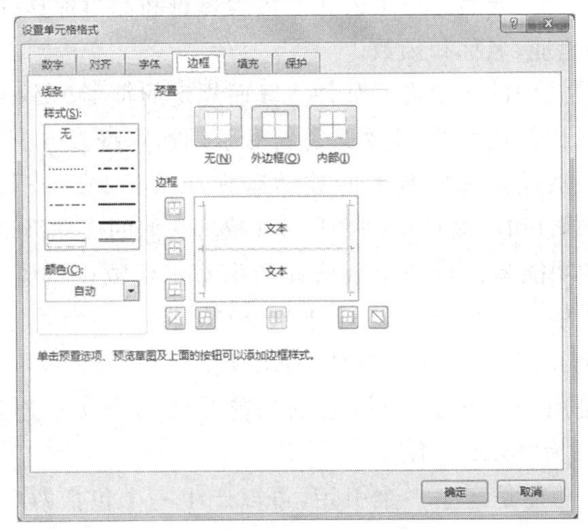

图 5 - 25　“设置单元格格式”对话框的“边框”选项卡

2. 添加表格底纹

为了增强表格的感染力和美观效果，可以为单元格区域填充适当的颜色效果。具体可以通过“填充颜色”按钮 或“单元格”→“格式-设置单元格格式”对话框的“填充”选项卡来完成，如图 5-26 所示。在“填充”选项卡中可以选择填充的“背景色”和“填充效果”，也可以选择“图案颜色”和“图案的样式”。

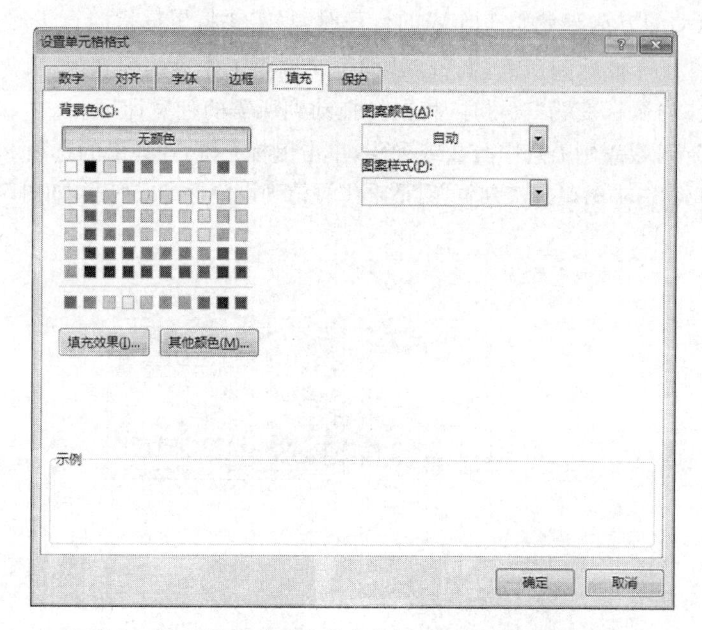

图 5-26 “设置单元格格式”对话框的“填充”选项卡

5.5 公式与函数的使用

5.5.1 使用公式

1. 公式的语法

所有的公式必须以“=”开始。一个公式是由运算符和参与计算的操作数组成的。操作数可以是常量、单元格地址、名称和函数。

运算符是为了对公式中的元素进行某种运算而规定的符号。Excel 2013 中有 4 种类型的运算符：算术运算符、比较运算符、文本运算符和引用运算符。

(1) 算术运算符的功能是完成基本的数学运算，Excel 2013 支持的算术运算符有：%(百分比)、^(乘幂)、*(乘)和/(除)、+(加)和 -(减)，它们的优先级是顺次由高到低。

(2) 比较运算符的功能是比较两个数值并产生布尔代数逻辑值 TRUE 或 FALSE，比较运算符有 6 个，分别为：=(等于)、<(小于)、>(大于)、<=(小于等于)、>=(大于等于)、<>(不等于)。例如：23>45 的结果为 FALSE。

(3) 文本运算符是用“&”来表示的，它的功能是将两个文本连接成一个文本。例如“Micro”&“soft”的结果为“Microsoft”。

(4) 引用运算符的功能是产生一个引用，可以产生一个包括两个区域的引用。它有 3 种运算：

• 区域(冒号):表示对两个引用之间,包括两个引用在内的所有区域的单元格进行引用,例如:SUM(B2:D8)。

• 并(逗号):表示将多个引用合并为一个引用,例如:SUM(B5,B15,D5,D15)。

• 交(空格):表示产生同时隶属于两个引用单元格区域的引用,如(B7:D7 C6:C8)为 C7。

2. 公式的输入及显示

(1) 输入公式。

公式的输入操作类似于输入文字数据,但输入一个公式的时候应以一个等号"="作为开始,然后再输入公式的表达式。

(2) 显示公式。

在单元格中输入公式后,在单元格内则显示其结果,而在编辑栏上显示公式的内容。若要在单元格显示公式,使用[Ctrl+`(反单引号)]可以使单元格内显示公式,再次按此组合键单元格内又变为显示公式结果。

(3) 输入公式时应注意的问题。

① 输入公式必须以"="开始,包含运算符、常数、单元格名字、函数。

② 公式中可以引用单元格地址,计算结果为所引用单元格当前值的计算结果,若引用单元格的值改变,则与此单元格有关的公式的结果也会随着改变。

③ 编辑公式时,公式将以彩色方式标识,其颜色与所引用的单元格的标识颜色一致,这样便于跟踪公式,帮助用户查询分析公式。

3. 公式中的出错信息

当公式有错误时,系统会给出出错信息。表 5-4 中给出一些常见的出错信息。

表 5-4　公式中常见的出错信息

出错信息	可能的原因
#####	列不够宽,或使用负的日期或时间
#DIV/0!	公式被零除
#N/A	没有可用的数值
#NAME?	Excel 不能识别公式中使用的名字
#NULL!	指定的两个区域不相交
#NUM!	数字有问题
#REF!	公式引用了无效的单元格
#VALUE!	参数或操作数的类型有错

如果公式出现错误,则在包含该公式的单元格左上角会出现一个绿色的小三角。选中包含该问题公式的单元格,则在该单元格的左边出现智能标记 ◈ ,单击该标记,就可获得有关该公式错误的详细信息以及改正的方法。

4. 在公式中使用单元格引用

在公式中常用单元格的地址或名字来代替单元格,这称为单元格引用。它把单元格的数据和公式联系起来,从而单元格的内容可参与公式中的计算。根据单元格地址被复制到其他单元格时是否会改变,可分为相对引用、绝对引用和混合引用 3 种。

(1) 相对引用。

相对引用是指当把一个含有单元格地址的公式复制到一个新的位置或者用一个公式填入一个区域时,公式中的单元格地址会随着改变。例如:先在 A1:B10 中依次输入数字,然后选定单元格 C1,在其中输入公式"=A1 * B1",再向下拖拽 C1 单元格右下角的填充柄,一直拖拉到 C10 单元格,或者将 C1 的内容复制到 C2、C3、…、C10。可以看到,当把 C1 的内容复制到这些单元格时,显示值却和 C1 不同,也就是 C2 的值是"=A2 * B2",C3 的值是"=A3 * B3",…,C10 的值是"=A10 * B10"。

(2) 绝对引用。

绝对引用是指在把公式复制或填入到新位置时,引用的单元格地址保持不变。设置绝对地址只需在行号和列标前面加符号"$"即可。假定在单元格 F2 中输入"=$D$2+$E$2",把 F2 中的内容复制到 F3、F4、…、F10。可以看到,F2 到 F10 的值完全一样,都是本工作表的"D2+E2"的值。

(3) 混合引用。

有时需要在复制公式时,只保持行或列地址不变,这就需要使用混合地址引用。所谓混合引用是指在一个单元格地址中,既有绝对地址引用又有相对地址引用。例如,单元格地址"$B2"表示保持"列"不发生变化,而"行"随着新的复制位置发生变化。同样道理,单元格地址"B$2"表示保持"行"不发生变化,而"列"随着新的复制位置发生变化。

在公式中指定单元格引用,只需在公式中键入单元格名字即可,也可用鼠标或键盘选择这些单元格,利用鼠标可以使单元格引用更为便利。

5.5.2 使用函数

使用 Excel 2013 中提供的函数和公式,可以对工作表中的数据进行计算和处理,如数据统计、计算、查找等。在 Excel 2013 中利用函数和公式处理数据可以节省编写程序的时间。

Excel 2013 的函数是预先定义好的公式,用来进行数字、文字、逻辑运算,或者查找工作区的有关信息。函数应输入在单元格的公式中,一般来说,每个函数可以返回(而且肯定要返回)一个计算得到的结果值,而数组函数则可以返回多个值。

函数由函数名和参数组成,格式为:函数名(参数 1,参数 2,…)。

函数名后面的括号中是函数的参数,括号前后不能有空格,函数的参数可以是具体的数值、字符、逻辑值,也可以是表达式、单元格地址、区域、区域名字等,函数本身也可以作为参数。指定的参数必须能产生有效值,如果一个函数没有参数,也必须加上括号。函数中还可包含其他函数,即函数可以嵌套使用。

函数是以公式的形式出现的,在输入函数时,可以直接在单元格中以公式的形式编辑输入,也可以使用 Excel 2013 提供的"插入函数"工具。

1. 直接输入

选定要输入函数的单元格,输入"="和所用的函数名及其相应的参数,按回车键即可。例如,要在 D1 单元格中计算区域 A1:C10 中所有单元格值的平均值。就可以选定单元格 D1 后,直接输入"=AVERAGE(A1:C10)",再按回车键。

2. 使用“插入函数”工具

如果在公式开头使用函数，或者在公式中某一位置使用函数，首先选定要输入公式的单元格，将插入点定位于要插入函数的位置，然后单击编辑栏中的“插入函数”按钮 *fx* 或选择“公式”选项卡→“插入函数” *fx* 。此时会弹出一个“插入函数”对话框，如图 5－27 所示。

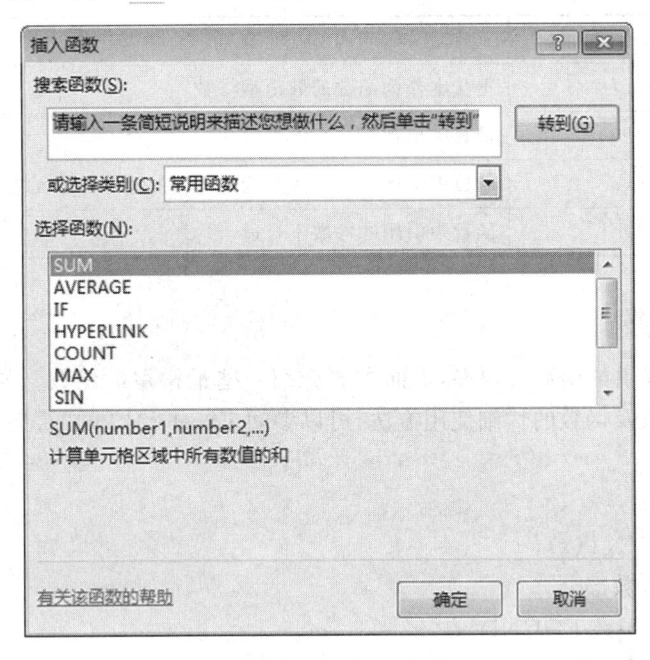

图 5－27　“插入函数”对话框

在“插入函数”对话框中选择函数类别，函数类别的列表框中包含了 Excel 2013 提供的所有函数，这些函数支持各种常用计算，如财务、日期与时间、数学与三角函数、统计、查找与引用、数据库、文本、逻辑等，当选定了函数类别后，再从“选择函数”列表框中选择所需要的函数，“选择函数”栏中则列出了被选中的函数类别所属的全部函数。选中某一函数后，单击“确定”按钮，此时会弹出一个“函数参数”对话框，如图 5－28 所示，在其中输入参数值，最后单击“确定”按钮即可。

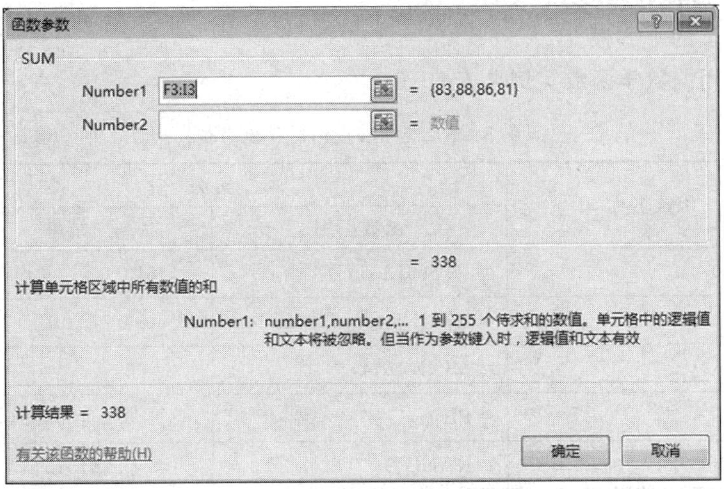

图 5－28　“函数参数”对话框

3. 函数出错信息

当输入的函数有错误时，Excel 2013 会提示出错信息，表 5-5 给出了几种常见的出错信息。

表 5-5 函数出错信息

出错信息	可能的原因
#NAME!	把文本作为函数的数值型参数
#NUM!	函数中出现非法数值参数
#REF!	函数中引用了一个所在列或行已被删除的单元格
#VALUE!	函数中引用的参数不合适

5.5.3 常用函数

Excel 2013 提供的函数有很多，下面主要介绍一些最常用的函数。如果在实际应用中需要使用其他函数及函数的详细使用方法，可以参阅 Excel 2013 的“帮助”系统或其他参考资料。

1. 数学函数

(1) 取整函数 INT(x)。

取数值 x 的整数部分。

(2) 四舍五入函数 ROUND(x1,x2)。

将数值 x1 进行四舍五入，小数部分保留 x2 位。

(3) 求余数函数 MOD(x,y)。

返回 x 除以 y 得到的余数。

(4) 圆周率函数 PI()。

取圆周率 π 的值(没有参数，但括号要保留)。

(5) 随机数函数 RAND()。

产生一个 0 和 1 之间的随机数(没有参数，但括号要保留)。

(6) 求平方根函数 SQRT(x)。

返回正值 x 的平方根。

这几种常用的数学函数实例见表 5-6。

表 5-6 常用的数学函数实例

函数名称	实例	
	函数引用	结果
INT(x)	=INT(613.565)	613
ROUND(x1,x2)	=ROUND(89.768,2)	89.77
MOD(x,y)	=MOD(15,4)	3
PI()	=PI()	3.141592654
RAND()	=RAND()	0.261515129
SQRT(x)	=SQRT(25)	5

2. 统计函数

（1）求和函数 SUM(x1,x2,…)。

返回包含在引用中的值的总和。参数 x1,x2 等可以是单元格、区域或数值。

（2）求平均值函数 AVERAGE(x1,x2,…)。

返回所列范围中所有数值的平均值。最多可有 30 个参数，参数 x1,x2,…可以是数值、区域或区域名字。

（3）COUNT(x1,x2,…)。

返回所列参数（最多 30 个）中数值的个数。函数 COUNT 在计数时，把数字、文本、空值、逻辑值和日期计算进去，但是错误值或其他无法转化成数据的内容则被忽略。这里的“空值”是指函数的参数中有一个“空参数”，和工作表单元格的“空白单元”是不同的。另外如果参数是单元格引用时，只把数字和日期计算进去。

（4）COUNTA(x1,x2,…)。

返回所列参数（最多 30 个）中数据项的个数。在这里，计数值可以是任何类型，但如果参数是单元格引用，则引用中的空白单元格不被计数。

（5）COUNTIF(x1,x2)。

计算给定区域 x1 满足条件 x2 的单元格数目。条件 x2 的形式可为数字、表达式或文本。

（6）求最大值函数 MAX(List)。

返回指定 List 中的最大数值，List 可以是数值、公式或包含数字或公式的单元格范围引用的表。

（7）求最小值函数 MIN(List)。

返回指定 List 中的最小数值。List 的意义同 MAX 函数。

对如图 5－29 所示的数据清单，运用统计函数对其数据进行统计的实例，如表 5－7 所示。

学生成绩表

序号	姓名	性别	出生日期	学科	语文	数学	外语	文综/理综	总分
1	马茵茵	女	1997/02/16	文科	70	94	85	82	331
2	刘俊	男	2000/12/16	理科	83	76	77	80	316
3	刘婷婷	女	2000/05/02	理科	81	88	90	90	349
4	汤洁冰	女	1998/07/08	理科	52	88	83	78	301
5	余小灵	男	1999/07/29	理科	87	90	86	75	338
6	吴日新	男	1997/03/04	文科	55	61	60	63	239
7	张小红	女	1997/12/23	理科	94	96	98	95	383
8	汪晓菲	女	1997/12/10	理科	66	93	93	92	344
9	陈慧映	女	1999/11/02	理科	85	63	78	76	302
10	徐盛荣	男	1999/11/23	理科	95	78	93	85	351
11	梁拓	男	1998/01/14	文科	65	78	82	68	293
12	曾雪娇	女	1998/10/12	理科	74	71	76	80	301
13	曾韵琳	女	1997/09/01	理科	96	88	86	90	360
14	雷永存	男	1997/09/26	文科	96	90	98	96	380
15	蔡小玲	女	1997/04/24	理科	66	99	83	88	336
16	陈业述	男	1998/03/23	理科	84	52	86	93	315
17	肖明	男	1999/06/26	文科	31	78	62	56	227
18	张行晨	男	1997/04/22	理科	95	84	80	76	335

图 5－29　数据清单

表 5-7 常用的统计函数实例

函数名称	实例		
	函数引用	结果	备注
SUM(x1,x2,…)	=SUM(F3:I3)	331	
AVERAGE(x1,x2,…)	=AVERAGE(G3:G23)	81.238	
COUNT(x1,x2,…)	=COUNT(E3:I23)	83	空单元格不统计
	=COUNT(D3:F23)	40	文本不统计
COUNTA(x1,x2,…)	=COUNTA(E3:I23)	104	空单元格不统计
COUNTIF(x1,x2)	=COUNTIF(C3:C23,“男”)	10	统计男生人数
	=COUNTIF(J3:J23,">=330")	11	总分大于 330 分的人数
MAX(List)	=MAX(J3:J23)	383	最高分
MIN(List)	=MIN(J3:J23)	227	最低分

3. 条件函数 IF(x, n1, n2)

根据逻辑值 x 判断,若 x 的值为 TRUE,则返回 n1,否则返回 n2,其中 n2 可以省略。

【例 5-1】对图 5-29 中的数据,根据“总分”来计算出每个学生的成绩等级,计算规则为:“总分”大于等于 340 分的为“优”,否则等级定为“一般”。

操作过程是:在 K3 中输入公式“=IF(J3>=340,"优","一般")”,然后再把 K3 复制到 K4:K23,即得到所有学生的等级。

IF 函数可以嵌套使用,n1、n2 可以是另一个 IF 函数,最多可嵌套 7 层,通过 IF 函数嵌套可以进行条件更复杂的计算。

【例 5-2】对图 5-29 中的数据,根据“总分”来计算出每个学生的成绩等级,计算规则为:“总分”大于等于 340 分的为“优”,339 分至 300 分的为“良”,299 分至 240 分的为“及格”,240 分以下的为“不及格”。

操作过程是:在 K3 中输入公式“=IF(J3>=340,"优",IF(J3>=300,"良",IF(J3>=240,"及格","不及格")))”,然后把 K3 复制到 K4:K23 即可。

4. 逻辑函数

(1)“与”函数 AND(x1,x2,…)。

所有参数的逻辑值为真时返回 TRUE;只要一个参数的逻辑值为假即返回 FALSE。其中,参数 x1,x2,… 为参与运算的若干个条件值(最多 30 个),各条件值必须是逻辑值(TRUE 或 FALSE),计算结果为逻辑值的表达式,或者是包含逻辑值的单元格引用。

如果引用的参数包含文字或空单元格,则忽略其值。如果指定的单元格区域内包括非逻辑值,将返回错误值 #VALUE!。

例如,AND(TRUE,2*4>7)等于 TRUE;AND(2+2=4,2+3>5)等于 FALSE。

(2)“或”函数 OR(x1,x2,…)。

在其参数组中,任何一个参数逻辑值为真,即返回 TRUE。只有所有参数值都为假时才返回 FALSE。其中,参数 x1, x2,…的意义同 AND 函数。

例如,OR(1+1=1,2+2=5) 等于 FALSE,OR(45>46,2+2=4) 等于 TRUE。

(3)“非”函数 NOT(x)。

对逻辑参数 x 求相反的值。如果 x 值为假，函数 NOT 返回 TRUE；如果 x 值为真，函数 NOT 返回 FALSE。

例如，NOT(FALSE) 等于 TRUE；NOT(1+1=2) 等于 FALSE。

【例 5-3】对图 5-29 中的数据，根据“语文”“数学”和“总分”求出学生的等级，计算规则为：“总分”大于等于 320 分的或者“语文”大于 80 分并且“数学”大于 80 分的为“优”，否则为“一般”。

操作过程是：在 K3 中输入公式“=IF(OR(J3>=320,AND(F3>80,G3>80)),"优","一般")”，然后把 K3 复制到 K4:K23 即可。

5. 字符函数

(1) LEFT(s,x)。

返回参数 s 中包含的最左边的 x 个字符。s 可以是一字符串(用英文引号括住)、包含字符串的单元格地址或字符串公式。x 缺省时为 1。

例如，若 A6 中包含字符串“GoodMorning”，则 LEFT(A6,4)返回“Good”。

(2) MID(s,x1,x2)。

返回字符串 s 中从第 x1 个字符位置开始的 x2 个字符。s 的意义同 LEFT 函数。

例如，MID("Network",3,2)返回“tw”。

(3) RIGHT(s,x)。

返回参数 s 中包含的最右边的 x 个字符。s 的意义与 LEFT 函数中的相同。若 x 为 0，则不返回字符；若 x 大于整个字符串的字符个数，则返回整个字符串。x 缺省时为 1。

例如，若 A6 中包含字符串“GoodMorning”，则 RIGHT(A6,7)返回“Morning”。

(4) SEARCH(x1,x2,x3)。

返回在 x2 中第 1 次出现 x1 时的字符位置，查找顺序为从左至右。如果找不到 x1，则返回错误值#VALUE!。查找文本时，函数 SEARCH 不区分大小写字母。其中 x1 中可以使用通配符“?”和“*”。x3 为查找的起始字符位置。从左边开始计数，表示从该位置开始进行查找。x3 缺省时为 1。

例如，SEARCH("h","china",1)等于 2；如果单元格 B17 包含单词“like”，而单元格 A14 包含“dislike”，则：SEARCH($B$17,$A$14)等于 4。

6. 日期函数

在工作表中，日期和时间通常以用户所熟悉的方式来显示。但是如果把单元格的格式设定为“数值”，则日期就显示成一个数值。如果日期中包含时间，则会被显示为一个带有小数的数值。这是因为，Excel 2013 把 1900 年 1 月 1 日定为 1，在其以后的日期就对应着一个序列数。

日期和时间都是数值，因此它们也可以进行各种运算。例如，如果要计算两个日期之间的差值，可以用一个日期减去另一个日期。通过将单元格的格式设置为“常规”格式，可以看到以数字或小数显示的日期或时间。

(1) DATE(year,month,day)。

返回指定日期的序列数，其中 1900<=year<=2078。

(2) DAY(x1)。

返回日期 x1 对应的一个月内的序数，用整数 1～31 表示。x1 不仅可以为数字，还可以为字符串(日期格式，一定要用引号引起来)。例如，DAY("13-Apr-1998")等于 13。

下面的 MONTH 和 YEAR 函数的用法也同样如此。

(3) MONTH(x1)。

返回日期 x1 对应的月份值。该返回值为介于 1 和 12 之间的整数。例如，MONTH("6 - May")等于 5，MONTH(366)等于 12。

(4) YEAR(x1)。

返回日期 x1 对应的年份。返回值为 1900 到 2078 之间的整数。例如，YEAR("1979 - 02 - 13")返回 1979。

(5) NOW()。

返回当前日期和时间所对应的数值。例如，计算机的内部时钟为 2017 年 10 月 8 日上午 9 点，则：NOW()等于 43016.38，设置成时间和日期格式则为 2017 - 10 - 8 9:00。

5.6 数据的管理和分析

Excel 2013 可以对表格数据进行分析，可以对数据进行排序、筛选和分类汇总等操作，能够轻松掌握表格中数据的各种信息，以便做出相应的措施。

5.6.1 对数据进行排序

使用 Excel 2013 的排序功能，可以很快地将表格中数据按照一定条件进行有序排序。

1. 快速排序

使用最多的排序方法就是按列排序，它是按某列中数据的升序或降序对记录进行排序。排序之前要先确定进行排序的字段，即先选定排序关键字，如图 5 - 29 所示的“数据”，然后在“数据”→“排序和筛选”组上单击 A↓Z 按钮进行升序排列，或单击 Z↓A 按钮进行降序排列，如此可以快速对工作表中的数据进行排序。

2. 多关键字复杂排序

多关键字复杂排序是指对选定的数据区域按照两个以上的排序关键字进行排序的方法。在按字段进行排序时，会遇到不同记录某个字段数据是相同的情况。如果想进一步排序，可使用多关键字复杂排序。首先选择数据表中任一单元格，再选择菜单“数据”→“排序和筛选”组，单击“排序”按钮，弹出排序对话框，如图 5 - 30 所示。Excel 2013 允许设定一个

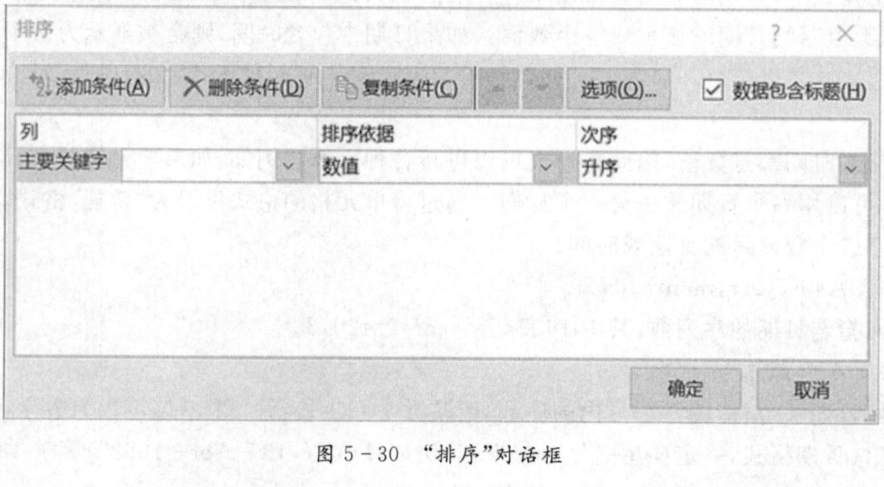

图 5 - 30 “排序”对话框

主要关键字和多个次要关键字。当主要关键字相同时，次要关键字才起作用；当主要关键字和第一次要关键字都相同时，第二次要关键字才起作用。

指定关键字时，单击“排序”对话框的“主要关键字”下面的下拉框，从下拉列表中选择作为主要关键字的字段名，这些字段名是系统根据所选定的排序数据表自动提取产生的。然后设定“排序依据”“次序”，每个关键字的“排序依据”有“数值”“单元格颜色”“字体颜色”“单元格图标”4 个选项；“次序”有“升序”“降序”和“自定义序列”3 个选项。然后再单击“添加条件”按钮，下方出现“次要关键字”框，在“次要关键字”右侧下拉框中选择作为次要关键字的字段名(必要时可再选择添加“第二次要关键字”)，并为每个关键字确定“排序依据”和“次序”，最后在排序对话框中单击“确定”按钮即可(见图 5-31)。

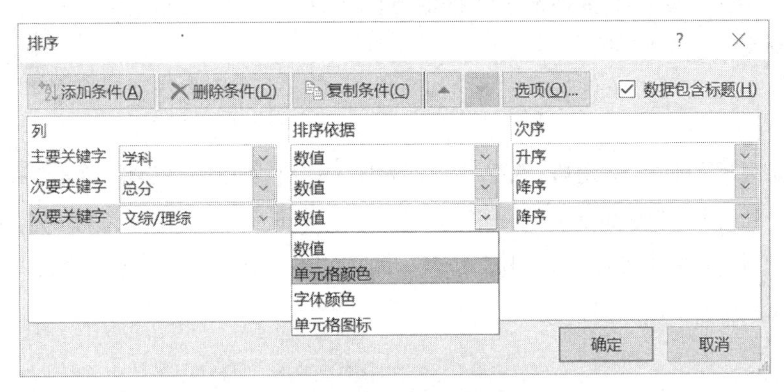

图 5-31　“排序选项”对话框

对于数据排序，在“排序”对话框中要勾选“数据包含标题”单选框。

3. 自定义排序

自定义排序是指对选定的数据区域按用户定义的顺序进行排序。例如，用“第一季、第二季、第三季、第四季”或者“甲、乙、丙…”作为“次序”规则。选定准备排序的数据区域，选择“数据”选项卡的“排序与筛选”组的“排序”按钮，在“排序”对话框中的“次序”下拉列表选择“自定义序列”，弹出“自定义序列”对话框，如图 5-32 所示。

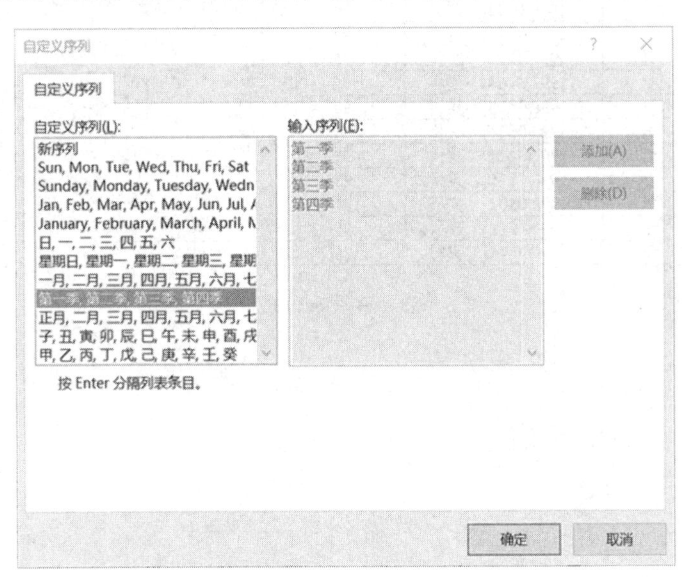

图 5-32　“自定义序列”对话框

在“自定义序列”列表框中，有一系列月份、星期、季度等序列供选择，除了 Excel 2013 提供的这些序列数据以外，用户可以自己定义新序列，自己定义的序列也会出现在列表中。

注意：如果排序结果不对，可单击“快速访问栏”中的“撤销排序”按钮 ，把刚才的排序操作撤销，数据就会恢复原样。

5.6.2 数据筛选

数据筛选可以实现按指定条件显示工作表中的数据。通过数据筛选，可以从大量的数据中筛选出符合条件的数据，将不符合条件的数据隐藏起来，可以帮助用户直观地观察与分析数据。Excel 2013 提供了多种筛选数据的方法包括数字筛选、颜色筛选和高级筛选等。

1. 数字筛选

数字筛选是指按简单条件进行数据筛选，将不满足条件的数据暂时隐藏起来，只显示符合条件的数据。

单击数据区域的任一单元格，选择菜单“数据”→“排序和筛选”组，单击“筛选”按钮，此时表格中每个列标题右侧都显示了一个箭头 。单击要作为筛选条件列标题右侧的箭头，即出现一个筛选条件列表框。如图 5－33、图 5－34 所示的是筛选总分前 8 名数据的筛选条件设置。

学生成绩表

序	姓名	性别	出生日期	学科	语文	数学	外语	文综/理	总分
1	刘俊	男	2000/12/16	理科	83				
2	刘婷婷	女	2000/05/02	理科	81				
3	汤洁冰	女	1998/07/08	理科	52				
4	余小灵	男	1999/07/29	理科	87				
5	吴日新	男	1997/03/04	文科	55				
6	张小红	女	1997/12/23	理科	94				
7	汪晓菲	女	1997/12/10	理科	66				
8	陈慧映	女	1999/11/02	理科	85				
9	徐盛荣	男	1999/11/23	理科	95				
10	梁拓	男	1998/01/14	文科	65				
11	曾雪娇	女	1998/10/12	理科	74				
12	曾韵琳	女	1997/09/01	理科	96				
13	雷永存	男	1997/09/26	文科	96				
14	蔡小玲	女	1997/04/24	理科	66				
15	陈业述	男	1998/03/23	理科	84				
16	肖明	男	1999/06/26	文科	31				
17	张行晨	男	1997/04/22	理科	95				
18	李粉水	女	1996/12/30	理科	85				
19	李伙砂	男	1998/05/15	文科	66				
20	林小定	女	1997/06/06	理科	85	67	89	74	315
21	王久好	女	1999/05/01	文科	76	82	68	86	312

图 5－33 筛选条件列表框

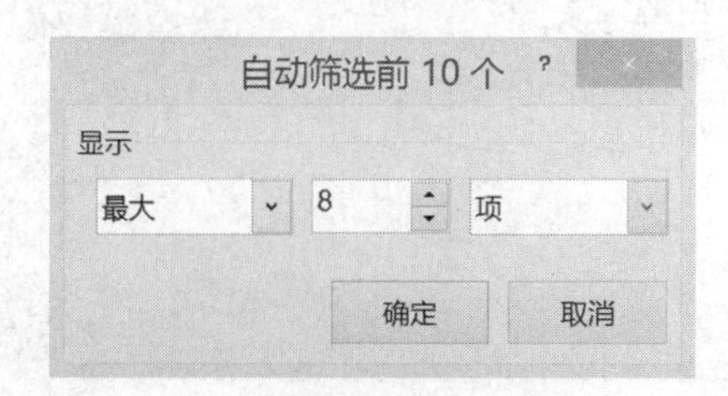

图 5－34 设置显示项数

根据设置的条件，即可完成包含一个条件的筛选。筛选结果如图 5－35 所示。

学生成绩表

序	姓名	性别	出生日期	学科	语文	数学	外语	文综/理	总分
1	刘俊	男	2000/12/16	理科	83	88	86	81	338
2	刘婷婷	女	2000/05/02	理科	81	88	90	90	349
4	余小灵	男	1999/07/29	理科	87	90	86	75	338
6	张小红	女	1997/12/23	理科	94	96	98	95	383
7	汪晓菲	女	1997/12/10	理科	66	93	93	92	344
9	徐盛荣	男	1999/11/23	理科	95	78	93	85	351
12	曾韵琳	女	1997/09/01	理科	96	88	86	90	360
13	雷永存	男	1997/09/26	文科	96	90	98	96	380
18	李粉水	女	1996/12/30	理科	85	91	78	95	349

图 5－35　显示筛选结果

【例 5－4】在文件 Ex2. xlsx 的“学生成绩表”中筛选出“理科”并且“总分”在 325 分及以上的学生的记录，并把筛选的结果复制到以 A25 单元格为左上角的区域。

操作过程如下：

选择数据区域的任一单元格，选择菜单“数据”→“排序和筛选”组，单击“筛选”按钮，此时表格中每个列标题右侧都显示了一个箭头。单击“学科”右侧的箭头，在出现的筛选条件列表框中选择“理科”。

单击“总分”右侧的箭头，在出现的筛选条件列表框中选择“数字筛选”，在“数字筛选”的列表中选择“大于或等于”，即弹出“自定义自动筛选方式”对话框，在右侧空白框输入“325”，如图 5－36 所示。选定筛选结果，将其复制到 A25 单元格开始的区域，如图 5－37 所示。

如果筛选的条件不能直接从下拉框中选取，可以使用下拉列表中的“自定义筛选”项来定义筛选条件。单击要作为筛选条件的字段右侧的箭头，选择“数字筛选”的“自定义筛选”，弹出“自定义自动筛选方式”对话框，可以自定义自动筛选的条件。在对话框的左侧下拉列表中可以规定关系操作符（大于、等于、小于等），在右侧下拉列表中则可以规定字段值，而且两个比较条件还能以“与”或“或”关系组合起来形成复杂条件。

例如，可以自定义筛选条件为数学成绩在 80 分和 89 分之间（大于等于 80 并且小于等于 89），如图 5－38 所示。

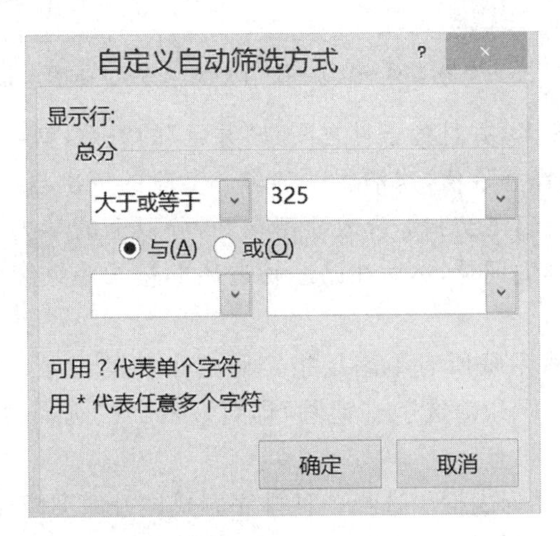

图 5－36　“自定义自动筛选方式”示例对话框

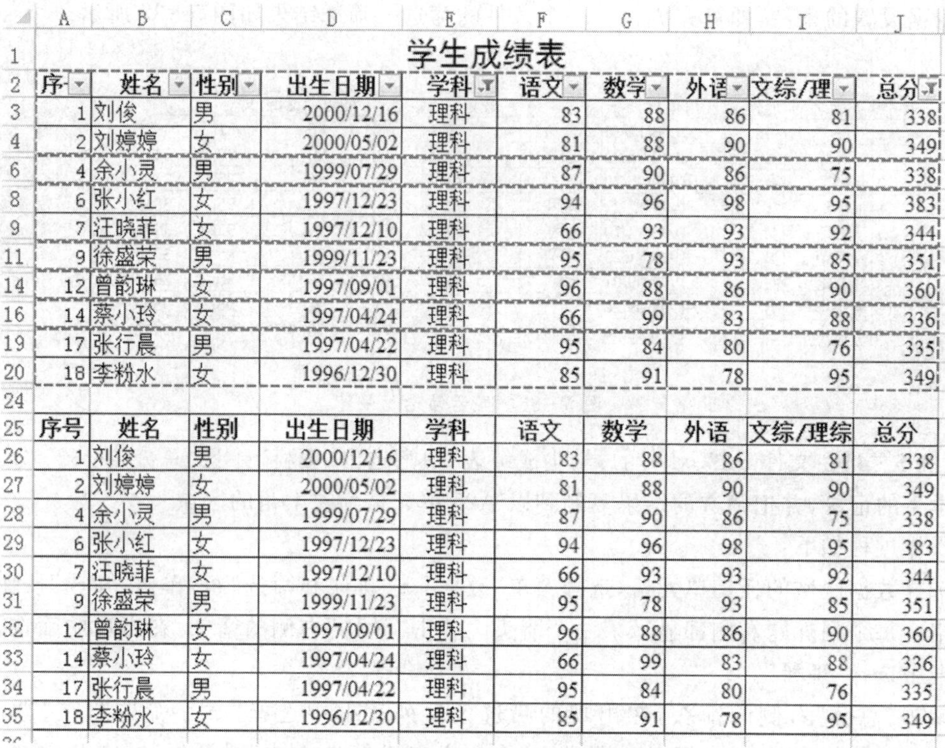

	A	B	C	D	E	F	G	H	I	J
1	学生成绩表									
2	序	姓名	性别	出生日期	学科	语文	数学	外语	文综/理	总分
3	1	刘俊	男	2000/12/16	理科	83	88	86	81	338
4	2	刘婷婷	女	2000/05/02	理科	81	88	90	90	349
6	4	余小灵	男	1999/07/29	理科	87	90	86	75	338
8	6	张小红	女	1997/12/23	理科	94	96	98	95	383
9	7	汪晓菲	女	1997/12/10	理科	66	93	93	92	344
11	9	徐盛荣	男	1999/11/23	理科	95	78	93	85	351
14	12	曾韵琳	女	1997/09/01	理科	96	88	86	90	360
16	14	蔡小玲	女	1997/04/24	理科	66	99	83	88	336
19	17	张行晨	男	1997/04/22	理科	95	84	80	76	335
20	18	李粉水	女	1996/12/30	理科	85	91	78	95	349
24										
25	序号	姓名	性别	出生日期	学科	语文	数学	外语	文综/理综	总分
26	1	刘俊	男	2000/12/16	理科	83	88	86	81	338
27	2	刘婷婷	女	2000/05/02	理科	81	88	90	90	349
28	4	余小灵	男	1999/07/29	理科	87	90	86	75	338
29	6	张小红	女	1997/12/23	理科	94	96	98	95	383
30	7	汪晓菲	女	1997/12/10	理科	66	93	93	92	344
31	9	徐盛荣	男	1999/11/23	理科	95	78	93	85	351
32	12	曾韵琳	女	1997/09/01	理科	96	88	86	90	360
33	14	蔡小玲	女	1997/04/24	理科	66	99	83	88	336
34	17	张行晨	男	1997/04/22	理科	95	84	80	76	335
35	18	李粉水	女	1996/12/30	理科	85	91	78	95	349

图 5-37 “学生成绩表”数字筛选示例

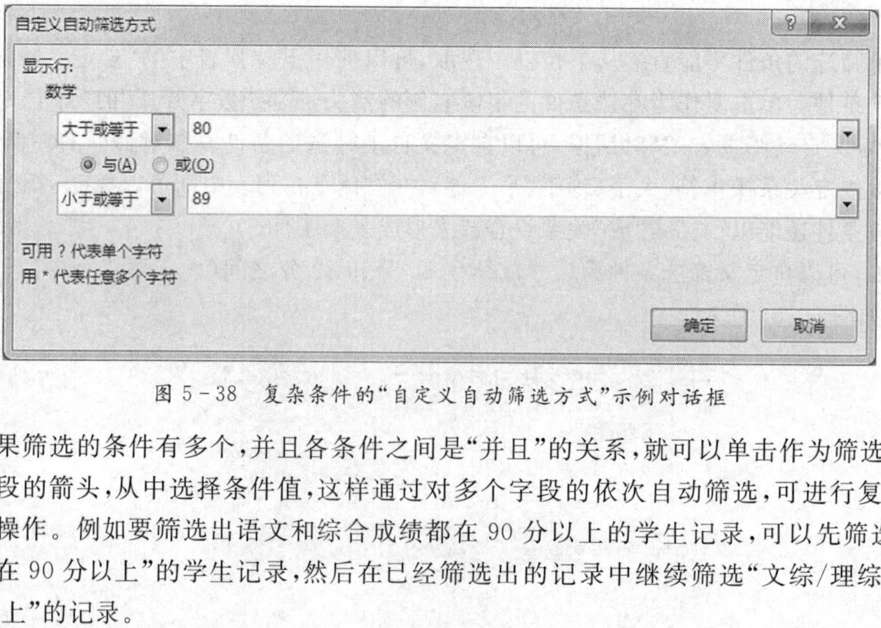

自定义自动筛选方式

显示行:

数学

大于或等于 80

◉ 与(A) ○ 或(O)

小于或等于 89

可用 ? 代表单个字符

用 * 代表任意多个字符

确定 取消

图 5-38 复杂条件的“自定义自动筛选方式”示例对话框

如果筛选的条件有多个,并且各条件之间是“并且”的关系,就可以单击作为筛选条件的各个字段的箭头,从中选择条件值,这样通过对多个字段的依次自动筛选,可进行复杂一些的筛选操作。例如要筛选出语文和综合成绩都在 90 分以上的学生记录,可以先筛选出“语文成绩在 90 分以上”的学生记录,然后在已经筛选出的记录中继续筛选“文综/理综成绩在 90 分以上”的记录。

筛选后 Excel 2013 将隐藏所有不满足指定筛选条件的记录,如果想恢复显示所有记录,选择菜单“数据”→“排序和筛选”→“清除”即可。若再次选择菜单“数据”→“排序和筛选”→“筛选”,将退出筛选状态。

另外,可以在筛选条件列表框中选择一种排序方式(“升序”“降序”或“按颜色排序”),对该字段进行排序。此外如果数据区域某列含一个或多个空白单元格,在列表框底部会出现

“空白”选项。选择“空白”选项则只显示那些筛选列为空白单元格的记录，利用这种筛选条件可快速找到那些漏项的记录。

2. 颜色筛选

如果工作表的数据设置了单元格颜色或字体颜色以显示不同区间的数据。可以按这些颜色筛选数据。这时候列表框的“按颜色筛选”选项变亮，如图 5－39 所示。

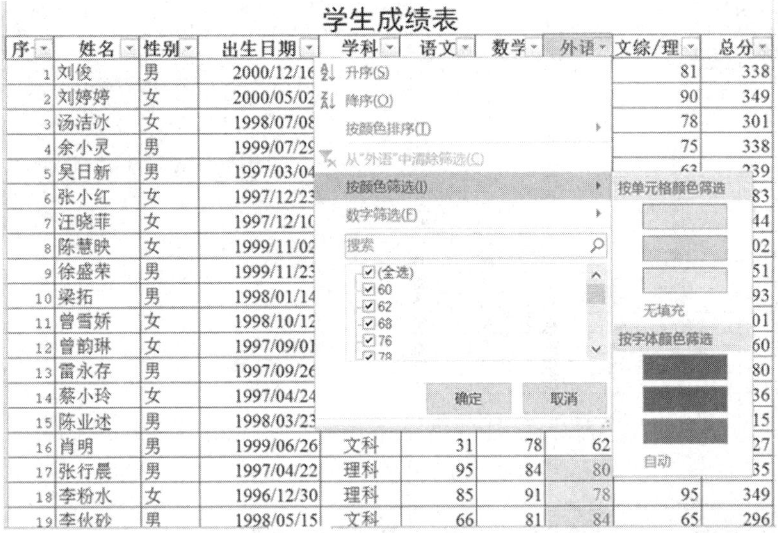

图 5－39　“颜色筛选”示例

3. 高级筛选

高级筛选是指根据条件区域设置筛选条件而进行的筛选。“高级筛选”分为 3 步：一是指定筛选的列表区域；二是指定存放筛选条件的条件区域；三是指定存放筛选结果的数据区。

（1）建立条件区域。

在使用高级筛选之前，必须建立一个条件区域，用来指定筛选的数据必须满足的条件。在条件区域的首行输入字段名（最好是从字段名行复制过来，以避免输入时因大小写或有多余的空格而造成不匹配），在字段名的下一行输入筛选条件。

（2）筛选的条件。

① 简单比较条件。是指只用一个简单的比较运算符（＝、＞、＞＝、＜、＜＝、＜＞）表示的条件。在条件区域字段名正下方的单元格输入条件，如图 5－40“条件区域 1”所示。

当比较运算符是等号“＝”时可以省略。若某个字段名下没有条件时，允许空白，但是不能加上空格，否则将得不到正确的筛选结果。对于字符字段，其下面的条件可以用通配符“*”及“?”。字符的大小比较按照字母顺序进行，对于汉字，则以拼音为顺序，若字符串用于比较条件中，必须用半角双引号“""”引起来（除直接写的字符串外）。

② 组合条件。如果需要使用多个条件在数据列表中选取记录，就必须把条件组合起来。基本的形式有两种：

• 在同一行内的条件表示 AND（“与”）关系。例如：要筛选出所有姓梁并且大学物理成绩高于 85 分的人，条件表示如图 5－40 所示“条件区域 2”中的条件行。

• 在不同行内的条件表示 OR（“或”）的关系。例如：要筛选出满足条件姓沈或英语分数大于等于 80 的人，条件表示如图 5－40 所示“条件区域 3”中的条件行。

如果组合条件为“姓沈并且英语分数大于等于 80 或英语分数低于 60 的人”，条件表示则如图 5－40 所示“条件区域 4”中的条件行。

	A	B	C	D	E	F	G	H	I	J	K–O
1	姓　名	籍贯	高数	计算机	英　语	大学物理	化　学				
2	滕　飞	广州	62	75	67	79	82		筛选出所有计算机成绩大于80的学生		
3	梁佳嘉	上海	75	65	45	90	88		计算机		
4	王　蓉	深圳	82	78	78	82	79		>80		条件区域 1
5	沈琳琳	长沙	65	98	89	85	83				
6	陈艳微	深圳	59	45	87	89	85		筛选出所有姓梁的并且大学物理成绩大于85的学生		
7	钮敏明	广州	43	88	67	67	70		姓　名	大学物理	
8	杨　薇	上海	37	67	77	59	71		梁*	>85	条件区域 2
9	张鹭莺	长沙	26	65	78	54	65				
10	沈东霞	广州	71	66	67	91	84		筛选出所有姓沈的或者英语成绩大于80的学生		
11	王玉琴	北京	73	64	79	85	83		姓　名	英　语	
12	沈　敏	上海	76	78	55	89	85		沈*		条件区域 3
13	高晓萍	广州	90	89	65	79	75			>=80	
14	金　科	长沙	94	67	56	95	90				
15	瞿华峰	上海	82	56	66	91	88		筛选出所有姓沈的并且英语分数大于等于80或英语分数低于60的人		
16	庞　程	上海	80	87	76	91	84		姓　名	英　语	
17	徐圣杰	深圳	75	67	78	82	86		沈*	>=80	条件区域 4
18	冯　峥	广州	54	78	89	75	77			<60	

图 5－40　高级筛选条件示例

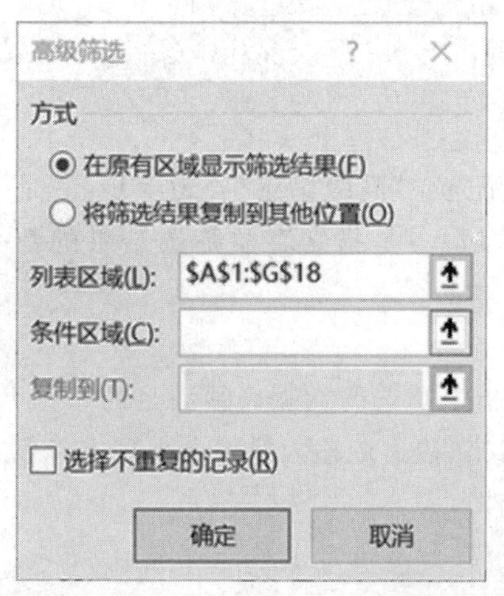

图 5－41　“高级筛选”对话框

（3）高级筛选操作。

建立了条件区域后，就可以进行高级筛选。选定数据区域内任意一个单元格，选择菜单“数据”→“排序和筛选”→“高级”，弹出“高级筛选”对话框如图 5－41 所示，在“高级筛选”对话框中选中“在原有区域显示筛选结果”选项，输入“条件区域”。“列表区域”是自动获取的，如果不正确，可以更改，单击“确定”按钮，则筛选出符合条件的记录。

如果要想把筛选出的结果复制到一个新的位置，则可以在“高级筛选”对话框中选定“将筛选结果复制到其他位置”选项，并且还要在“复制到”区域中输入要复制到的目的区域的左上角单元格的地址。

如果不想从一个数据表提取全部字段，就必须先定义一个提取区域。在提取区域的第一行中给出要提取的字段及字段的顺序。这个提取区域就作为高级筛选的结果“复制到”的目的区域的地址，Excel 2013 会自动在该区域中所要求的字段下面列出筛选结果。

【例 5－5】筛选出“姓沈并且英语分数大于等于 80 或英语分数低于 60”的人的姓名和英语成绩信息，并存放在 A25 单元格开始的区域。

操作过程如下：

将字段“姓名”“英语”复制到区域 A25：A26 中；

选定数据列表的任一单元格，选择菜单“数据”→“排序和筛选”→“高级”；在弹出的“高级筛选”对话框中，“方式”选择“将筛选结果复制到其他位置”，“列表区域”会自动选取，单击

“条件区域”后的 按钮，选择图 5－40 中的条件区域 4 作为“条件区域”，单击“复制到”后的 按钮，选择区域 A25：A26 作为“复制到”的设置；

单击“确定”按钮，即可完成筛选。

在“高级筛选”对话框中，选中“选择不重复的记录”复选框后再筛选，得到的结果中将剔除相同的记录（但必须同时选择“将筛选结果复制到其他位置”此操作才有效）。

5.6.3　分类汇总数据

分类汇总是指根据指定的类别将数据以指定的方式进行统计，这样可以快速将大型表格中的数据进行汇总与分析，以获得想要的统计数据。

1. 创建分类汇总

插入分类汇总之前需要对准备分类汇总的数据区域按关键字排序，从而使相同关键字的行放在一起，有利于分类汇总的操作。具体的操作步骤是：对需要分类汇总的字段进行排序；然后选定数据区域的任何一个单元格，选择“数据”→“分级显示”→“分类汇总”。设定分类字段、汇总方式、选定汇总项等，确定后即可得出分类汇总结果。

【例 5－6】对图 5－40 所示的数据列表按照籍贯进行分类，然后对不同地区学生的计算机成绩求平均值。

操作过程如下：

选中数据表中的任一单元格，选择菜单“数据”→“排序和筛选”→“排序”，按“籍贯”字段进行排序。

选择菜单“数据”→“分级显示”→“分类汇总”，弹出“分类汇总”对话框，如图 5－42 所示。

在“分类字段”下拉列表框中选择“籍贯”。这里选择的字段就是在第 1 步排序时的主关键字。

在“汇总方式”下拉列表框中选择“平均值”。

在“选定汇总项”中选定“计算机”复选框。

单击“确定”按钮即可完成汇总。

在“汇总项”列表框中，如果选择多个复选框则可对多个字段进行分类汇总（每当需要改变分组方式或计算方法时，即可执行一次分类汇总命令）。完成分类汇总后，在“分类汇总”对话框中单击“全部删除”按钮，可从数据列表中删除全部分类汇总。

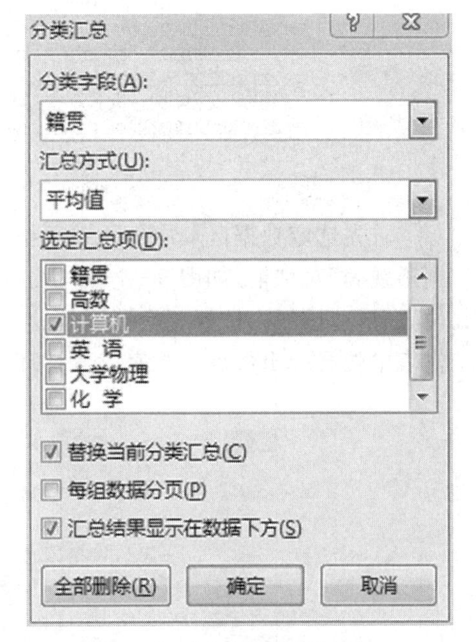

图 5－42　“分类汇总”对话框

2. 分级显示分类汇总

创建了分类汇总后，在行标题的左侧出现了分级显示符号，主要用于显示或隐藏某些明细数据。

单击分类汇总左侧的 − 按钮，可以将暂时不需要的数据隐藏起来。在隐藏分类汇总项目后， − 按钮将变成 + 按钮，单击要显示的分类汇总左侧的 + 按钮，即可将其显示出来。

单击工作表左上角的 1 、 2 、 3 按钮，可以快速显示对应级别的数据，以达到快速隐藏和显示分类汇总的目的。

5.6.4　数据透视表

数据透视表是一种对大量数据快速汇总和建立交叉列表的交互式表格。可以转换行和列以查看源数据的不同汇总结果，可以显示不同页面以筛选数据，还可以根据需要显示区域中的明细数据，透视表也因此而得名。

分类汇总虽然也可以对数据进行多字段的汇总分析，但它形成的表格是静态的、线性的，数据透视表则是一种动态的、二维的表格。

1. 建立数据透视表

下面以图 5-43 中的数据为例，说明如何建立数据透视表。

【例 5-7】以图 5-43 中的数据为数据源，建立一个数据透视表，按订货单位和产品分类统计出数量和合计的总和。

订货单

日期	订货单位	产品	数量	单价	合计
2015-6-6	行政部门	光驱	10	320	3200
2015-8-23	计算机系	硬盘	80	600	48000
2015-11-8	信息中心	显示器	90	1500	135000
2015-12-19	自动化系	CPU	30	1050	31500
2016-1-2	物联网系	显示器	50	1350	67500
2016-3-23	计算机系	显示器	120	1280	153600
2016-3-18	行政部门	硬盘	15	650	9750
2016-7-19	电子系	光驱	10	300	3000
2016-9-25	自动化系	CPU	12	1020	12240
2015-10-22	物联网系	显示器	90	1080	97200

创建数据透视表
请选择要分析的数据
选择一个表或区域(S)
表/区域(T): Sheet1!$A$2:$F$12
使用外部数据源(U)
选择连接(C)...
连接名称:
选择放置数据透视表的位置
新工作表(N)
现有工作表(E)
位置(L):
选择是否想要分析多个表
将此数据添加到数据模型(M)
确定　取消

图 5-43　"创建数据透视表"对话框

首先选定数据区域中任一单元格，选择菜单"插入"→"表格"→"数据透视表"，打开"数据透视表"对话框，如图 5-43 所示。在"请选择要分析的数据"和"选择放置数据透视表的位置"单选按钮中选择相应选项(在本例中使用默认选项即可)，再单击"确定"按钮，在新工作表中就会弹出数据透视表的设计环境，如图 5-44 所示。

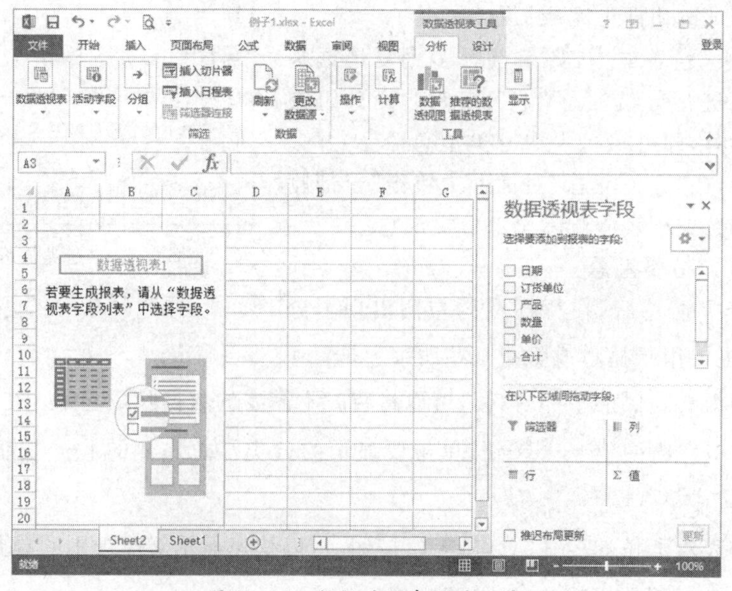

图 5-44　数据透视表设计环境

在“数据透视表字段”任务窗格中勾选“订货单位”“数量”“合计”的字段复选框，可见到在“行标签”列表框中出现了“订货单位”，在“值”列表框中显示了“求和项：数量”和“求和项：合计”，如图5-45所示。也可以将字段名称直接拖到“筛选”“列”“行”和“值”列表框中。在“值”列表下方右侧的下拉菜单中，单击“值字段设置”，如图5-46所示，即弹出“值字段设置”对话框，可设置值字段的汇总方式（可以是“求和”“最大值”“最小值”“平均值”等），点击“确定”，即设置了用于汇总所选字段数据的计算类型。

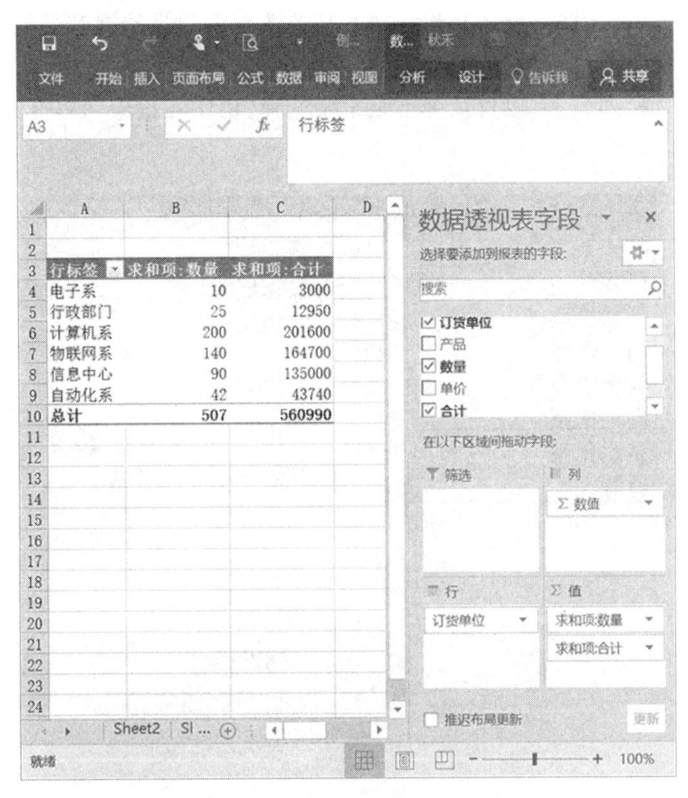

行标签	求和项:数量	求和项:合计
电子系	10	3000
行政部门	25	12950
计算机系	200	201600
物联网系	140	164700
信息中心	90	135000
自动化系	42	43740
总计	507	560990

图5-45　创建后的数据透视表

返回到图5-44所示的对话框，即可得到新建的数据透视表。

值字段设置
源名称: 数量
自定义名称(C): 求和项:数量
值汇总方式　值显示方式
值字段汇总方式(S)
选择用于汇总所选字段数据的
计算类型
求和
计数
平均值
最大值
最小值
乘积
数字格式(N)　确定　取消

图5-46　“值字段设置”对话框

2. 修改数据透视表

在创建完数据透视表后，我们可以通过“数据透视表”工具的“数据透视表字段”列表对数据透视表进行修改。

若要添加和删除数据透视表字段，可在“数据透视表字段”列表上勾选或撤选相应的复选框即可。

若要改变数据表中数据汇总方式，可单击“分析”→“活动字段”组，选择“字段设置”，即会弹出“值字段设置”对话框。或者将鼠标放在需要改变的数据透视表的汇总字段的单元格上按右键，在弹出的菜单中选择“值字段设置”，如图 5-47 所示。同样在有窗格的“数据透视表字段”列表的“值”列表下，也可从弹出菜单中选择“值字段设置”，打开该对话框，即可更改汇总方式。

订货单位	求和项:合计
电子系	30
行政部门	129
计算机系	2016
物联网系	1647
信息中心	1350
自动化系	315
自动化系	122
总计	5609

复制(C)
设置单元格格式(F)...
数字格式(T)...
刷新(R)
排序(S)
删除“求和项:合计”(V)
删除值(V)
值汇总依据(M)
值显示方式(A)
值字段设置(N)...
数据透视表选项(O)...
隐藏字段列表(D)

图 5-47 “值字段设置”弹出菜单

5.7 绘制图表

Excel 2013 图表可以将数据以更直观的形式展现出来。

5.7.1 图表的类型

Excel 2013 内置了 70 多种图表，选择“插入”→“图表”组，如图 5-48 所示。有柱形图、折线图和饼图等。

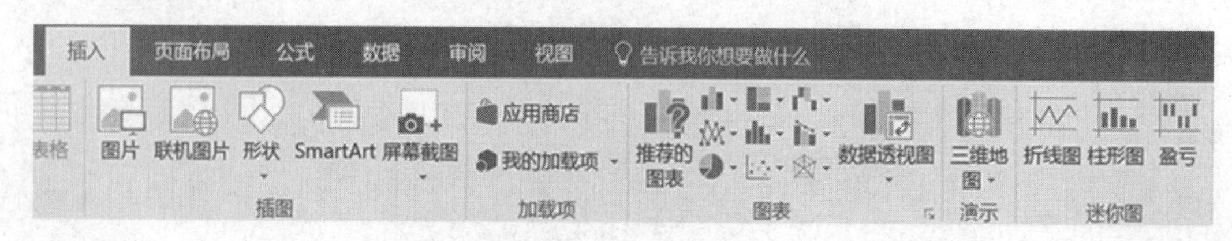

图 5-48 内置的图表类型

1. 柱形图

柱形图通常用于显示一段时间内的数据变化或对数据进行对比分析，包括二维柱形图、三维柱形图等。在柱形图中，通常沿水平轴组织类别，沿垂直轴组织数值。

2. 折线图

折线图用于显示随时间而变化的连续数据，适用于显示相等时间间隔下的数据趋势，可直观地显示数据的趋势。

3. 饼图

饼图适应于显示一个数据系列中各项数据的大小与各项综合的占比，包括二维饼图、三维饼图两种。

4. 条形图

条形图通常用于显示每个项目之间的比较情况，条形图也包括二维条形图和三维条形图。

其他类型的图表还有面积图、散点图、股价图、圆环图、气泡图、雷达图等，每种类型下面又分为若干子类型。

5.7.2 图表的创建

Excel 2013 图表是根据现有的 Excel 2013 工作表中的数据创建的，其目的就是可以根据数据生成各种统计图表，以便用户直观地对数据进行分析。当工作表数据改变的时候，图表也会自动更新以反映新的变化。创建图表之前，首先要创建一张含有数据的工作表，建立好工作表后，就可以创建图表了。

1. 创建图表

下面以产品销售表为例，来说明创建图表的方法。首先要选定用于创建图表的数据单元格区域(区域可连续，也可不连续)，如图 5-49 所示。选择“插入”→“图表”组，弹出“插入图表”对话框，如图 5-50 所示。系统推荐的图表类型是“簇状柱形图”，在该对话框“所有图表”选项中可以选择其他大类或子类的图表，如图 5-51 所示。

红星公司产品销售表

产品名称	1月	2月	3月	4月	5月	6月
光驱	110	120	218	120	110	198
硬盘	244	192	223	254	172	193
显示器	322	433	544	284	345	484
CPU	110	90	212	90	121	232
键盘	214	156	178	194	134	194
鼠标	405	670	487	384	485	567
主板	278	365	348	198	385	276
机箱	132	96	122	145	134	154

图 5-49　选定创建图表的单元格区域

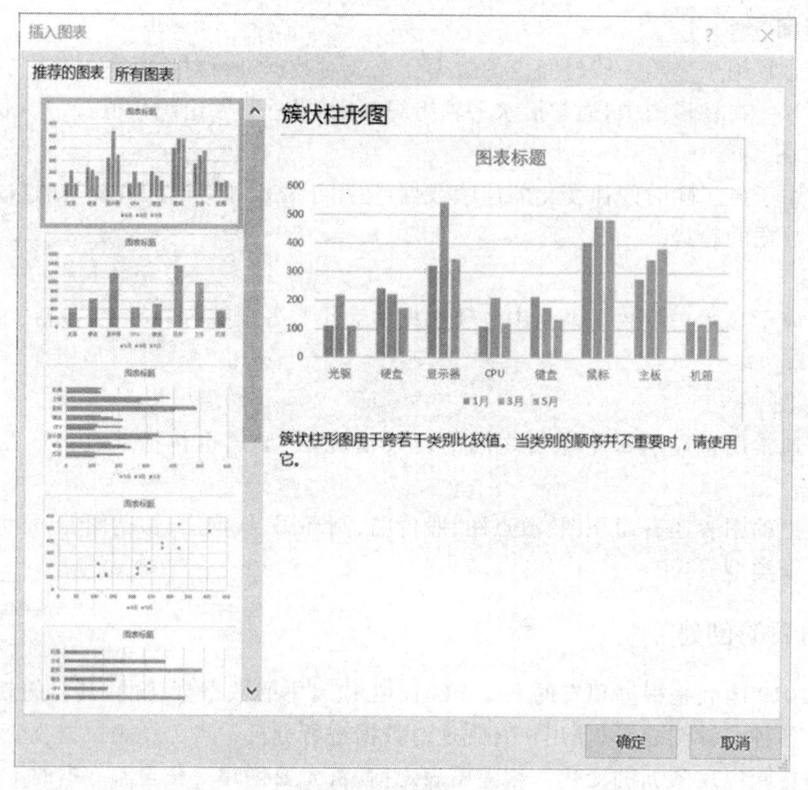

图 5-50 “图表类型”之“推荐的图表”对话框

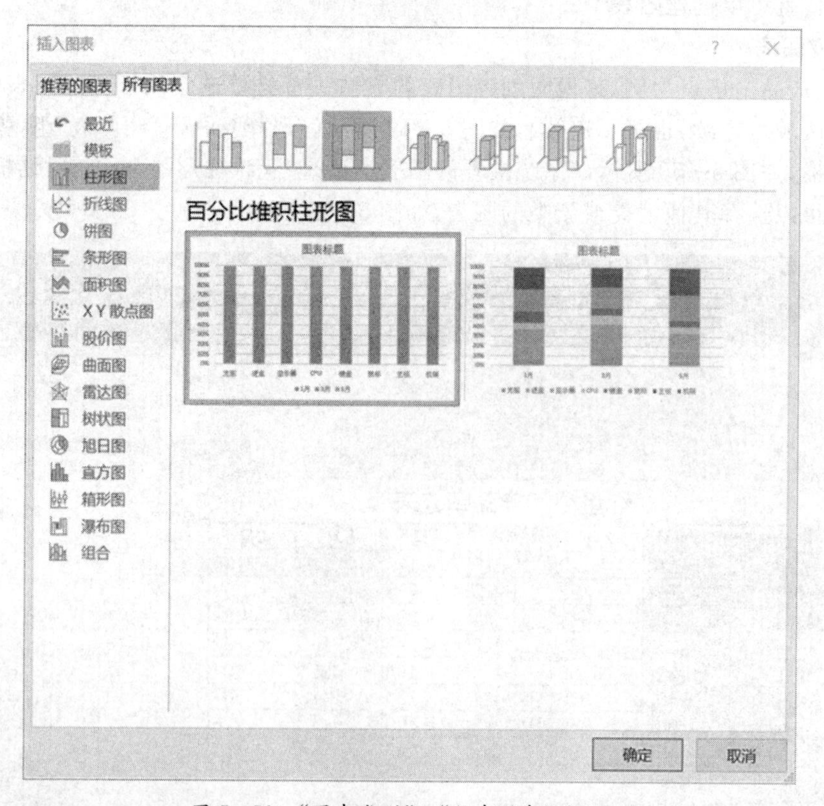

图 5-51 “图表类型”之“所有图表”对话框

如果选择系统推荐的类型，则点击“确定”按钮，即创建了销售表的“簇状柱形图”，如图 5－52 所示。

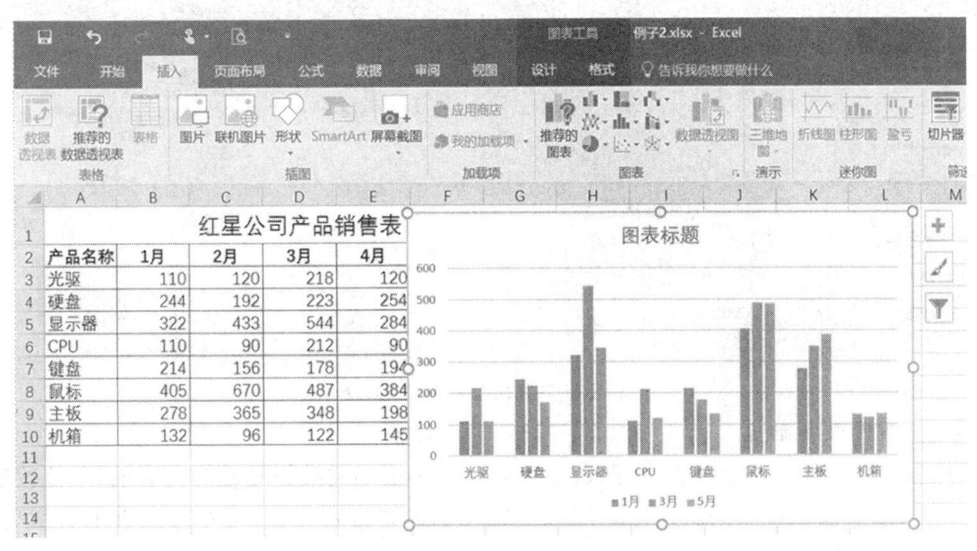

图 5－52　“选择图表项”对话框

2. 添加图表标题与坐标轴标题

图表的标题主要用于说明图表中数据信息对应的内容，使图表更易于理解。添加图表标题的方法是：单击“设计”，选择“添加图表元素”，在下拉菜单中选择“图表标题”→“图表上方”，此时在图表的上方显示了“图表标题”文本框，在文本框输入“红星公司产品销售量”，如图 5－53 所示。另一种方法是：单击图表右侧的“图表元素” ＋ 按钮，在弹出的选项复选框中勾选“图表标题”，然后在文本框输入标题即可。

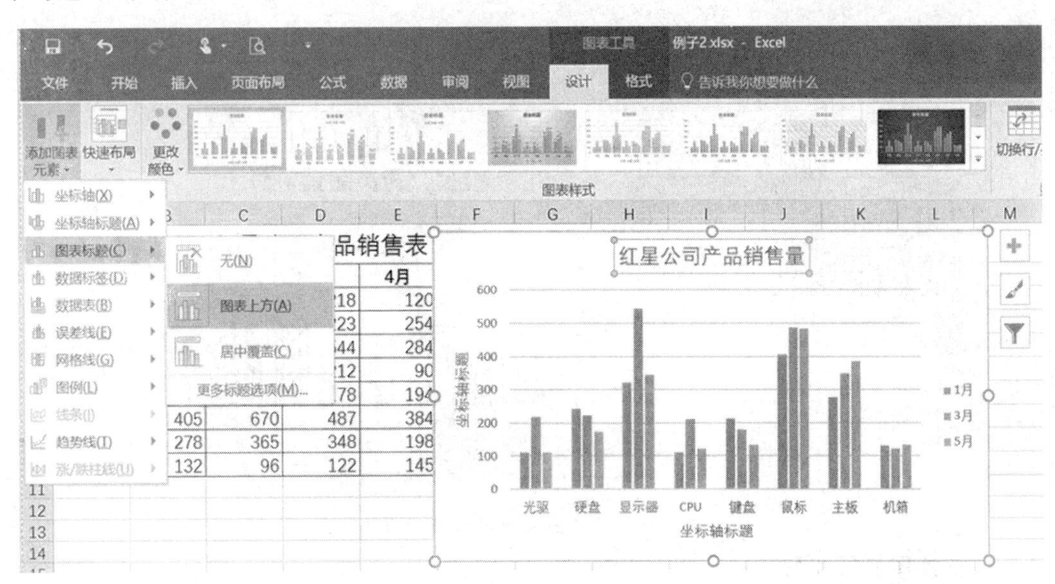

图 5－53　添加图表标题

添加坐标轴标题的操作方法同添加图表标题。

3. 更改图表类型

单击“设计”→“类型”组，单击“更改图表类型”按钮，打开“更改图表类型”对话框，即可对图表类型进行修改。如图 5－54 所示。

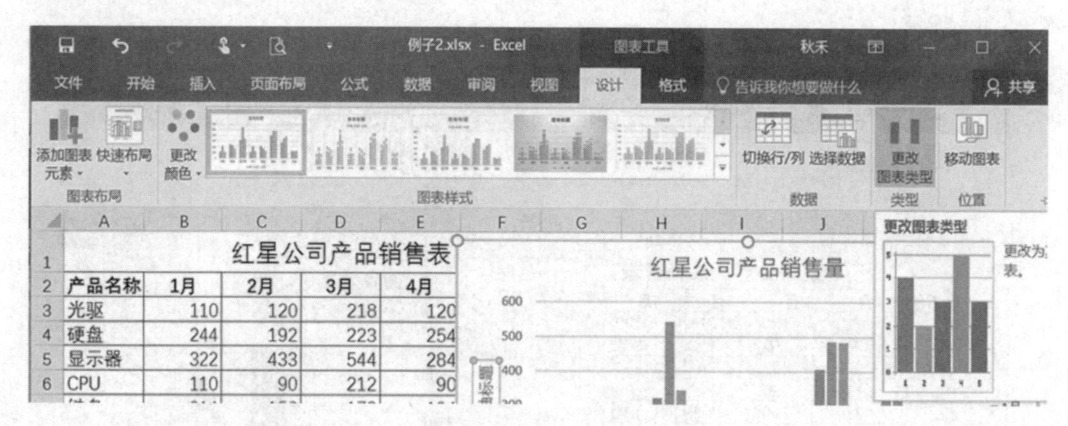

图 5－54　“更改图表类型”对话框

4. 更改图表源数据

利用表格的数据创建图表后，图表中的数据与表格中的数据是动态关联的，即修改表格中的数据，图表的相应系列就会随之变化。如果要添加新的数据，可右击图表中的图表区，在弹出的快捷菜单中选择“选择数据”，打开“选择数据源”对话框，单击“图表数据区域”右侧的折叠按钮，返回 Excel 2013 工作表，重新选择数据源区域。单击展开按钮，返回“选择数据源”对话框，确定无误后单击“确定”按钮，即可在图表中添加新的数据，如图 5－55 所示。

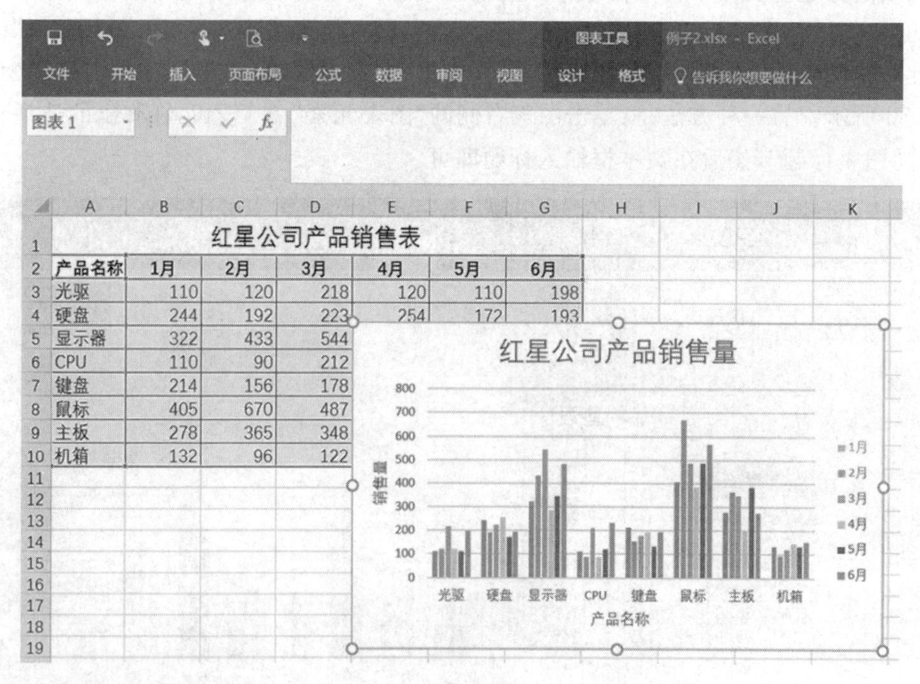

图 5－55　在图表中添加新的数据

5. 交换图表行和列

创建图表后，若发现其中的分类轴的位置颠倒了，可以打开“选择数据源”对话框，单击“切换行/列”按钮，单击“确定”，即可调整行和列的位置。

需要说明的是，如果图表类型是“饼图”，单元格区域只能包括两行或两列，第 1 列的数据作为图例，第 2 列（必须是数值）用来画饼图。

5.7.3　图表的美化

Excel 2013 允许在图表创建以后，对它进行编辑修改和格式化，使得所建立的图表更具有可视性，更能体现数据的变化趋势和数据所反映的意义。

1. 图表的格式化

图表建立之后，有时需要对图表中的各个部分进行美化，如加边框、底纹、字体设置等操作，以使图表的外观更漂亮，更具可视性。

对图表进行格式设置，首先必须了解图表的构成元素，如图 5－56 所示。

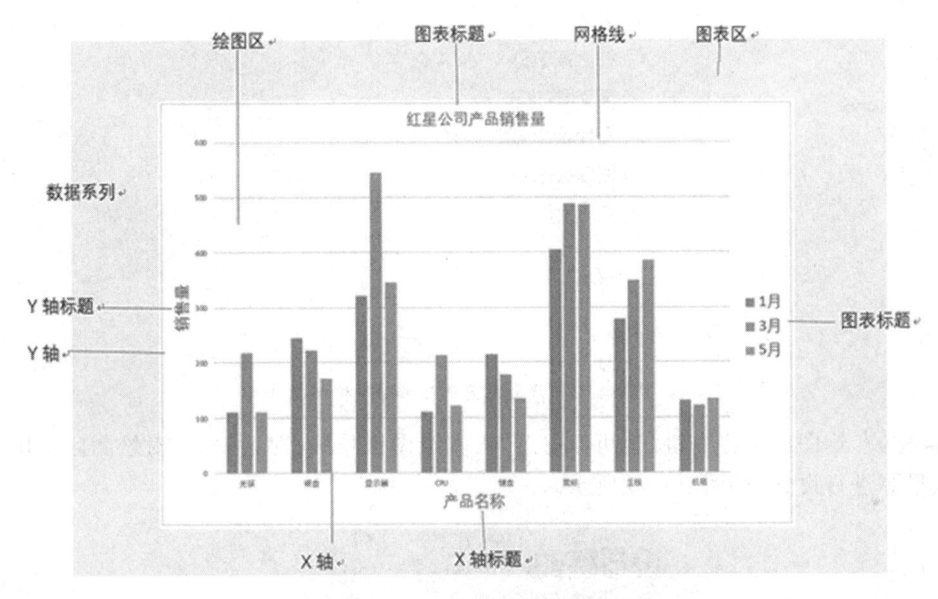

图 5－56　图表的构成元素

图表区有 3 个按钮 、、 可快速设置：图表元素、图表样式、图表筛选器等选项，如图 5－57 所示。

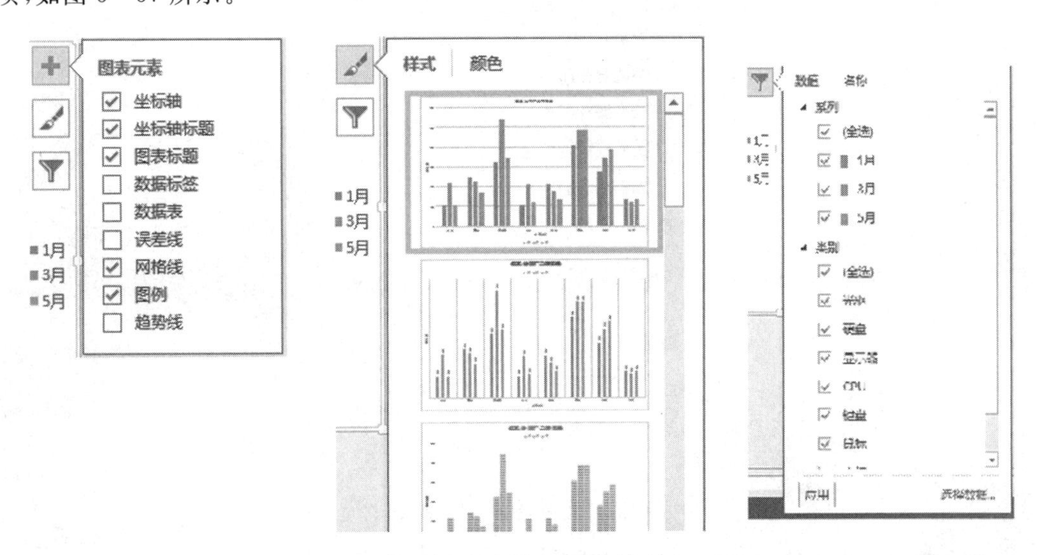

图 5－57　图表元素、图表样式、图表筛选器的构成元素

在图表区单击右键，打开“设置图表区格式”对话框，可对图表区的填充/边框、效果和大小属性进行设置，如图 5－58 所示。

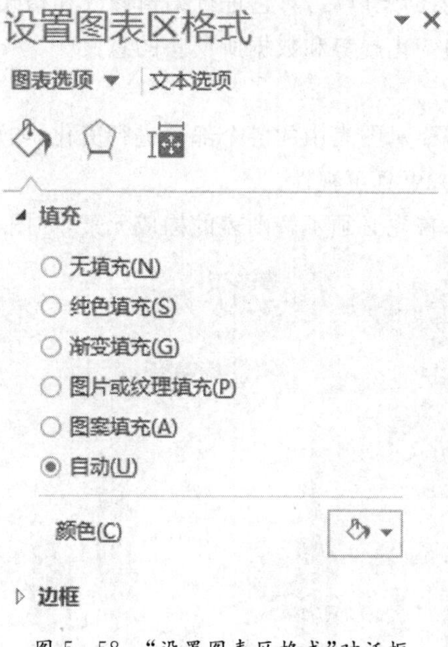

图 5－58 “设置图表区格式”对话框

同样，在绘图区单击右键，也可以打开“设置绘图区格式”对话框，可对绘图区的填充/边框、效果等进行设置，如图 5－59 所示。

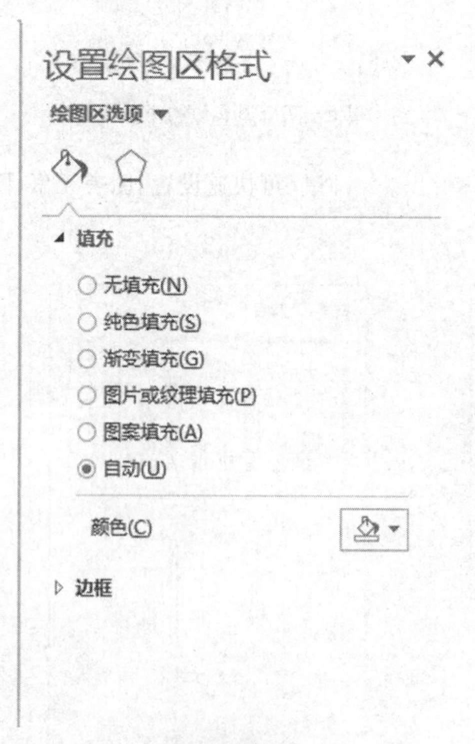

图 5－59 “设置绘图区格式”对话框

如对图表区用水滴纹理进行填充，效果如图 5－60 所示。

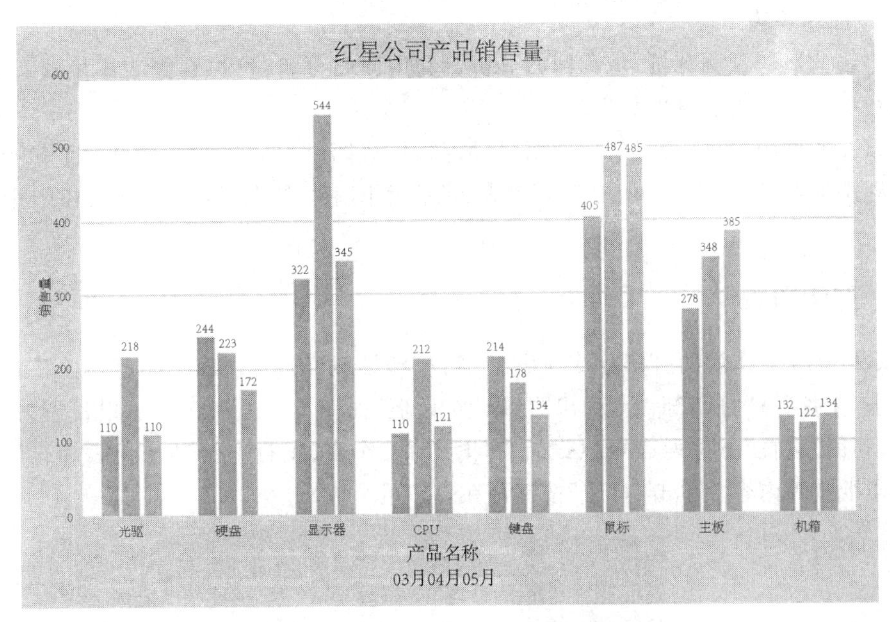

图 5-60　设置水滴纹理作为图表区的填充色

还可以进一步设置边框颜色、边框样式或三维格式等。

单击绘图区数据轴，还可在弹出的“设置数据系列格式”窗格中设置数据轴的填充、边框、效果和系列选项等。

2. 添加数据标签

如果要添加数据标签，可以单击图表区，然后选择“设计”选项卡，单击“添加图表元素”按钮，在弹出的下拉菜单中选择“数据标签”命令，再选择添加数据标签的位置即可，如图 5-61 所示。

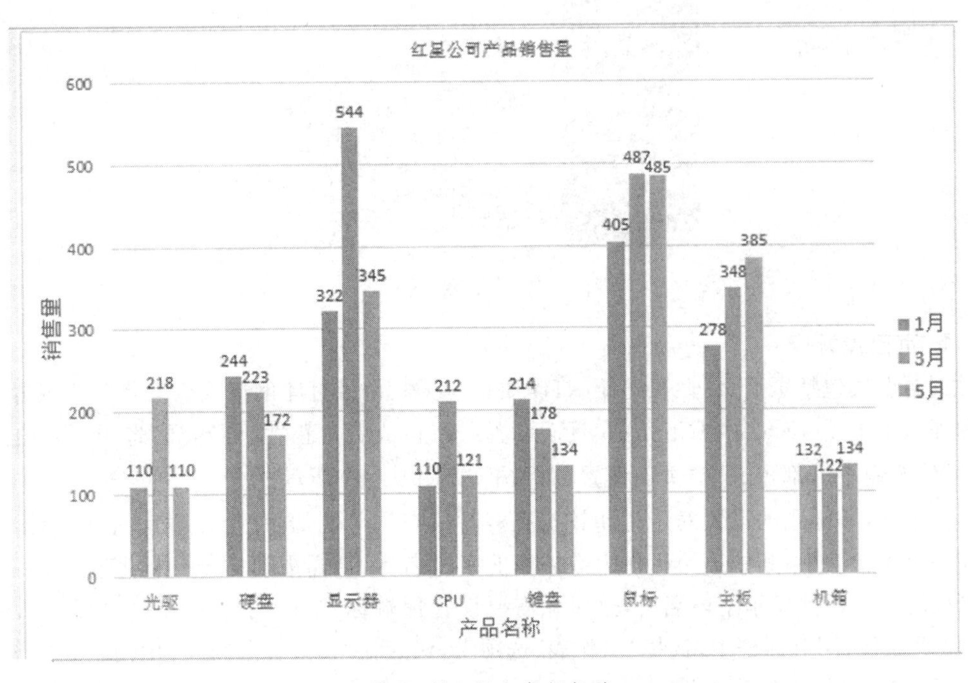

图 5-61　添加数据标签

3. 添加趋势线

趋势线营运与预测分析，也称回归分析。利用回归分析，可以在图表中生成趋势线，根据实际数据向前或向后模拟数据的走势。

可以在非堆积二维面积图、条形图、柱形图、折线图、股价图、气泡图和XY散点图中为数据系列添加趋势线；但不可在三维图表、堆积型图表、雷达图、饼图或圆环图中添加趋势线。

5.7.4 打印图表

Excel 2013工作簿的打印分成三种情形：打印活动工作表、某个选定区域或整个工作簿。单击“文件”→“打印”命令，弹出“打印”对话框，如图5-62所示。可以设置打印机、打印范围(利用“设置”下拉列表可以设置打印活动工作表、仅打印活动工作表和打印选定区域)、打印纸张等内容。单击“打印”按钮可在打印机上输出。

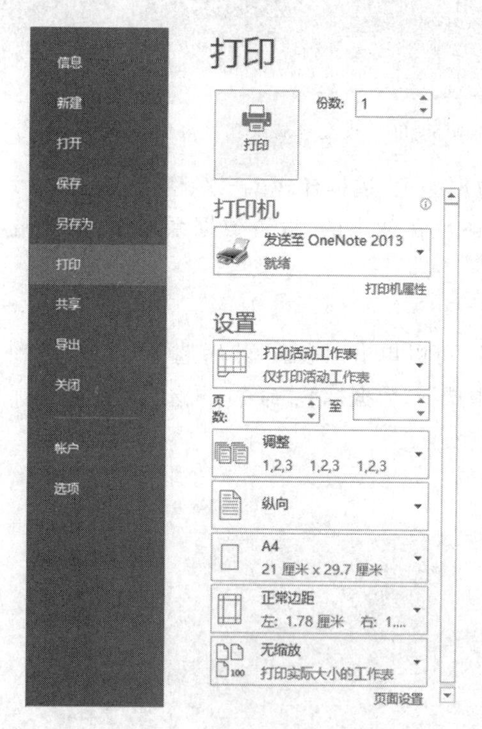

图5-62 “打印”选项卡

1. 页面设置

页面设置包括页眉页脚、页边距、打印质量、比例、是否打印网格线以及是否要设置打印标题等。单击图5-62中右下角的“页面设置”按钮；或者选择“页面布局”选项卡，单击“页面设置”按钮 ，都可进入“页面设置”对话框，如图5-63所示。

其中，打印标题的设置对于打印较长文档时很有用。例如，一个数据库有几百条记录，放在一个工作表中，其中第1行作为数据库的字段名行，当需要打印输出这些记录时，希望每张纸的第1行都显示字段名行，这时就需要设置顶端标题行了。具体的方法是，在图5-63的“页面设置”对话框中，选择“工作表”选项卡，然后在“顶端标题行”栏中输入＄1：＄1即可，也可使用鼠标选择第1行。

图 5-63　"页面设置"对话框

通过"页面设置"对话框中的"页面"选项卡可以设置纸张、缩放比例、打印方向；通过"页边距"选项卡可以设置上、下、左、右的页边距；通过"页眉/页脚"选项卡可以设置页眉、页脚及自定义页眉、页脚。

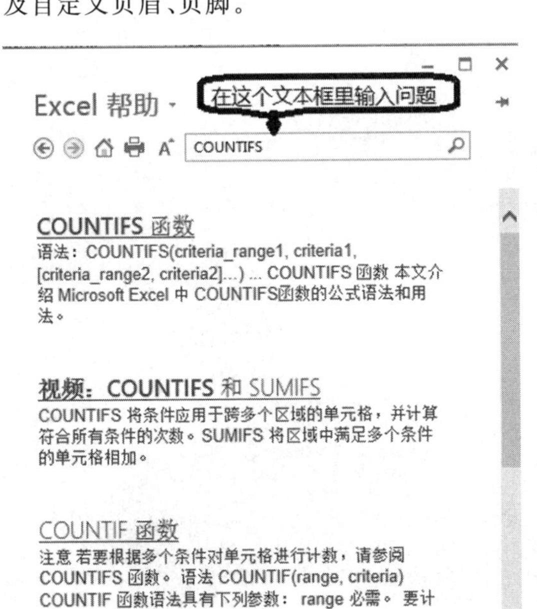

图 5-64　Excel 2013 帮助对话框

2. 打印预览

在打印工作簿之前，建议一定要使用"打印预览"功能来查看打印效果，包括本次打印的总页数、单元格是否有边框、是不是越界等。单击"页面设置"对话框中的"打印预览"按钮，便可进入"打印预览"窗口(Excel 2010 之后的版本选择"打印"也可以进入预览状态)。必要时还可以在"打印预览"窗口中对打印效果再次进行页面设置。

5.8 帮　　助

在 Excel 2013 中，系统为用户提供了许多帮助信息，如对 Excel 内置函数的使用、图表制作、数据透视表(图)制作，都有推荐的图表和相关的向导来帮助用户完成操作。对于其他方面，当用户遇到难题的时候，按下 F1 功能键，可以弹出联机"Excel 帮助"对话框，如图 5-64 所示，在"搜索"文本框里输入需要查找的问题，回车，即可得到帮助信息。

习　题

5.1　简述单元格、工作表与工作簿的区别与联系？

5.2　Excel 2013 的编辑栏包括几部分？每一部分的功能是什么？

5.3　如何在单元格中输入数字字符？如何输入公式？输入函数有几种方法？

5.4　如何调整单元格的高度或宽度？如何复制单元格的格式？

5.5　怎样在公式里引用不同工作表里的单元格？怎样引用不同工作簿里的单元格？

5.6　在高级筛选中，条件区域包括哪几部分？在表示条件时，将条件放在同一行和不同行有什么区别？如何筛选出满足条件的纪录的部分字段？

5.7　图表建立以后，如果想修改图表有几种方法？

5.8　在公式中引用单元格，如何引用相对地址、绝对地址以及混合地址？

5.9　Excel 2013 中的“分类汇总”功能是什么，使用时须注意什么？

5.10　当进行自动筛选时，是否可以自定义筛选条件？应怎样操作？

5.11　如何建立数据透视表？

第6章　演示文稿软件 Microsoft PowerPoint 2013

6.1　Microsoft PowerPoint 2013 概述

6.1.1　Microsoft PowerPoint 2013 的界面及视图

1. 工作界面

启动 Microsoft PowerPoint 2013 后(以下简称 PowerPoint 2013),打开 PowerPoint 2013 应用程序窗口(即工作界面),如图 6-1 所示。

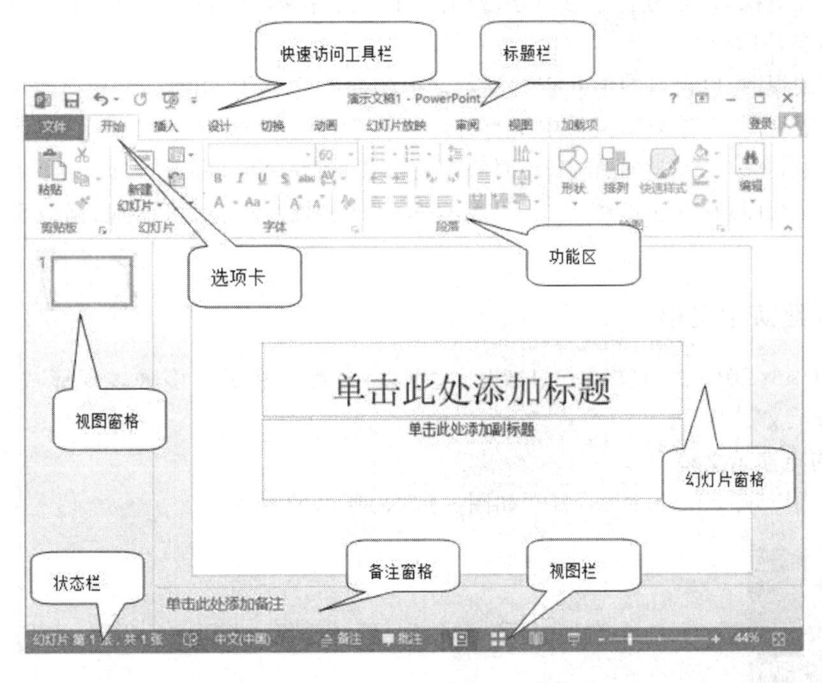

图 6-1　PowerPoint 2013 工作界面

PowerPoint 2013 工作界面包括标题栏、快速访问工具栏、选项卡、功能区、视图窗格、幻灯片窗格、备注窗格、状态栏和视图栏等部分。

(1) 选项卡:包含有“文件”“开始”“插入”“设计”“切换”“动画”“幻灯片放映”“审阅”“视图”“加载项”等 10 个选项卡。单击某个选项卡可展开该选项下的功能,每个选项卡由多个组构成,如“开始”选项卡由“剪贴板”“幻灯片”“字体”“段落”“绘图”“编辑”等组构成。

(2) 视图窗格:用于显示幻灯片的数量及位置。在视图窗格中,当前演示文稿的所有幻灯片以缩略图形式显示,也可在此对幻灯片进行重新排列、添加、删除等操作。

(3) 幻灯片窗格:是 PowerPoint 2013 的工作区,主要用于显示和编辑当前的幻灯片。

(4) 备注窗格:主要用于为幻灯片添加注释说明。备注页可以打印,也可以将演示文稿保存为网页时显示备注内容。

2. 视图模式

PowerPoint 2013 的视图模式是演示文稿在窗口中显示的方式，包括普通视图、大纲视图、幻灯片浏览视图、备注页视图、阅读视图、母版视图以及批注视图等。

点击功能区上方的“视图”选项卡，在“演示文稿视图”组和“母版视图”组中进行选择或在窗口的视图栏中选择，可切换到对应的视图模式。

(1) 普通视图：是演示文稿默认的视图模式，主要用于编辑和设计演示文稿的内容，可在幻灯片窗格中进行各种对象的编辑。

(2) 大纲视图：以大纲方式列出当前演示文稿中的所有幻灯片，并显示幻灯片文本。可用于编辑幻灯片内容和移动幻灯片。

(3) 幻灯片浏览视图：在这种视图模式下，可浏览所有幻灯片的整体效果，并可以调整幻灯片的排列顺序，对幻灯片进行复制、移动和删除等操作，但不能直接编辑和修改幻灯片内容。

(4) 备注页视图：分为上下两部分，分别显示幻灯片编辑区和备注页。在备注页中可以撰写和编辑备注内容。

(5) 阅读视图：以窗口的形式查看演示文稿的播放效果，以及动画和切换效果。

(6) 母版视图：存储演示文稿中所有幻灯片的布局信息，包括字体、效果、占位符大小和位置、背景设计等。在母版视图中，可对每个幻灯片、备注页或讲义样式进行统一修改。

(7) 批注视图：在批注视图模式下，窗口右边显示批注窗格，可添加、修改和删除批注信息。

6.1.2 创建演示文稿

PowerPoint 2013 演示文稿有幻灯片、大纲、讲义和备注页等多种表现形式，幻灯片是最常用的演示文稿形式。

1. 创建空演示文稿

(1) 启动 PowerPoint 2013，打开如图 6-2(a)所示的窗口。

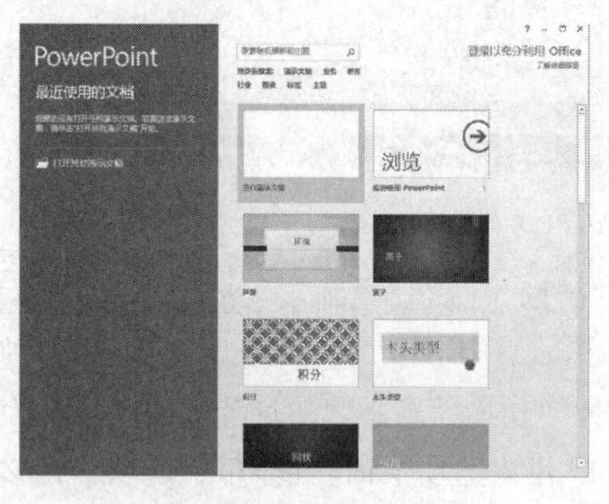

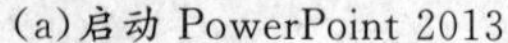
(a)启动 PowerPoint 2013

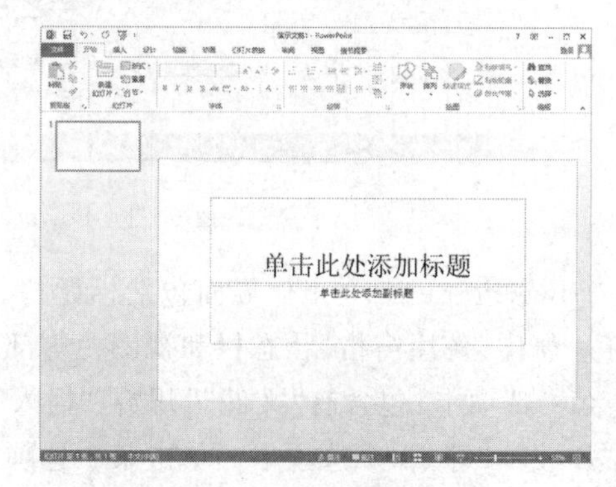

(b)空白演示文稿

图 6-2 新建空白演示文稿

(2) 在右侧窗格中选择“空白演示文稿”选项，创建一个文件名为“演示文稿 1”的默认版式的空演示文稿，如图 6-2(b)所示，可对该演示文稿进行编辑，输入文本和插入各种对象等。

(3) 也可在 PowerPoint 2013 窗口中单击“文件”选项卡，在左侧窗格选择“新建”命令，在右侧“新建”窗格选择“空白演示文稿”选项，创建空白演示文稿。

(4) 还可在 PowerPoint 2013 窗口中，按[Ctrl+N]组合键，新建空白演示文稿。

2. 根据模板创建演示文稿

使用设计模板可以快速创建具有专业水平的演示文稿，模板中包括各种插入对象的默认格式，与主题相关的文字内容以及幻灯片的配色方案等。PowerPoint 2013 提供了多种模板类型，任意选择一种设计模板创建演示文稿，所生成的幻灯片自动采用该模板的设计方案，使演示文稿具有协调统一的风格。

根据模板创建演示文稿的具体操作步骤如下：

(1) 单击“文件”选项卡，在左侧窗格选择“新建”命令，在右侧“新建”窗格选择一个模板，如“环保”模板，然后单击“创建”按钮，如图 6-3 所示。该模板就会应用于新建的演示文稿，此时新建的演示文稿只有一张幻灯片。

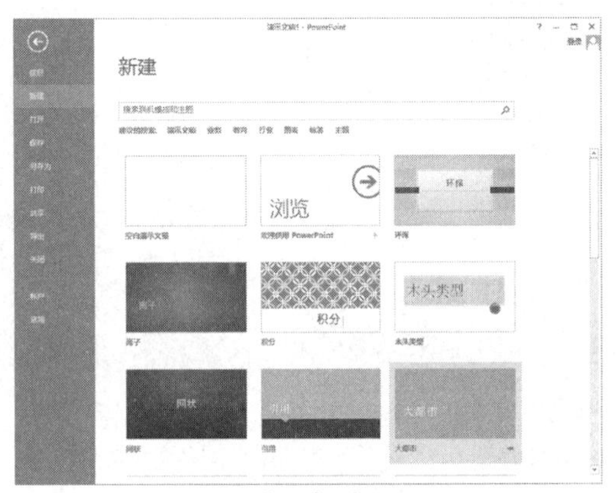

(a)“新建”窗格

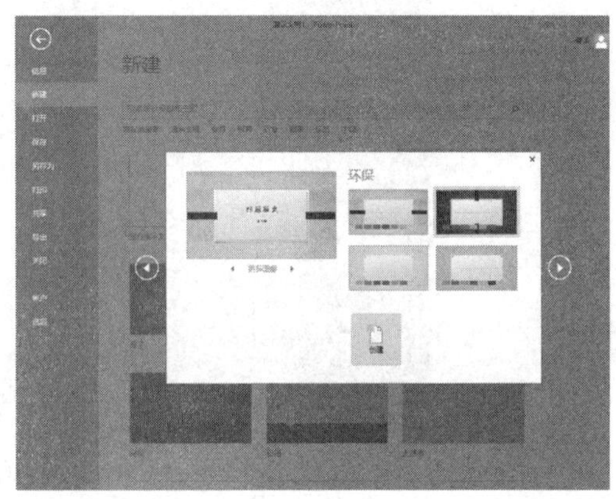

(b)“环保”模板

图 6-3　使用模板创建演示文稿

(2) 也可以在“新建”窗格中间位置“建议的搜索”中选择“演示文稿”，“新建”窗格如图 6-4(a)所示，选择其中一个模板，如“学校演示文稿设计模板”，如图 6-4(b)所示，然后单击“创建”按钮，下载并创建新的演示文稿。该模板创建的演示文稿包含多张幻灯片，可根据需要编辑和修改幻灯片的相应内容。

(a)“演示文稿”搜索结果

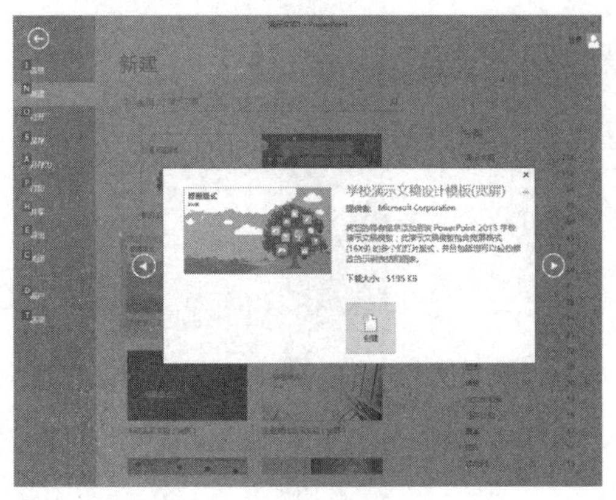

(b)“学校演示文稿设计模板”

图 6-4　使用模板创建演示文稿

此外，还可打开一个已有的演示文稿，直接修改其中内容，不需要修改版式和设计风格，同样可创建一个相同模板的演示文稿。

6.1.3 打开和保存演示文稿

1. 打开演示文稿

在 PowerPoint 2013 窗口中，单击“文件”选项卡，在左侧窗格选择“打开”命令，在中间的“打开”窗格中，可以选择“最近使用的演示文稿”，在右侧的窗格中选择要打开的演示文稿文件。也可选择“计算机”，在右侧的窗格中单击“浏览”按钮，弹出“打开”对话框，选择要打开的演示文稿文件，如图 6-5 所示。

图 6-5 打开演示文稿

2. 保存演示文稿

(1) 保存新建的演示文稿。

编辑完新建演示文稿后，单击快速访问工具栏中的“保存”按钮，在“另存为”窗格中，选择“计算机”，然后单击“浏览”按钮，如图 6-6 所示。弹出“另存为”对话框，在此对话框中，设置文件保存路径，输入文件名，选择文件保存类型(.pptx)，单击“保存”按钮保存文件。

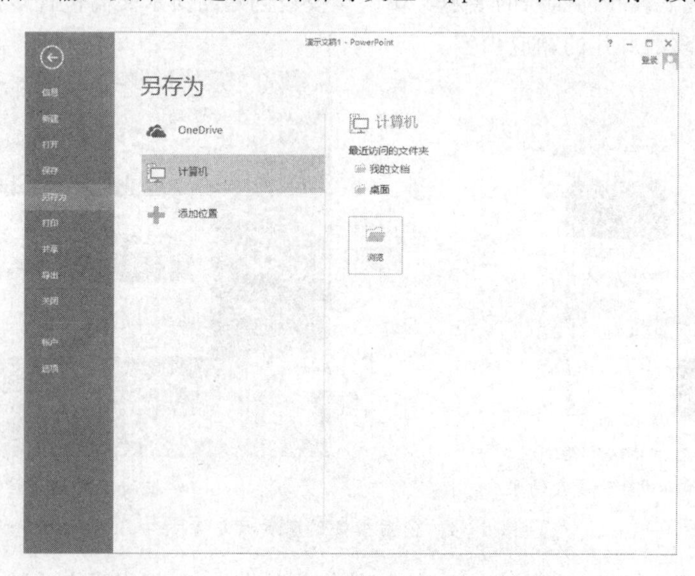

图 6-6 保存演示文稿

(2) 保存已有的演示文稿。

直接单击快速访问工具栏中的“保存”按钮，即可保存文件。

演示文稿文件的保存类型有多种，在“另存为”对话框中的“保存类型”下拉列表框中列出了所有可以保存的文件类型，可以根据需要选择不同的文件类型来保存文件。也可将演示文稿文件保存成“PowerPoint 97 - 2003 演示文稿”类型，以便与 PowerPoint 之前的版本保持兼容性。

6.2　幻灯片的编辑

演示文稿是由若干张幻灯片组成，每张幻灯片包含有标题、文字、图片等元素。幻灯片的编辑主要是输入文本和插入各种对象，并且通过更改幻灯片版式，对幻灯片的布局进行调整。若要对幻灯片进行整体操作，如添加和删除幻灯片、复制和移动幻灯片等，则需要对幻灯片进行编排。

6.2.1　文本的输入与编辑

幻灯片最基本的组成元素是文本，在幻灯片中输入文本主要有两种方式：直接在占位符中输入文本；或者插入文本框后，在文本框中输入文本。

1. 在占位符中输入文本

占位符在幻灯片中是一个虚线环绕的框，有“单击此处添加标题”或“单击此处添加文本”等提示文字的为文本占位符，此外还有内容占位符。插入文字信息要在文本占位符中进行操作，插入对象内容，则在内容占位符中进行操作。

单击文本占位符，提示文字会自动消失，并显示文本插入点，在文本插入点处输入需要的文字信息。如需更改占位符的大小，选中占位符，线框四周出现控制点，将鼠标光标定位到占位符四周的控制点，按下鼠标左键拖动，即可调整大小；还可选中占位符，单击鼠标右键，选择“大小和位置”菜单，调整占位符为固定大小。

2. 在文本框中输入文本

如果要在没有占位符的位置输入文本，可以使用“插入文本框”的方法来实现。文本框的位置和样式可以自由设置，使用文本框可以在一张幻灯片中放置多个文字块，还可以使文字排列成不同方向。操作步骤如下：

(1) 选择“插入”选项卡，单击“文本”组中的“文本框”按钮，在弹出的下拉列表中选择“横排文本框”或“垂直文本框”命令。

(2) 在幻灯片需要插入文本框的地方，拖动鼠标可绘制一个文本框，并且光标变成插入状态，可在文本框中输入文字。

3. 编辑文本和修饰文本框

在文字占位符或文本框中输入文字后，选中文字，选择“开始”选项卡，使用“字体”组可以设置字体、字号等字符格式，使用“段落”组可以设置对齐、缩进等段落格式。除文字的格式化操作外，还可以对文字进行修改、移动、复制和删除等操作。

选中文字占位符或文本框，单击鼠标右键，在弹出的菜单中选择“设置文字效果格式”命令，可以设置文字的特殊效果；选择“设置形状格式”命令可以设置文本框的填充效果，如颜色、渐变和纹理等；选择“轮廓”命令可以设置文本框的外框线颜色和线形等。

6.2.2 幻灯片版面设计

幻灯片版式是内容的布局结构，也是幻灯片元素（如文本、图片、表格和媒体剪辑等）的排列方式。PowerPoint 2013 提供了多种幻灯片版式，如“标题幻灯片”“标题和内容”“两栏内容”以及“标题和竖排文字”等。每种版式的幻灯片含有不同的占位符，布局也有所不同，使用不同版式可以创建含有不同对象的幻灯片。

打开空白演示文稿时，系统自动生成一个名为“标题幻灯片”的默认版式，在编辑幻灯片的过程中，可以更改幻灯片版式，更改方法有如下几种：

(1) 选定要更改版式的幻灯片，单击“开始”选项卡，在“幻灯片”组中单击“幻灯片版式”按钮，在弹出的“Office 主题”下拉列表中选择需要的版式，如图 6-7 所示。

(2) 在视图窗格或幻灯片窗格中，选定要更改版式的幻灯片，单击鼠标右键，在弹出的快捷菜单中，单击“版式”命令，从弹出的版式列表中选择需要的版式。

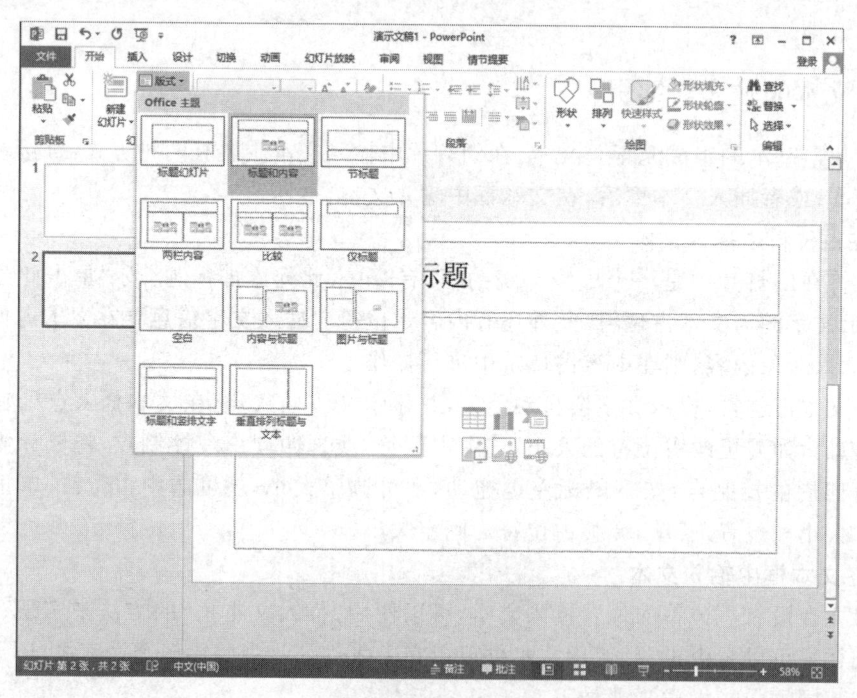

图 6-7 幻灯片版式

6.2.3 幻灯片的管理

演示文稿由多张幻灯片组成，需要对幻灯片进行管理，经常要对整张幻灯片进行各种编辑操作，如插入幻灯片、复制幻灯片、移动和删除幻灯片等。

1. 插入幻灯片

插入幻灯片的方法主要有以下 4 种：

(1) 在视图窗格中定位光标在某个幻灯片后，单击“插入”选项卡，在“幻灯片”组中单击“新建幻灯片”按钮下方的下拉按钮，在弹出的“Office 主题”下拉列表中单击需要的版式，如“两栏内容”，即可插入版式为“两栏内容”的新幻灯片。

(2) 在视图窗格中选定一张幻灯片，单击“开始”选项卡，在“幻灯片”组中单击“新建幻灯片”按钮，可插入一张同样版式的幻灯片。

(3) 在视图窗格中定位光标，单击鼠标右键，在弹出的快捷菜单中，选择“新建幻灯片”命令，如图 6-8 所示，可插入与前一张幻灯片同版式的新幻灯片。

(4) 在视图窗格中选定一张幻灯片，按下[Enter]键，可快速在该幻灯片后插入一张同样版式的幻灯片。

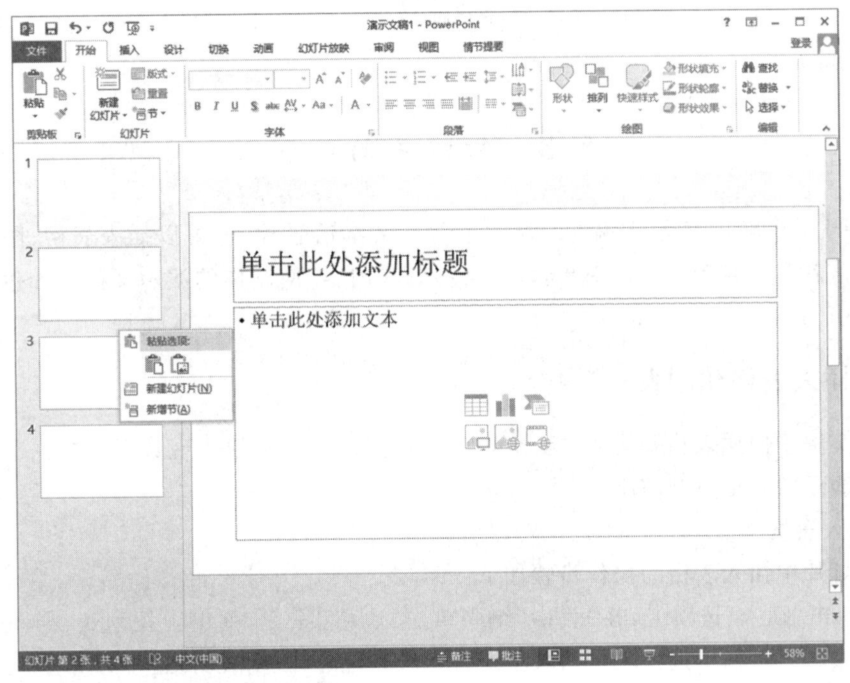

图 6-8　插入幻灯片

2. 复制幻灯片

复制幻灯片的方法主要有以下 3 种：

(1) 在普通视图的视图窗格中，选中要复制的幻灯片，单击“开始”选项卡，在“剪贴板”组中单击“复制”按钮，进行复制；然后将光标定位到目标位置，在“剪贴板”组中单击“粘贴”按钮，完成复制操作。

(2) 单击“视图”选项卡，在“演示文稿视图”组中，单击“幻灯片浏览”按钮，进入幻灯片浏览视图模式。在此视图中，选中要复制的幻灯片，单击鼠标右键，在弹出的快捷菜单中，选择“复制幻灯片”命令，可直接复制一张幻灯片；或者选择“复制”命令，然后将光标定位到目标位置，再次单击鼠标右键，在弹出的快捷菜单中，单击“粘贴选项”中的“保留源格式”按钮，完成复制操作。

(3) 在普通视图或者幻灯片浏览视图中，选中要复制的幻灯片，按[Ctrl+C]快捷键，然后将光标定位到目标位置，再按[Ctrl+V]快捷键，完成复制操作。

3. 移动幻灯片

移动幻灯片的方法主要有以下 3 种：

(1) 选中要移动的幻灯片，按住鼠标左键，拖动至目标位置，即可完成移动操作。

(2) 选中要移动的幻灯片，单击“开始”选项卡，在“剪贴板”组中单击“剪切”按钮，然后将光标定位到目标位置，在“剪贴板”组中单击“粘贴”按钮，完成移动操作。

(3) 选中要移动的幻灯片，单击鼠标右键，在弹出的快捷菜单中，选择“剪切”命令，然后将光标定位到目标位置，再次单击鼠标右键，单击“粘贴选项”中的“保留源格式”按钮，完成移动操作。

4. 删除幻灯片

删除幻灯片的方法主要有以下两种：

(1) 选中要删除的幻灯片，按[Delete]键。

(2) 选中要删除的幻灯片，单击鼠标右键，在弹出的快捷菜单中，选择"删除幻灯片"命令，完成删除操作。

6.3 幻灯片的丰富

PowerPoint 2013 演示文稿的幻灯片中除了文本信息外，还可以插入表格、图表、艺术字、图片、声音和视频等多媒体对象，以丰富幻灯片内容，使制作的演示文稿更加生动形象，更具有吸引力。

6.3.1 插入表格和图表

演示文稿中使用表格和图表，能显示有规律的数据，直观地表现数据间的关系，使得演示文稿的演示效果更直观清晰。

1. 插入表格

在幻灯片中插入表格的操作步骤如下：

(1) 单击"插入"选项卡，在"表格"组中单击"表格"按钮，弹出下拉列表，如图 6-9 所示。在"插入表格"栏中选择表格的大小即行列数，可插入规则表格；还可单击"绘制表格"按钮，创建不规则表格；单击"Excel 电子表格"按钮，绘制 Excel 电子表格。

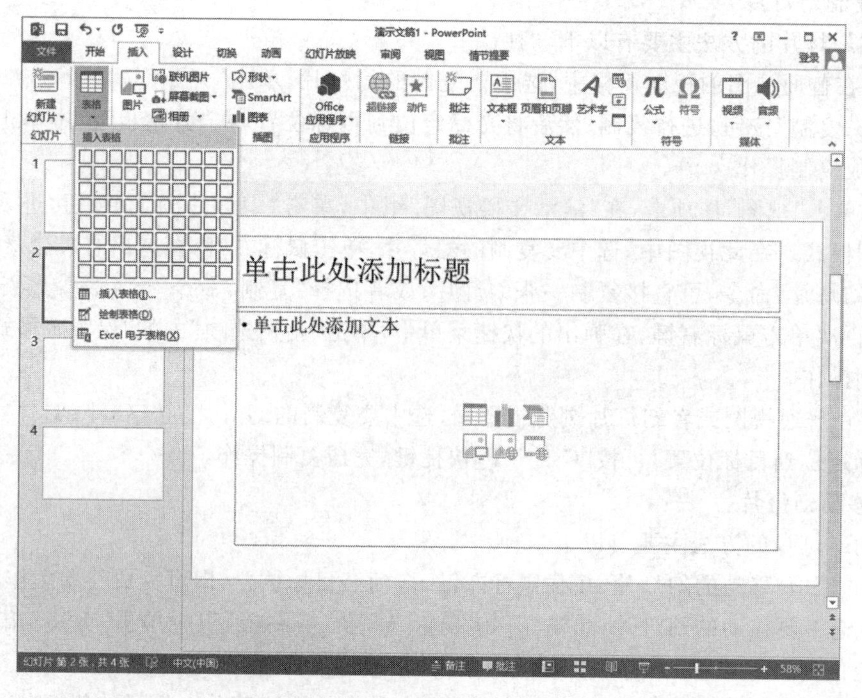

图 6-9 插入表格

(2) 插入表格后，可在表格中输入文本。单击某个单元格，或者按[Tab]键以及向右箭头移动插入，然后输入文本信息。

(3) 表格创建完成后，功能区会动态生成“表格工具/设计”和“表格工具/布局”选项卡，利用这两个选项卡可对表格进行编辑和修饰，如插入行或列、合并与拆分单元格以及设置表格样式等。

2. 插入图表

在幻灯片中插入图表的操作步骤如下：

(1) 单击“插入”选项卡，在“插图”组中单击“图表”按钮，弹出“插入图表”对话框，如图 6-10 所示。在此对话框的左侧选择图表类型后，从右侧图表子类型中选择需要的图表，单击“确定”按钮，则在当前幻灯片中插入图表。

(2) 插入图表后，系统自动打开与图表数据相关联的工作簿，可以编辑和修改工作表中的数据，图表数据也会同步显示结果，完成工作簿数据编辑后，关闭工作簿，返回当前幻灯片，即可看见编辑好的图表。

(3) 图表创建完成后，功能区会动态生成“图表工具/设计”和“图表工具/格式”选项卡，利用这两个选项卡可更改图表样式、设置图表格式等。

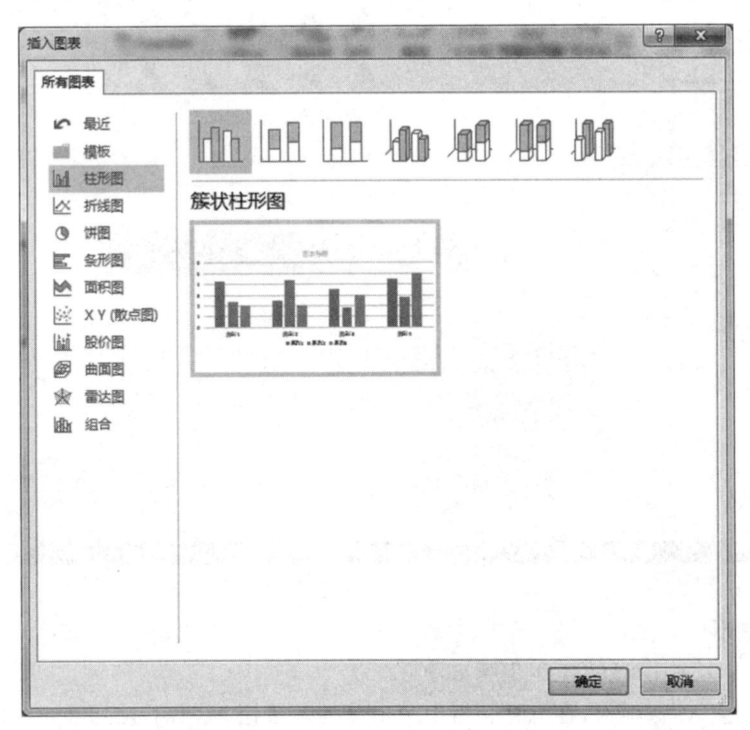

图 6-10　插入图表

6.3.2 插入艺术字和绘制图形

为了使文档内容更加丰富，可在演示文稿中插入艺术字和自选图形等对象。艺术字用来输入和编辑带有彩色、阴影和发光等特殊效果的文字，多用于广告宣传、文档标题和贺卡制作等。自选图形用于自行绘制线条和形状，系统提供了线条、箭头、流程图和标注等形状，可绘制出各种特殊图形。

1. 插入艺术字

在幻灯片中插入艺术字的操作步骤如下：

（1）单击“插入”选项卡，在“文本”组中单击“艺术字”按钮，弹出下拉列表，如图 6－11 所示。在下拉列表中选择需要的艺术字样式，文档中就创建一个艺术字文本框，占位符字样为“请在此放置您的文字”，此时可直接输入艺术字文本内容。

（2）选中艺术字框，拖动鼠标可移动艺术字放置的位置。

（3）插入艺术字后，功能区会动态生成“绘图工具/格式”选项卡，使用“形状样式”组可对艺术字框进行设置，如形状填充、形状轮廓和形状效果等；使用“艺术字样式”组，可对艺术字文本设置填充和文本效果等。

（4）还可单击“开始”选项卡，使用“字体”组和“段落”组设置艺术字的文本格式，如字体、字号、缩进等。

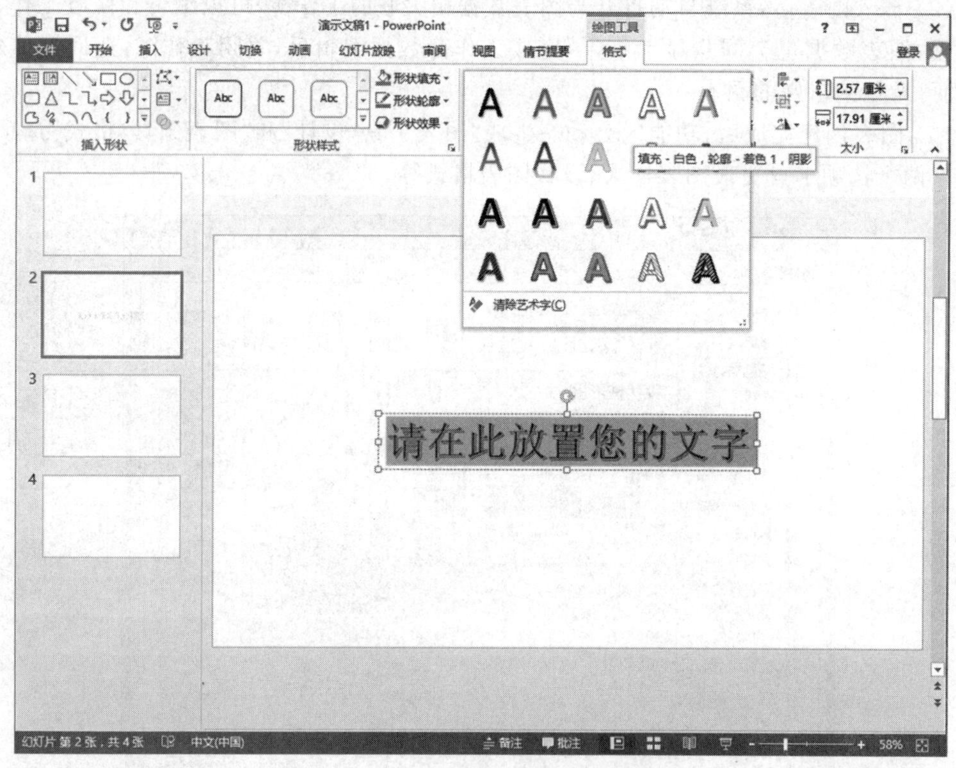

图 6－11 插入艺术字

2. 绘制图形

在幻灯片中绘制图形的操作步骤如下：

（1）单击“插入”选项卡，在“插图”组中单击“形状”按钮，弹出下拉列表，如图 6－12 所示。在下拉列表中选择需要的绘图工具，按下鼠标拖动可在文档中绘制一个所选样式的图形。

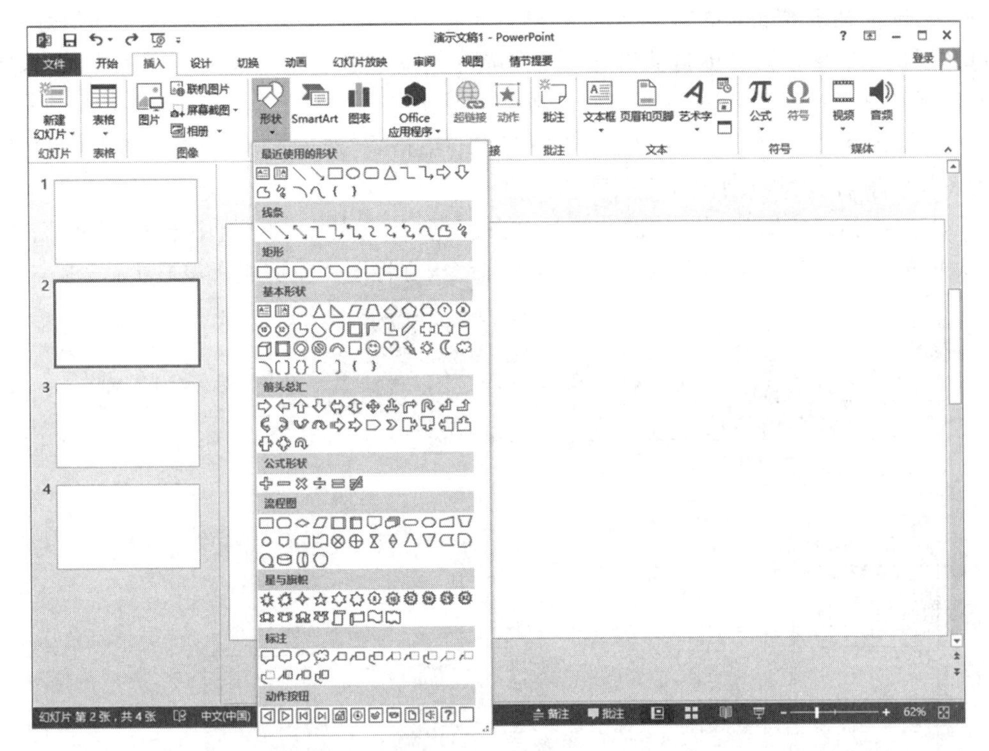

图 6－12 绘制图形

(2) 在“插图”组中单击“形状”按钮，从下拉列表中选择某个绘图工具，单击鼠标右键，在弹出的快捷菜单中单击“锁定绘图模式”命令，可连续使用该工具绘制相同的图形，按[Esc]键，可退出该绘图模式。

(3) 绘制图形后，功能区会动态生成“绘图工具/格式”选项卡，使用该选项卡中的组，可设置自选图形的大小、样式和填充等效果。

(4) 单击“绘图工具/格式”选项卡，在“插入形状”组中单击“编辑形状”按钮，从下拉列表中选择其他形状，可更改当前图形的形状。

(5) 也可单击“绘图工具/格式”选项卡，在“插入形状”组中单击“其他”按钮(下拉按钮)，从下拉列表中选择需要的绘图工具，按下鼠标拖动绘制图形。

(6) 还可在自选图形上，单击鼠标右键，选择快捷菜单中的“添加文字”命令，为自选图形添加文字。

6.3.3 插入图片和 SmartArt 图形

在演示文稿中插入预先收集保存的图片，可以制作出图文并茂、生动有趣的文稿，增强文稿的表现力。SmartArt 图形是通过图形结构和文字说明从视觉上表达信息，此种图形包括列表图、流程图、层次结构图、关系图和矩阵图等。

1. 插入图片

在幻灯片中插入图片的步骤如下：

(1) 单击“插入”选项卡，在“图像”组中单击“图片”按钮，在弹出的“插入图片”对话框中选择需要插入的图片，然后单击“插入”按钮，可将图片插入到幻灯片中。

(2) 在“图像”组中单击“屏幕截图”按钮，弹出下拉列表，如图 6－13 所示。在“可用视窗”栏中，选择某个要插入的窗口缩略图，则自动截取该窗口图片，并直接插入到幻灯片中。还可在下拉列表中，单击“屏幕剪辑”命令，在屏幕上按下鼠标左键拖拽选择截取区域，然后松开鼠标左键，被截取的屏幕图像即插入到幻灯片中。

(3) 插入图片后，功能区会动态生成“图片工具/格式”选项卡，使用该选项卡中的组，可设置图片效果、样式和大小等。

(4) 选择插入的图片，单击“图片工具/格式”选项卡，在“大小”组中单击“裁剪”下拉按钮，从下拉列表中选择“裁剪”或“裁剪为形状”命令，可将图片裁剪成所需形状。

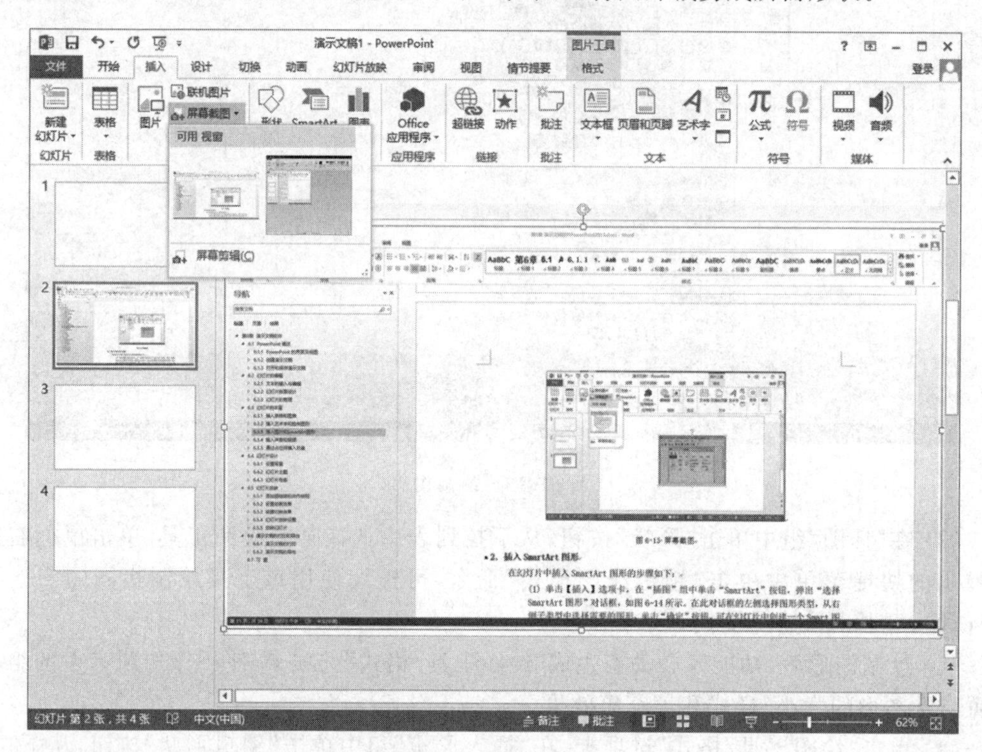

图 6-13 屏幕截图

2. 插入 SmartArt 图形

在幻灯片中插入 SmartArt 图形的步骤如下：

(1) 单击“插入”选项卡，在“插图”组中单击“SmartArt”按钮，弹出“选择 SmartArt 图形”对话框，如图 6-14 所示。在此对话框的左侧选择图形类型，从右侧子类型中选择需要的图形，单击“确定”按钮，在幻灯片中创建一个 Smart 图形。选定图形，用鼠标拖拽图形四周的控制点，可调整图形大小。

(2) 在“文本”字样的占位符中，根据需要输入文本内容。

(3) 插入图片后，功能区会动态生成“SMARTART 工具/设计”和“SMARTART 工具/格式”两个选项卡。通过“SMARTART 工具/设计”选项卡，可在 SmartArt 图形中添加形状、调整形状级别，以及更改图形的布局和设置样式等。通过“SMARTART 工具/格式”选项卡，可对 SmartArt 图形的形状进行编辑，如调整形状大小、设置填充效果和环绕方式等。

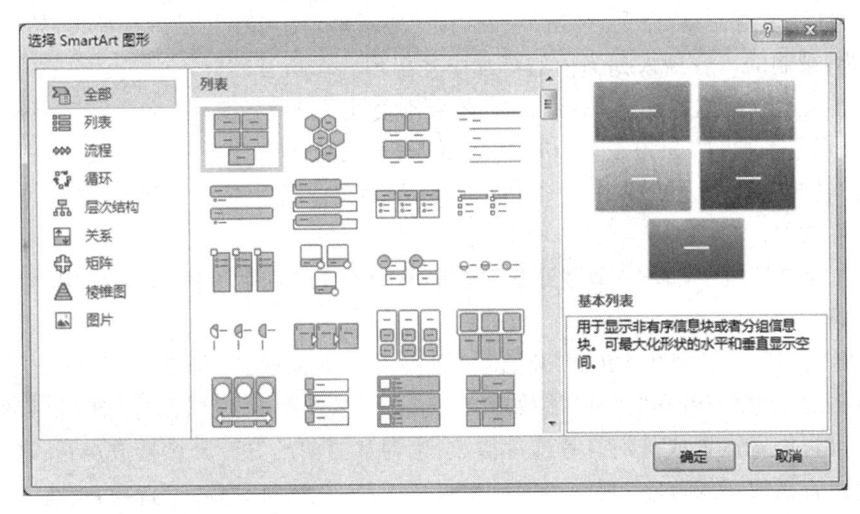

图 6－14　SmartArt 图形

6.3.4　插入声音和视频

在演示文稿中插入声音和视频等多媒体元素，可使幻灯片在视觉和听觉上更具有表现力。

1. 插入声音

在幻灯片中插入声音的步骤如下：

(1) 单击“插入”选项卡，然后在“媒体”组中单击“音频”按钮，从弹出的菜单中选择要插入声音的来源，如图 6－15 所示。

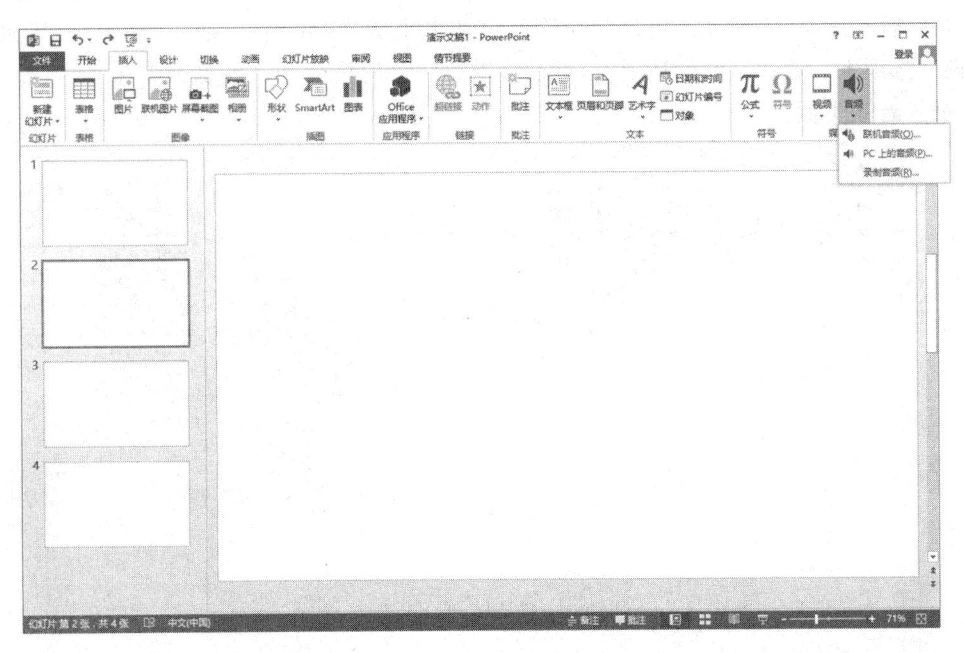

图 6－15　插入声音

(2) 选择“PC 上的音频”命令，弹出“插入音频”对话框，选择预先保存在电脑上的音频文件，然后单击“插入”按钮，将音频文件插入到当前幻灯片中并出现一个声音图标。

(3) 选择“录制音频”命令,弹出“录制声音”对话框,可实时录制一段音频,然后单击“确定”按钮,将录制的声音插入到当前幻灯片中并出现一个声音图标。

(4) 插入声音后选择声音图标,功能区会动态生成“音频工具/格式”和“音频工具/播放”两个选项卡。通过“音频工具/格式”选项卡,可设置声音图标的艺术效果、样式和大小等。通过“音频工具/播放”选项卡,可以预览声音、编辑声音、调节音量、设置声音的播放方式和音频样式等。

(5) 在“编辑”组中,单击“剪裁音频”按钮,在打开的“剪裁音频”对话框中,可以根据需要剪裁音频文件。

(6) 在“音频选项”组中,单击“开始”按钮右侧的下拉按钮,可选择声音的开始播放时刻,如“单击时”播放声音和“自动”播放声音等。还可在“音频选项”组中,选择“跨幻灯片播放”选项,可将声音设置成跨幻灯片连续播放,也即从当前幻灯片开始播放声音,进入下一张幻灯片时声音播放还未停止,则继续播放;选择“循环播放,直到停止”选项,可将声音设置成从当前幻灯片开始播放,直到幻灯片放映结束时停止。

2. 插入视频

在幻灯片中插入视频的步骤如下:

(1) 单击“插入”选项卡,然后在“媒体”组中单击“视频”按钮,从弹出的菜单中选择要插入视频的来源,如图 6-16 所示。

(2) 选择“PC 上的视频”命令,弹出“插入视频文件”对话框,可选择预先保存在电脑上的视频文件,然后单击“插入”按钮,将视频文件插入到当前幻灯片中并出现视频窗口。

(3) 选择“联机视频”命令,弹出“插入视频”对话框,可从网络上选择一个视频插入到当前幻灯片中。

(4) 插入视频后选择视频窗口,功能区会动态生成“视频工具/格式”和“视频工具/播放”两个选项卡。通过这两个选项卡,可设置视频对象的格式和视频播放效果等,其设置方法与插入音频类似。

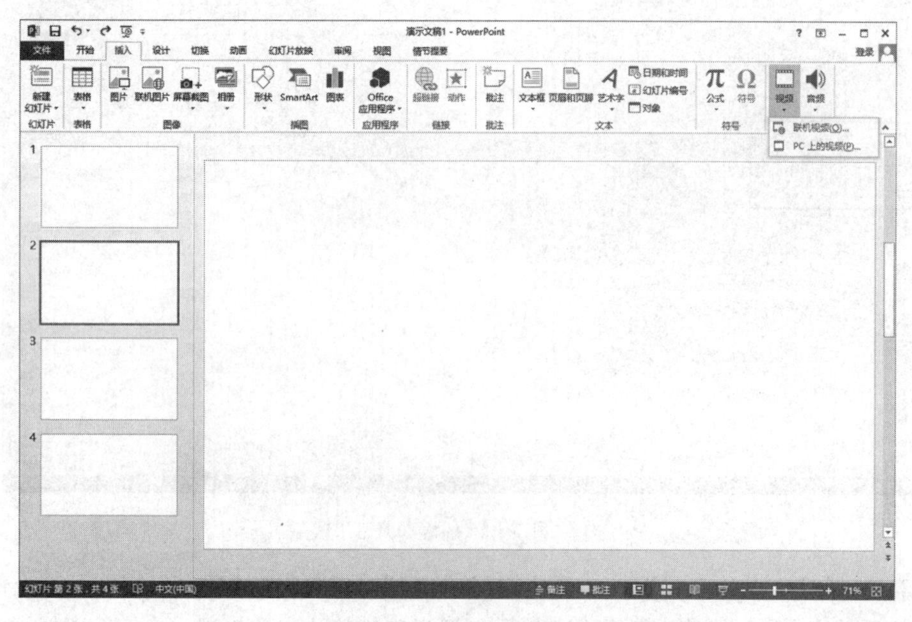

图 6-16　插入视频

6.3.5　通过占位符插入对象

在演示文稿的幻灯片中，除了可以通过“插入”选项卡插入表格、图片、声音和视频等对象外，还可以通过占位符，插入这些对象。当选择的幻灯片版式为“标题和内容”“两栏内容”“比较”时，占位符框中有表格、图表、图片等对象的占位符图标，如图 6－17 所示。单击某个图标，可在幻灯片中插入相应的对象。

幻灯片中通过占位符插入对象的步骤如下：

（1）单击“插入表格”占位符，在弹出的“插入表格”对话框中，选择行列数，可以插入规则表格。

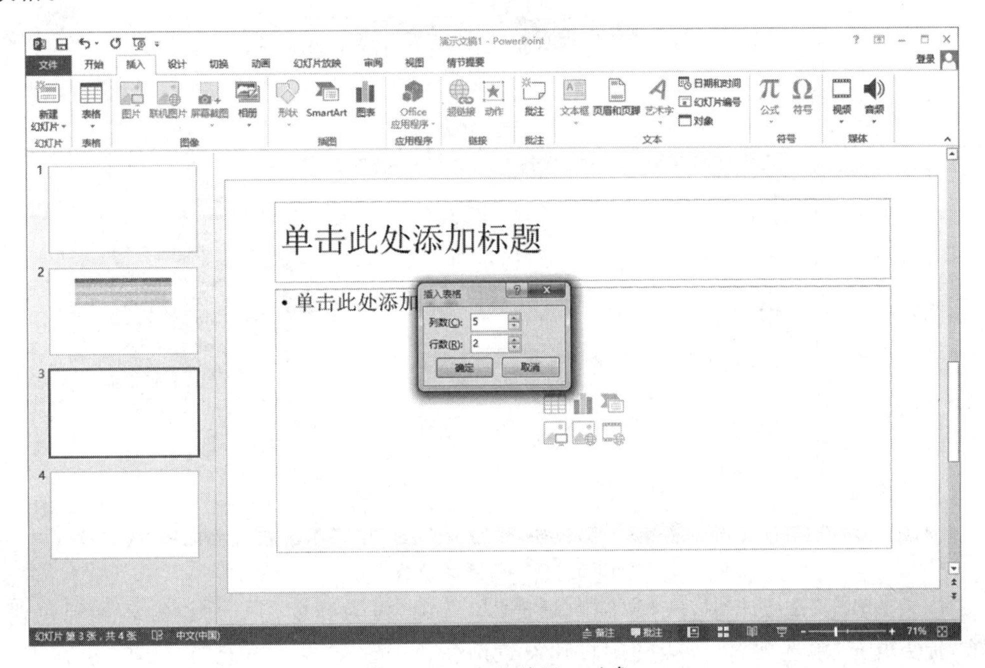

图 6－17　占位符插入对象

（2）单击“插入图表”占位符，在弹出的“插入图表”对话框中，选择图表类型，可以插入图表。

（3）单击“插入 SmartArt 图形”占位符，在弹出的“选择 SmartArt 图形”对话框中，选择图形类型，可插入 SmartArt 图形。

（4）单击“图片”占位符，在弹出的“插入图片”对话框中，选择当前电脑保存的图片文件，可插入图片。

（5）单击“联机图片”占位符，在弹出的“插入图片”对话框中，选择网络站点中的图片，可插入联网图片。

（6）单击“插入视频文件”占位符，在弹出的“插入视频”对话框中，选择当前电脑保存的视频文件或者联机视频文件，可插入视频文件。

6.4　幻灯片设计

幻灯片设计主要是创建具有统一字体、颜色、背景和风格的演示文稿。可对已经编辑好的幻灯片，进行相应的外观设计，如设置背景、应用主题、修改母版等。

6.4.1 设置背景

幻灯片的背景确定了幻灯片的美化效果，可根据需要设置幻灯片的背景，如设置纯色、渐变色、图案或图片等填充效果的幻灯片。

设置幻灯片背景的步骤如下：

(1) 选中需要添加或修改背景的幻灯片。

(2) 单击“设计”选项卡，在“自定义”组中单击“设置背景格式”按钮，弹出“设置背景格式”窗格，如图 6-18 所示。

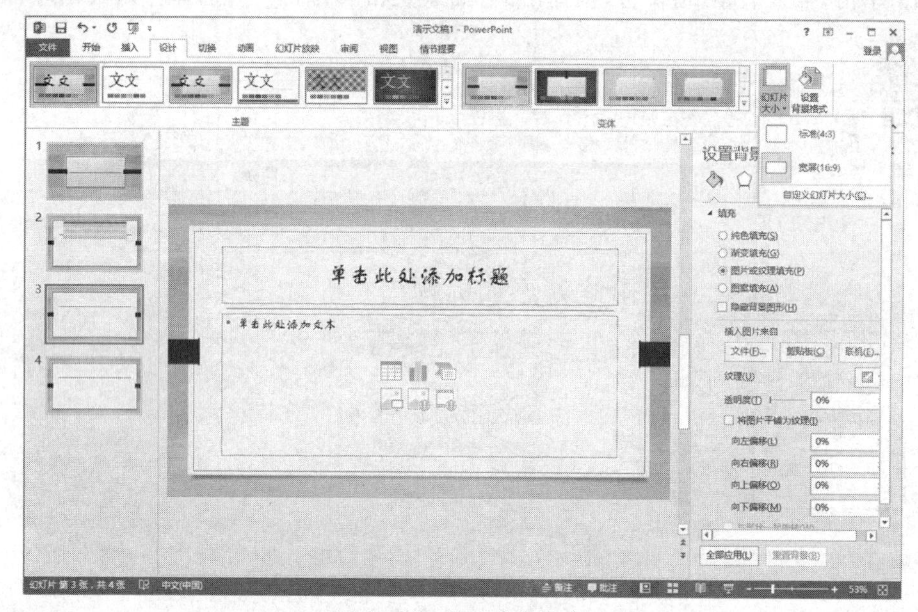

图 6-18 设置背景格式

(3) 在“填充”选项卡中，选择“纯色填充”单选项，可为当前幻灯片设置各种纯色背景；选择“渐变填充”单选项，可为当前幻灯片设置渐变色；选择“图案填充”单选项，可在下面的图案列表中选择一种图案作为当前幻灯片背景。

(4) 在“填充”选项卡中，选择“图片或纹理填充”单选项，单击下面的“文件”按钮，可从已保存的图片文件中选择一个图片作为幻灯片背景，也可单击“纹理”按钮，选择一种纹理效果，设置为幻灯片背景。当选择“图片或纹理填充”单选项时，在“设置背景格式”窗格中，多出两个选项卡，一个是“效果”选项卡，用于设置图片或纹理的艺术效果；另一个是“图片”选项卡，用于设置图片或纹理的柔化、亮度、饱和度和色调等。

(5) 通过各种单选项设置好幻灯片的背景后，单击下面的“全部应用”按钮，则将所设置的背景应用到演示文稿的所有幻灯片；单击下面的“重置背景”按钮，可取消当前设置的幻灯片背景效果。

6.4.2 幻灯片主题

演示文稿的主题是一组集合了颜色、字体和幻灯片背景等的格式选项。PowerPoint 2013 提供了多种主题样式，应用这些样式可以对演示文稿中所有幻灯片设置统一风格的外观效果。

幻灯片应用主题的步骤如下：

(1) 选中需要应用主题的幻灯片。

(2) 单击“设计”选项卡，有两个主要的选项组“主题”和“变体”，如图 6 - 19 所示。“主题”组是系统内置的主题样式，选择一个样式可应用到演示文稿中。“变体”组是用来修改和编辑样式的，主要包括颜色、字体、效果和背景样式等格式选项。

图 6 - 19　幻灯片主题

(3) 在“主题”组列表框的右侧单击下拉按钮，弹出样式下拉列表，如图 6 - 20 所示。选择一个需要的主题样式，可将该主题应用到演示文稿的所有幻灯片中。

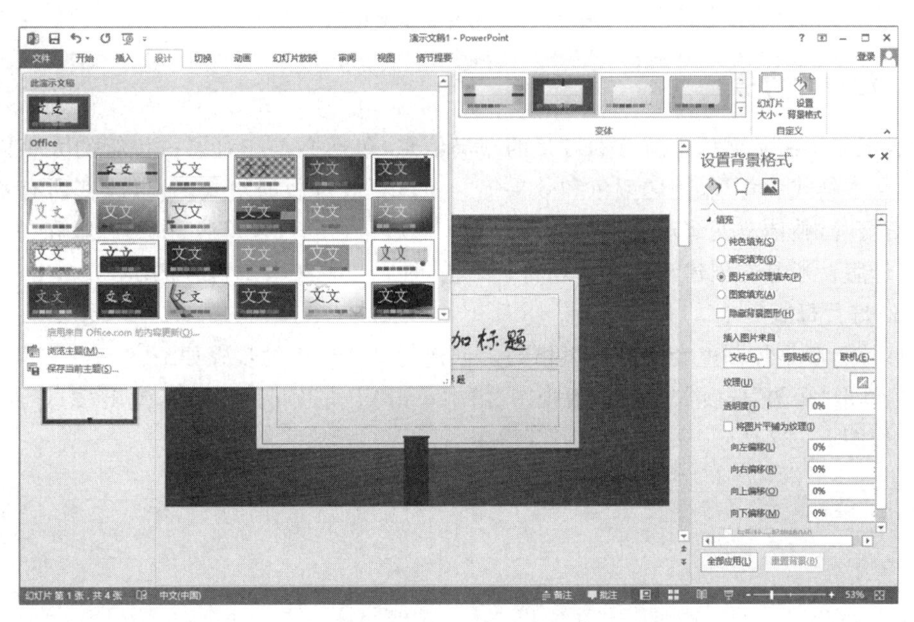

图 6 - 20　幻灯片主题列表

(4) 若要在演示文稿中应用多个主题样式，可选定要设置样式的幻灯片，然后在主题样式列表中，选中一个样式单击鼠标右键，选择快捷菜单中的“应用于选定幻灯片”命令，可将主题样式应用于所选幻灯片。

(5) 修改和编辑演示文稿的主题样式后，如果想保存该主题，可在主题样式下拉列表中,选择“保存当前主题”命令,将主题样式保存成主题文件。当其他演示文稿,需要使用此主题时,可在主题样式下拉列表中,选择“浏览主题”命令,弹出“选择主题或主题文档”对话框,从中选择该主题文档,应用到当前演示文稿中。

(6) 在“变体”组列表框的右侧单击下拉按钮,弹出下拉菜单,如图 6-21 所示。选择“颜色”命令,可修改主题样式的颜色;选择“字体”命令,可设置主题的字体;选择“效果”命令,可更改线条和填充效果;选择“背景样式”命令,可设置样式的背景。

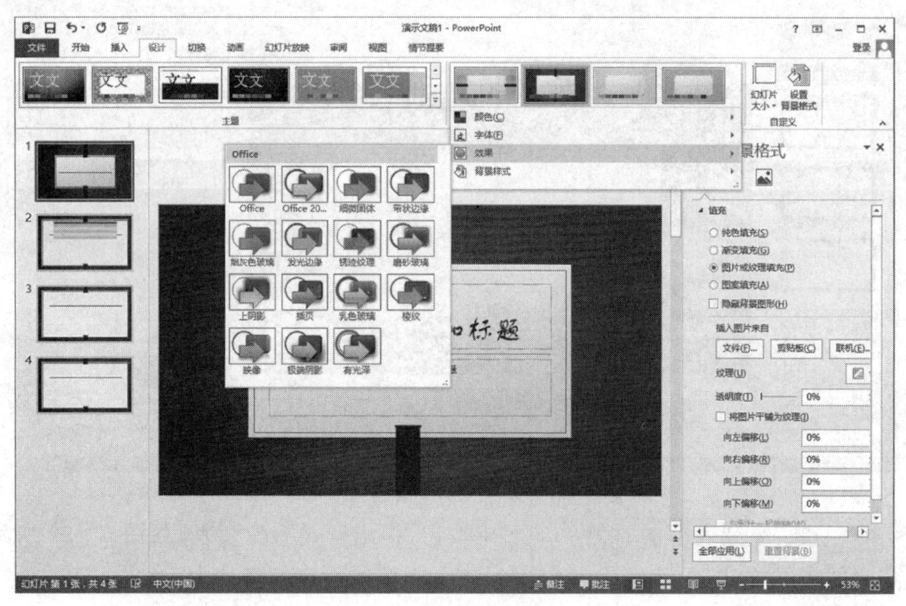

图 6-21 幻灯片主题修改

6.4.3 幻灯片母版

母版记录了演示文稿中所有幻灯片的布局信息,包括文本和对象占位符的大小以及放置位置、文本样式和背景、主题颜色和效果等。通过更改母版的格式,可以改变所有基于该母版的幻灯片,整体改变演示文稿的外观效果。母版包括幻灯片母版、讲义母版和备注母版等,创建母版一般是在创建演示文稿幻灯片之前进行,以便统一幻灯片的版式。

1. 幻灯片母版

幻灯片母版是控制整套幻灯片风格的。创建幻灯片母版的步骤如下:

(1) 单击“视图”选项卡,在“母版视图”组中单击“幻灯片母版”按钮,弹出“幻灯片母版”选项卡,如图 6-22 所示。

图 6－22　幻灯片母版

(2) 在“编辑母版”组中，单击“插入幻灯片母版”按钮，可在演示文稿中添加一个新幻灯片母版；单击“插入版式”按钮，可在幻灯片母版设置中添加自定义版式。

(3) 在“母版版式”组中，单击“母版版式”按钮，弹出“母版版式”对话框，可选择要包含在幻灯片母版中的元素，幻灯片母版包含 5 个占位符，其名称及功能如表 6－1 所示。勾选“标题”或“页脚”选项，可显示或隐藏此幻灯片的标题或页脚。单击“插入占位符”按钮，可在幻灯片母版设置中添加占位符。

(4) 在“编辑主题”组中，单击“主题”按钮，可在幻灯片母版中添加主题。

(5) 在“背景”组中，如果为幻灯片母版添加主题，可以分别单击“颜色”“字体”“效果”等按钮，修改主题的格式，单击“背景样式”按钮，可设置幻灯片的背景样式。

(6) 完成幻灯片母版设置后，单击“关闭母版视图”按钮，可关闭幻灯片母版。

表 6－1　幻灯片母版中各占位符的功能

占位符	功能
标题	设置标题文字的格式、大小和位置。
文本	设置对象文字的格式、大小和位置，以及项目符号风格。
日期	设置日期的位置、字体和大小，也可以设置日期的内容。
页脚	设置页脚的位置、字体和大小，也可以设置页脚的内容。
幻灯片编号	设置编号的位置、字体和大小，也可以设置编号的内容。

2. 讲义母版

讲义母版是控制讲义打印格式的。创建讲义母版的步骤如下：

(1) 单击“视图”选项卡，在“母版视图”组中单击“讲义母版”按钮，弹出“讲义母版”选项卡，如图 6－23 所示。

(2) 在“页面设置”组中，单击“讲义方向”按钮，可选择讲义的页面方向；单击“每页幻灯片数量”按钮，可选择在每个讲义页面上显示的幻灯片数量。

(3) 在“占位符”组中，勾选“页眉”“页脚”“日期”和“页码”等选项，可在打印的讲义中包含这些元素。

(4) 完成讲义母版设置后，单击“关闭母版视图”按钮，可关闭讲义母版。

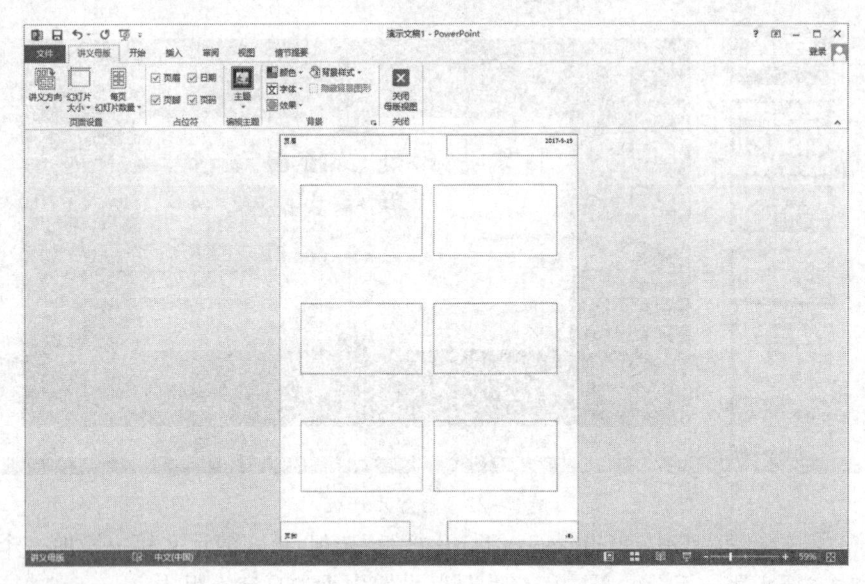

图 6-23 讲义母版

3. 备注母版

备注母版是用于控制备注页的显示内容和格式的。创建备注母版的步骤如下：

(1) 单击“视图”选项卡，在“母版视图”组中单击“备注母版”按钮，弹出“备注母版”选项卡，如图 6-24 所示。

(2) 在“页面设置”组中，单击“备注方向”按钮，可选择备注页的页面方向。

(3) 在“占位符”组中，勾选“页眉”“页脚”“日期”“页码”“幻灯片图像”和“正文”等选项，可在备注页中包含这些元素。

(4) 完成备注母版设置后，单击“关闭母版视图”按钮，可关闭备注母版。

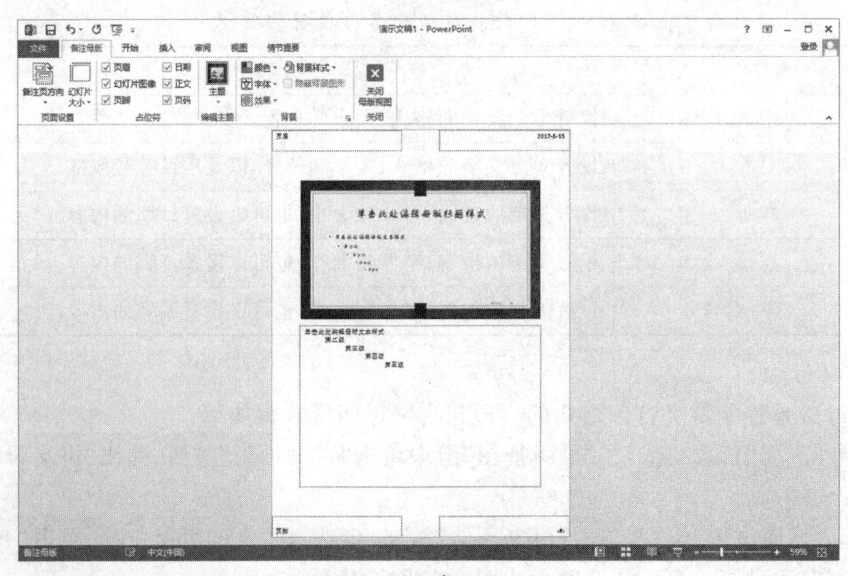

图 6-24 备注母版

6.5　幻灯片放映

制作演示文稿的目的是为了播放，因此要建立能互动的幻灯片，可在演示文稿中添加超链接，设置动画效果，设置切换效果，设置放映方式等，使得演示文稿呈现动态播放效果。

6.5.1　添加超链接和动作按钮

默认情况下，演示文稿播放时是从第 1 张幻灯片顺序播放至最后一张幻灯片。若在演示文稿中添加超链接和动作按钮，播放时幻灯片可从某一位置跳转到其他位置，或者激活声音文件、视频文件等。

1. 添加超链接

添加超链接的步骤如下：

(1) 在幻灯片中选中要插入超链接的文本、图片等对象。

(2) 单击"插入"选项卡，在"链接"组中，单击"超链接"按钮，弹出"插入超链接"对话框，如图 6-25 所示。在对话框中，可以选择要链接的文件或网页地址；还可选择"本文档中的位置"，在弹出的"请选择文档中的位置"列表框中选择要在本文档中链接的目标位置，完成设置后，单击"确定"按钮。

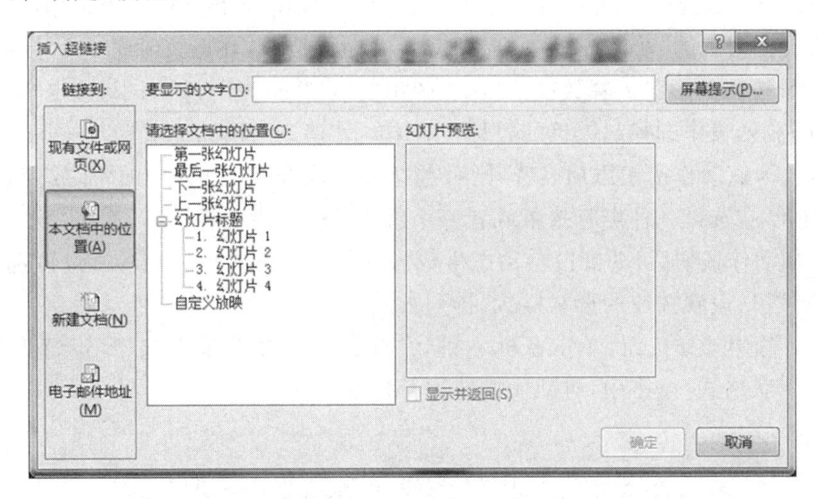

图 6-25　添加超链接

(3) 在"链接"组中单击"动作"按钮，弹出"操作设置"对话框，如图 6-26 所示。在对话框中，选定"超链接到"单选框，单击下面设置框右边的下拉箭头，在打开的下拉列表中选择要超链接的目标位置，单击"确定"按钮。若要删除超链接，则在"操作设置"对话框中选择"无动作"单选框，即可删除超链接。

(4) 还可选中要超链接的对象，单击鼠标右键，在弹出的快捷菜单中选择"超链接"命令，可插入超链接。

(5) 选中超链接对象，单击鼠标右键，在弹出的快捷菜单中选择"编辑超链接"命令，可编辑超链接。

(6) 选中超链接对象，单击鼠标右键，在弹出的快捷菜单中选择"取消超链接"命令，可删除超链接。

图 6-26 操作设置对话框

2. 添加动作按钮

添加动作按钮的步骤如下：

(1) 单击“插入”选项卡，在“插图”组中单击“形状”按钮，弹出下拉列表，如图 6-27 所示。

(2) 从下拉列表的“动作按钮”中选择需要的动作按钮，在幻灯片的合适位置按住鼠标左键拖出一个按钮的形状。释放鼠标后，在弹出的“操作设置”对话框中，选定“超链接到”单选框，并在下拉列表中选择超链接的目标位置，单击“确定”按钮，完成动作按钮设置。

(3) 若要为该动作按钮添加声音，则可选择“操作设置”对话框中的“播放声音”复选框，并在下拉列表中，选择一种声音效果或者一个硬盘中的声音文件。

(4) 添加动作按钮后，功能区会动态生成“绘图工具/格式”选项卡，通过该选项卡，可添加多个动作按钮，设置按钮的形状样式、排列方式等。

(5) 还可选中动作按钮，单击鼠标右键，在弹出的快捷菜单中选择“设置形状格式”命令，在“设置形状格式”窗格中，对动作按钮进行外观设置。

图 6-27 添加动作按钮

6.5.2　设置动画效果

为演示文稿中幻灯片的标题、文本和图片等对象设置动画效果，可使幻灯片的放映更生动活泼。PowerPoint 2013 提供了多种类型的动画效果，主要包括进入、强调、退出和动作路径等。

(1) 进入：用于设置在幻灯片放映时，对象进入时的动画效果。

(2) 强调：用于对需要强调的对象，进行动画效果设置。

(3) 退出：用于设置在幻灯片放映时，对象退出时的动画效果。

(4) 动作路径：用于设置在幻灯片放映时，对象所通过的运动轨迹。

1. 添加动画效果

以添加进入式动画效果为例，说明添加动画效果的具体步骤：

(1) 在幻灯片中选中要添加动画效果的文本或图片。

(2) 单击"动画"选项卡，功能区出现该选项卡中的各组信息，如图 6-28 所示。

(3) 在"动画"组中单击列表框右下角的下拉按钮，弹出下拉列表，如图 6-29(a)所示。

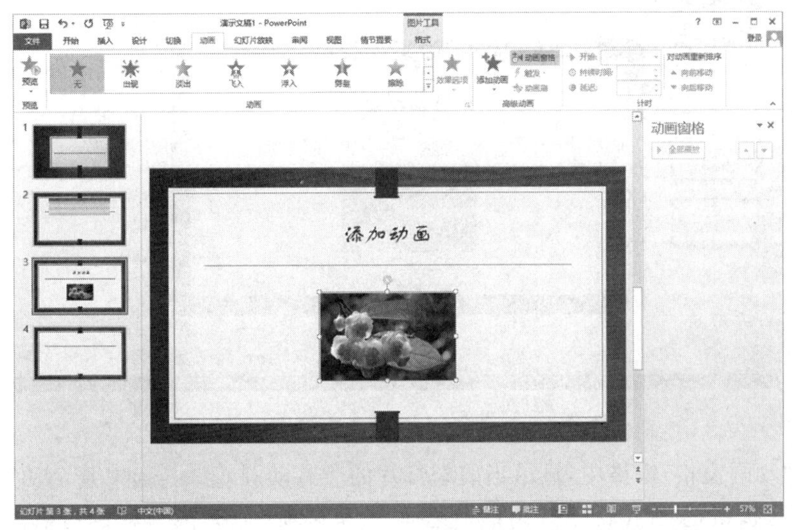

图 6-28　添加动画效果

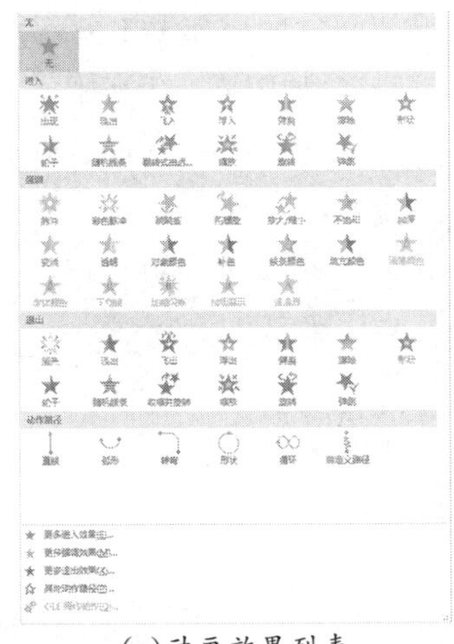

(a)动画效果列表

(b)添加进入效果

图 6-29　进入效果

在“进入”栏中选择需要的动画效果，可为所选对象添加进入效果。如果下拉列表的“进入”栏中没有需要的动画效果，可单击下面的“更多进入效果”选项，弹出“添加进入效果”对话框，如图 6－29(b)所示，在对话框中可选择需要的动画效果。同理，可在“强调”栏中选择强调效果，在“退出”栏中选择对象退出效果等。

2. 编辑动画效果

添加动画效果后，可编辑或更改这些效果，如设置动画参数、复制动画效果、调整动画播放顺序等。

编辑动画效果的方法如下：

(1) 添加动画效果后，在“动画”选项卡的“高级动画”组中，单击“动画窗格”按钮，打开“动画窗格”窗格，如图 6－30 所示。

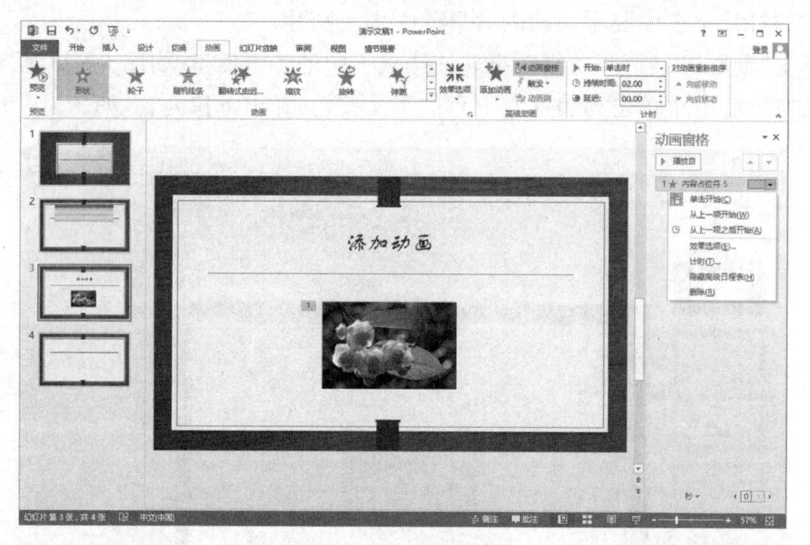

图 6－30　动画窗格

(2) 在“动画窗格”窗格中，显示当前幻灯片的所有动画效果。选中某个动画效果，单击其右侧的下拉按钮，从弹出的下拉菜单中选择“效果选项”命令，在弹出的对话框的“效果”选项卡中，单击“声音”下拉按钮，在下拉列表中选择一个声音，可为动画添加声音效果。还可选择快捷菜单中的“计时”命令，在弹出的对话框的“计时”选项卡中或在功能区的“计时”组中，设置动画开始播放的方式、持续时间、延迟时间等，如图 6－31 所示。

图 6－31　效果选项和计时选项

(3) 选中某个带有动画效果的对象，在“动画”选项卡的“高级动画”组中，单击“动画刷”按钮，再单击目标对象，可将原对象上的动画效果复制到目标对象上。

(4) 在“动画窗格”窗格中，选中需要调整动画顺序的动画效果，单击窗格中的上下移动按钮，可以调整动画效果的播放顺序。还可在功能区的“计时”组中，单击“向前移动”或“向后移动”按钮，改变动画效果的播放顺序。

(5) 在“动画窗格”窗格中，选中某个动画效果，单击其右侧的下拉按钮，从弹出的下拉菜单中选择“删除”命令，可删除该动画效果。或者选中要删除的动画效果，单击[Delete]键，也可删除该动画效果。

3. 为同一对象添加多个动画效果

在幻灯片中，也可为同一对象添加多个动画效果，例如，图片对象进入屏幕时的动画效果，屏幕中停留时的动画效果，退出屏幕时的动画效果等。

添加多个动画效果的方法如下：

(1) 在幻灯片中选中要添加动画效果的对象，例如图片。

(2) 单击“动画”选项卡，在“动画”组中单击列表框右下角的下拉按钮，在弹出的下拉列表中选择需要的动画效果，可为所选对象添加动画效果。

(3) 继续选中该对象，在“动画”选项卡的“高级动画”组中，单击“添加动画”按钮，从弹出的下拉列表中选择动画效果，可为所选对象添加第 2 个动画效果。继续单击“添加动画”按钮，可以为该对象添加多个动画效果。

(4) 为选中的对象添加多个动画效果后，在该对象的左侧出现按添加顺序编排的编号，如图 6-32 所示。

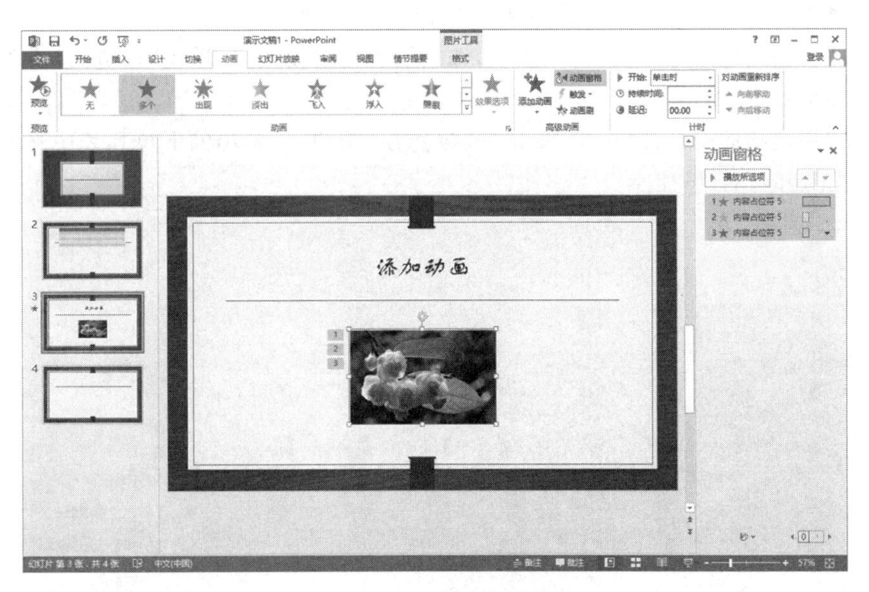

图 6-32　添加多个动画效果

6.5.3　设置切换效果

幻灯片切换效果是在幻灯片播放时，从一张幻灯片切换到另一张幻灯片时出现的效果、速度及声音等。PowerPoint 2013 为幻灯片提供了多种切换方式，设置幻灯片切换效果后，可丰富幻灯片放映时的动态效果。

1. 添加切换效果

幻灯片添加切换效果的步骤如下：

(1) 在演示文稿中，选择需要添加幻灯片切换效果的幻灯片。

(2) 单击“切换”选项卡，功能区出现该选项卡中的各组信息，如图 6－33 所示。

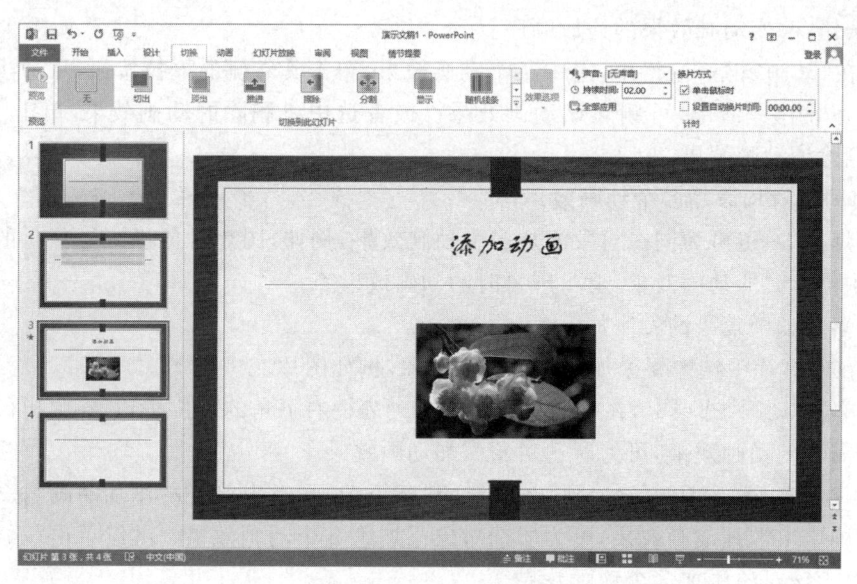

图 6－33 切换选项卡

(3) 在“切换到此幻灯片”组中单击列表框右下角的下拉按钮，弹出下拉列表，包括“细微型”“华丽型”和“动态内容”等切换效果，如图 6－34(a)所示。

(4) 在“切换到此幻灯片”组的列表中，选择需要的切换效果，单击“预览”组中的“预览”按钮，可预览切换效果。

(5) 在“切换到此幻灯片”组中，单击“效果选项”按钮，从弹出的下拉列表中选择切换效果的选项，如图 6－34(b)所示。

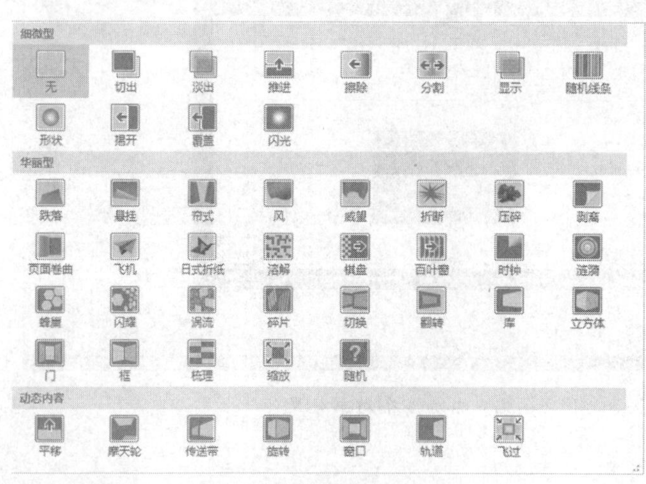

(a)效果列表

(b)效果选项

图 6－34 切换效果

2. 设置切换声音

设置幻灯片切换效果后，还可根据需要设置切换声音，操作步骤如下：

（1）选定已设置了切换效果的幻灯片。

（2）在“计时”组中，单击“声音”下拉按钮，弹出“声音”下拉列表，如图 6-35 所示。

（3）在“声音”下拉列表框中，选择要设置的切换声音，为幻灯片换页添加声音效果。

（4）在“声音”下拉列表框中，选择“其他声音”选项，可从弹出的“添加音频”对话框中，选择音频文件，作为幻灯片切换声音。选择“播放下一段声音之前一直循环”选项，则会在幻灯片放映时连续播放当前设置的声音，直到出现下一个声音为止。

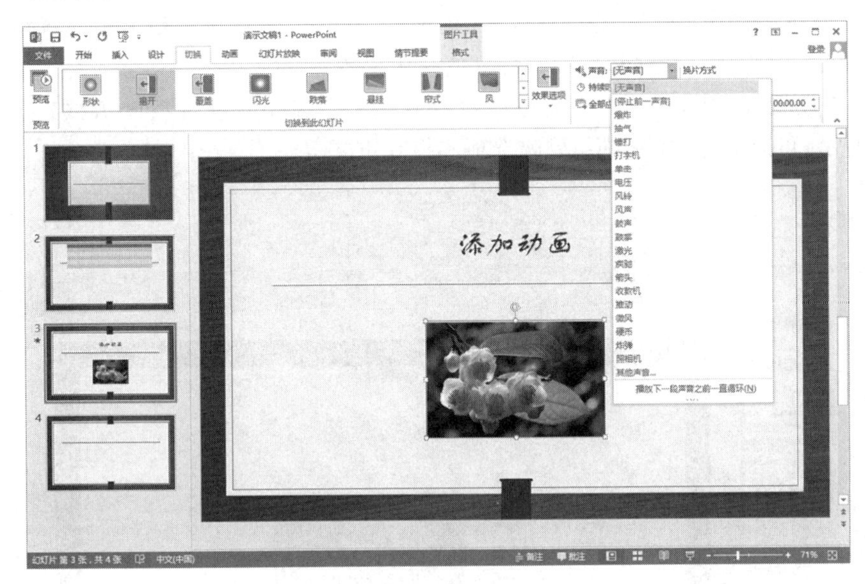

图 6-35　切换声音和换片时间

3. 设置持续时间和换片方式

设置幻灯片切换方式后，还可设置切换持续时间和换片方式，操作步骤如下：

（1）选定已设置了切换效果的幻灯片。

（2）在“计时”组的“持续时间”微调框中显示当前切换效果的播放时间。不同的切换效果，预设的播放时间不同，可在微调框中，修改切换效果的播放时间。

（3）在“计时”组的“换片方式”选项组中，可以设置幻灯片切换时的换页方式。勾选“单击鼠标时”复选框，可设置“单击鼠标时”跳转到下一张幻灯片；勾选“设置自动换片时间”复选框并微调时间，可设置经过特定时间后跳转到下一张幻灯片。

（4）设置完当前幻灯片的切换效果后，如果在“计时”组中，单击“全部应用”按钮，可将当前幻灯片的切换效果和计时设置应用于整个演示文稿。

4. 删除切换效果

删除切换效果，主要是删除切换方式和声音效果，操作步骤如下：

（1）选定要删除切换效果的幻灯片。

（2）单击“切换”选项卡，在“切换到此幻灯片”组的列表框中选择“无”选项，即可删除切换方式。

（3）在“计时”组的“声音”下拉列表中选择“无声音”选项，即可删除切换声音。

（4）删除当前幻灯片的切换方式和声音效果后，如果在“计时”组中，单击“全部应用”按钮，即可删除整个演示文稿的切换效果。

6.5.4 幻灯片放映设置

演示文稿制作完成后，需要选择合适的放映方式，添加一些特殊的播放效果，设置放映类型和放映范围，控制放映时间，才能获得满意的放映效果。

1. 设置放映方式

设置幻灯片放映方式的步骤如下：

(1) 在演示文稿中，单击"幻灯片放映"选项卡，功能区出现该选项卡中的各组信息，如图 6-36 所示，可放映幻灯片和设置幻灯片放映效果等。

(2) 在"设置"组中，单击"设置幻灯片放映"按钮，弹出"设置放映方式"对话框，如图 6-37所示，可以设置放映类型、放映选项和换片方式等。

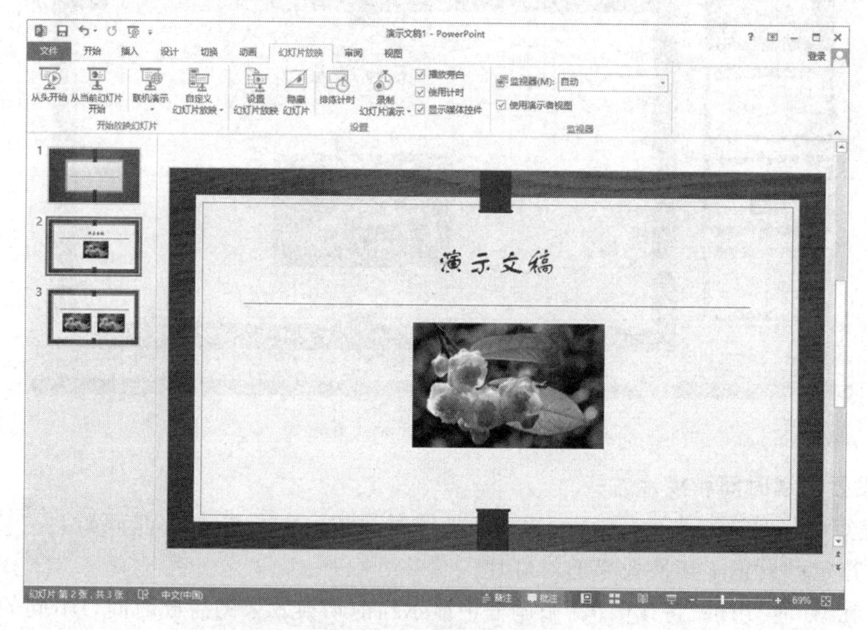

图 6-36 幻灯片放映

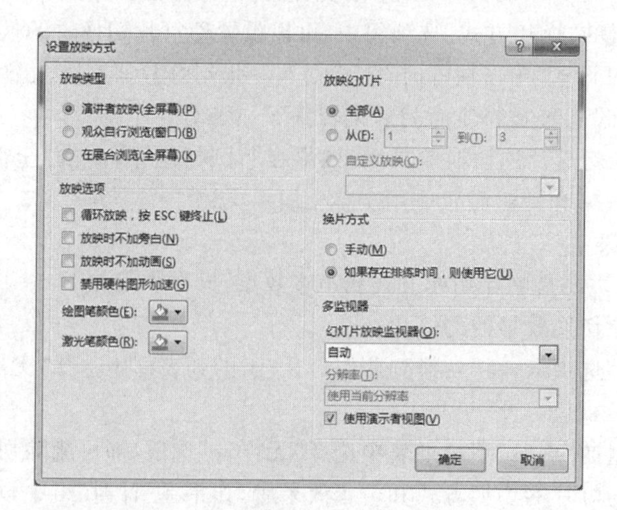

图 6-37 "设置放映方式"对话框

(3) 在"设置放映方式"对话框的"放映类型"栏中设置放映类型，选择"演讲者放映"选项，可进行全屏幕放映，演讲者可控制播放进程、切换幻灯片等。选择“观众自行浏览”选项，演示文稿以小窗口形式播放，观众可以使用一些命令控制放映过程。选择“在展台浏览”选项，演示文稿以全屏幕自动循环播放，这时需要先设置好每个幻灯片的播放时间，也即在“切换”选项卡的“计时”组中的“换片方式”下设置自动换片时间，然后在“设置放映方式”对话框的“换片方式”栏中自动选中“如果存在排练时间，则使用它”。

(4) 在“设置放映方式”对话框中，“放映选项”栏受放映类型设置的影响。选择不同的放映类型，放映选项下的复选框可用性会有所不同，可根据需要选择“循环放映，按[ESC]键终止”“放映时不加旁白”和“放映时不加动画”等选项。

(5) 在“设置放映方式”对话框中，“换片方式”栏中，有两种换片方式，可根据需要选择“手动”或“如果存在排练时间，则使用它”选项。

(6) 完成设置放映方式后，单击“确定”按钮，就可进行幻灯片放映。

2. 排练计时

排练计时是指在排练的过程中设置幻灯片的播放时间，控制演示文稿的放映速度。如果希望当前动画或幻灯片播放完毕后自动播放下一个动画或下一张幻灯片，可以利用排练计时功能对幻灯片设置放映时间。通过排练计时可以自动控制幻灯片放映，不需要人为进行干预。

设置排练计时的步骤如下：

(1) 切换到演示文稿的第一张幻灯片。

(2) 单击“幻灯片放映”选项卡，在“设置”组中，单击“排练计时”按钮，进入演示文稿的全屏放映幻灯片状态，在放映屏幕的左上角显示“录制”对话框，如图 6-38(a)所示，从第一张幻灯片开始排练演示时间。

(3) 完成该幻灯片的演示计时后，单击“录制”对话框左侧的“下一项”按钮，继续设置下一张幻灯片的演示时间。

(4) 在排练计时过程中，需要暂停排练时，单击“录制”对话框中的“暂停”按钮，可暂停排练计时。

(5) 在排练计时过程中，如果需要对当前幻灯片重新排练，则单击“录制”对话框中的“重复”按钮，可对当前幻灯片重新排练计时。

(6) 设置完最后一张幻灯片的演示时间后，屏幕弹出提示对话框，如图 6-38(b)所示。显示幻灯片放映所需要的总时间，并询问是否保留新的幻灯片排练时间，单击“是”按钮保存排练时间并结束排练。

(7) 系统在默认情况下，若在演示文稿中添加了排练时间，则会自动起作用。也可在放映幻灯片时，通过设置放映方式，选择是否启用设置好的排练计时。

(a)“录制”对话框

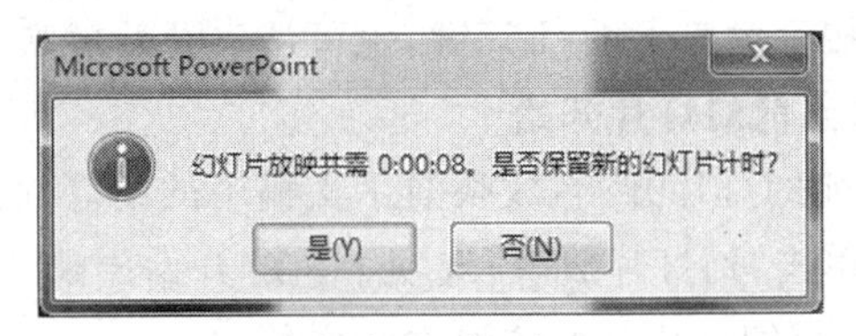

(b)提示对话框

图 6-38　排练计时

3. 录制幻灯片演示

录制幻灯片演示，实为录制幻灯片旁白。通过 PowerPoint 2013 的录制功能来录制旁白，可以在幻灯片放映时，讲解幻灯片中的内容。录制旁白后，演示文稿在放映时将按照录制旁白所用的时间进行自动播放。

录制旁白的步骤如下：

(1) 打开要录制旁白的演示文稿。

(2) 单击“幻灯片放映”选项卡，在“设置”组中，单击“录制幻灯片演示”按钮，或者单击“录制幻灯片演示”右侧的下拉按钮，在下拉列表中，选择“从头开始录制”命令或者选择“从当前幻灯片开始录制”命令，弹出“录制幻灯片演示”对话框，如图 6-39(a)所示。

(3) 在“录制幻灯片演示”对话框中，选择“幻灯片和动画计时”复选框，可记录幻灯片的播放时间；选择“旁白和激光笔”复选框，可录制旁白。

(4) 选择好想要录制的内容，单击“开始录制”按钮。进入演示文稿的全屏放映幻灯片状态，在放映屏幕的左上角显示“录制”对话框。可按排练计时的方法，为当前幻灯片录制旁白，完成录制后，单击“下一项”按钮，继续为下一张幻灯片录制旁白。当最后一张幻灯片的旁白录制完成后，单击“下一项”按钮结束。

(5) 演示文稿录制旁白后，放映演示文稿时将按照录制旁白的时间自动播放。如果要删除旁白，在“设置”组中单击“录制幻灯片演示”右侧的下拉按钮，在下拉列表中，选择“清除”命令，如图 6-39(b)所示，从弹出的下级列表中选择某个命令，可清除相应的内容。

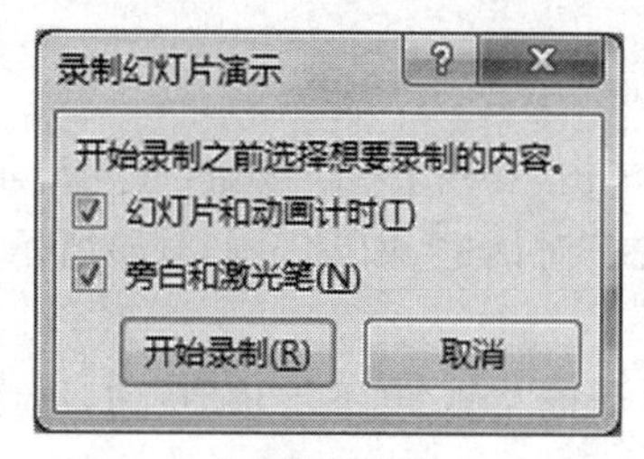

(a)录制设置

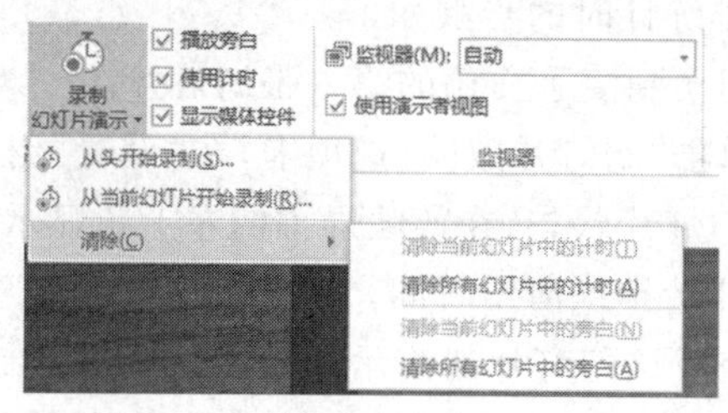

(b)消除命令

图 6-39 录制幻灯片演示

6.5.5 放映幻灯片

演示文稿的放映方法，主要有“从头开始”“从当前幻灯片开始”“联机演示”和“自定义幻灯片放映”等。

1. 从头开始

从第一张幻灯片开始，依顺序放映演示文稿中的幻灯片。操作步骤如下：

(1) 单击“幻灯片放映”选项卡，在“开始放映幻灯片”组中，单击“从头开始”按钮，可从第一张幻灯片开始放映演示文稿。

(2) 按下键盘上的[F5]键，也可从头开始放映幻灯片。

2. 从当前幻灯片开始

从当前幻灯片开始，放映演示文稿中的幻灯片。操作步骤如下：

(1) 单击“幻灯片放映”选项卡，在“开始放映幻灯片”组中，单击“从当前幻灯片开始”按钮，可从当前幻灯片开始放映演示文稿。

(2) 单击窗口下方状态栏中的“幻灯片放映”按钮，也可从当前幻灯片开始放映。

(3) 按下键盘上的[Shift+F5]键，也可从当前幻灯片开始放映。

3. 联机演示

在演示文稿中，单击“幻灯片放映”选项卡，在“开始放映幻灯片”组中，单击“联机演示”

按钮，可通过默认的演示文稿服务器联机演示幻灯片放映。

4. 自定义幻灯片放映

演示文稿的放映顺序和内容，可根据放映需要而有所不同。因此可创建自定义放映的演示文稿。操作步骤如下：

(1) 单击“幻灯片放映”选项卡，在“开始放映幻灯片”组中，单击“自定义幻灯片放映”按钮，在弹出的下拉列表中选择“自定义放映”命令，弹出“自定义放映”对话框，如图 6－40(a)所示。

(2) 在“自定义放映”对话框中，单击“新建”按钮，弹出“定义自定义放映”对话框，如图 6－40(b)所示。在“幻灯片放映名称”文本框中输入新建的自定义放映名称。

(a)自定义放映

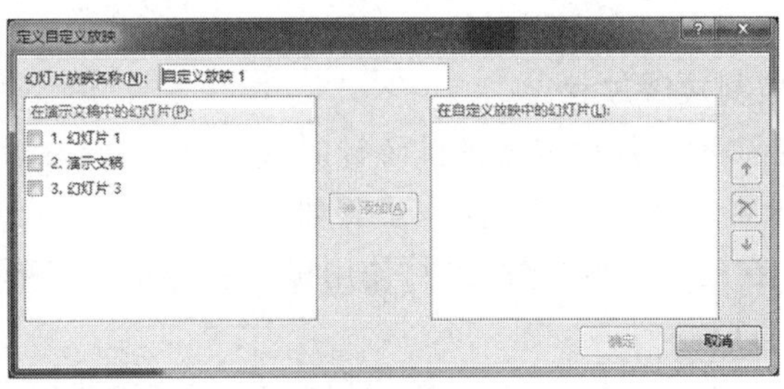

(b)定义自定义放映

图 6－40　自定义幻灯片放映

(3) 在左侧的“在演示文稿中的幻灯片”列表框中选择需要放映的幻灯片，然后单击“添加”按钮，将其添加到右侧的“在自定义放映中的幻灯片”列表框中。

(4) 在“在自定义放映中的幻灯片”列表中，选中某张幻灯片，然后单击右侧的“向上”或“向下”按钮，可调整放映顺序。

(5) 单击“确定”按钮，返回“自定义放映”对话框，单击“放映”按钮，即可按照之前的设置放映幻灯片。

(6) 返回“自定义放映”对话框后，可以继续新建自定义放映，或者对已有的放映方式进行编辑、删除和复制等操作，如图 6－41(a)所示。

(7) 单击“关闭”按钮，可关闭“自定义放映”对话框并返回演示文稿。此时，再单击“自定义幻灯片放映”按钮，在弹出的下拉列表中选择自定义的放映方式，如图 6－41(b)所示。

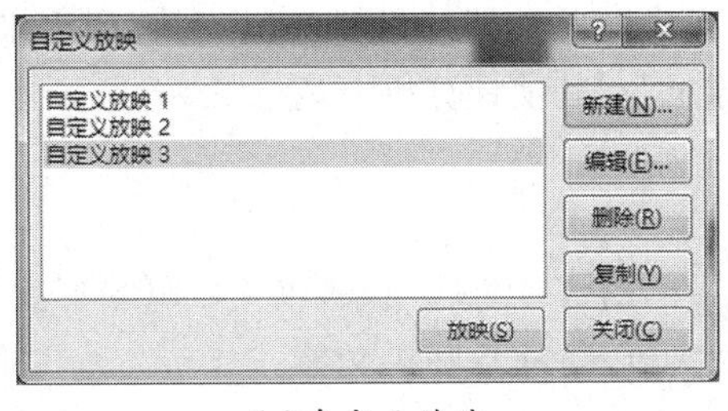

(a)自定义放映

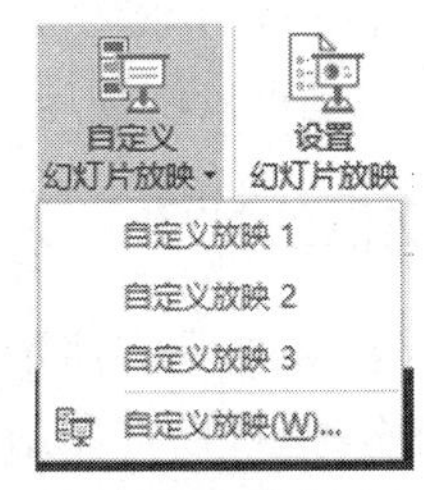

(b)自定义放映列表

图 6－41　自定义放映方式

5. 隐藏幻灯片

如果不需要放映某些幻灯片，可先将这些幻灯片隐藏起来，放映幻灯片时就不会显示这些幻灯片。操作步骤如下：

(1) 选中要隐藏的幻灯片。

(2) 单击“幻灯片放映”选项卡，在“设置”组中，单击“隐藏幻灯片”按钮，可隐藏当前幻灯片。

（3）也可在视图窗格中，选中要隐藏的幻灯片并单击鼠标右键，在弹出的快捷菜单中单击“隐藏幻灯片”命令，即隐藏该幻灯片。

（4）还可在幻灯片浏览视图中，使用鼠标右键单击要隐藏的幻灯片，从弹出的菜单中单击“隐藏幻灯片”命令，即可隐藏该幻灯片。

（5）在视图窗格中，被隐藏幻灯片编号上出现一个斜线，表示该幻灯片已被隐藏，在放映幻灯片时不会显示。

（6）取消隐藏幻灯片，只要在被隐藏幻灯片上，再做一次隐藏幻灯片的操作即可。例如，在视图窗格中，选中被隐藏幻灯片，单击鼠标右键，从弹出的菜单中单击“隐藏幻灯片”命令，即可取消隐藏幻灯片。

6. 控制放映过程

如果演示文稿没有设置排练计时或录制旁白，在放映时需要使用鼠标或键盘控制演示文稿的播放内容和顺序。操作步骤如下：

（1）在幻灯片放映过程中，使用鼠标左键单击屏幕中任意位置，可切换到下一个动画或下一张幻灯片。

（2）在屏幕中任意位置，单击鼠标右键，在弹出的快捷菜单中选择“上一张”或“下一张”命令，可切换动画或幻灯片。

（3）在屏幕中左下角，有几个灰色按钮，单击其中的左右箭头按钮，即为“上一张”或“下一张”命令，可切换动画或幻灯片。

7. 退出幻灯片放映

退出幻灯片放映的操作方法如下：

（1）演示文稿播放到最后一张幻灯片后，单击鼠标左键即可退出幻灯片放映。

（2）在放映过程中，单击鼠标右键，在弹出的快捷菜单中选择“结束放映”命令，可停止幻灯片放映。

（3）在放映过程中，直接按[Esc]键，也可退出放映过程。

6.6 演示文稿的打印和导出

演示文稿制作完成后，除了可以保存成电子文档外，也可以将其打印出来，作为演示文稿播放时的讲稿。也可以将演示文稿导出，在其他计算机上运行。

6.6.1 演示文稿的打印

演示文稿打印，主要是将演示文稿中的幻灯片打印出来，以文本材料形式保存。演示文稿的打印内容有多种，可以打印幻灯片、大纲、备注页和讲义等。

演示文稿打印的操作步骤如下：

（1）打开已编辑好的演示文稿。

（2）单击“文件”选项卡，在左侧窗格选择“打印”命令，在中间的“打印”窗格中，显示打印设置选项，如图 6-42 所示。

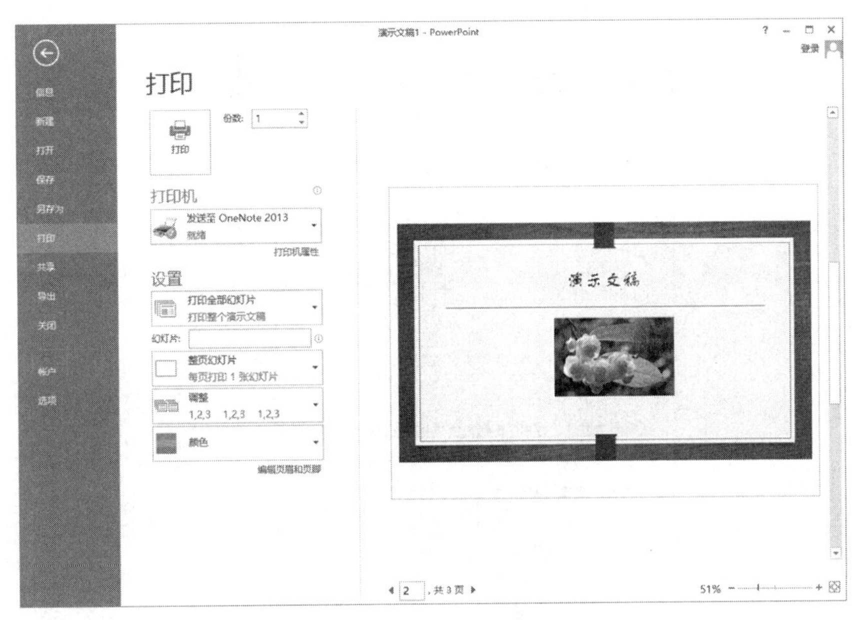

图 6-42　打印设置页面

(3) 单击“打印机”右侧的下拉按钮，在下拉列表中，选择打印机类型。

(4) 单击“打印机属性”按钮，弹出“属性”对话框，如图 6-43(a)所示，可以设置打印纸张方向。单击对话框中的“高级”按钮，弹出“高级选项”对话框，如图 6-43(b)所示，可以设置打印纸张大小。

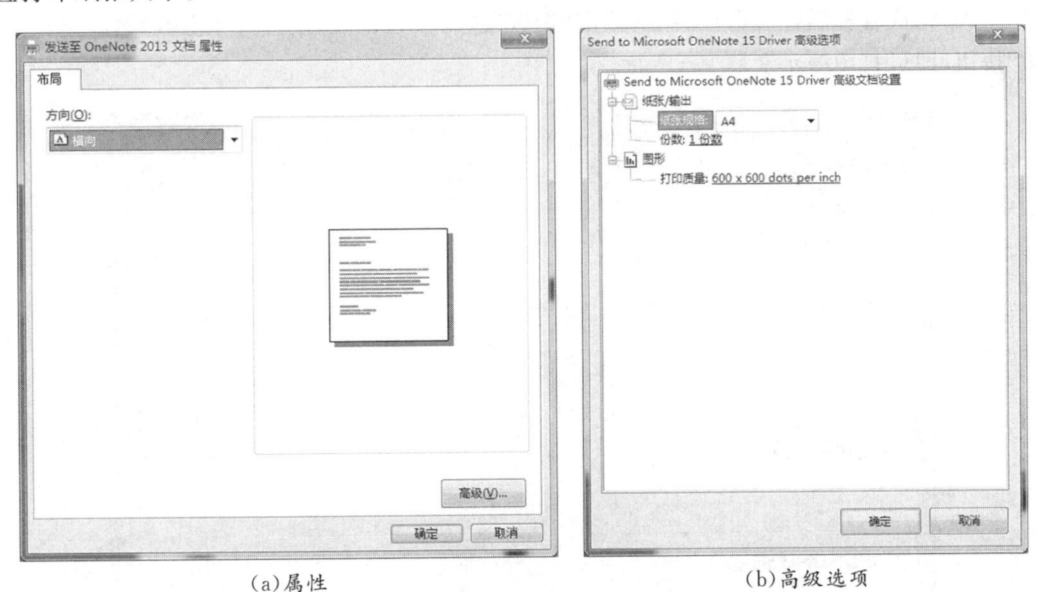

(a)属性　　(b)高级选项

图 6-43　打印机属性

(5) 在“设置”区域中，单击“打印全部幻灯片”右侧的下拉按钮，在下拉列表中可选择“打印全部幻灯片”“打印所选幻灯片”“打印当前幻灯片”和“自定义范围”等选项，以确定要打印的幻灯片页面。

(6) 在“设置”区域中，单击“整页幻灯片”右侧的下拉按钮，在下拉列表中可以设置打印版式，讲义以及幻灯片加框等参数，如图 6-44 所示。

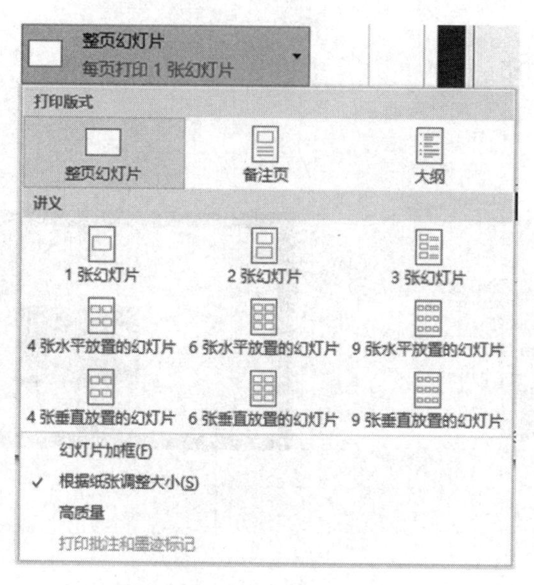

图 6-44 打印版式

(7) 在"设置"区域中,单击"调整"右侧的下拉按钮,在下拉列表中可以设置打印排列的顺序。

(8) 在"设置"区域中,单击"颜色"右侧的下拉按钮,在下拉列表中可以设置打印时的颜色。

(9) 单击"编辑页眉和页脚"按钮,弹出"页眉和页脚"对话框,如图 6-45 所示,可以在要打印的幻灯片中设置日期和时间、幻灯片编号、页码、页眉和页脚等。

(10)完成各种属性参数设置后,单击"份数"微调按钮,可以设置打印份数,然后单击"打印"按钮,即可打印演示文稿。

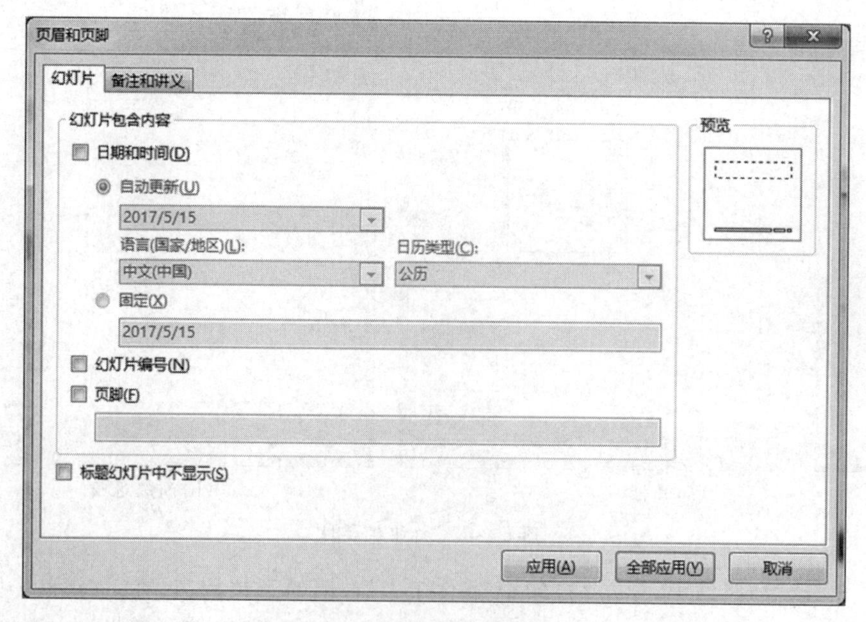

图 6-45 页眉和页脚

6.6.2 演示文稿的导出

演示文稿的导出主要是将演示文稿转换成其他格式文件,例如创建成 PDF 文档、创建为视频文档、打包成 CD 和创建成讲义文档等。

演示文稿导出的方法如下：

（1）打开已编辑好的演示文稿。

（2）单击“文件”选项卡，在左侧窗格选择“导出”命令，在中间的“导出”窗格中，显示导出文档设置，如图 6-46 所示。

（3）在“导出”窗格中，选择“创建 PDF/XPS 文档”选项，在右边的窗格中单击“创建 PDF/XPS”按钮，可以将当前演示文稿创建成 PDF 或 XPS 文档。文档中保留布局、格式、字体和图像，内容不能轻易更改。

（4）在“导出”窗格中，选择“创建视频”选项，在右边的窗格中选择视频要播放的媒体设备、是否使用录制的计时和旁白等设置参数，单击“创建视频”按钮，可以将当前演示文稿创建为视频文件。视频文件中可包括所有录制的计时和旁白，保留动画、切换和媒体。

（5）在“导出”窗格中，选择“将演示文稿打包成 CD”选项，在右边的窗格中单击“打包成 CD”按钮，可以将当前演示文稿打包成 CD 文档，还可添加多个演示文稿一起打包。打包文件可以设置其中是否包含有播放器、多个演示文稿的播放方式、是否包含链接文件等。

（6）在“导出”窗格中，选择“创建讲义”选项，在右边的窗格中单击“创建讲义”按钮，可以将当前演示文稿以讲义形式保存到 Word 文档中。讲义文件包含幻灯片和备注，可以在 Word 中编辑内容和设置内容格式等。

（7）在“导出”窗格中，选择“更改文件类型”选项，在右边的“更改文件类型”列表中，双击需要的文件类型，可以将当前演示文稿保存成该类型的文件。可更改的文件类型包括多种，例如保存为“PowerPoint 放映”文件类型，可以自动播放文件；保存为“模板”文件类型，可以用来新建相同模板的演示文稿；保存为“PowerPoint 97-2003 演示文稿”文件类型，即可保存成 97-2003 兼容格式，可在安装低版本 PowerPoint 的电脑上播放。

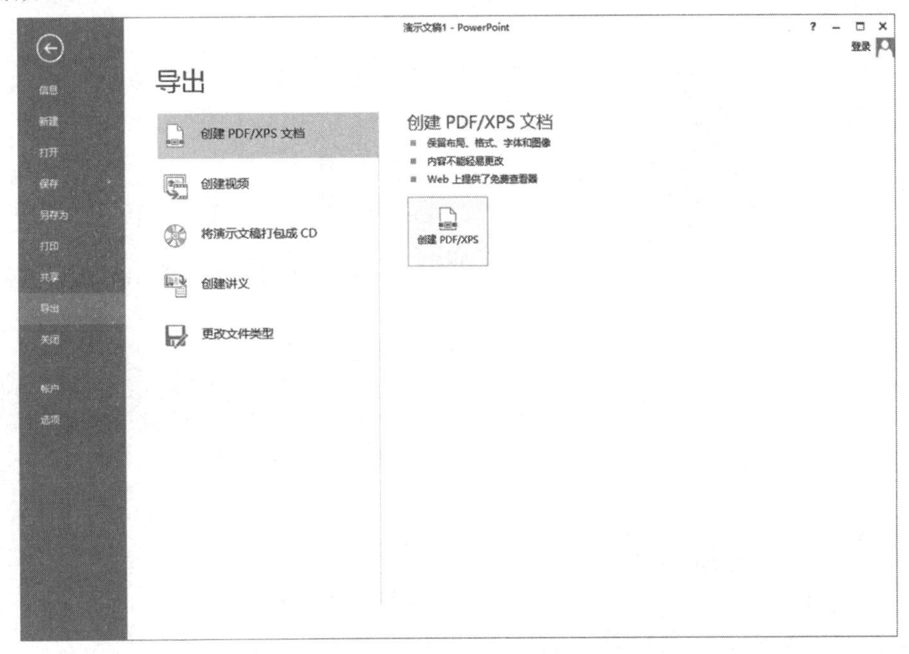

图 6-46　演示文稿的导出

习　题

6.1　演示文稿包括哪些视图模式？

6.2　主要有哪些 PowerPoint 2013 保存的文件类型？

6.3　什么叫占位符？占位符有什么特点？

6.4　有哪些在幻灯片中插入超链接的方法？

6.5　如何设置幻灯片的背景和主题？

6.6　母版是什么？幻灯片母版和标题母版有何不同？

6.7　如何在幻灯片中添加动画效果？

6.8　如何设置幻灯片的切换方式？

6.9　演示文稿的放映方式有几种？各有什么特点？

6.10　怎样为幻灯片录制旁白和排练计时？

6.11　在放映幻灯片时，不想播放旁白，应如何设置幻灯片的播放选项？

6.12　演示文稿的导出方法有哪几种？

6.13　如何在没有安装 PowerPoint 2013 软件的电脑上播放演示文稿？

第7章 图像处理软件 Adobe Photoshop CS5

7.1 图像处理技术概述

7.1.1 图形和图像

计算机中的图形和图像文件可以分为两大类:矢量图形和位图图像。这两类图片对于人的感觉来说,表面上看并没有特别的差异,但是对于计算机来说,处理它们所采用的技术有很大的差别。

1. 矢量图形

图形(Graphic)是指由外部轮廓线条构成的矢量图,即由计算机绘制的画面,如直线、圆、矩形、曲线、图表等。图形文件的格式是一组描述点、线、面等几何图形的大小、形状及其位置(坐标)的指令集合,这些指令描述构成一幅图的所有直线、圆、矩形等的位置、维数、大小、形状和颜色。

图形的优点在于可以分别控制处理图形中的各个部分,图形在旋转、放大、缩小和扭曲时不会失真,不同的图形对象还可以在屏幕上重叠并保持各自的特性,分开时就恢复原状。图形技术的关键是图形的制作和再现,图形只保存算法和特征点,图形的大小取决于图形的复杂程度,相对位图图像来说,它占用的存储空间较小,但是在屏幕每次显示时,都要经过重新计算,显示速度相对较慢。而且对于复杂图形,指令会很复杂,导致创建的图形不自然。另外,由于图形依赖于简单的图元,所以无法产生色彩艳丽、层次丰富、复杂多变的逼真图像效果。

图形主要用于表示线框型的图画、工程制图、美术字等,存储格式大都由各个软件自己设计和定义。常用的生成矢量图形的软件有 AutoCAD(生成.DXF 文件)、CorelDRAW(生成.CDR 和.EPS 文件)、FreeHand(生成.FHX 和.EPS 文件)、Illustrator(生成.AI 文件)等。

2. 位图图像

图像(Image)是视觉景物的某种形式的表示和记录。静止的图像是一个矩阵,由一些排成行列的点组成,这些点称为像素,由这些像素点排列组成的栅格称为光栅,这种图像称为位图图像,也叫做栅格图像。位图图像由像素组成,每个像素都被分配一个特定位置和颜色值。在处理位图图像时,编辑的是像素而不是对象或形状,也就是说,编辑的是每一个点。位图能制作出色彩和色调变化层次丰富、包含大量细节的图像,能逼真地表现出自然界的真实场景,灵活且富有创造力。

处理图像时要考虑的基本因素主要有图像的大小及分辨率、图像亮度和颜色表示等。图像的大小由图像的高度和宽度的像素数量来确定,每幅图像的像素数量是固定的,取决于图像的分辨率,分辨率越大,单位面积包含的像素数量就越多。因此,如果将位图图像放大显示,会出现锯齿边缘,显示出类似马赛克的效果。本章介绍的 Photoshop CS5 主要用于图像处理和制作。

7.1.2 图像信息处理

1. 图像的获取和制作

采样,将连续的图像转换成离散点的过程,实质就是用若干个像素点来描述图像,也就是用通常所说的分辨率来表示图像质量。分辨率越高,图像越清晰,存储量也越大。

量化,图像离散化后,将表示图像色彩浓淡的连续变化值离散成等间隔的整数值(灰度等级)。量化时可取整数值的个数称为量化级数,表示色彩所需的二进制位数称为量化字长。一般图像的颜色数用 8 位、16 位、24 位、32 位等来表示,颜色数为 24 位时,称为真彩色。

编码,数字化后的图像数据量大,必须采用编码技术来压缩信息,便于图像的传输和存储。

获取图形图像的方法主要有:从图像库(光盘或网络)中下载,利用数码相机、摄像机等设备拍摄,利用绘图软件绘制等。通过 CD-ROM 光盘、网络下载等形式可以获取图像素材,并进行必要的加工和编辑以组成新图像。利用扫描仪、数码相机、摄像机等设备获取图像素材,再使用配套的软件对扫描或摄取的图像进行修饰和编辑。

2. 数字图像的技术指标

(1) 分辨率。

分辨率是指单位长度中的像素数,像素多则图像质量好,少则差。

图像分辨率是图像中每单位打印长度上显示的像素数目,通常用像素/英寸(Pixels Per Inch,PPI)表示。图像分辨率和图像尺寸的值一起决定文件的大小及输出质量,该值越大图形文件所占用的磁盘空间就越多。图像分辨率以比例关系影响着文件的大小,即文件大小与其图像分辨率的平方成正比。如果保持图像尺寸不变,将图像分辨率提高一倍,则其文件大小增大为原来的四倍。

(2) 图像深度。

图像深度也称颜色深度或像素深度,指数字图像中记录每个像素值所使用的二进制数的位数,即量化字长。图像深度值越大,所能表示的颜色数越多,显示的图像色彩越丰富,所占用的存储空间也越大。由于人眼对颜色的分辨能力有限,一般情况下不需要追求特别深的图像深度,因此应根据图像的实际用途选择合适的图像深度以获得合适的图像数据量。

(3) 图像数据量。

图像数据量,即位图图像在计算机中所需要的存储空间。图像的分辨率越大,图像深度越大,图像的数据量就越大,图像的效果也越好。由于目前数码相机的分辨率大多达到千万级别(像素总数),图像数据量可达百兆,占用的存储空间很大,不利于文件的传输,因此应该采用图像压缩技术减少图像的数据量。

7.1.3 数字图像的压缩及存储

1. 数字图像压缩方法

根据压缩编码后数据与原始数据是否完全一致进行分类,压缩方法分为无损压缩和有损压缩两大类。

(1) 无损压缩。

经解压还原的数据与未经压缩的数据完全相同的压缩称为无损压缩。由于此种压缩方法能确保解压后的数据不失真，一般用于文本数据、程序以及重要图片和图像的压缩，但这种方法压缩比较低。常用的压缩编码方法有 LZW(Lempel Ziv Welch)编码、行程编码、霍夫曼(Huffman)编码等，压缩比一般在 2∶1～5∶1 之间。无损压缩的软件有 WinZIP、WinRAR 等。

(2) 有损压缩。

为提高数据压缩比，允许损失部分信息(这部分信息基本不影响原始数据的理解)的压缩称为有损压缩。有损压缩具有不可恢复性，也就是还原后的数据与原始数据存在差异，但这种压缩的压缩比高达几十倍到几百倍。对于图像、视频和音频这样的媒体，以人耳或眼的灵敏度来说，虽然压缩过程中丢掉一些数据，却不会感到有什么差异，因而对这些媒体通常使用有损压缩。常用的压缩编码方法有预测编码、变换编码、子带编码、矢量量化编码及混合编码方法等。

2. 数字图像压缩标准

在静止图像压缩方面，国际电信联盟(International Telecommunication Union，ITU)、国际标准化组织(International Organization for Standardization，ISO)和国际电工委员会(International Electrotechnical Commission，IEC)等国际组织已制定发布了多个国际标准。下面介绍最常见的 JPEG 静态图像压缩标准。

1986 年，ISO 和 CCITT(现在的 ITU－T)联合成立的联合图像专家小组(Joint Photographic Experts Group，JPEG)经过五年艰苦细致地工作，于 1991 年 3 月公布了 JPEG 标准，即《多灰度静止数据图像的数字压缩编码》，这是一个适用于彩色和单色多灰度或连续色调静止数字图像的压缩标准。

JPEG 包括无损模式和多种类型的有损模式，非常适用于那些不太复杂或取自于真实景象的图像的压缩。它利用差分脉冲编码调制(Differential Pulse Code Modulation，DPCM)、离散余弦变换(Discrete Cosine Transform，DCT)、行程编码和霍夫曼(Huffman)编码等技术，是一种混合编码标准。它的性能依赖于图像的复杂性，对一般图像将以 20∶1 或 25∶1 的比率进行压缩，无损模式的压缩比经常采用 2∶1 的比率。

随着多媒体应用领域的快速增长，传统的 JPEG 压缩技术已经无法满足人们对数字化多媒体图像资料的要求。例如，网上 JPEG 图像只能一行一行地下载，直到全部下载完毕才可看到整个图像，如果只对图像的局部感兴趣，也只能将整个图像下载后再处理；JPEG 格式的图像文件体积仍然较大；JPEG 格式属于有损压缩，但被压缩的图像上有大片近似颜色时，会出现马赛克现象；同样由于有损压缩的原因，许多对图像质量要求较高的应用，JPEG 无法胜任。

针对这些问题，从 1998 年开始，专家们开始新一代 JPEG 标准的制定。2000 年 12 月，彩色静态图像的新一代编码方式“JPEG 2000”正式出台。JPEG 2000 考虑了人的视觉特性，增加了视觉权重和掩膜，在不损害视觉效果的情况下大大提高了压缩效率；可以为一个 JPEG 文件加上加密的版权信息，这种经过加密的版权信息在图像编辑过程(放大、复制)中没有损失，比目前的“水印”技术更为先进；JPEG 2000 对 CMYK、ICC、sRGB 等多种色彩模式都有很好的兼容性，这为我们按照自己的需求在不同的显示器、打印机等外设上进行色彩管理带来了便利。

3. 数字图像常见文件格式

图像文件的格式决定了图像数据的存储内容和存储方式、文件是否与应用程序兼容、文件能否方便地实现数据交换等。下面介绍常见的图像文件格式。

(1) BMP 文件。

BMP(Bitmap)是微软公司为其 Windows 环境设置的标准图像格式。该格式图像文件的色彩极其丰富,根据需要,可选择图像数据是否采用压缩形式存放。一般情况下,BMP 格式的图像是非压缩格式,故文件比较大。

(2) TIFF 文件。

TIFF(Tag Image File Format)格式的图像文件可以在许多不同的平台和应用软件间交换信息,其应用相当广泛。TIFF 格式的图像文件的特点是:支持从单色模式到 32 位真彩色模式的所有图像;数据结构是可变的,文件具有可改写性,可向文件中写入相关信息;具有多种数据压缩存储方式,使解压缩过程变得复杂化。

(3) GIF 文件。

GIF 格式的图像文件是世界通用的图像格式,是一种压缩的 8 位图像文件。正因为它是经过压缩的,而且又是 8 位的,所以这种格式是网络传输和电子公告牌系统(Bulletin Board System,BBS)用户使用最频繁的文件格式,速度要比传输其他格式的图像文件快得多。

(4) PNG 文件。

PNG(Portable Network Graphic)是作为 GIF 的替代品开发的,增加了一些 GIF 格式不具备的特性。结合了 GIF 和 JPEG 的优点,具有存储形式丰富的特点。PNG 最大颜色数可达 48 位,采用无损压缩方案存储。Adobe 公司另一款产品 Fireworks 的默认格式就是 PNG。

(5) JPEG 文件。

JPEG(Joint Photographic Experts Group)格式的图像文件具有迄今为止最为复杂的文件结构和编码方式,与其他格式的最大区别是 JPEG 使用一种有损压缩算法,以牺牲一部分图像数据来达到较高的压缩率,但是这种损失很小以至于很难察觉,印刷时不宜使用此格式。

(6) PSD 文件。

PSD(Photoshop Document)是 Photoshop 专用的图像文件格式,可以保存图像中的图层、通道、蒙版、3D 等 Photoshop 设计信息。

7.2 Adobe Photoshop CS5 简介

7.2.1 Adobe Photoshop CS5 功能概述

Adobe Photoshop CS5(以下简称 Photoshop CS5)是 Adobe 公司推出的图像编辑软件,它的主要功能包括支持多种文件格式、分层编辑图像、丰富的滤镜效果、Web 输出功能等,使用它可以方便地进行图像处理、图形编辑、多媒体界面设计、网页设计等。

Photoshop CS5 作为图像处理软件,其主要功能如下:

(1) 支持多种图像格式。可以在 Photoshop CS5 中输入或输出各种格式的文件。这些格式包括 PSD、TIF、JPEG、BMP、PCX 和 PDF 等。

(2) 支持多图层。可以对图层进行合并、合成、翻转、复制和移动等编辑操作。可以建立不同的层以及控制图层的透明度。

(3) 绘制图形。使用 Photoshop CS5 提供的绘图工具,可以绘制各种形状的矢量图形,使用文本工具可以在图像上加入文字内容。

(4) 选取形状。通过使用多种选取工具,可以快速选择不同形状的选取范围,并对选取范围进行修改和编辑,如羽化、变形、载入等操作。

(5) 处理图像尺寸和分辨率。可以按要求调整图像的尺寸、修改分辨率和裁剪图像等。

(6) 调整色调和色彩。可以很容易地调整图像的对比度、色相、饱和度等。

(7) 旋转和变形对象。可以分别对选取范围、图层和路径等多种对象进行翻转、旋转、拉伸、缩放和自由变形等。

(8) 支持多种颜色模式。可以在多种颜色模式之间进行转换,包括黑白、灰度、索引色、HSB、RGB 和 CMYK 模式等。

(9) 开放式结构。可以兼容多种图像输入设备,如扫描仪和数码相机等。

(10)制作网页图像和 Web 页。可以处理网页图像,输出网页中所需的 GIF、PNG 和 JPEG 格式文件,也可以作为编辑 Web 页的工具。

7.2.2　Adobe Photoshop CS5 工作界面

启动 Photoshop CS5 后,可以看到如图 7-1 所示的工作界面。工作界面主要由菜单栏、工具选项栏、工具箱、状态栏、控制面板和工作区 6 部分组成。

图 7-1　Photoshop CS5 的工作界面

1. 菜单栏

菜单栏位于工作窗口的顶端,用于选择菜单命令。特别要说明的是,在使用 Photoshop 进行图像处理时,应尽量使用菜单命令右侧所标的字母组合键,这样可以提高工作效率。

2. 工具箱

工具箱中包含选择及编辑图像所需要的各种工具,启动时位于窗口的左侧,为单栏显示,单击展开图标 ▶▶ ,可变为双栏显示。可以按照以下原则使用工具箱及其中的各种工具:

(1) 选择菜单“窗口”→“工具”命令可以隐藏工具箱。隐藏后,再次选择菜单“窗口”→“工具”命令,可以重新显示工具箱。

(2) 按[Tab]键可以隐藏工具箱、工具选项栏和控制面板，再次按[Tab]键重新显示。

(3) 如果工具图标右下角有一个黑色三角，表示这是一个工具组。在工具图标上单击并按住鼠标左键不放，可弹出隐藏工具选项，将鼠标移到需要的工具图标上即可选择此工具。

(4) 将鼠标指针放在工具箱中的工具上方停留数秒，会有一个提示框标明当前工具的名称和快捷键。

(5) 当选择工具箱中的工具后，图像中的光标变为工具图标。按[Caps Lock]键，可以将光标切换为精确的十字光标。

3. 工具选项栏

菜单栏的下面是工具选项栏，用来设置所选工具的参数。工具选项栏中的内容将根据选择的工具不同而变化。

4. 控制面板

使用控制面板可以完成各种图像处理操作和工具参数的设置。默认状态下，控制面板位于界面右侧，以组的方式排列在一起，如图 7-2 所示。单击面板上的 和 按钮，面板可以收缩或展开，单击任一按钮都可以打开相应的面板。也可选择"窗口"菜单下相应的命令，设置面板的显示和隐藏。

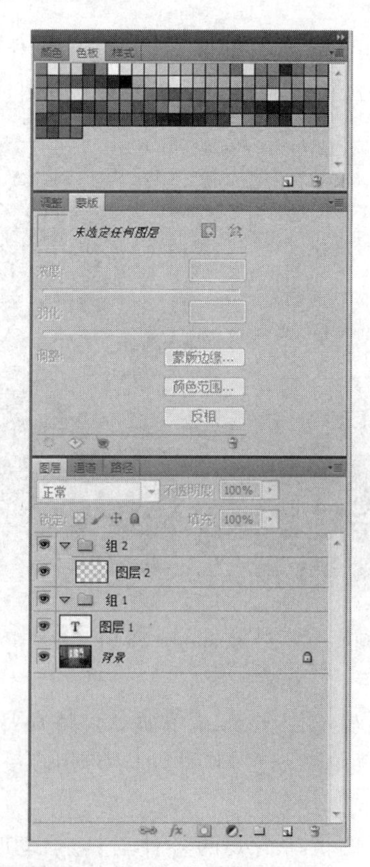

图 7-2 Photoshop 的控制面板

5. 状态栏

状态栏用于显示当前图像的显示比例、文件大小、内存使用率、当前工具提示信息等内容。单击状态栏上的 按钮，从弹出的菜单中可以选择希望在状态栏上显示的信息。

6. 工作区

工作区用于查看、修饰和编辑图像文件。工作区中打开的图像窗口中的标题栏上所显示的是当前图像文件的文件名、文件格式、缩放比例、当前所选择的图层名称、色彩模式等信息。Photoshop CS5 允许在工作区内打开多个图像文件。

7.2.3　Adobe Photoshop CS5 的文件操作

Photoshop CS5 的文件操作包括打开已有的图像文件、建立新文件、保存编辑好的文件等。

1. 打开图像文件

Photoshop CS5 可以打开多种不同格式的图像文件如 PSD、BMP、TIF、JPG 等，打开文件的方法有两种：

（1）选择菜单"文件"→"打开"，在"打开"对话框中，选择要打开的文件。

（2）选择菜单"文件"→"最近打开文件"，选择最近打开过的图片文件。

2. 新建图像文件

选择菜单"文件"→"新建"，打开"新建"对话框，如图 7－3 所示。在"新建"对话框中做如下设置：

（1）名称：设置新文件的名称。

（2）预设：在下拉列表框中，选择系统提供的新建立文件的大小尺寸，如"自定"。

预设选择"自定"后，可自定义图像的高度和宽度；设置新图像的分辨率大小，用于网页常设置为 72 像素/英寸；设置图像的色彩模式，如位图、灰度、RGB 颜色、CMYK 颜色等；设置图像背景内容，如白色、背景色、透明色等。

（3）完成上述设置后，单击"确定"按钮，建立新文件。

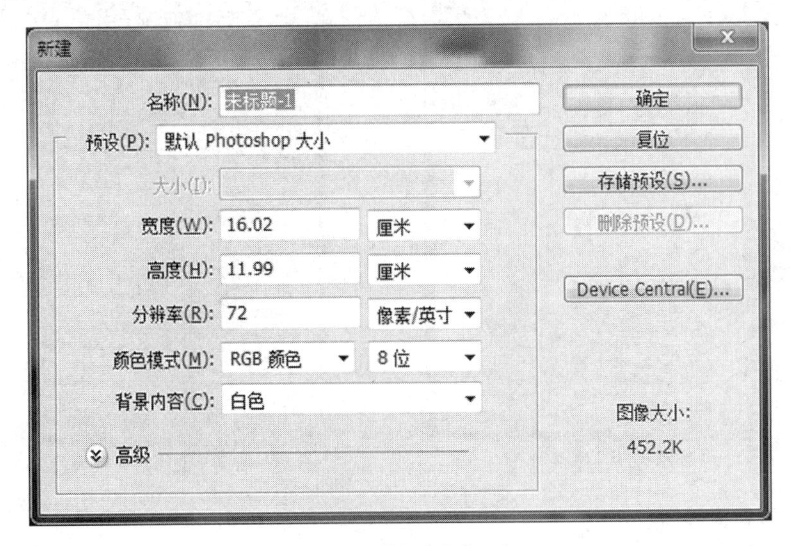

图 7－3　"新建"对话框

3. 保存文件

Photoshop CS5 保存文件的默认格式是 PSD，它保存图像的图层、通道、路径等制作效果，以便编辑修改。如果要将图片应用到网页中，需要保存或另存为其他格式如 JPG、GIF 等，才可在网页中浏览图片。

图像处理完成后，若想保存成其他格式文件，方法如下：选择菜单“文件”→“存储为”，在对话框的“格式”下拉框中选择要保存的格式，如 JPG、GIF 等。

7.3 编辑与修饰图像

图像的编辑和修饰主要是指修改图像大小和画布大小、图像的选取和编辑以及绘图工具的使用等。

7.3.1 改变图像大小和画布大小

1. 改变图像大小

要改变图像的大小、像素、分辨率、打印尺寸，可选择菜单“图像”→“图像大小”，打开“图像大小”对话框，如图 7－4 所示。

在对话框中设置如下：

(1) 像素大小：以像素为单位设置图像显示尺寸的高度和宽度。

(2) 文档大小：以厘米或百分比为单位设置图像打印尺寸的大小。如果是在网页中浏览图片则设置分辨率为 72 像素/英寸，如果是印刷图片则设置分辨率为 300 像素/英寸。

(3) 缩放样式：选择此复选框，在调整图像大小时按比例缩放大小。

(4) 约束比例：选择此复选框，在改变图像尺寸时，图像可保持高度和宽度比例不变。

(5) 重定图像像素：选择此复选框，如改变图像显示尺寸，将调整打印尺寸；如改变打印尺寸，将调整显示尺寸，而此时分辨率保持不变。不选该复选框，图像显示尺寸将保持不变，改变打印尺寸时，分辨率改变；改变分辨率时，打印尺寸改变。

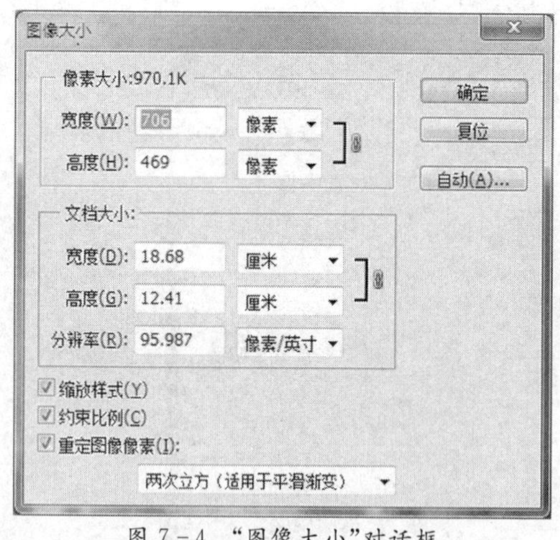

图 7－4 “图像大小”对话框

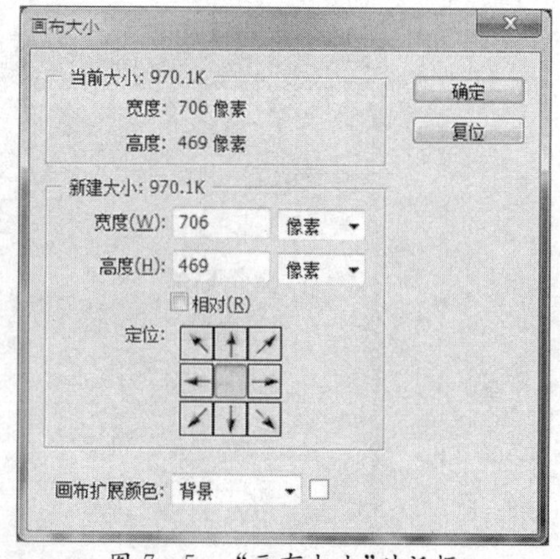

图 7－5 “画布大小”对话框

2. 调整画布大小

编辑图像时，有时不需要改变图像的显示尺寸或打印尺寸，而需要对图像进行裁剪或增加空白区域，即调整画布大小。要改变画布大小，选择菜单“图像”→“画布大小”，打开“画布大小”对话框，如图 7－5 所示。在对话框中设置如下：

(1) 当前大小：显示当前图像的文件大小和实际尺寸。

(2) 新建大小：设置画布的高度和宽度。如果输入的数值大于原图像尺寸，则在图像边缘出现空白区域;如果小于原图像尺寸,将弹出提示进行裁剪的对话框。定位选项用于指定改变画布大小时的变化中心。

(3) 画布扩展颜色:确定用来扩展文档背景的颜色。

7.3.2　图像的选取与编辑

针对图像的特定部分进行处理或调整时,例如填充或复制图像的某一部分时,都必须有精确的选取范围,才能完成操作,也就是说图像操作只对选取范围内的区域有效,对选取范围之外的图像区域无效。因此编辑图像时,需要选定要操作的区域范围。选择区域主要使用选框工具、套索工具、魔棒工具等。

1. 选框工具

在工具箱的选框工具 上单击鼠标右键,弹出选框工具组,如图 7-6 所示。其中矩形选框工具和椭圆选框工具用来选择规则区域,单行选框工具和单列选框工具用来建立高度或宽度为 1 像素的选区(使用时只需在图像窗口中单击鼠标即可在单击的位置建立一个单行或单列的选区)。下面以矩形选框工具为例,说明在图像上选择区域的方法:

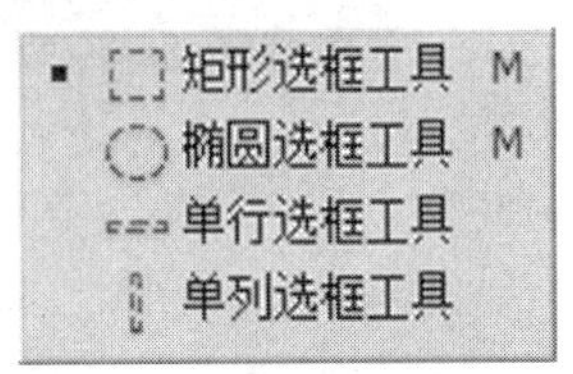

图 7-6　选框工具组

单击"矩形选框工具",按住鼠标左键拖拽出一矩形区域;按住[Shift]键拖拽鼠标可拖出一正方形区域;按住[Alt]键拖拽鼠标可从中心拖出一矩形区域。

当图像上已有选区,如果要在图像上追加或减少选区,可使用工具选项栏上的选项组 ,从左至右分别为:新选区(默认)、添加到选区、从选区中减去、与选区交叉,选择这些按钮,在原来的选区基础上拖拽鼠标可改变选区范围。

2. 套索工具

选择不规则选区时常常用套索工具来建立简单选区,使用多边形套索工具建立多边形选区,使用磁性套索工具自动选择颜色相近的区域。

在工具箱的套索工具 上单击鼠标右键,从弹出的如图 7-7(a)所示的套索工具组中,选择"套索工具",其工具选项栏如图 7-7(b)所示。选择不同套索工具时,使用方法不同:

(1) 套索工具:按住鼠标左键拖拽鼠标,可以选择不规则区域。

(2) 多边形套索工具:单击鼠标设置起点,然后继续在对象的各个角点处单击鼠标,回到起点后多边形套索工具显示为 图标,单击鼠标即可封闭选区。

(3) 磁性套索工具:选择起点,释放鼠标拖拽,选择图形颜色与背景颜色反差较大的图形。如果有些位置的节点选择有误,可以用[Delete]键进行节点删除。

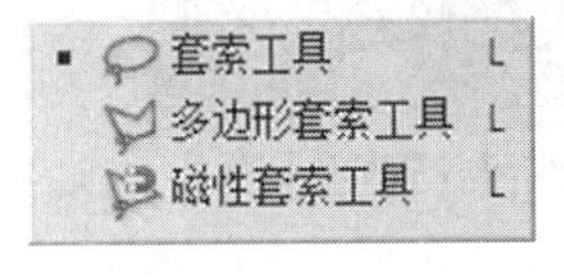

(a)套索工具组

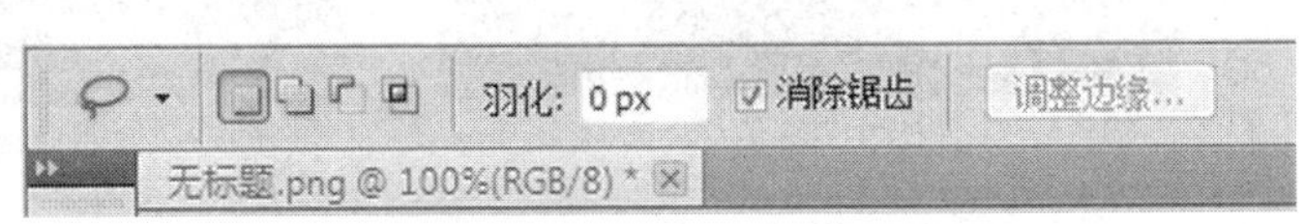

(b)套索工具选项栏

图 7-7　套索工具组和套索工具选项栏

3. 使用裁剪工具

使用工具箱中的裁剪工具,可以选择区域并对图像大小进行裁剪。方法如下:

(1) 从工具箱中选择裁剪工具，在图像上拖拽出裁切区域，并出现 8 个控制柄。通过控制柄可以调整裁剪区域的大小，若想取消裁剪可按[Esc]键。

(2) 选定裁剪区域后，按[Enter]键，可执行裁剪操作，如图 7-8 所示。

(a)裁剪前的图像

(b)裁剪后的图像

图 7-8　裁剪图像

4. 魔棒工具

魔棒工具组包括魔棒工具和快速选择工具两种，如图 7-9 所示。

(1) 魔棒工具的使用。

魔棒工具是一种很神奇的选取工具，只要在图像中单击一下就会创建一个复杂的选区。前面介绍的两种选取工具都是基于形状的，而魔棒工具的不同在于它是以图像中相近的颜色来建立选区的。选中"魔棒工具"后，其工具选项栏如图 7-10 所示。

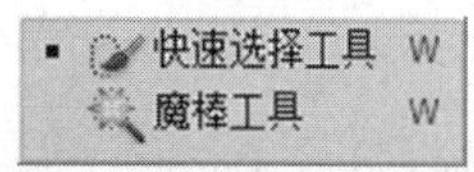

图 7-9　魔棒工具组

图 7-10　魔棒工具选项栏

"容差"用于控制选定颜色的范围，值越大，选取的颜色区域越大。

选中"连续"选项时，只选中与单击点相连的同色区域，如图 7-11 所示；未选"连续"选项时，则将整幅图像中与单击点颜色相似的区域全部选中，如图 7-12 所示。

图 7-11　选中"连续"的选取效果

图 7-12　未选中"连续"的选取效果

(2) 快速选择工具的使用。

快速选择工具是一款智能选择工具，其使用方法是基于画笔模式的，也就是说，可以"画"出所需的选区，工具会自动分析"画"的区域并寻找到边缘使其与背景分离。如果要选取离边缘较远的较大区域，就要使用较大的画笔；如果要选取离边缘较近的较小区域则换成小尺寸的画笔。

5. 移动工具

在工具箱上选择移动工具 ，可以将选择好的选区或对象，移动到图像的任意位置。编辑好某个对象后，单击“移动工具”，可提交编辑结果。

6. 编辑选区

(1) 填充选区和删除选区。

填充和删除选区的效果如图 7-13(a)和(b)所示，操作方法是：

① 使用选框工具选择要填充颜色的区域；或使用菜单“选择”→“全部”，可将整个图像作为选区选中。

② 选择菜单“编辑”→“填充”，给选区填充前景色、背景色或图案等。也可使用组合键[Alt+Delete]填充前景色，[Ctrl+Delete]填充背景色。如果要删除选区以外的图像部分，先用选框工具选取区域，再选择菜单“选择”→“反向”，按[Delete]键，可以删除选区外的图像部分。

(2) 选区的扩边或扩展

选区扩边或扩展的效果如图 7-13(c)和(d)所示，操作方法如下：

① 对选区进行扩边，先用选框工具选取区域，再选择菜单“选择”→“修改”→“边界”命令，在弹出的“边界选区”对话框中，设置“宽度”如 10 像素，可给所选区域增加一个 10 像素的边，还可给此边填充颜色。

② 对选区进行扩展，先用选框工具选取区域，再选择菜单“选择”→“修改”→“扩展”，在弹出的“扩展选区”对话框中，设置“扩展量”如 20 像素，可将选区扩大 20 像素。

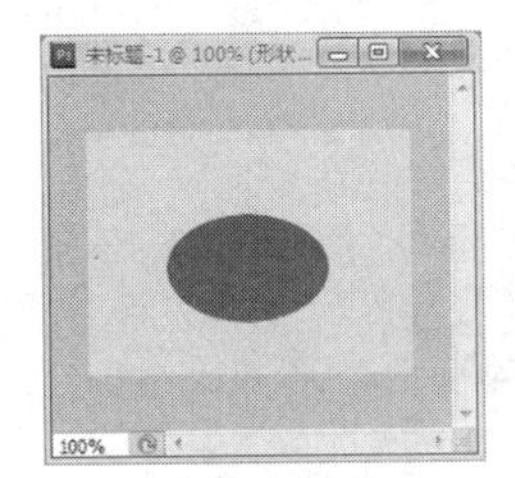
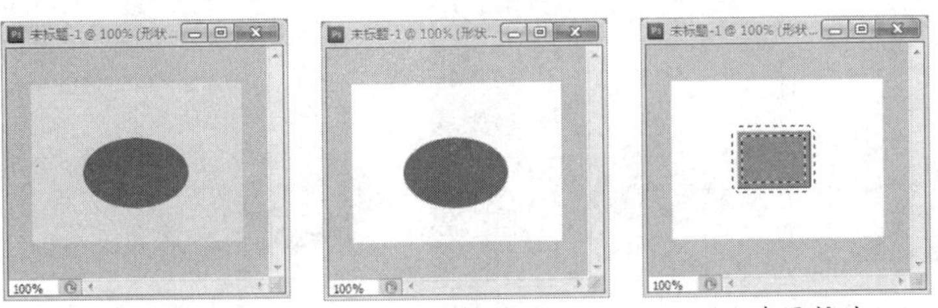
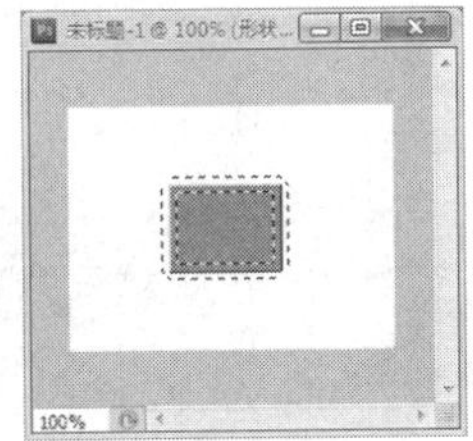
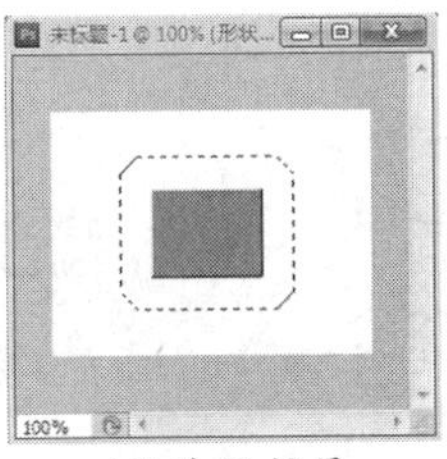

(a)填充选区　(b)删除选区　(c)选区扩边　(d)选区扩展

图 7-13　选区效果图

(3) 羽化效果制作。

使用羽化功能，可以使选取范围的边缘部分产生渐变晕开的柔和效果，如图 7-14 所示，图 7-14(a)是原图，图 7-14(b)是羽化效果图(羽化值是 30)。操作方法如下：

(a)原图

(b)羽化效果

图 7-14　羽化效果

① 打开一幅图片,选择背景颜色为白色。

② 在工具箱中选择椭圆选框工具,在工具选项栏中选择羽化值为 30 像素(容差值越大,羽化效果越强),按住鼠标左键在图像上拖拽出椭圆形状。

③ 选择菜单"选择"→"反向",选定椭圆以外的区域,按[Delete]键,可删除反选区域,产生羽化效果。也可多次按[Delete]键,增强效果。

【例 7-1】选区或图像的复制

① 复制图像和选区到新文件中。

打开一个图像文件,如图 7-15(a)所示,再新建一个文件。复制图像或选区到新文件的方法是:

• 在工具箱中选择"移动工具",在打开的图像文件上按住鼠标左键,直接拖拽到新文件中,可将整个图像复制到新文件里。

• 在工具箱中选择"矩形选框工具",在打开的图像文件上拖拽一个矩形区域,然后选择"移动工具",将刚才的选区选定,拖拽到新文件中,可将选区复制到新文件里。

上两步操作效果如图 7-15(b)所示。

(a)打开的图像

(b)新建图像

图 7-15 复制图像或选区到新文件

② 在原文件中复制图像。

打开一个图像文件,如图 7-16(a)所示。选区内复制图像的方法如下:

(a)原图

(b) 复制后图像

图 7-16 选区内图像的复制

• 在工具箱中选择“磁性套索工具”，将图像文件中的月季花选中。

• 选择菜单“编辑”→“拷贝”，再选择菜单“编辑”→“粘贴”，选定的月季花被粘贴到图像上（重叠在原来的图像上）。

• 从工具箱中选择“移动工具”，在图像文件上按住鼠标拖拽，将复制的月季花拖拽到合适位置。复制后的效果如图 7－16(b)所示。

7.3.3　绘图工具

绘图工具主要包括画笔工具组、图章工具组、修复画笔工具组、渐变工具组、橡皮擦工具组等，分别在画笔工具、仿制图章工具、污点修复画笔工具、渐变工具和橡皮擦工具上单击鼠标右键，弹出如图 7－17 所示的绘图工具组，使用这些工具可以按照不同方式绘制图形。

(a)画笔工具组

(b)图章工具组

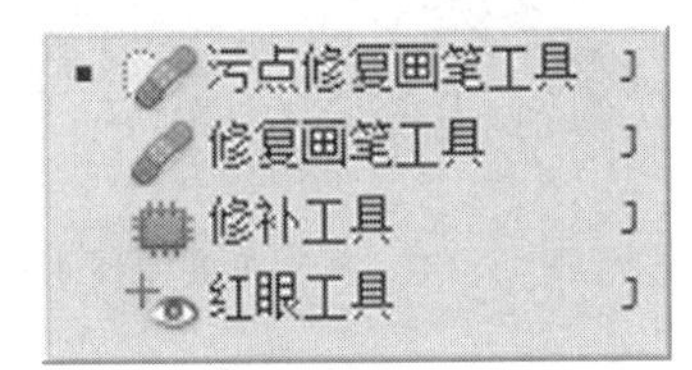

(c)修复画笔工具组

(d)渐变工具组图

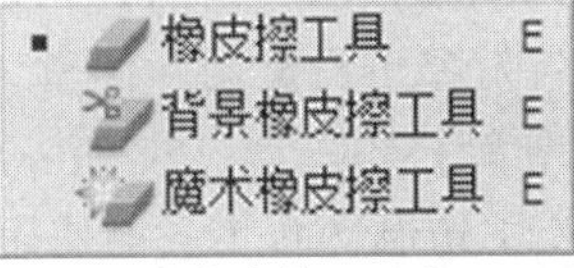

(e)橡皮擦工具组

图 7－17　绘图工具组

1. 画笔颜色设置

使用绘图工具前，要先设置绘图所用的前景色（绘制图形的颜色）和背景色（被擦除所显示的颜色）。颜色可通过拾色器来设置，如图 7－18(a)所示，还可通过颜色和色板面板来设置，如图 7－18(b)所示。设置方法如下：

(1) 默认情况下前景色是黑色、背景色是白色，单击工具箱上的前景色按钮或背景色按钮，弹出拾色器对话框，可设置前景色或背景色。

(2) 可直接在颜色或色板控制面板中设置前景色，再用切换按钮 将前景色转换成背景色。

(3) 如果要恢复到默认的前景色和背景色，单击按钮 ，恢复到默认黑白色。

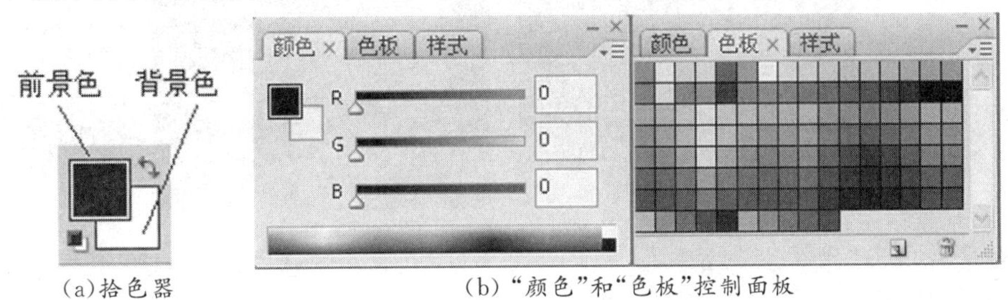

(a)拾色器　　(b)“颜色”和“色板”控制面板

图 7－18　拾色器和“颜色”及“色板”控制面板

2. 画笔工具

设置好前景色后，在工具箱上选择画笔工具 ，其工具选项栏如图 7－19 所示。选择合适的画笔样式和不透明度,可绘制不同形状的图形。

图 7-19 画笔工具选项栏

画笔工具选项的设置如下:

(1) 画笔预设:单击画笔大小边上的下拉箭头后再单击 ,在弹出的菜单中,可设置“大缩览图”为画笔样式的显示方式,然后选择一个画笔样式;也可“复位画笔”为系统默认画笔;还可载入“书法画笔”“自然画笔”等其他画笔样式。

(2) 不透明度:设置画笔着色的透明度,100%表示不透明,0%表示全透明,可根据需要选择。

(3) 流量:设置颜料的流量,数值愈大画笔颜色愈深。

使用画笔工具绘制图形:

选择画笔工具,在工具选项栏上选择画笔样式为“沙丘草”和“成群小鸭”,绘制图形,如图 7-20 所示。

3. 图章工具组

图章工具组可以以预先指定的像素点或定义的图案为复制对象进行复制。图章工具组包括仿制图章工具和图案图章工具。

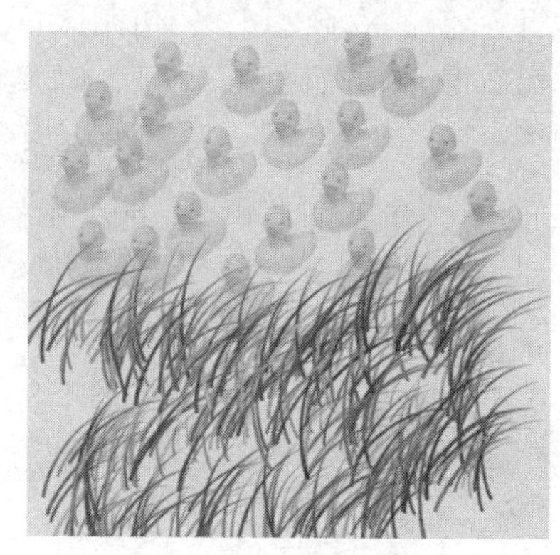

图 7-20 画笔工具绘图

(1) 仿制图章工具的使用。

仿制图章工具 首先从图像中选择取样点,然后将取样点复制到其他图像或同一图像的其他位置。选择工具箱中的仿制图章工具后,其工具选项栏如图 7-21 所示。

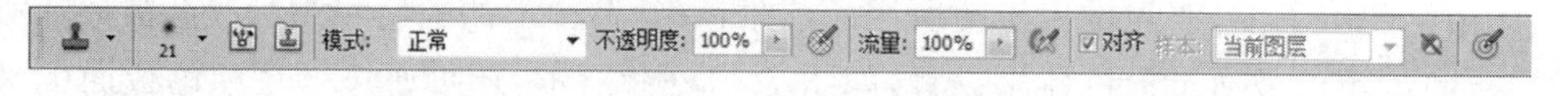

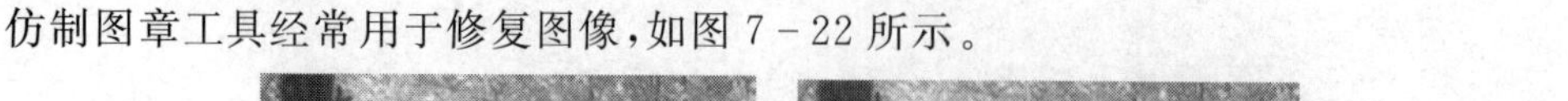

图 7-21 仿制图章工具选项栏

选中“对齐”选项,整个取样区域仅应用一次。即使操作由于某种原因而停止,再次继续使用仿制图章工具进行操作时,仍可从上次结束操作时的位置开始。若不选该选项,则只要松开鼠标再按下鼠标继续时,都将从初始取样点开始复制。

仿制图章工具经常用于修复图像,如图 7-22 所示。

(a)原图

(b) 修复后的效果

图 7-22 使用仿制图章工具修复图像

(2) 图案图章工具的使用。

图案图章工具 以预先定义的图案为复制对象进行复制。选择图案图章工具后,其工具选项栏如图 7-23 所示。

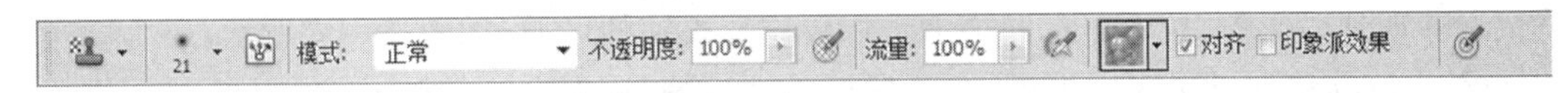

图 7-23　图案图章工具选项栏

在图案下拉列表框中显示以前定义好的图案，单击其中任一图案，然后在图像中拖动鼠标即可复制图案图像。

图案图章工具的使用方法是：打开图像文件，用矩形选框工具在图像上选择一块要定义为图案的区域（如老鼠），然后选择菜单“编辑”→“定义图案”，将选取区域定义成图案。另打开一新图像文件，选择图案图章工具，点击工具选项栏上 右边的下拉箭头，选取定义好的图案。然后按住鼠标左键拖拽，就可以将图案复制多个在新图像中，如图 7-24 所示。

(a)选择区域

(b)复制图案

图 7-24　使用图案图章工具复制图形

4. 修复画笔工具

修复画笔工具组包括污点修复画笔工具、修复画笔工具、修补工具和红眼工具。

(1) 污点修复画笔工具的使用。

污点修复画笔工具 可以用于去除照片中的杂色或污点，此工具与下面要介绍的修复画笔工具 非常相似，不同的是污点修复画笔不需要进行取样操作，只要在图像中要修补的位置单击鼠标，即可去除该处的杂色或污点。

(2) 修复画笔工具的使用。

修复画笔工具与仿制图章工具的使用方法完全相同，但是修复画笔工具可将取样点图像的纹理、光照、透明度和阴影与源图像匹配，使修复的效果更自然、逼真，与原图像融合得更好。

(3) 修补工具的使用。

使用修补工具可以用其他图像的区域或图案来修补选中的区域，效果同样自然逼真，能与原图像很好地融合。

选择修补工具 后，其工具选项栏如图 7-25 所示。

图 7-25　修补工具选项栏

① 选中“源”选项，将对选取的图像区域进行修补。

② 选中“目标”选项，将选取的图像区域，拖动到目标图像进行修补。

③ 通过“使用图案”选项，可用图案对选取图像进行修补（只有建立选区后才有效）。

【例 7-2】使用修补工具处理图像。

① 打开“滑雪”图像文件，在工具箱中选择修补工具 ，在工具选项栏中选择 ◉源 ，

将鼠标移动到图像中，按下鼠标并拖动选取要修复去掉的区域，如图 7－26 所示。

② 将鼠标移到所选区域当中，按下鼠标将选区拖到如图 7－27 所示的要复制的位置，松开鼠标后效果如图 7－28 所示。

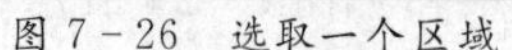

图 7－26　选取一个区域

图 7－27　将选区移到要复制的位置

图 7－28　修复后的效果

（4）红眼工具的使用。

使用红眼工具可去除闪光灯拍摄时人物照片中的红眼。选择工具箱中的红眼工具后，其工具选项栏如图 7－29 所示。

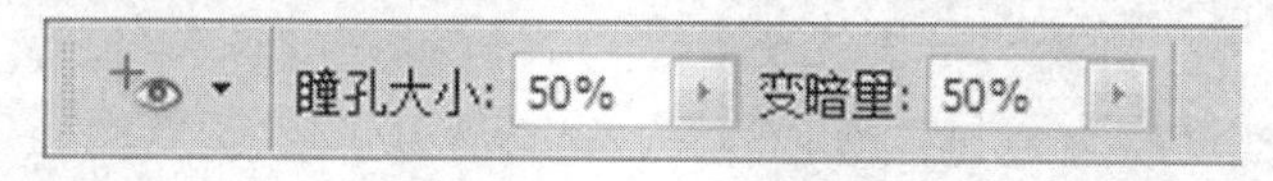

图 7－29　红眼工具选项栏

打开一张带有红眼的照片，选择工具箱中的红眼工具，设置工具选项栏为默认值，在照片中人物的左右瞳孔位置分别单击鼠标，即可去除红眼。

5. 渐变工具

渐变工具可为图像添加渐变色彩，在工具箱上选择渐变工具，其工具选项栏如图 7－30 所示，选择渐变颜色和渐变方式，可以绘制渐变图形。操作方法如下：

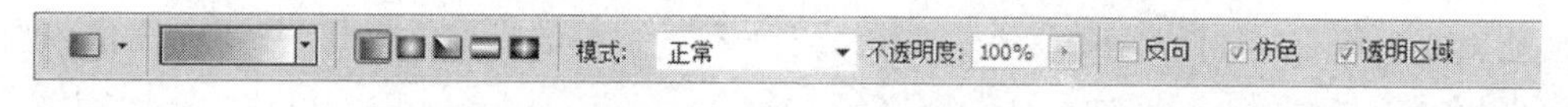

图 7－30　渐变工具选项栏

选择渐变工具后，在工具选项栏提供的五种渐变方式中选择合适的渐变方式。单击渐变类型选择框右侧的下拉按钮，打开渐变效果下拉列表，选择所需的渐变效果，在图像中拖动鼠标，即可创建渐变效果。拖动过程中，拖动的距离越长则过渡越柔和，反之过渡越急促。

如果列表中的渐变不能满足要求，可单击“点按可编辑渐变”按钮，弹出“渐变编辑器”对话框。通过修改现有渐变或向渐变添加或删除中间色，可创建新渐变。在渐变条下方单击鼠标可添加色标；若在渐变条上方单击鼠标添加色标，在“不透明度”框中输入数值，可创建具有透明效果的渐变。

图 7－31 为不同渐变方式创建的渐变效果。

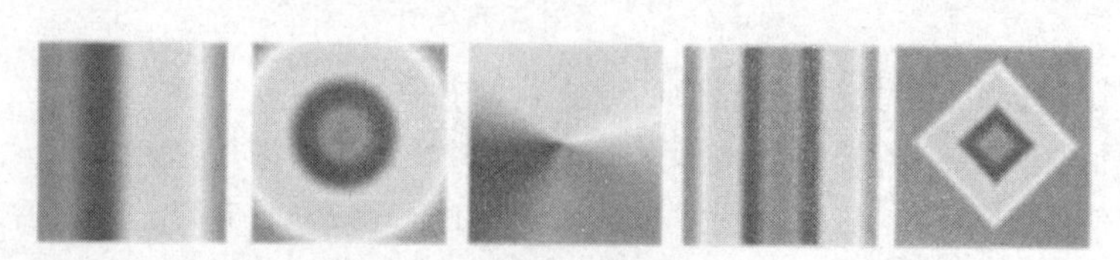

(a)直线渐变　(b)径向渐变　(c)角度渐变　(d)对称渐变　(e)菱形渐变

图 7－31　不同渐变方式创建的渐变效果

6. 橡皮擦工具组

橡皮擦工具组包括橡皮擦、背景橡皮擦和魔术橡皮擦工具。利用橡皮擦和魔术橡皮擦都可将图像的某些区域擦成透明或背景色，背景橡皮擦则可以将背景擦成透明。

橡皮擦工具：橡皮擦工具 可以用背景色擦除背景图层中的图像或用透明色擦除其他图层中的图像。

背景橡皮擦工具：背景橡皮擦工具 可以用来擦除指定的颜色。拖动鼠标将图层上的像素擦成透明，并可以在擦除背景的同时在前景中保留对象的边缘。如果当前图层为背景图层，擦除后的背景图层将转变为“图层 0”。通过指定不同的取样和容差选项，可以控制透明度的范围和边界的锐化程度。

魔术橡皮擦工具：使用魔术橡皮擦工具 可以自动擦除颜色相近的区域。选择魔术橡皮擦工具后，在图像背景的某一点单击鼠标，背景中和该点相似的颜色立即全部被擦除。

7. 模糊工具

在模糊工具 上单击鼠标右键，可以选择模糊工具、锐化工具和涂抹工具，如图 7－32所示。模糊工具产生模糊效果，使图像边界或区域变得柔和；锐化工具锐化边缘以增加图像的清晰度；涂抹工具产生手指涂抹效果。这三个工具的工具选项栏基本相同，选项的设置与图像模糊和锐化的程度有关，如果选择的画笔越大、强度越大，则模糊和锐化的范围就越大，效果也就越明显。

图 7－32　模糊工具组

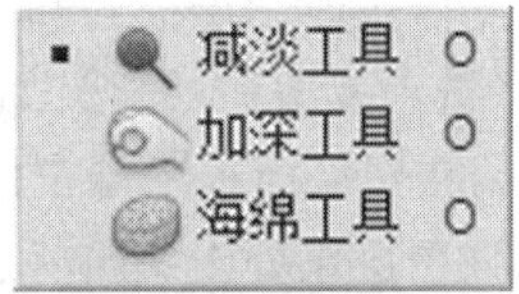

图 7－33　减淡工具组

8. 减淡工具

在减淡工具 上单击鼠标右键，可以选择减淡工具、加深工具和海绵工具，如图 7－33 所示。减淡工具和加深工具用来使图像区域变暗和变亮；海绵工具用来改变图像某一特定区域的色彩饱和度。减淡工具和加深工具的工具选项栏基本相同，都可选择画笔大小和曝光度，曝光度越大，减淡和加深效果越明显。此外，还要选择工作“范围”，其中“中间调”只更改灰色调的像素；“暗调”只改变图像的暗色部分；“高光”只改变图像亮色区域的像素。

7.4　图层的基本操作

7.4.1　图层的基本概念

图层如同堆叠在一起的透明纸，每张透明纸上都有不同的画面，可以透过图层的透明区域看到下面的图层。由于各个图层是相对独立的，因此可分别进行编辑操作和改变图层的顺序。还可以通过设置图层的透明度及混合模式，使各个图层的图像看起来相互渗透、融合。

当一幅图像被打开后，一般作为背景图层，可在背景图层上添加若干个图层，然后在各个图层上分别进行编辑操作。

7.4.2 图层控制面板

对图层的编辑处理，既可以通过“图层”菜单中的命令来实现，也可以使用图层控制面板进行操作管理。

当打开一个包含多个图层的扩展名为.psd的图像文件后，图层面板将显示图像的所有图层信息，如图7-34所示，该图像包含了多个图层。若工作界面未出现图层面板，则可通过选择菜单“窗口”→“图层”命令(或按下F7键)来打开图层面板。

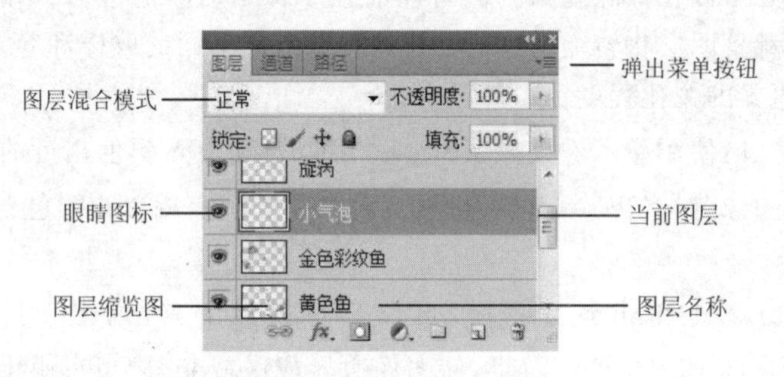

图7-34 “图层”控制面板

在图层控制面板上，每一栏代表一个图层。图层可以随意改变叠放顺序，最下面的图层是背景层，背景层是被锁定的，双击即可转换为普通图层。在未被转换为普通图层前，不能改变图层顺序，也不能更改图层模式和不透明度。

图层面板中各选项及按钮的含义如下：

(1) 当前图层：在图层面板中单击图层名称，该图层底色由浅灰色变为深蓝色，图层即为当前图层，表示该图层正处于编辑状态。

(2) 眼睛图标：若图层前有图标，表示该图层处于显示状态，再单击一下图标，则该图层被隐藏。

(3) 图层缩览图：显示当前图层中图像的缩览图，如果是文字图层则显示为 T 。

(4) 图层名称：如果在创建新图层时没有命名，Photoshop会默认以“图层1”“图层2”等顺序命名。如果用户希望给图层起个有意义的名字，双击图层名即可修改。

(5) 锁定：可锁定图层的相关操作，以保护图像。四个选项分别是锁定透明像素、锁定图像像素、锁定位置和锁定全部。

(6) 不透明度和填充：不透明度用于设置图层内容的不透明度；填充也可设置图层的不透明度，但在改变图像透明度时，不会改变添加的图层效果。

(7) 图层控制按钮：图层面板下方的控制按钮及功能分别是链接图层、图层样式、添加图层蒙版、创建新的填充或调整图层、创建新组、创建新图层和删除图层。

7.4.3 图层的基本操作

图层的基本操作包括图层的建立、删除、复制、合并、链接及图层效果等。

1. 图层的建立

要对图层进行操作及在图层上对图像进行处理，首先要建立图层，有如下4种方法：

(1) 选择菜单"图层"→"新建"→"图层"命令。

(2) 单击图层控制面板下方的"创建新图层"按钮 。

(3) 在图像中有选区时,通过"剪切"或复制,执行"粘贴"命令可建立新图层。

(4) 选择菜单"图层"→"新建填充图层(或新建调整图层)"命令,可创建填充或调整图层。

2. 图层的复制

要复制图层,首先要选中该图层,使之成为当前图层,然后进行下列任一操作:

(1) 选择菜单"图层"→"复制图层"命令。

(2) 将要复制的图层拖到图层控制面板下方的"创建新图层"按钮 上。

(3) 在当前图层上单击鼠标右键,在弹出的快捷菜单中选择"复制图层"命令。

3. 图层的删除

要删除图层,首先要选中该图层,使之成为当前图层,然后进行下列任一操作:

(1) 选择菜单"图层"→"删除"→"图层"命令。

(2) 按住鼠标左键将要删除的图层拖到图层控制面板下方的"删除图层"按钮 上。

(3) 在图层面板的当前图层上单击鼠标右键,从弹出的菜单中选择"删除图层"。

4. 图层组的建立、复制和删除

对于包含很多图层的复杂图像,可以将相关图层放到一个图层组中,更方便地对图层进行分类和管理,使繁琐的图层管理工作更高效、有序。图层组的建立、复制和删除操作与图层的建立、复制和删除操作类似,此处不再重述。

5. 移动图层内的图像

要移动图层内的图像,首先要选中该图层,然后选择工具箱中的移动工具 ,在图像窗口按住鼠标左键并拖动,将图像移动到指定的位置;如果要移动图层中图像的某一部分,则必须先创建选区,再使用移动工具进行移动。

6. 图层顺序的调整

某些情况下需要改变图层间的上下顺序,以取得不同的效果,改变顺序有以下两种方法:

(1) 在图层面板中选择需要移动的图层,按住鼠标向上或向下拖曳到需要的位置。

(2) 在图层面板中选择需要移动的图层,选择菜单"图层"→"排列"命令,打开如图 7-35所示的子菜单,根据需要选择排列方式。

7. 图层的合并

在图像制作过程中,一般都会产生很多图层,这会使图像变大,处理速度变慢,因此需要将一些图层合并起来。在"图层"菜单下有如图 7-36 所示的关于合并图层的命令。

(1) 选择"向下合并"命令将当前图层和它的下一层合并(两层都必须为可见图层)。

(2) 选择"合并可见图层"命令将所有可见图层合并到当前图层或背景图层中。

图 7-35 "排列"子菜单

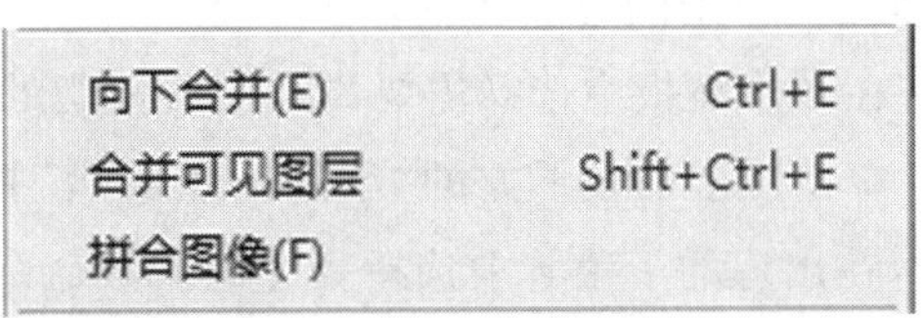

图 7-36 合并图层命令

8. 使用图层样式

图层样式可以使图层快速产生各种各样的效果，如阴影、发光、浮雕等。图层样式是和图层内容链接在一起的，若图层应用了图层样式，则该图层名称后面会出现一个 fx. 标记。

为图层添加样式效果主要有 3 种方法：

(1) 使用样式控制面板，利用其中的各种效果按钮来为选区或图层创建效果，样式控制面板如图 7－37 所示。

(2) 选择菜单"图层"→"图层样式"命令，弹出如图 7－38 所示的"图层样式"子菜单，从中选择相应的图层样式命令。

(3) 单击图层控制面板上的"添加图层样式"按钮 fx.，从弹出的快捷菜单中选择相应的图层样式命令。

提示：样式不能应用到背景图层。

9. 对齐图层

若多个图层中的图形需要对齐操作时，首先在图层面板上将所要对齐的图层建立链接，然后选择菜单"图层"→"对齐"命令，打开如图 7－39 所示的子菜单，从中选择需要的对齐方式。如果当前图层中存在选区，则"图层"→"对齐"命令将转换为"将图层与选区对齐"命令。选择各子命令可使链接图层与选区边框对齐。

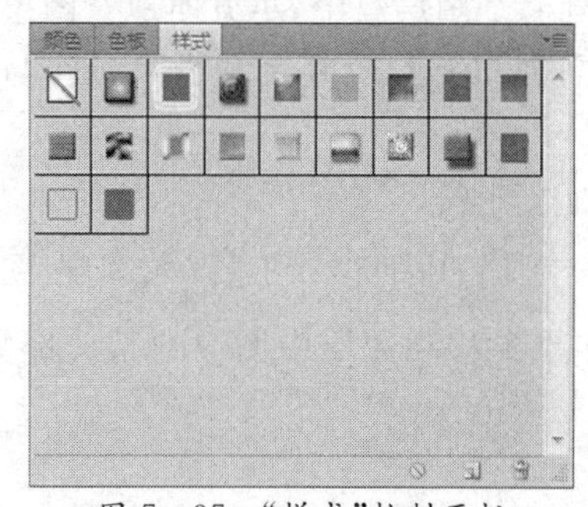

图 7－37 "样式"控制面板

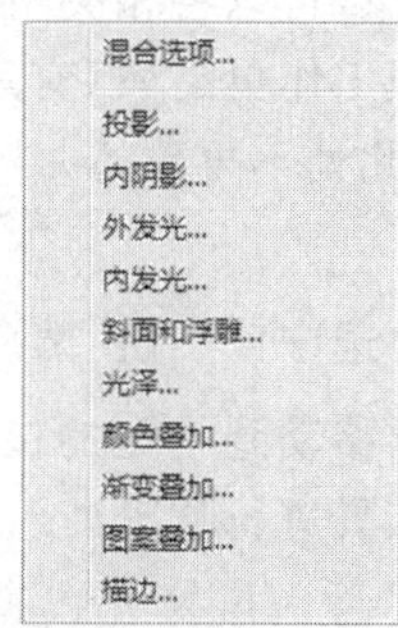

图 7－38 "图层样式"子菜单

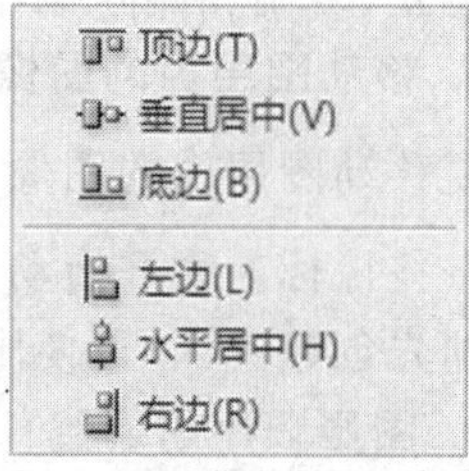

图 7－39 "对齐"子菜单

10. 选择透明图层中的图像

要选取整个图层区域可按[Ctrl＋A]组合键，要选取透明图层中的图像，按[Ctrl]键的同时单击图层面板中该图层前的缩览图，即可得到该图像的选区。

7.4.4 图层蒙版

图层蒙版是在当前图层上再蒙上一个"层"，此层起到对当前图层内容的隐藏与显示的作用，通过灰度来控制(如黑色隐藏、白色显示、灰度起到半透明的效果)，以此实现图像的合成。还可使用蒙版控制面板对蒙版属性如浓度、羽化等进行设置。使用图层蒙版最大的好处是可以随时修改，而且能迅速地还原图像。如果应用图层蒙版，可使所做的效果成为永久性的，如果删除图层蒙版，则可恢复图层的本来图像。

创建图层蒙版的方法如下：

(1) 在图层面板中选择需要添加图层蒙版的图层。

(2) 单击图层面板下方的"添加图层蒙版"按钮，或者选择菜单"图层"→"图层蒙版"命令，在出现的子菜单中选择相应的蒙版命令即可。

(3) 选择"显示全部"命令，在图层面板中给当前图层添加的图层蒙版呈现为白色，表示完全透明，图像内容全部显示，不受影响。

(4) 选择“隐藏全部”命令，在图层面板中给当前图层添加的图层蒙版呈现为黑色，图像内容全部隐藏。

(5) 当图层上存在选区时，选中“显示选区”命令，选区区域内的图像会显示，选区区域以外的图像会被隐藏。

(6) 当图层上存在选区时，选中“隐藏选区”命令，选区区域内的图像会被隐藏，选区区域以外的图像会显示。

(7) 当图层上存在透明区域时，选中“从透明选区”命令，透明区域内的图像会被隐藏，透明区域以外的图像会显示。

【例 7-3】图像合成——制作花之恋图像效果。

① 在 Photoshop 中打开两幅图像文件“花卉”和“蝴蝶”，如图 7-40(a)和(b)所示。

② 使用矩形选框工具选中蝴蝶图片中的蝴蝶，选择菜单“编辑”→“拷贝”，复制蝴蝶；再选定花卉图像文件，选择菜单“编辑”→“粘贴”，将蝴蝶复制到花卉图像上，并在花卉图像上产生一个新图层，名为“图层 1”，关闭蝴蝶图像文件。

③ 在花卉图像上，使用魔棒选定花卉图像的背景区域，按[Delete]键，擦除背景。

④ 单击图层面板上的图层 1，选定蝴蝶图层。选择菜单“编辑”→“变换”→“水平翻转”，将蝴蝶图像翻转 180 度，并将其移动到合适位置。

⑤ 在图层 1 上，右击鼠标从快捷菜单中选择“向下合并”，合并图像为一层。

⑥ 选择菜单“文件”→“存储为”，将文件保存为 JPEG 格式。完成后的效果如图 7-40(c)所示。

(a)花卉

(b)蝴蝶

(c)效果图

图 7-40　合成图像效果

【例 7-4】使用图层蒙版和图层样式合成图像。

① 打开两幅图片“海滨城市”和“山峰”，如图 7-41(a)和(b)所示。

(a)海滨城市

(b)山峰

(c)效果图

图 7-41　海市蜃楼效果

② 使用工具箱的移动工具 ，将山峰图像拖拽到海滨城市图像上(复制山峰图像到海滨城市图像)，并在海滨城市图像上产生一新图层，名为“图层 1”，关闭山峰图像文件。

③ 选中“图层 1”(山峰所在图层)，单击图层面板下方的“添加图层蒙版”按钮 ，即可为当前层创建图层蒙版。

④ 选择工具箱中的画笔工具，设置笔尖形状为 45 像素，并设置画笔的前景色为黑色、背景色为白色。然后在山峰图像下半部分的草地上涂抹显露出海水(注意：只涂抹草地，保留山峰)。

⑤ 在山峰图层上，右击鼠标从快捷菜单中选择“混合选项”，在弹出的“图层样式”对话框中，设置混合模式为“柔光”效果，完成后的效果如图 7-41(c)所示。

7.5 文字的应用

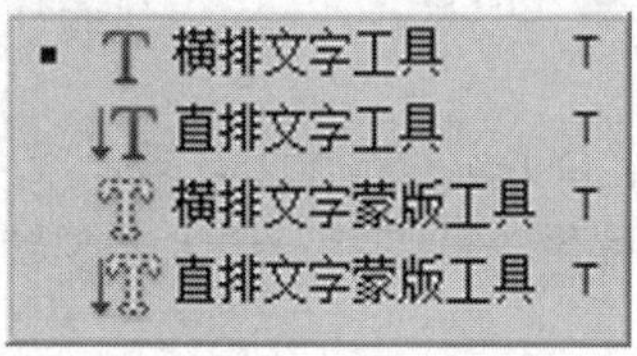

横排文字工具 T
直排文字工具 T
横排文字蒙版工具 T
直排文字蒙版工具 T

图 7-42 文字工具组

在 Photoshop CS5 中，文字的输入是通过工具箱中的文字工具来实现的。在工具箱中右击文字工具组按钮 ，将显示如图 7-42 所示的 4 种工具，包括“横排、直排文字工具”和“横排、直排文字蒙版工具”，后两种工具主要用来创建文字选区。

7.5.1 输入点文字

利用文字工具可以输入两种类型的文字，即点文字和段落文字。

点文字用于单字、单行或单列文字的输入。输入时，选择文字工具后，在出现的如图 7-43 所示的工具选项栏中可设置字体、字号、对齐方式和颜色等参数。在图像窗口中单击鼠标，图像窗口显示一个闪烁光标，表示可以输入文字，输入后，点文字行会随着文字的输入向右侧延伸，不会自动换行。输入完成后单击 按钮或者切换成其他工具可结束输入，单击 可取消所有编辑。

图 7-43 文字工具选项栏

文字录入完成后，还可以对文字格式进行精确设置，首先选中文字，然后单击工具选项栏中的“切换字符和段落面板”按钮 ，弹出如图 7-44 所示的字符面板。在字符面板可以更改字体、字号、颜色、字符间距、字符水平或垂直的缩放比例。

7.5.2 输入段落文字

段落文字主要用于大篇幅的文字内容。输入时，选择文字工具后，在图像窗口中单击并拖动鼠标，出现一个定界框，在其中输入文字即可，Photoshop CS5 会根据框架的大小自动换行，如图 7-45 所示。段落文本的定界框由 8 个控制点构成，可以拖动这些控制点调整定界框，包括缩放和旋转等。

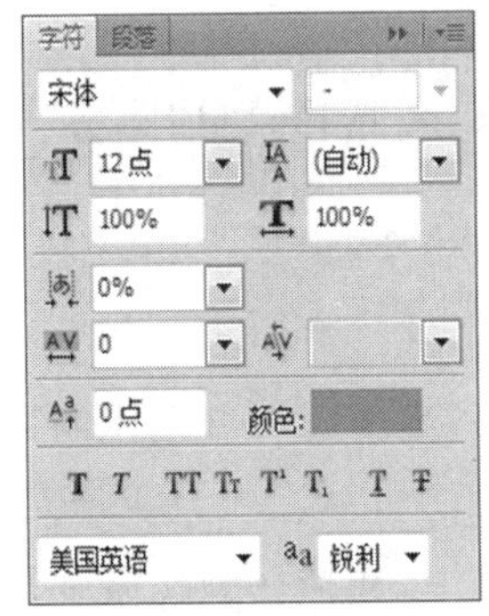

图 7-44　字符面板

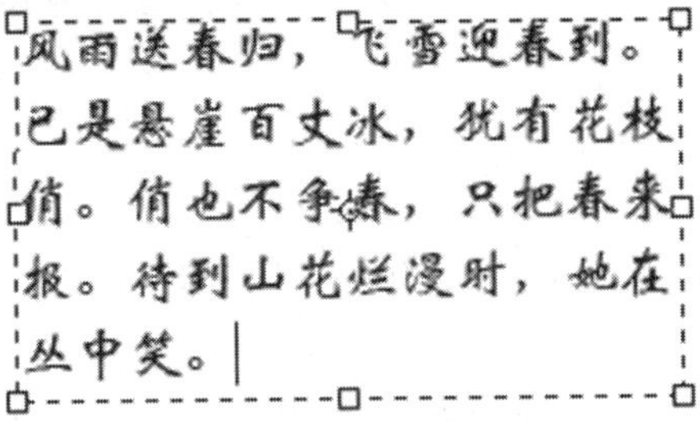

风雨送春归，飞雪迎春到。已是悬崖百丈冰，犹有花枝俏。俏也不争春，只把春来报。待到山花烂漫时，她在丛中笑。

图 7-45　输入段落文字

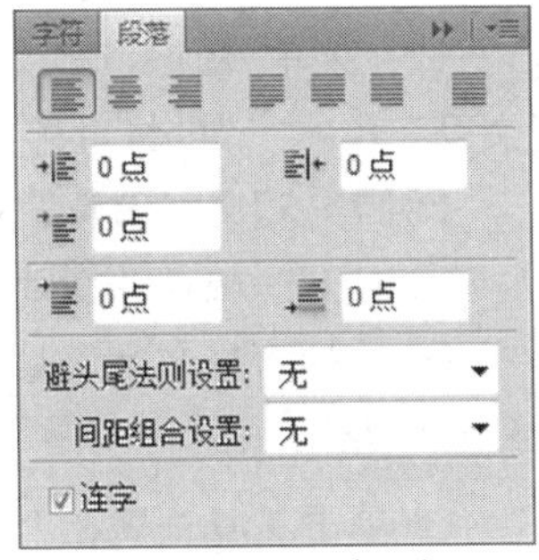

图 7-46　段落面板

段落文字除了具有点文字的属性外，还有一些独有的属性，单击字符面板旁边的“段落”标签，切换到如图 7-46 所示的段落面板，在段落面板中可以设置段落的对齐方式、段落的缩进(文字与边框间的距离)、段落间距等属性。

7.5.3　文字的操作

1. 变形文字

通过变形文字功能，文字可以对图像中选中的文字进行各种扭曲变形。要创建变形文字，可在输入文字后，单击工具选项栏上的 按钮，弹出如图 7-47 所示的对话框，在样式下拉列表中选择变形的样式，拖动滑块或输入变形的参数可调整变形效果。

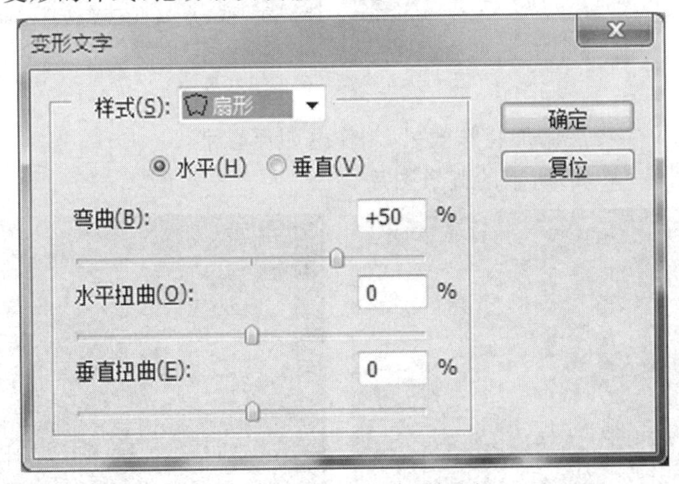

图 7-47　“变形文字”对话框

2. 文字栅格化

使用文字工具输入的文字均是矢量图文字，不可以像其他图像对象一样进行填充、描边、滤镜、色彩调整等操作，要应用这些命令制作特殊效果的文字需先将文字转为位图，选择菜单“图层”→“栅格化”→“文字”或右键单击文字图层从弹出菜单中选择“栅格化文字”命令，可将文字矢量图转换为位图。文字栅格化操作不可逆，即文字栅格化后，不能再返回到矢量文字的可编辑状态。

3. 文字互相转换

点文字和段落文字之间可以互相转换，横排文字和直排文字之间也可以互相转换。

选择菜单“图层”→“文字”→“转换为段落文本”可将点文字转换为段落文字；选择菜单

“图层”→“文字”→“转换为点文本”可将段落文字转换为点文字。

选择菜单“图层”→“文字”→“垂直”可将横排文字转换为直排文字;选择菜单“图层”→“文字”→“水平”可将直排文字转换为横排文字。

【例 7-5】文字编辑——制作水中花文字效果。

① 打开一幅荷花图片,如图 7-48(a)所示。

② 选择直排文字工具,设置华文彩云、绿色,在图像中输入文字“水中花”,并产生新图层“水中花”。

③ 单击工具选项栏上的按钮 ,在弹出的“变形文字”对话框中,选择一种文字变形方式如拱形,调整弯曲度 70%。

④ 在样式面板中选择一种文本样式效果如耀斑(纹理),给文字图层添加效果。

⑤ 合并图层,完成制作,效果图如图 7-48(b)所示。

(a)荷花图片

(b)加入文字效果

图 7-48 水中花文字效果

【例 7-6】为文字图层添加特殊效果,制作透明浮雕字。

① 打开如图 7-49(a)所示的背景图片。

(a)背景图片

(b)加入文字效果

图 7-49 透明浮雕字效果

② 选择横排文字工具,设置隶书、绿色,在图像中输入文字“月光”,并产生新图层“月光”。

③ 在图层面板上选定“月光”图层,鼠标右击,从快捷菜单中选择“栅格化文字”,将文字层转换为普通图层。

④ 选择菜单“编辑”→“填充”,在弹出的“填充”对话框中,给文字填充 50%灰色,并选中“保留透明区域”复选框。

⑤ 单击图层面板下面的添加图层样式按钮 fx. ,设置“斜面和浮雕”效果。

⑥ 单击图层面板左上角“正常”旁边的下拉菜单,选择“变亮”,设置不透明度为“50%”,

即可得到透明效果。也可选择其他选项,以得到不同的效果。调整图层面板上文字图层的不透明度,可得到更满意的效果。

⑦ 合并图层,完成制作,效果图如图 7－49(b)所示。

7.6　通道的应用

7.6.1　通道的概念

在 Photoshop CS5 中,通道被用来存放图像的颜色信息。可以利用通道精确抠图,为复杂的图像创建选区;也可以保存选区和添加蒙版;还可以利用通道制作图像的特殊效果。

通道与图层的区别在于:图层的各个像素点的属性是以红、绿、蓝三原色的数值来表示的,而通道中的像素颜色是由一组原色的亮度值组成的。通俗地说,通道中只有一种颜色的不同亮度,是一种灰度图像。

保存图像颜色信息的通道称为颜色通道。新创建的通道称为 Alpha 通道,Alpha 通道的主要作用是:

(1) 保存选区,以备随时调用。例如,我们从图像中选取了一些极不规则的选区,取消选取后选区就会消失,若再次使用就必须重新选取。遇到这种情况可以将选区存储为一个独立的通道,需要使用时再从通道中将其调入。

(2) 利用通道制作一些奇妙的图像效果。

7.6.2　通道控制面板

通道主要用于存放图像的颜色和选区信息。打开一幅图像时,Photoshop 自动创建颜色信息通道,图像的颜色模式决定所创建颜色通道的数目。

通道控制面板如图 7－50 所示,在面板中显示了当前打开图像的所有通道,利用通道控制面板可以创建新通道、存储选区等。通道面板上各按钮的作用为:

(1) 将通道作为选区载入 :将当前通道中的内容转换为选区载入图像中。

(2) 将选区存储为通道 :将图像中的选区存储为 Alpha 通道。

(3) 创建新通道 :创建新的 Alpha 通道。

(4) 删除当前通道 :删除当前通道。

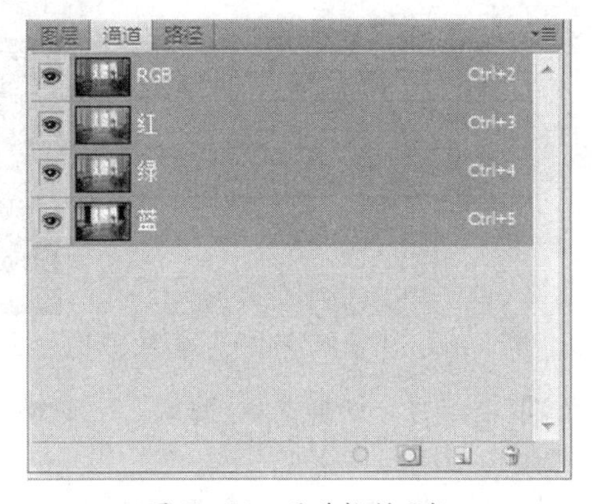

图 7－50　通道控制面板

7.6.3 通道的基本操作

1. 新建通道

对于RGB彩色图像，显示有RGB色彩、R红色、G绿色、B蓝色四个通道。除颜色信息通道外，Photoshop CS5的通道还包括Alpha通道（单独创建的通道）。在Alpha通道中，存储的不是图像的色彩，而是保存选区。

单击通道面板底部的“创建新通道”按钮或单击通道面板右上角的按钮，在弹出的通道快捷菜单中选择“新建通道”，可以新建通道，但不能创建原色通道（RGB通道和红、绿、蓝三色通道，只能创建Alpha通道）。

当建立一个选区后，单击通道面板底部的“将选区存储为通道”按钮，可将选区以Alpha通道形式存储。以后可将通道作为选区加载到图像上，便于编辑图像。

2. 复制通道

选中要复制的通道，鼠标右击，从快捷菜单中选择“复制通道”；或单击通道面板右上角的按钮，在弹出的通道快捷菜单中选择“复制通道”；或按住鼠标左键将所选通道拖拽到面板底部“创建新通道”按钮上，也可复制通道。

3. 删除通道

选中要删除的通道，鼠标右击，从快捷菜单中选择“删除通道”或拖拽通道到面板底部的“删除通道”按钮上，均可删除通道。

4. 通道的分离与合并

使用通道的分离与合并命令可对图片即时提取RGB通道，作特效处理，也可以通道互换，改变图片色调。单击通道面板右上角的按钮，从弹出的菜单中选择“分离通道”命令可以将通道分离成为单独的灰度图像，分开编辑，编辑完成后可选择“合并通道”命令将通道合并。“合并通道”命令还可以合并具有相同尺寸的不同图像的通道来制作特殊的效果。

【例7-7】利用Alpha通道，制作图像特殊效果。

① 打开“花朵”图像文件，如图7-51所示。

② 单击“通道”面板，切换到通道，单击下方的“创建新通道”按钮，创建一个默认名为“Alpha 1”的新通道，将Alpha 1通道填充黑色，如图7-52所示。

③ 设置前景色为白色，选择“矩形”工具，拖动鼠标，绘制一个矩形，并填充白色，如图7-53所示。

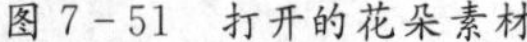

图7-51 打开的花朵素材

图7-52 新建的Alpha 1通道

图7-53 通道中绘制并填充的矩形

④ 按[Ctrl+D]组合键，取消选区。选择菜单“滤镜”→“模糊”→“高斯模糊”命令，弹出“高斯模糊”对话框，将“模糊半径”设置为40。

⑤ 选择菜单“滤镜”→“纹理”→“颗粒”命令，设置强度为100，对比度为50；再选择菜单

"滤镜"→"艺术效果"→"木刻"命令，设置色阶数为 8，边缘简化度为 4，边缘逼真度为 1。

⑥ 在按住[Ctrl]键的同时单击"Alpha 1"通道的缩览图，出现如图 7-54 所示的选区。切换到"图层"面板，双击背景图层，使其转换为"图层 0"，"图层 0"的选区形状如图 7-55 所示。

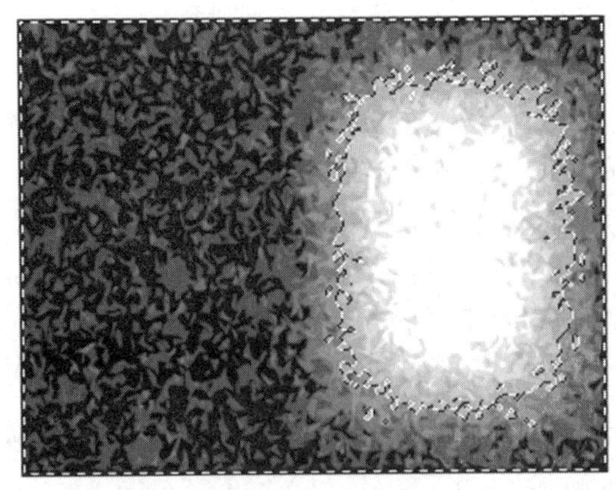

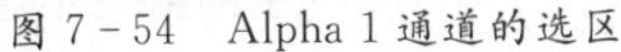

图 7-54　Alpha 1 通道的选区

图 7-55　"图层 0"的选区形状

⑦ 选择菜单"滤镜"→"渲染"→"光照效果"命令，在弹出的对话框中的纹理通道选项选"Alpha 1"通道。

⑧ 选择菜单"选择"→"反向"命令，将图层 0 的选区反选。

⑨ 打开"虎福"图像文件，选择"多边形套索"工具，将工具选项栏的"羽化"值设为 6，沿着小老虎的轮廓创建选区，如图 7-56 所示。选择菜单"编辑"→"拷贝"命令，复制老虎图像。

⑩选中花朵图像窗口，选择菜单"编辑"→"粘贴"命令，选择移动工具将老虎移动到适当的位置，完成的图像效果如图 7-57 所示。

图 7-56　沿老虎轮廓创建选区

图 7-57　完成的图像效果

从此例可以看出，通过在 Alpha 通道中进行绘画，然后使用滤镜命令对其进行编辑，可以得到使用其他方法无法得到的选区。

7.7　路径的应用

路径是基于"贝塞尔"曲线建立的矢量图形。路径可以是一个点、一条直线或者一条曲线。锚点是路径上的点，当选中一个锚点时，这个节点上就会显示一条或者两条方向线。曲线的大小形状，都是通过方向线和方向点来调节的。路径的主要功能为：

(1) 对路径进行填充或描边，可以绘制图像。

（2）可以将路径转化为精确的选区。

（3）将一些不够精确的图像选区转换为路径后，再进行调整，便可以进行精确的选取。

（4）利用路径的“剪贴路径”功能，能除掉图像背景使其成为透明的。

要创建路径可以使用钢笔工具，也可以通过将选区转换为路径的方法来实现。

7.7.1　路径控制面板

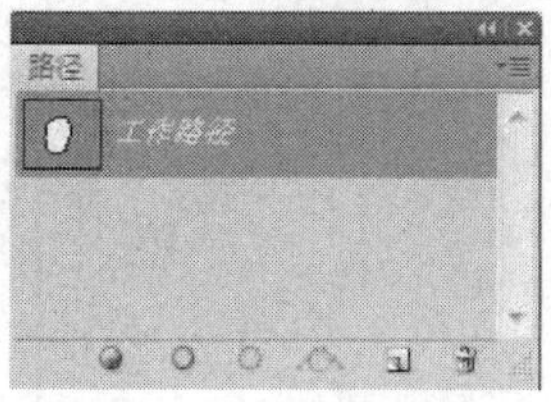

图 7－58　路径控制面板

路径是由线段、曲线或形状等连接起来的矢量图形。一旦创建路径，就会由路径面板来保存路径。路径面板如图 7－58 所示，显示了当前打开图像中所有建立的路径。利用路径面板可以创建新路径、对路径描边、将选区和路径相互转换等。

路径面板底部的按钮依次为：用前景色填充路径，用画笔描边路径，将路径作为选区载入，从选区生成工作路径，创建新路径，删除当前路径。

7.7.2　路径的基本操作

1. 路径的绘制和选取工具

绘制路径和选取路径的工具主要包括：钢笔工具组、矩形工具组和路径选择工具组，如图 7－59 所示。

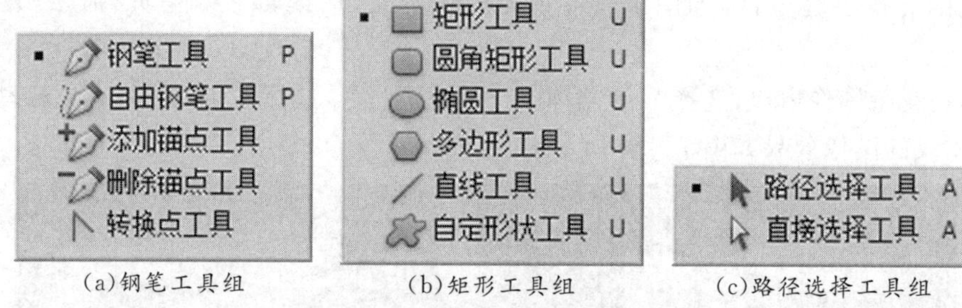

（a）钢笔工具组　（b）矩形工具组　（c）路径选择工具组

图 7－59　绘制路径和选择路径工具组

钢笔工具组和矩形工具组用来创建路径，路径选择工具组用来选择路径、移动路径。选择钢笔工具和矩形工具后，其工具选项栏基本相同，如图 7－60 所示。

图 7－60　钢笔工具选项栏

2. 路径操作

（1）绘制路径。

可使用钢笔工具绘制曲线路径，步骤如下：

① 选择钢笔工具，在适当位置按下鼠标不要松开，朝着要使曲线隆起的方向拖动，如要绘制向上凸的曲线路径，就要向上拖动鼠标，这时出现一个起始锚点和一条方向线（方向线的长度和斜率决定了曲线的形状），释放鼠标即确定了起始锚点。

② 将鼠标移到另一位置，按下鼠标并拖动，就创建了路径的第二个锚点。

③ 用同样的方法，创建路径的第三个锚点，要结束路径的绘制，在按下[Ctrl]键的同时

单击鼠标，就形成了一平滑曲线路径，创建过程如图 7-61 所示。

也可通过工具箱上的矩形工具组绘制指定形状的路径。在矩形工具组中选择一种形状工具(如多边形工具、自定形状工具等)，点击工具选项栏上的路径按钮 ，然后在图像上拖拽出所需形状路径，如枫叶、脚印等。

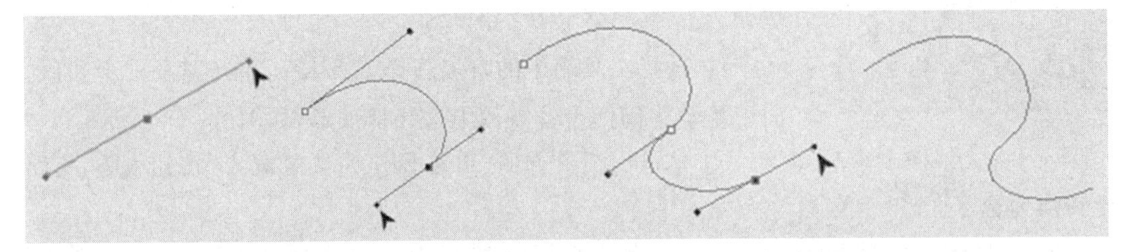

图 7-61 曲线路径的创建

(2) 选择、保存、复制和删除路径。

在工具箱上选取路径选择工具，用鼠标单击某路径即可将其选中，同时显示该路径上的所有锚点。如果用鼠标拖拽锚点可以改变路径的形状。

选定路径面板中的工作路径，单击面板右上角的按钮，在弹出的菜单中选择“存储路径”，可将工作路径保存为“路径 1”。

在路径面板中的“路径 1”上单击鼠标右键，选择“复制路径”；或单击面板右上角的按钮，在弹出的菜单中选“复制路径”，可将“路径 1”复制一个副本。

在要删除的路径上单击鼠标右键，选择“删除路径”，即可删除所选路径。

(3) 选区与路径的相互转换。

路径与选区可以互换，路径的作用很大程度上就是为了获得更精确的选区。要选取某一图像，可以先用路径工具绘制精确的路径，然后单击路径面板右侧的下拉按钮，从弹出的菜单中选择“建立选区”命令，或者单击路径面板底部的“将路径作为选区载入”按钮 。

选区转换为路径的方法是，单击路径面板右侧的下拉按钮，在弹出的菜单中选择“建立工作路径”。或者单击面板底部的“从选区生成工作路径”按钮 ，直接将选区转换为路径。

(4) 填充路径。

在工具箱中选择多边形工具，绘制一个八边形封闭路径。

单击路径面板右上角的按钮，在弹出的菜单中选择“填充路径”，打开“填充路径”对话框，在“使用”下拉列表里选择“图案”，在自定图案下拉列表里选择“扎染”，即可填充八边形，填充效果如图 7-62 所示。

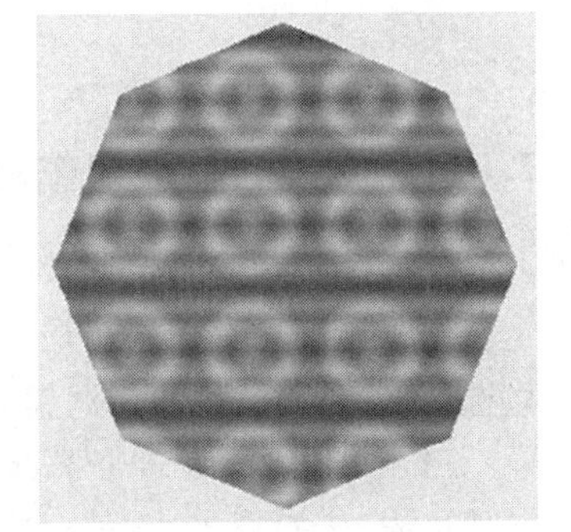

图 7-62 填充路径效果

(5) 路径描边。

在工具箱中选择自定形状工具，绘制一个蝴蝶形路径。

从路径面板中选择路径，选择一个绘图工具如画笔，画笔形状为散布枫叶，前景色为红色，单击工具选项栏上的按钮 ，打开画笔面板，设置主直径为 25px、取消画笔笔尖形状的“散布”选项、间距为 70%。设置好各项参数后，单击路径面板底部的“用画笔描边路径”按钮 ，对所选路径进行描边，描边效果如图 7-63 所示。

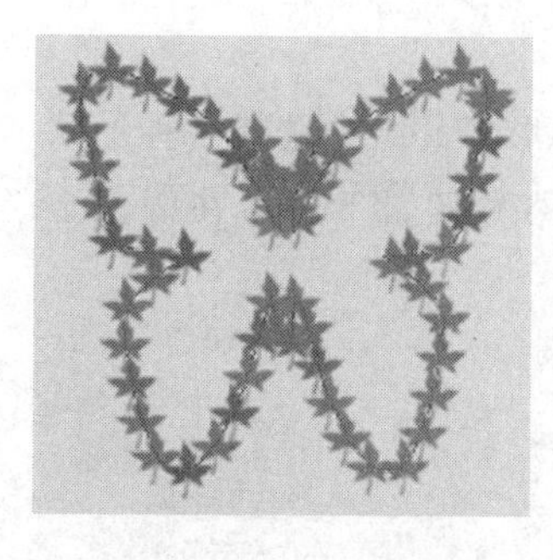

图 7-63　描边路径效果

【例 7-8】利用选区与路径的转换制作卷边效果。

① 打开"信息楼"图像文件，选择工具箱中的多边形套索工具，在图像的右上角建立如图 7-64 所示的三角形选区。

② 选择路径面板，单击面板下方的"从选区生成工作路径"按钮，将选区转换为路径。

③ 选择工具箱中的直接选择工具，单击路径的上边线，向下拖动中间两个锚点使上边线呈弧形，如图 7-65 所示。

④ 单击面板下方的"将路径作为选区载入"按钮，将路径转换为选区。

⑤ 选择图层面板，新建一图层。选择渐变工具，在工具选项栏中选择"线性渐变"按钮，单击按钮，在弹出的渐变编辑器对话框中，将渐变颜色设为"灰一白一灰"。用鼠标在图像的选区内横向拖一直线，选区即被填充渐变色，按[Ctrl+D]组合键取消选区。

⑥ 单击背景层，选择多边形套索工具，选取被卷边区域，将工具箱中的背景色设置为白色，按[Delete]键把选区填充白色。

⑦ 按住[Ctrl]键不放，单击图层 1 的缩略图，载入卷边选区，复制粘贴选区得到另一卷边，将该卷边旋转 180°，调整好位置，完成的卷边效果如图 7-66 所示。

图 7-64　建立卷边选区　　图 7-65　调整卷边路径　　图 7-66　完成的卷边效果

7.8　使用滤镜特效

7.8.1　滤镜的类型和作用

使用滤镜可为图像加入各种纹理、变形、模糊等特殊图像效果。使用滤镜时应注意滤镜是应用于当前可见图层还是当前通道。如需要对图像的部分区域应用滤镜效果则应首先建立选区，然后对选区应用滤镜。位图、灰度和索引模式的图像不能使用滤镜。

Photoshop CS5 自带了近百个滤镜，共分 14 大类，另外 Adobe Photoshop CS5 还增加了滤镜库、镜头校正、液化和消失点滤镜。使用时打开"滤镜"菜单，再选择分类存放的子菜单中的滤镜命令即可。下面分别介绍各种类型滤镜的作用：

(1) 风格化滤镜组：通过替换像素、增强相邻像素的对比度，使图像产生加粗、夸张的效果。

(2) 画笔描边滤镜组：主要用来模拟不同的画笔或油墨笔刷来勾画图像，产生绘画效果。

(3) 模糊滤镜组：能使图像中相邻像素减少对比度而产生朦胧的感觉，常用来光滑边缘过于清晰和对比过于强烈的区域。

（4）扭曲滤镜组：主要用来按照各种方式在几何意义上对图像进行扭曲，产生三维或其他变形效果。

（5）锐化滤镜组：主要是通过增强相邻像素间的对比度来减弱甚至消除图像的模糊，使图像轮廓变得清晰。

（6）视频滤镜组：主要用来处理摄像机输入的图像和为将图像输出到录像带上而做准备。

（7）素描滤镜组：主要用来在图像中添加纹理，使图像产生素描和速写等艺术效果。

（8）纹理滤镜组：用来向图像中加入纹理，使图像产生深度感和材质感。

（9）像素化滤镜组：主要通过使用“图像颜色值相近的像素以一种纯色取代”的方法，使图像显示为块状效果。

（10）渲染滤镜组：主要用来模拟光线照明效果，它可以模拟不同的光源效果。

（11）艺术效果滤镜组：用来使图像转变为不同类型的绘画作品。

（12）杂色滤镜组：用来向图像中添加杂色或去除图像中的杂色。

（13）其他滤镜组：用来修饰图像的某些细节部分，还可让用户创建自定义滤镜。

（14）数字水印滤镜组：包括嵌入数字水印和阅读数字水印两个滤镜。嵌入水印滤镜用来为图像加入著作权信息，阅读水印滤镜则用来阅读图像中的数字水印。

（15）镜头校正滤镜：自动修复常见的镜头瑕疵，如桶形失真、枕形失真、晕影和色差等。

（16）液化滤镜：使用液化滤镜可以让图像的每一个局部都能产生随心所欲的变形。

（17）消失点滤镜：使用消失点滤镜可以制作建筑物或任何矩形对象的透视效果。

（18）滤镜库：可以应用多个滤镜，打开或关闭滤镜效果，复位滤镜的选项以及更改应用滤镜的顺序等。滤镜库只提供滤镜菜单中的部分滤镜，而非全部。

7.8.2　滤镜的应用

【例 7－9】使用风格化、杂色、模糊以及纹理等滤镜制作木制板画。

① 打开一幅名为城堡.jpg(可自选文件)的图像文件，如图 7－67(a)所示。

② 选择菜单“滤镜”→“风格化”→“查找边缘”，取消图像中的色彩。

③ 选择菜单“图像”→“模式”→“灰度”，将图像变成灰度图像。

④ 选择菜单“图像”→“调整”→“色阶”，设置输入色阶为：0，1，220。

⑤ 保存图像文件为 PSD 格式，文件名为：城堡. psd 。

⑥ 新建一个图像大小与城堡. psd 相同的 RGB 文件，背景设置为白色。

⑦ 单击前景色，在拾色器中将前景色设为 R－97，G－90，B－85，按[Alt＋Delete]组合键，使用前景色填充图像。

⑧ 选择菜单“滤镜”→“杂色”→“添加杂色”，在弹出的对话框中，设置数量值为“30、高斯分布、单色”，给图像添加杂点。

⑨ 选择菜单“滤镜”→“模糊”→“动感模糊”，在弹出的对话框中，设置角度为“0”，距离为“30”，以制作木质纹理。

⑩选择菜单“滤镜”→“纹理”→“纹理化”，在弹出的对话框中，单击“纹理”右边的按钮 ▾≡ ，选择“载入纹理”，将城堡. psd 文件载入，并设置缩放为 100％、凸现为“30”、光照为“上”，选择“反相”，木版画制作成功，如图 7－67(b)所示。

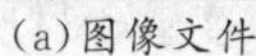
(a)图像文件

(b)木质版画效果

图 7-67 木质版画效果

7.9 动画制作

7.9.1 动画面板

动画利用视觉暂留原理,通过将一幅幅连续画面快速切换来形成连续动作。每一幅画面又称为一帧,许多帧连续播放形成动画。使用 Photoshop CS5,可以制作 GIF 动画。

动画制作主要通过动画面板来完成。选择菜单“窗口”→“动画”,在 Photoshop 窗口底部打开动画(帧)面板,如图 7-68 所示,如果显示的是“动画(时间轴)”方式,单击面板右下角的 按钮,即可切换到“动画(帧)”方式。

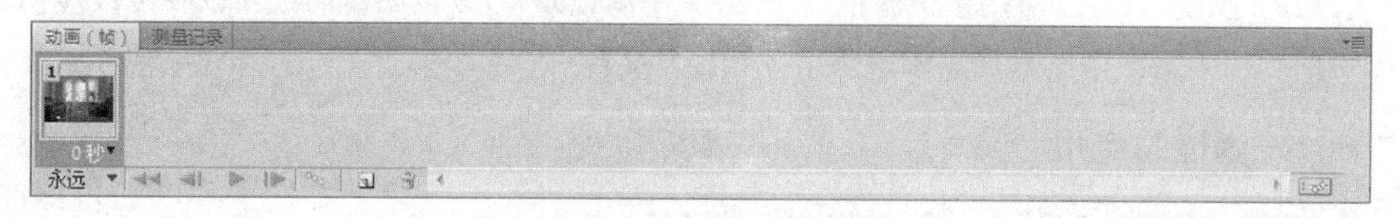

图 7-68 动画(帧)面板

在此面板中可对动画的每一帧进行设置,面板底部各控制按钮的作用如下:

(1) 复制当前帧按钮 :单击选中要复制的帧,然后单击 按钮,则在选中的帧的后边产生复制出来的新帧,并且新帧成为当前帧。

(2) 删除选中帧按钮 :选中要删除的帧,将其拖到 按钮上,或单击 按钮,都可将选中帧删除。

(3) 添加过渡帧按钮 :单击 按钮将弹出“过渡”对话框。在“过渡方式”列表框中选择在所选帧的前面还是后面添加过渡帧,并且设置新添加的过渡帧的图层属性,如“位置”“不透明度”和“效果”等。

(4) 选择帧延迟时间按钮:在每帧的下边都有一个时间显示,表示播放该帧时的延迟时间,单击该时间按钮,可在弹出的菜单中对延迟时间进行设置。

(5) 选择循环设置按钮:单击 永远 按钮,可以对动画播放次数进行设置。其中“一次”为只播放一次,“3 次”为只播放 3 次,“永远”表示循环播放,选择“其他”可以在弹出的对话框中设置播放次数。

4 个按钮分别为“选择第一帧”“选择上一帧”“播放/停止动画”“选

择下一帧”按钮。

7.9.2　GIF 动画制作实例

【例 7－10】消失的彩虹动画(关键帧过渡动画)。

① 打开“草原”图像文件,如图 7－69 所示。

图 7－69　打开的“草原”图像

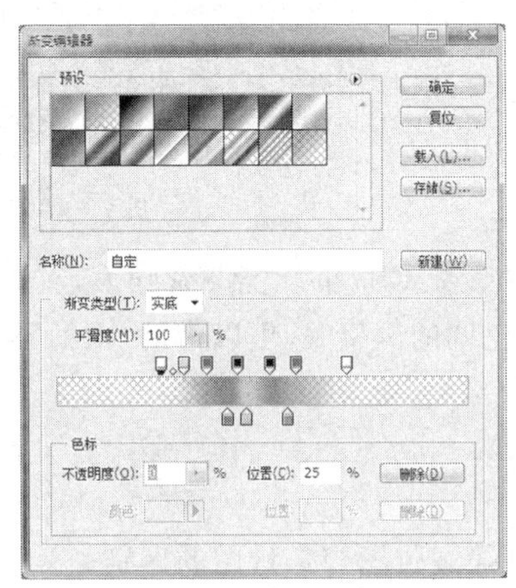

图 7－70　渐变编辑器

② 单击图层面板下方的“创建新图层”按钮 ,命名为“彩虹”,选择工具箱中的“渐变工具”,在选项栏中选择“径向渐变”,单击渐变色条,选择“透明彩虹渐变”,拖动小滑块至如图 7－70 所示位置。在图像中,从中央位置向边缘拖动创建渐变填充。

③ 选择“椭圆选择工具”选择彩虹下半部分并删除,效果如图 7－71 所示。

④ 设置“彩虹”图层混合模式为“色相”效果。

⑤ 选择菜单“窗口”→“动画”命令,弹出动画(帧)面板,单击动画面板下方“复制所选帧”按钮 复制当前帧。

⑥ 设置第 2 帧“彩虹”图层不透明度为 0%。

⑦ 点击“动画(帧)”面板下方的“过渡动画帧”按钮 ,弹出如图 7－72 所示的对话框,添加 20 帧过渡帧。

图 7－71　创建彩虹后效果

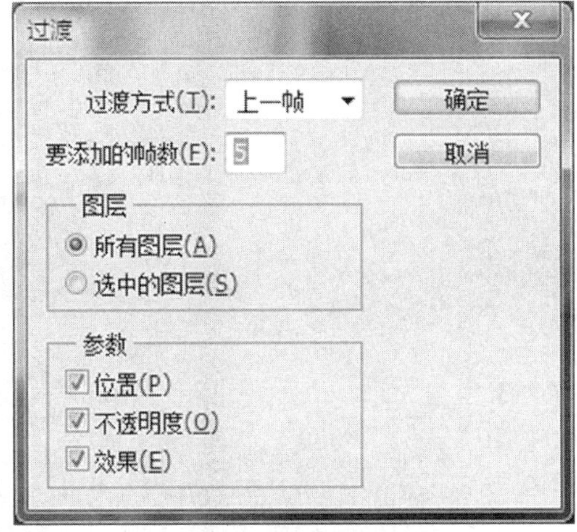

图 7－72　过渡帧对话框

⑧ 单击动画面板右侧的 按钮,从弹出的菜单中选择“选择全部帧”,将所有帧的延

迟时间设置为 0.2 秒,完成后的动画面板如图 7－73 所示。

⑨ 单击 播放动画按钮,预览动画效果,如果没有问题,选择菜单“文件”→“存储为 Web 和设备所用格式”命令,在弹出的对话框中选择保存类型为“gif”,单击“存储”按钮,在弹出的对话框中选择保存路径和文件名,单击“保存”按钮保存为 GIF 文件。

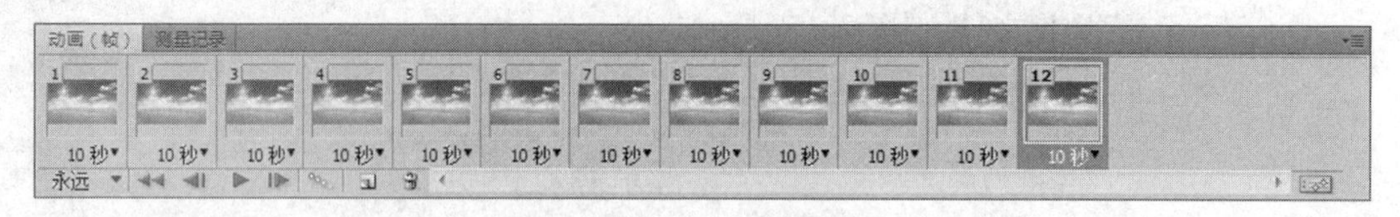

图 7－73 完成后的动画面板

Photoshop CS5 的功能非常强大,在此不能一一介绍。如在使用中遇到问题,例如图像的色彩和色调的调整等,可以借助“帮助”菜单下的 Photoshop 帮助手册。

习 题

7.1 简述位图与矢量图的区别。

7.2 简述图像的数字化过程。

7.3 仿制图章工具的作用是什么？如何使用仿制图章工具处理图像？

7.4 图像素材的获取有哪些途径？

7.5 Photoshop CS5 的主要功能是什么？它主要应用在哪些领域？

7.6 图层可分为哪几类？简述它们的定义及作用。

7.7 简述图层蒙版的作用和用法？

7.8 什么是通道？Alpha 通道的作用是什么？

7.9 路径和选区如何进行转换？

7.10 谈谈学习 Photoshop CS5 的经验和体会。你觉得学好 Photoshop CS5 并能得到实际应用的关键是什么？

第8章　动画制作软件 Adobe Flash CS5

8.1　计算机动画概述

8.1.1　动画的基本概念

动画一词在英文中有 animation、cartoon、animated、cameracature 等，其中比较正式的"animation"一词源于拉丁文字根的"anima"，意思为"灵魂"，动词 animate 是"赋予生命"的意思，引申为使某物活起来的意思。因此动画可以定义为使用绘画的手法，创造生命运动的艺术，即利用具有连续性内容的静止画面，通过连续播放使之产生运动错觉。

动画就是通过把人物的表情、动作、变化等分解后画成许多动作瞬间的画幅，再用摄影机连续拍摄成一系列画面，给视觉造成连续变化的图画。它的基本原理与电影、电视一样，都是利用视觉暂留原理。医学证明人类具有"视觉暂留"的特性，人的眼睛看到一幅画或一个物体后，在 0.34 秒内不会消失。利用这一原理，在一幅画还没有消失前播放下一幅画，就会给人造成一种流畅的视觉变化效果。这就是动画形成的基本原理。

毫无规律和杂乱的画面不能构成真正意义上的动画，构成动画须遵循一定的规则，主要包括以下 3 个方面：

(1) 由多个画面组成，且画面连续；

(2) 画面之间的内容存在差异，包括位置、颜色、亮度、形态等方面；

(3) 画面表现的动作具有连续性。

8.1.2　动画的技术参数

动画的技术参数主要包括帧速度、画面大小、数据率和图像质量等。

1. 帧速度

动画本质上由帧构成，每一帧就是一幅静态的画面，这些静态的画面通过连续播放形成动画视觉效果。帧速度是指 1 秒钟播放的画面数量，即帧的数量。帧速度太大或太小都会造成动画播放的不自然，一般情况下，动画的帧速度为每秒 30 帧或 25 帧。在利用计算机制作动画时，有些软件默认的帧速度比较低，如 Adobe Flash CS5 默认的帧速度为每秒 24 帧。

2. 画面大小

动画的画面大小即动画的尺寸，一般以像素为单位表示。因为创作的动画最后都由数字设备(如计算机)来进行播放展示，所以动画尺寸的设计须考虑显示设备的分辨率，一般为 320×240～1280×1024 像素之间。画面的大小与动画的数据量有直接的关系，两者成正比例变化。

3. 数据率

在不计压缩的情况下，数据率是指帧速度与每帧图像的数据量的乘积。如果一个动画的帧速度为每秒30帧，每帧上的图像大小均为1MB，则这个动画的数据率为30MB，即每秒的数据容量为30MB。动画太复杂、数据率太大可能导致计算机硬件设备超负荷运行，影响动画的播放效果，所以在制作计算机动画时，要考虑平衡动画数据率和动画效果的关系。

4. 图像质量

图像质量的好坏直接影响动画效果，图像质量越好则动画效果越好，但动画数据率也越大。因此在制作动画时，还需在图像质量与数据率之间进行折中的选择。

8.1.3 常见的动画文件格式

1. GIF 动画文件(.GIF)

图形交换格式(Graphics Interchange Format，GIF)是由 CompuServe 公司于1987年推出的一种高压缩比的彩色图像文件格式，主要用于图像文件的网络传输。考虑到网络传输中的实际情况，GIF 图像格式除了一般的逐行显示方式外，还增加了渐显方式，也就是说，在图像传输过程中，用户可以先看到图像的大致轮廓，然后随着传输过程的继续而逐渐看清图像的细节部分，从而适应了用户的观赏心理。最初，GIF 只是用来存储单幅静止图像，后又进一步发展为可以同时存储若干幅静止图像并进而形成连续的动画。目前 Internet 上还大量采用这个格式的动画文件。

2. Flic 文件(.FLI，.FLC)

Flic 文件是 Autodesk 公司在其出品的2D、3D动画制作软件中采用的动画文件格式。其中 FLI 是最初的基于320×200分辨率的动画文件格式，而 FLC 则是 FLI 的扩展，采用了更高效的数据压缩技术，其分辨率也不再局限于320×200。Flic 文件采用行程编码(RLE)算法和 Delta 算法进行无损的数据压缩，首先压缩并保存整个动画系列中的第一幅图像，然后逐帧计算前后两幅图像的差异或改变部分，并对这部分数据进行 RLE 压缩。由于动画序列中前后相邻图像的差别不大，因此可以得到相当高的数据压缩率。

3. SWF 文件

SWF 文件是基于 Adobe 公司的产品 Flash 的矢量动画格式。它采用曲线方程描述其内容，具有计算机图形的特点，任意缩放不会失真。用 Flash 软件制作的动画文件，源文件为 .fla 格式。SWF 文件是 Flash 中的一种发布格式，由于其体积小、功能强、交互能力好、支持多个层和时间线程等特点，被广泛地应用到网络动画中。在 Internet 上，客户端浏览器安装 Flash 插件即可播放相应的动画。

8.2 Adobe Flash CS5 概述

8.2.1 Adobe Flash CS5 的工作环境

启动 Adobe Flash CS5(以下简称 Flash CS5)后，可以看到如图8-1所示的工作界面。工作界面主要由菜单栏、时间轴、工具面板、编辑区和浮动面板组成。

1. 菜单栏

菜单栏位于标题栏下方，根据功能的不同分为11类，即文件、编辑、视图、插入、修改、文本、命令、控制、调试、窗口和帮助。

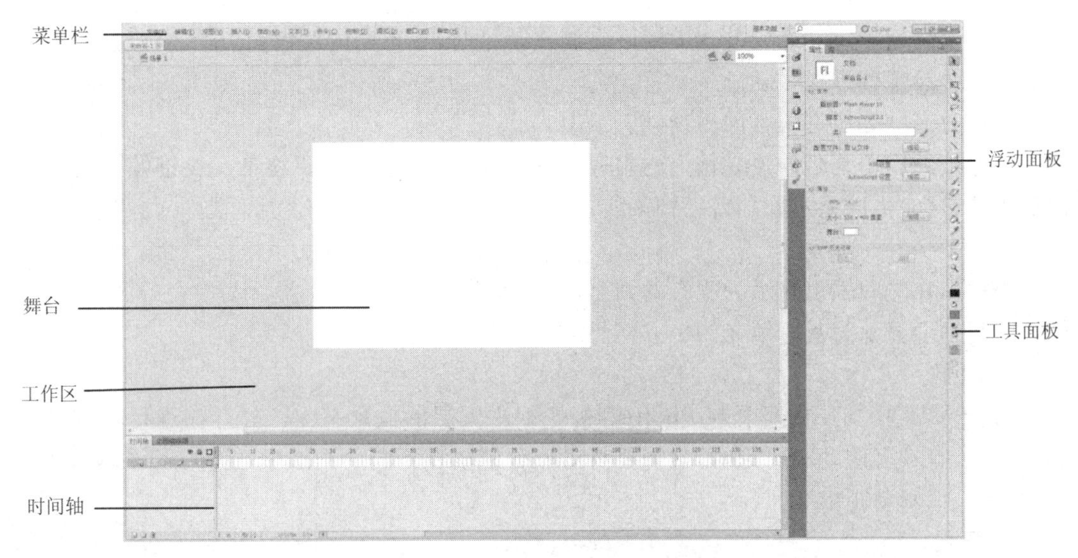

图 8-1　Adobe Flash CS5 的工作界面

2. 时间轴

时间轴面板默认位于工作区的下方，它是用于组织和控制电影不同时间、不同层和不同帧的内容的，其最重要的组成部分是帧、层和播放头。

3. 工具面板

工具面板默认位于工作界面的右边，提供了绘制、编辑图形的全套工具。利用这些工具，可以在舞台上绘制出动画各帧各层的内容，并可对它们进行编辑和修改，也可以利用这些工具对导入的图像进行编辑。

4. 编辑区

编辑区是编辑和制作动画内容的地方，根据工作情况分为舞台和工作区两部分。

编辑区的正中间是舞台，可以在舞台中绘制和编辑影片动画的内容，也就是最终生成的影片动画里能显示的全部内容。舞台周围的灰色区域是工作区，工作区内的所有内容都不会在最终的电影中显示出来。

5. 浮动面板

选择"窗口"菜单则可以看到 Flash CS5 提供的所有面板名称，在其中选择某面板名称就可以打开该面板，同时该名称前出现 ✔，再次单击面板被隐藏。选择菜单"窗口"→"隐藏面板"命令或按[F4]键可隐藏所有面板，再次按[F4]键重新显示。这些能够打开和被隐藏的面板称为浮动面板。

浮动面板中使用频率最高的是属性面板，它默认位于工具面板的左边。在动画编辑的过程中，所有的对象包括舞台背景的各种相关属性，都可以通过属性面板进行编辑修改，使用起来十分方便。选择工具面板中的某个工具之后，属性面板就会显示相应的属性。

8.2.2　几个基本概念

1. 帧

帧是构成 Flash CS5 动画的最基本单位。在时间轴面板上的每个小方格代表一帧。每一帧可以包含需要显示的所有内容，包括图像、声音和其他各种对象。Flash CS5 中主要有关键帧、空白关键帧和普通帧。

关键帧是用于定义动画变化的帧。在制作动画时,在不同的关键帧上绘制或编辑对象,再通过一些设置就形成了动画。

空白关键帧是没有内容的关键帧。

普通帧的作用是延伸关键帧上的内容。制作动画时,经常需要将某一关键帧上的内容向后延伸,这时可以通过添加普通帧来实现。普通帧上能显示对象,但不能对对象进行编辑操作。

关键帧在时间轴上显示为实心的圆点,空白关键帧在时间轴上显示为空心的圆点,普通帧在时间轴上显示为灰色填充的小方格。

2. 图层

Flash CS5 中图层的概念与 Photoshop CS5 中图层的概念基本一样。在进行较复杂的动画制作,有较多的动画对象时,就需要将对象分别放在不同的图层中,这样互不影响,从而方便绘制、编辑动画内容。

3. 场景

Flash CS5 的场景就像戏剧的舞台一样,所以场景也被称为舞台,是创作动画的编辑区。任何 Flash 动画至少需要一个场景,复杂的动画需要由多个场景来组成。

使用场景的最大好处就是可以将不同的动画情节分别放置到不同的背景中,如一个表现白天和黑夜发生的故事的动画,可以使用两个场景。

4. 元件和实例

Flash CS5 中的元件分为 3 类:图形元件、影片剪辑元件和按钮元件。所有元件都被放在库面板中。实例是指出现在舞台上的元件,或者嵌套在其他元件中的元件。使用元件有两个好处:一是元件在动画创建过程中可以无限次地调用,而整个文件的大小不会增加;二是当对某个元件做出修改时,程序会自动根据修改的内容将动画中所有用到该元件的实例进行更新。

8.2.3 Adobe Flash CS5 动画的基本特点

Adobe Flash CS5 是目前最专业的网络矢量动画软件,技术特点主要包括以下几个方面。

1. 矢量动画

Flash CS5 的图形系统是基于矢量的,制作时只需要存储少量的矢量数据就可以描述一个复杂对象,占用的存储空间与位图相比大大减少,非常适合于通过互联网进行传输与播放。同时,矢量图可以任意放大与变形,但不会降低图像显示质量。

2. 插件式播放

Flash CS5 动画使用插件方式播放。用户只需要在浏览器端安装一次插件,以后就可以快速启动并观看动画,相对于其他动画的播放方式来说非常简便。Flash CS5 插件非常小且是一个免费的共享软件。

3. 流媒体动画

Flash CS5 动画采用流式播放形式,用户在观看动画时,可以边下载边播放,不用等到动画文件全部下载完成才开始观看。这样就实现了动画的快速显示,减少了用户的等待时间。

4. 交互功能

Flash CS5 具有强大的交互功能。借助 ActionScript 的强大功能,不仅可以制作出各种精彩夺目的顺序动画，还可以制作出复杂的交互式动画，以便用户对动画进行控制。这不仅给网页设计创造了无限的创意空间，而且有效地扩展了动画的应用领域。

8.3　Adobe Flash CS5 的基本操作

8.3.1　新建文件

新建文件有两种方法：一是启动 Adobe Flash CS5 时，出现启动界面，单击“新建”栏下的“ActionScript 3.0”或“ActionScript 2.0”，即可创建一个默认名称为“未命名-1”的 Flash 文件；二是选择菜单“文件”→“新建”命令，在弹出的如图 8-2 所示的“新建文档”对话框中选择“ActionScript 3.0”或“ActionScript 2.0”，单击“确定”按钮后，即可创建一个新文件。

文档的属性可以在右侧的“属性”面板中设置。

大小：默认的舞台大小为 550×400 像素。

帧频：帧频是每秒要显示的动画帧数，默认帧频为 24 帧/秒。频率过慢，动画播放时会出现明显的停顿现象，频率太快会使动画一闪而过。

背景：单击背景颜色按钮可从弹出的颜色列表中选择影片的背景色。

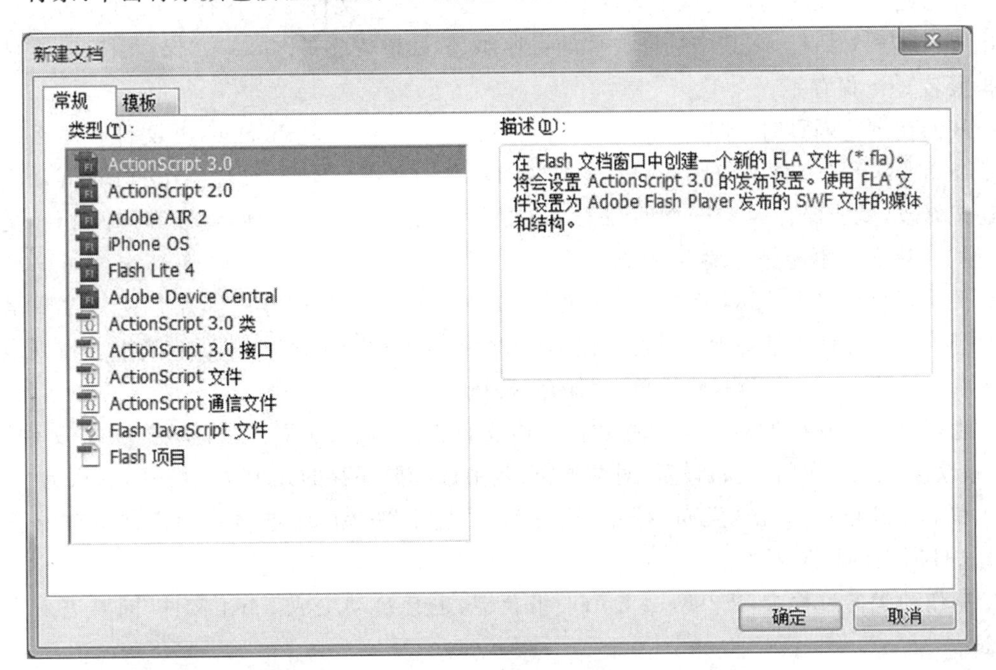

图 8-2　“新建文档”对话框

8.3.2　预览和测试动画

在作品创建完成后或制作的过程中，经常需要预览和测试动画的效果。可以在 Flash 的编辑环境中预览，也可以在单独的窗口或 Web 浏览器中测试。

（1）在编辑环境中预览动画。

在编辑环境中预览动画有以下几种方法：

图 8-3 播放控制器

① 选择菜单“控制”→“播放”命令。

② 选择菜单“窗口”→“工具栏”→“控制器”命令，打开如图 8-3 所示的控制器，然后单击“播放”按钮 ▶ 。

③ 按[Enter]键，动画顺序地在影片窗口按照指定的帧频率播放。

要循环播放，可以选择菜单“控制”→“循环播放”命令。要播放动画影片中的所有场景，可以选择菜单“控制”→“播放所有场景”命令。

(2) 测试影片动画。

尽管 Flash CS5 可以在编辑环境中预览影片动画，但是许多动画和交互功能在编辑环境却不能播放。要测试所有的交互功能和动画，可以选择菜单“控制”→“测试影片”→“在 Flash Professional 中”或“控制”→“测试影片”→“测试”或“控制”→“测试场景”命令。

在预览和测试状态下，随时按[Enter]键都可以暂停播放，再按[Enter]键又可以继续播放。

8.3.3 保存和发布 Flash CS5 文件

作品完成后或在制作过程中要注意保存。选择菜单“文件”→“保存”(或另存为)命令，弹出“另存为”对话框，在其中选择文件的保存路径，并输入文件名，单击“保存”按钮，文件就以扩展名 .fla 保存了。

我们在浏览网页时，知道 Flash 作品的扩展名为 .swf，即 Shockwave 文件。那么扩展名 .fla 和 .swf 的文件有何区别呢？主要区别就在于能不能编辑，如果制作的 Flash 动画以后还想修改，就要保存为 .fla 文件，而 .swf 是播放影片的压缩文件，文件容量比 .fla 文件小，但 .swf 文件不能进行编辑修改。

要将影片输出为 .swf 格式，选择菜单“文件”→“导出”→“导出影片”命令，在弹出的“导出影片”对话框中选择保存路径，在文件名栏中给文件起个名字，从保存类型下拉列表中选择“flash 影片(*.swf)”，然后单击“保存”按钮。

也可以同时发布为多个文件格式。先将文件保存为 .fla 文件，再选择菜单“文件”→“发布设置”命令，弹出“发布设置”对话框，在其中选择要保存的几种文件格式，默认为 .swf 格式和 .html 格式，单击“发布”按钮，最后单击“确定”按钮，所选格式的文件就被保存在 .fla 文件所在的目录下了。

制作动画的过程中，按[Ctrl+Enter]组合键，也会自动生成 .swf 文件，同时进入预览状态。

8.4 编辑图形

8.4.1 面板设置

面板用于编辑或修改动画对象，分为属性面板、库面板、颜色面板、对齐面板和变形面板等类型。下面主要介绍属性面板、库面板和颜色面板。

1. 属性面板

“属性”面板在舞台右方，默认情况下处于打开状态；或选择菜单“窗口”→“属性”，打开“属性”面板。

“属性”面板的内容取决于当前选定的对象，可以显示当前文档、文本、元件、形状、位图等的信息和设置。如选择工具箱中的文本工具时，“属性”面板中显示有关文本的一些属性设置。如果没有选定对象，“属性”面板显示文档（舞台）的属性。

2. 库面板

选择菜单“窗口”→“库”即可打开“库”面板，如图 8 - 4 所示。每个 Flash CS5 文档都对应一个库，用来存储当前文档中创建的元件，导入的视频剪辑、声音剪辑、位图和矢量图像等，通过库面板可组织和管理文档中的对象。

库面板中上面窗口为预览窗口，显示当前选中元件或对象的外观；下面窗口中显示当前文档中所有的元件和其他对象。在库面板中，单击右上角的按钮 ，可打开库面板快捷操作菜单；分别单击库面板左下角这些按钮 ，可分别进行新建元件、新建文件夹、属性和删除等操作。

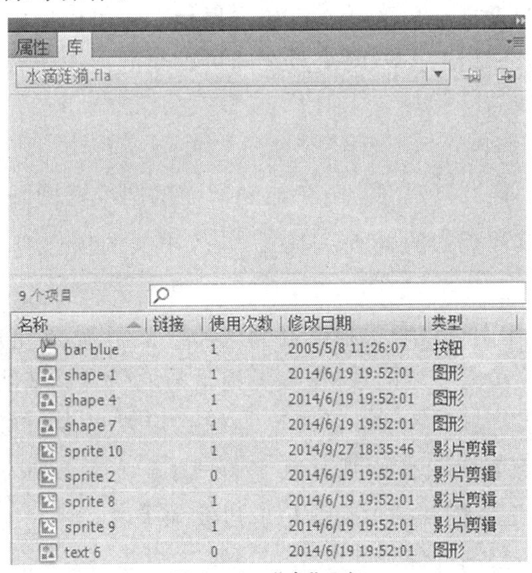

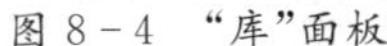
图 8 - 4　“库”面板

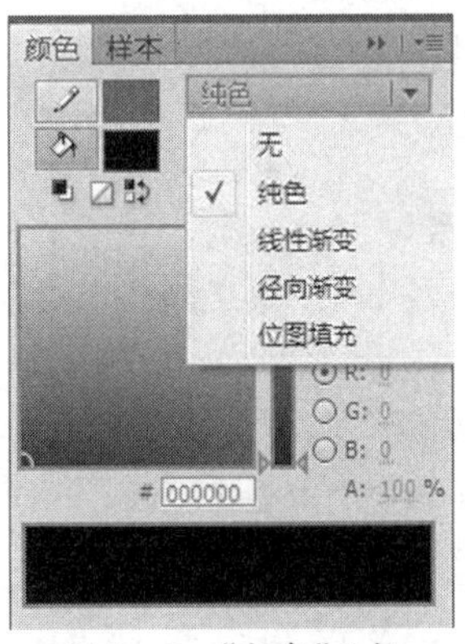

图 8 - 5　“颜色”面板

3. 颜色面板

颜色面板用于设置和修改颜色，如图 8 - 5 所示。在颜色面板中可以创建和编辑纯色及渐变填充，调制出各类颜色，用来设置笔触颜色、填充颜色以及透明色等。如果在舞台上已经选择了对象，在颜色面板中所做的颜色更改会被应用到该对象。

颜色面板上各按钮的功能如下：

(1) 笔触颜色按钮和填充颜色按钮：用来选择笔触颜色和填充颜色。

(2) 交换颜色按钮：在填充和笔触之间交换颜色。

(3) 黑白按钮：返回到默认的黑白颜色设置（笔触颜色为黑色，填充颜色为白色）。

(4) 无颜色按钮：取消笔触颜色或填充颜色。

设置颜色时，单击“笔触颜色”按钮或“填充颜色”按钮右边的颜色框，弹出调色板，从中选择一个颜色样本。还可在调色板右方输入 HSB 值或 RGB 值选择一种颜色。

8.4.2 绘图工具

基本的绘图工具包括线条工具、钢笔工具、椭圆工具、矩形工具等。单击工具面板中右下角黑色小三角的工具图标，并按住不放，停留几秒后将显示出其他的绘图工具。

1. 线条工具

线条工具 用于绘制直线。使用方法很简单，选取线条工具后，在属性面板中设置好线条样式、宽度和颜色，即可在“舞台”上拖动鼠标绘制直线或不规则形状。

要为线条设置渐变色或进行位图填充，必须先用选择工具 选择该直线，然后选择菜单“修改”→“形状”→“将线条转换为填充”命令，将线条转换为一个可填充的区域，再使用填充工具进行填充。

按住[Shift]键拖动鼠标可以绘制水平、垂直及45°的直线。

2. 钢笔工具

使用钢笔工具 可以绘制出精确的路径，创建直线(路径)或曲线段，可以通过调整线条上的点来调整直线段的角度和长度以及曲线段的斜率。单击鼠标左键可以确定一个锚记点，在其他位置再单击鼠标左键确定另一个锚记点，两个点之间可以绘制出一条直线。单击并按住鼠标左键拖动可以绘制一条曲线。

3. 椭圆工具

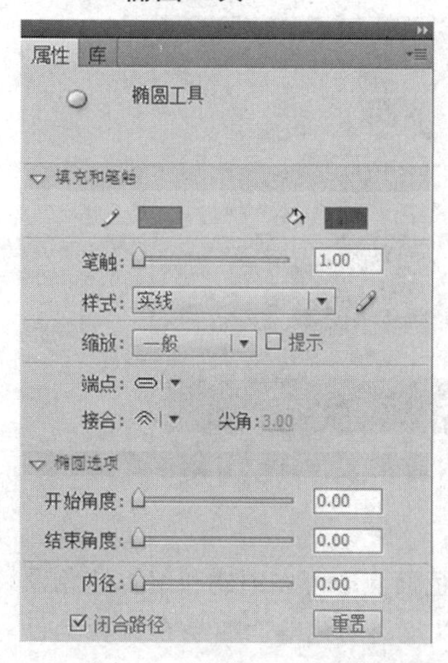

图 8-6 椭圆工具“属性”面板

椭圆工具 用来绘制所需的圆或椭圆图形。选择工具面板中的椭圆工具 后，相关选项会自动出现在属性面板中，如图 8-6 所示。单击 会出现调色板，在调色板中选择绘制椭圆的线条颜色；在笔触框中可直接输入线宽的数值，或者拖动滑块任意调节线宽，单击编辑笔触样式 可对笔触样式设置更多的参数；从样式的下拉列表中选择线条样式；单击 出现调色板，选择椭圆的填充颜色或过渡效果。

绘制的椭圆实际上包括两个对象，一个是椭圆的线条，另一个是内部的填充区域，两个对象是独立的，可以分别进行操作；若选择选项设置区的对象绘制按钮 再进行绘制，则线条与填充不再独立，是一个整体。如果希望绘制的椭圆只有线条、没有填充，可在工具面板颜色区中先选中 ，然后单击 按钮。要想绘制没有线条、只有填充的椭圆，可以先选中 ，然后再单击 按钮。

“开始角度”和“结束角度”用于指定椭圆的起始点和结束点的角度。使用这两个控件可以轻松地将椭圆和圆形的形状修改为扇形、半圆形及其他有创意的形状。

4. 矩形工具

矩形工具 用于绘制矩形或正方形。矩形工具的用法与椭圆工具基本一样，所不同的是在属性面板中多了一个矩形圆角半径选项，输入矩形的圆角半径的像素点数值，就能绘出相应的圆角矩形。

5. 多角星形工具

多角星形工具 用于绘制多边形或星形。多角星形工具的用法与椭圆工具基本一样,所不同的是在属性面板中多了选项设置,单击选项弹出如图 8-7 所示对话框,可设置样式(多边形或星形)、边数及星形顶点大小等参数。

图 8-7　多角星形工具选项

6. 铅笔工具

铅笔工具 用于绘制线条和图形。使用铅笔工具能随意地绘制线条和图形,但这些线条和图形并不是铅笔的实际运动轨迹所形成的,而是根据选定的绘制模式自动调整得到的。

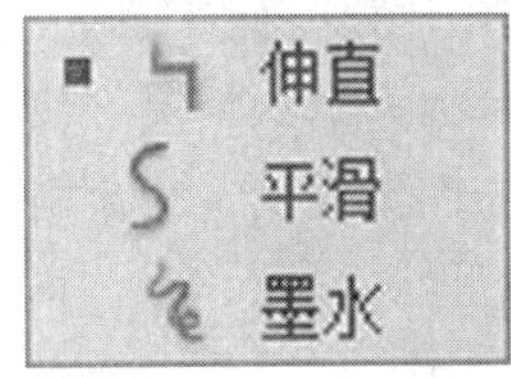

图 8-8　3 种铅笔模式

在工具面板中选取铅笔工具 后,在下方的属性面板中选择线条的颜色、宽度和样式。在工具面板的选项区中,单击铅笔模式按钮 将会弹出修改绘制线条的 3 种模式,如图 8-8 所示,选择一种后在“舞台”中拖动鼠标,即可绘出线条。

“伸直”模式适用于绘制规则线条。Flash 会根据绘制的线条进行判断,分段转换成与直线、椭圆、矩形等规则几何形状中最接近的一种线条。

“平滑”模式对绘制的有锯齿的线条自动进行平滑处理。

“墨水”模式对绘制的线条基本保持原样。

使用铅笔工具时,如果按下[Shift]键拖动鼠标,可以绘制水平或垂直的直线。

7. 刷子工具

刷子工具 能绘制出刷子般的笔触,就像在涂色一样,还可以创建特殊效果,包括书法效果。使用刷子工具功能键可以选择刷子大小和形状。与铅笔工具不同之处在于,使用铅笔工具绘制出来的是线条,而使用刷子工具绘制出来的是填充区域。因此,使用刷子工具不仅可以创建出一些特殊的效果,还可以对绘制的图形进行颜色或位图的填充。

在工具面板中选取刷子工具 后,工具面板底部的选项区会变为如图 8-9 所示的样子。单击 刷子模式按钮,出现 5 种刷子模式,如图 8-10 所示,其功能如下:

“标准绘画”:即在同一图层上绘图时,新绘制的线条或图形会覆盖舞台中的原有图形。

“颜料填充”:可对填充区域和空白区域涂抹,不影响线条。

“后面绘画”:只能在空白区域涂画,不会影响原有图形。

“颜料选择”:只能在选取的图形区域里涂绘,如果没有选区,则刷子不起任何作用。

“内部绘画”:对开始刷子笔触所在的填充区域进行涂色,但不影响线条。如果在空白区域中开始涂色,则填充不会影响任何现有填充区域。

图 8-9　刷子工具选项区

图 8-10　刷子模式选项

选择一种模式后,在工具选项区可以选择刷子大小和形状,在舞台上拖动鼠标涂抹图形。图 8-11 为 5 种刷子模式下的涂抹效果。

如果希望使用渐变或位图填充的刷子效果，选择菜单“窗口”→“颜色”命令，打开颜色面板，在 纯色 的下拉列表中有 5 种填充样式可供选择。

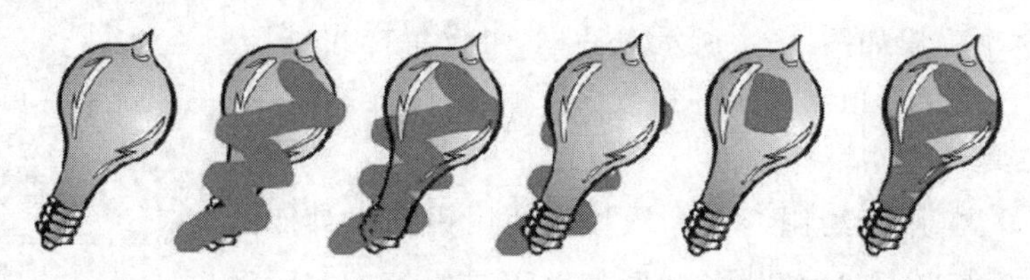

图 8-11　原图和五种刷子模式的涂抹效果

8. 喷涂刷工具

喷涂刷工具 类似于粒子喷射器，可以一次将形状图案刷到舞台上。默认情况下使用当前选定的填充颜色喷射粒子点，也可以将影片剪辑或图形元件作为图案应用。喷涂刷工具的使用方法很简单，选取喷涂刷工具后，在属性面板中设置好喷涂形状、颜色、缩放、宽度、高度和复选参数后，即可在“舞台”上拖动鼠标喷涂出粒子状的形状图案。

9. Deco 工具

Deco 工具 是一种类似“喷涂刷”的填充工具，使用 Deco 工具可以对舞台上的选定对象快速完成大量相同元素的绘制，也可以应用它制作出很多复杂的动画效果。将其与图形元件和影片剪辑元件配合，可以制作出效果更加丰富的动画效果。

选择工具面板中的 Deco 工具 后，相关选项会自动出现在属性面板中，如图 8-12 所示。单击绘制效果下的下拉列表，出现如图 8-13 所示的多种填充效果，功能如下：

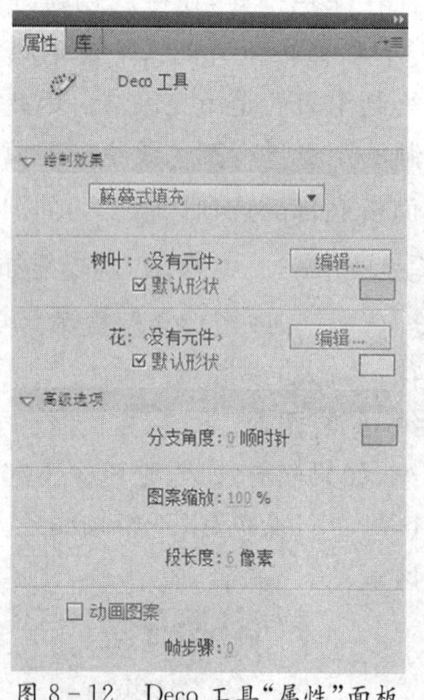

图 8-12　Deco 工具“属性”面板

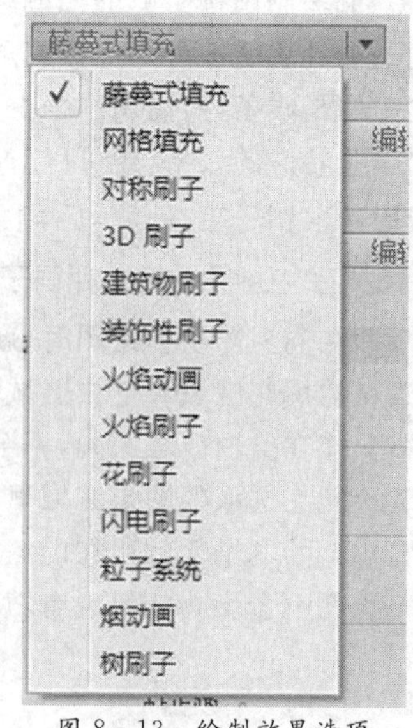

图 8-13　绘制效果选项

“藤蔓式填充”：可以用藤蔓式图案填充舞台、元件或封闭区域。可以选择默认的图形树叶和花，也可以通过选择元件，替换叶子和花朵。使用默认形状填充舞台效果如图 8-14 所示。

“网格填充”：可以把基本图形元素复制，并有序地排列到整个舞台上，产生类似壁纸的效果。

"对称刷子"：可以围绕中心点对称排列元件。在舞台上绘制元件时，将显示手柄，使用手柄增加元件数、添加对称内容或者修改效果，来控制对称效果。使用直线元件与对称刷子可制作如图 8-15 所示的效果。

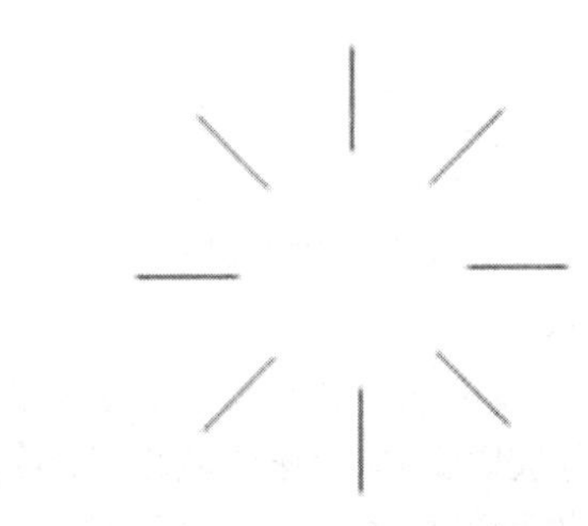

图 8-14　藤蔓式填充效果图　　　图 8-15　对称刷子填充效果图

"3D 刷子"：在舞台上对某个元件的多个实例涂色，使其具有 3D 透视效果。

"建筑物刷子"：在舞台上绘制建筑物。建筑物的外观取决于为建筑物属性选择的值。

"装饰性刷子"：可以绘制装饰线，例如点线、波浪线及其他线条。

"火焰动画"：可以创建程序化的逐帧火焰动画。

"火焰刷子"：可以在舞台上绘制火焰。

"花刷子"：可以绘制程式化的花。

"闪电刷子"：用于创建闪电效果，还可以创建具有动画效果的闪电。

"粒子系统"：用于创建火、烟、水、气泡及其他效果的粒子动画。

"烟动画"：可以创建程序化的逐帧烟动画。

"树刷子"：用于快速创建树状插图。

10. 墨水瓶工具、颜料桶工具和滴管工具

工具栏中的这 3 个工具主要是用于填充颜色，下面简单介绍它们的使用方法：

墨水瓶工具 ：可用来更改图形线条的颜色、线宽和线条样式。选择墨水瓶工具，在其属性面板上设置线条颜色、线宽及样式，然后在要更改颜色的线条上单击即可。

颜料桶工具 ：可以用来填充区域颜色或更改填充部分的颜色。在调色板中设置好填充色后，选择颜料桶工具，在要填充的区域单击即可。

滴管工具 ：可对舞台上的填充或线条进行采样，然后将采样到的样式(包含颜色和线形等)运用于其他对象。选择滴管工具，在要复制的填充区域或线条上点击一下取样，然后在其他填充或线条上单击，就可将其改为取样的颜色或线形。

8.4.3　打开或导入其他格式的图形文件

在 Flash CS5 中可以打开或导入其他格式的文件，然后再进行编辑，方法如下：

1. 打开 FLA 文件或其他格式文件

选择菜单"文件"→"打开"，选择动画文件打开。可打开的文件类型有 FLA 文件、SWF 文件、AS 文件等。

2. 外部导入其他格式的文件

选择菜单"文件"→"导入"→"导入到舞台"，选择要导入的图形文件，则同时导入文件到舞台和库中。可导入的外部文件类型为 SWF 文件(生成关键帧)和其他格式文件，但不能导入 FLA 格式。

选择菜单“文件”→“导入”→“导入到库”，选择要导入的图形文件，则文件中的元件被导入到库中。可导入的外部文件类型为 SWF 文件（生成关键帧）和其他格式文件，但不能导入 FLA 格式。

8.4.4 编辑图形

编辑图形主要是指对选中的对象进行复制、移动和删除，以及组合、分离、变形等操作。

1. 选取对象

对象是指工作区内的某个图形元素如直线，要编辑修改对象，需要先选中它。可以使用选择工具、部分选取工具、套索工具以及相关的菜单命令来选取对象。

(1) 使用选择工具选取对象。

单击选择工具，再按如下方法选择对象：

① 单击图形的线条或填充对象，可选中线条或填充部分。若要同时选中线条或填充，可双击填充部分。

② 单击矩形线框时，只能选中一条边，双击某条边才能选取矩形的全部线条。

③ 也可拖拽鼠标在要选择的一个或多个对象周围拖画出一个选取框，可选取一个对象或同时选取多个对象。

(2) 使用部分选取工具选取对象。

选择部分选取工具，单击图形线条对象，可选中线条部分，也可以拖拽一个矩形框将对象圈住，选中对象。部分选取工具对填充不起作用，只能选择线条，被选中的线条周围出现许多锚点，拖动这些锚点可以改变线条或轮廓形状。

(3) 使用套索工具选取对象。

选择套索工具，在工具箱下部多了一组工具选项：

① 魔术棒：可根据颜色的差异选择不规则区域。

② 设置魔术棒：可调整魔术棒工具的设置。

③ 多边形：可选择多边形区域。

2. 移动、复制和删除对象

移动对象：选中对象，按住鼠标左键拖动，可将对象移动到合适位置。

复制对象：选中对象，按[Ctrl]或[Alt]键，按住鼠标左键拖动，可复制对象。

对象的删除：选中对象，按[Delete]键，可删除对象。

3. 组合对象

使用绘图工具绘制的矢量图是由线条和填充两种对象组成的，在进行编辑时，两者是分离的，将其组合可以方便移动、变形等操作。另外，进行组合后还可以防止因为重叠而产生的切割或融合。

创建组合的步骤如下：首先选择工具面板中的选择工具，将要进行组合的多个对象全部框选，然后选择菜单“修改”→“组合”命令（或按[Ctrl+G]组合键），即可将所有选中的对象组合在一起。此时如果再拖动，组合对象将作为一个整体移动。已经被组合的对象可以与其他图形或其他组合对象进一步组合。也就是说，组合可以被嵌套。

要取消组合，选择菜单“修改”→“取消组合”命令即可。

4. 分离对象

选择菜单“修改”→“分离”命令或按[Ctrl+B]组合键，可以将组、实例分离成单独的可编辑元素。也可以应用于位图，将位图转换为矢量填充，极大地减小导入图形的文件大小。还可以应用于文字。当应用于文本块时，会将每个字符放入单独的文本块中；应用于单个文字时，会将文字转换为轮廓。

提示：“分离”命令与“取消组合”命令不同，“取消组合”只能将组合的对象分开，不会分离位图、实例或文字。

5. 变形对象

使用任意变形工具或选择菜单“修改”→“变形”，可对图形中的对象、组、实例或文本块任意进行拉伸、旋转、倾斜、翻转或自由变形等操作。

选择任意变形工具后，工具面板底部的选项区中出现变形模式，如图 8-16 所示。

图 8-16　任意变形工具选项区

紧贴至对象：快速精确地对齐已有对象。

旋转与倾斜：用来旋转对象及倾斜对象。

缩放：用来调整对象大小。

扭曲：用来调整对象的形状，自由地移动对象的边与角。

封套：通过控制节点使对象任意扭曲变形。

用任意变形工具旋转、缩放、扭曲及封套对象的操作步骤如下：

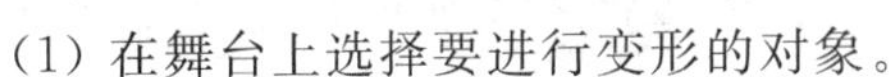

(1) 在舞台上选择要进行变形的对象。

(2) 选择工具面板中的任意变形工具，选中的对象周围出现8 个方形控制点，如图 8-17 所示。

① 旋转与倾斜对象：选择按钮，将鼠标移到对象的边角部位，光标变为旋转箭头，这时单击鼠标按一定方向拖曳，即可按顺时针方向或逆时针方向旋转对象。当鼠标移到对象边上控制点时，光标变为倾斜箭头，单击并拖动鼠标，根据控制点所在的边，可以在水平方向或垂直方向上倾斜对象。

② 缩放对象：选择按钮，将鼠标放置在任意一个控制点上，光标将变为双向箭头，拖动四个角上的控制点，将按比例地缩放对象，拖动四边上的控制点，将调整对象的宽或高。要使纵向和横向的缩放比例一致，可按住[Shift]键进行缩放。

③ 扭曲对象：选择按钮（如果对象是位图图片，必须先将位图分离或转换为矢量图，该按钮才有效），将鼠标放置在任意一个控制点上，光标将变为，单击并拖动即可扭曲对象，如图 8-18 所示。

图 8-17　自由变形操作的状态

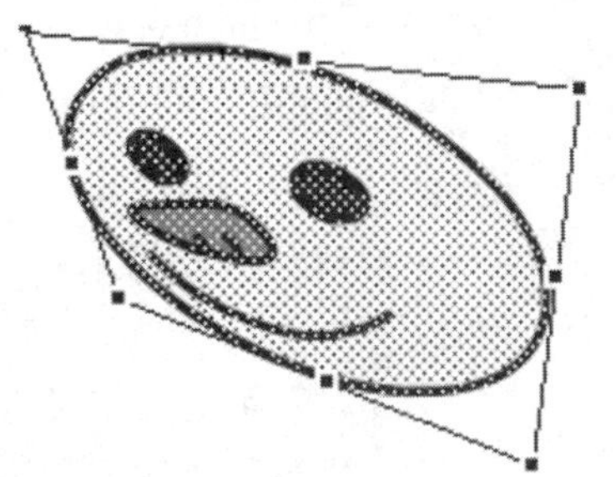

图 8-18　扭曲变形

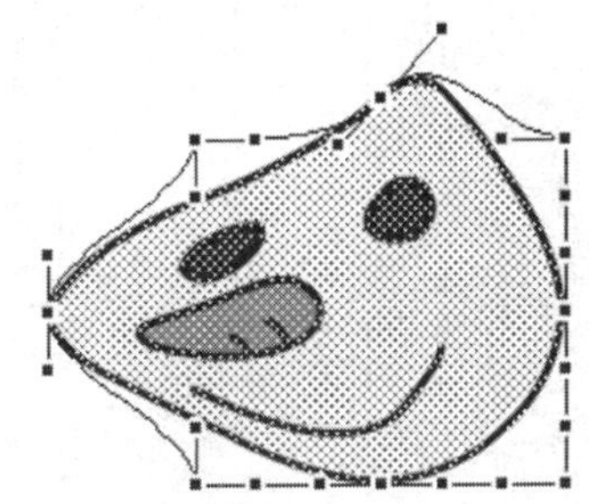

图 8-19 封套变形

④ 封套对象：选择 按钮（如果对象是位图图片，必须先将位图分离或转换为矢量图，该按钮才有效），在对象四周增加了许多控制点，单击并拖动其中的一个控制点，即可灵活地扭曲对象，如图 8-19 所示。

注意：任意变形工具不能变形元件、位图、视频对象、声音、渐变、对象组或文本，只能扭曲形状对象。要结束变形操作，请单击所选对象的外部任意位置即可。

8.5 编辑文本

文本是影片中重要的组成部分，使用文本工具可在舞台上添加文字。在 Flash CS5 中，用户不但可以添加传统文本，还新增了文本布局格式（Text Layout Format，TLF）文本。使用 TLF 文本可对文本格式化使用更复杂的控制。

8.5.1 传统文本

传统文本包括 3 种类型：静态文本、动态文本和输入文本。静态文本是在影片制作阶段创建、在影片播放阶段不能改变的文本；动态文本可以在影片播放过程中动态改变；输入文本可以使用户在影片播放过程中通过输入文本以达到交互的目的。动态文本和输入文本通常使用 ActionScript 脚本语言进行控制与交互，本节主要介绍静态文本。

选择工具面板中的文本工具 T，选择属性面板中的“传统文本”和“静态文本”，在舞台上单击会产生一个文本输入框，当输入文字时，输入框会随着文字的增加而延长，如果文字需要换行，可按[Enter]键，如图 8-20 所示。

也可以通过拖曳输入框右上角的小圆圈来事先设定文字输入宽度，拖曳后小圆圈变成小方形。这时当输入的文字长度超过设定宽度时将自动换行，如图 8-21 所示。

图 8-20 自动调整宽度的输入框

图 8-21 固定宽度的输入框

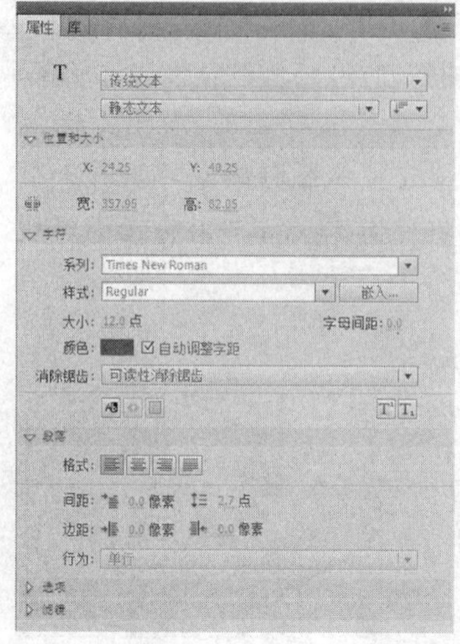

图 8-22 传统文本属性

要取消固定宽度，双击输入框右上角的小方形即可。

内容输入完成后，将鼠标在输入框外任意处单击或选择其他工具，文字输入即完成。如果想对输入的文字进行修改，再次单击文本工具 T，然后在文字上拖曳鼠标，将要修改的文字选中，即可进行修改或设置文字的属性。

选择文本工具后，右侧的属性面板就会变成如图 8-22 所示的样子，可设置位置、大小、字符、段落等属性。

改变文本方向：单击 按钮，显示出 3 种排列方式，即“水平”“垂直”和“垂直，从左向右”。

“系列”：可从字体下拉列表中选择各种已安装的字体。

“样式”：可对文字进行加粗或倾斜处理。

“大小”：直接输入数字即可改变文字大小。

"字母间距":调整选定字符之间的间距。

"颜色":单击颜色框,可从打开的调色板中选择颜色,或通过吸管工具选择颜色。

"格式":为当前段落选择对齐方式。

"间距":调整段落的首行缩进和行间距。

"边距":调整段落的左缩进和右缩进。

8.5.2 TLF 文本

TLF 文本包括 3 种类型:只读、可选和可编辑。只读文本是在影片播放阶段不能被用户选取和编辑的文本;可选文本可以在影片播放过程中被用户选取以进行复制;可编辑文本可以使用户在影片播放过程中选取和编辑以达到交互的目的。可编辑文本通过 ActionScript 脚本语言进行控制与交互,可选文本与只读文本类似,本节主要介绍只读文本。

图 8-23　TLF 文本容器

在选择工具面板中的文本工具 T ,选择属性面板中的"TLF 文本"和"只读",在舞台上拖动会产生一个文本输入容器,当输入文字时,输入的文字长度超过设定宽度时将自动换行,如果文字需要换行,可按[Enter]键,如图 8-23 所示。

在选择文本工具后,右侧的属性面板就会变成如图 8-24所示,从属性面板可以看出,TLF 文本与传统文本相比,提供了很多增强功能。

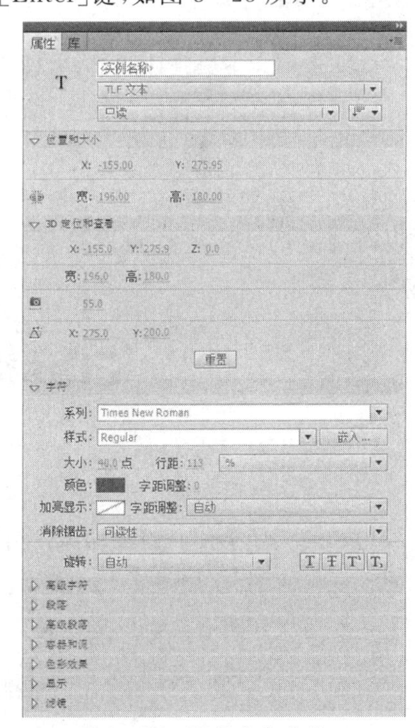

图 8-24　TLF 文本属性

更多字符样式:包括行距、加亮显示、下划线、删除线等。

更多段落样式:包括末行对齐、段落间距、标点挤压等。

可以为 TLF 文本应用 3D 旋转与平移、色彩效果以及混合模式等选项。

TLF 文本属性的设置方式与传统文本类似,此处不再重述。

除以上增强功能外,TLF 文本还可按顺序排列并链接多个文本容器。操作步骤如下:

(1) 新建一个文件,设置舞台大小为 500×300 像素,背景为白色。

(2) 选择菜单"文件"→"导入"→"导入到舞台"命令,导入一张卧室图片到舞台。选中该图片,移动到舞台的左下角。

(3) 选择工具面板中的文本工具 T ,选择属性面板中的"TLF 文本"和"只读",设置字体为"华文隶书",大小为 18 点,行距为 22 点,颜色为黑色。

(4) 单击并拖出第一个文本框,占据图片上面的空间,如图 8-25 所示。

(5) 单击文本框右下角的空白方框,光标将变成文本框的角图标,在图片的右侧单击并拖出第 2 个文本框,第 2 个文本框将链接到第 1 个文本框,中间的蓝色线条代表链接关系,如图 8-26 所示。

(6) 向文本框添加如图 8-27 所示的文本，从第 1 个文本框开始，当文本到达第 1 个文本框的界限时将自动接续到下一个文本框中。

(7) 选择文本中的“网站”一词，在属性面板的“高级字符”区域中，为“链接”输入 http://foshan.ganji.com，在“目标”下拉菜单中选择“_blank”，为影片中文字增加超链接。

注意：TLF 文本依赖于特定的外部 ActionScript 库以正确地工作，在测试或发布包含“TLF 文本”的影片时，将在 SWF 文件旁创建额外的文本布局 SWZ 文件，SWZ 文件就是支持“TLF 文本”的外部 ActionScript 库。应该把 SWZ 文件和 SWF 文件保存在一起以保证影片的正确播放。

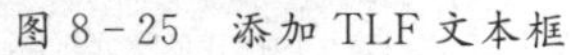

图 8-25 添加 TLF 文本框

图 8-26 添加链接文本框

图 8-27 添加文本

8.5.3 改变文本

如果对文本块整体变形，可使用任意变形工具 进行缩放、旋转、倾斜和翻转等操作。

如果对单个字符进行变形，必要的前提条件是将文字分离。

用选择工具 选取文字后，选择菜单“修改”→“分离”命令，将传统文本块打散成单个的独立字符，这样可以方便地把各个字符分别放入不同的层，以创建文字的动画效果。还可以对独立的文字字符再次选择菜单“修改”→“分离”命令，使其变成一般图形形状，如图 8-28所示。

图 8-28 经两次分离的文字

经两次分离变成一般的图形对象后，就可以使用编辑工具随意地改变文字的字形了，如利用选择工具 ，在打散的文字外单击，取消对文字的选择，然后就可通过拖曳鼠标改变文字的任何部分，如图 8-29 所示。

经两次分离后文字图形也可以使用任意变形工具 进行扭曲变形处理，使文字呈现出更加丰富多样的造型，如图 8-30 所示。

图 8-29 利用选择工具变形文字

图 8-30 利用任意变形工具变形文字

提示：TLF 文本与传统文本不同，执行一次“分离”命令后将文字转换为独立的图形对象，而不是独立的字符，再次执行后变成一般的图形形状。

8.6　使用元件与实例

“元件”是指一个可以重复利用的图像、动画、按钮、音频和视频等，它们保存在库面板中。“实例”是指出现在舞台上的元件，或者嵌套在其他元件中的元件。元件的运用可以使得动画影片的编辑更加容易，因为当需要对许多重复的对象进行修改时，只要对元件做出修改，程序会自动根据修改的内容对所有包含该元件的实例进行更新，可谓“一改全改”。

在影片中运用元件可以显著地减小文件的尺寸，保存一个元件比保存多个重复出现的对象能节省更多空间。

8.6.1　元件的类型

打开一个包含各类元件的影片文件，选择菜单“窗口”→“库”命令（或按[Ctrl+L]组合键），打开当前文件的库面板。在库面板中有以下 3 种类型的元件。

图形元件：它可以是矢量图形、图像、声音或动画等。通常用来存放电影中的静态图像，不具有交互性。声音元件是图形元件中的一种特殊元件，它有自己的图标。

影片剪辑元件：它是主电影中一段影片剪辑，用来制作独立于主电影时间轴的动画。它可以包含交互性控制、声音，甚至能包含其他影片剪辑的实例。

影片剪辑元件是一个多帧、多图层的动画，但它的实例在主时间轴只需要占用一个关键帧就可以播放动画，在主电影中可以重复使用影片剪辑。

按钮元件：用于在电影中创建交互按钮，响应标准的鼠标事件（如单击鼠标）。在 Flash CS5 中，首先要为按钮设计不同状态的外观，然后为按钮的实例分配动作。

8.6.2　创建图形元件

创建图形元件的方法主要有两种：一是直接将当前文档工作区中的某个对象定义为元件，二是创建一个空白元件，然后在元件编辑模式下为其添加内容。

1. 将工作区中的对象转换为元件

在舞台上绘制一个图形，使用选择工具选中要定义为元件的对象（如八角星形），将其转换为元件的方法为：

(1) 选择菜单“修改”→“转换为元件”或按[F8]键，弹出“转换为元件”对话框，如图 8-31所示。在对话框中，输入元件名称，选择元件类型为“图形”，单击“确定”按钮，Flash 会将该元件添加到库中，工作区上选定的对象此时就变成该元件的一个实例。

(2) 选择菜单“窗口”→“库”，打开库面板就可看到库中增加的元件。

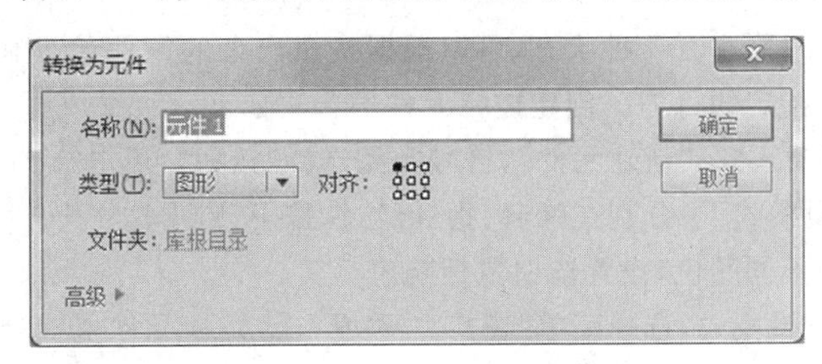

图 8-31　“转换为元件”对话框

2. 创建一个新的空白元件

操作步骤如下：

(1) 选择菜单“插入”→“新建元件”命令或单击元件库面板底部的新建元件按钮 。

(2) 在弹出的元件属性对话框中，输入新元件的名称，并选择元件的类型为“图形”，单击“确定”按钮后进入元件编辑模式，窗口出现一个十字，表示元件的定位点。此时工作区上方编辑栏出现场景和元件两个按钮 场景 1 元件 1。

(3) 在舞台上用绘图工具绘制元件内容或利用导入的素材。

(4) 完成元件制作后，单击工作区上方编辑栏的 场景 1，退出元件编辑模式。

8.6.3 创建影片剪辑元件

1. 将舞台上的动画转换为影片剪辑元件

如果舞台上已经创建了一个动画，而又希望在电影的其他地方重复使用这段动画，这时可以将其转换为影片剪辑元件。舞台上的动画不能直接通过“转换为元件”命令转换，可按如下步骤进行：

(1) 在按住[Shift]键的同时，在时间轴左边的层编辑区选择所有层。

(2) 选择菜单“编辑”→“时间轴”→“复制帧”命令，复制所有的动画帧。

(3) 选择菜单“插入”→“新建元件”命令，打开创建新元件对话框，输入新元件的名称，选择元件类型为“影片剪辑”，单击“确定”按钮，进入元件编辑模式。

(4) 单击时间轴上的第 1 帧，选择菜单“编辑”→“时间轴”→“粘贴帧”命令，粘贴复制的动画帧。

(5) 单击 场景 1，退出元件编辑模式。

(6) 选择菜单“窗口”→“库”命令，打开库面板，选中创建的影片剪辑元件，并单击库面板上面窗口内的播放按钮 ▶，可以预览电影剪辑。

2. 创建新的影片剪辑元件

操作步骤如下：

(1) 选择菜单“插入”→“新建元件”命令或单击库面板底部的新建元件按钮 。

(2) 在弹出的创建新元件对话框中，输入新元件的名称，并选择元件的类型为“影片剪辑”；单击“确定”按钮，进入元件编辑模式，窗口中出现一个十字，表示元件的定位点。

(3) 在舞台上制作动画序列。动画的制作参见本章后续章节。

(4) 完成元件内容的制作后，单击 场景 1，退出元件编辑模式。

8.6.4 创建按钮元件

按钮是符号的一种，它有 4 种状态，可以根据按钮出现的每种状态显示不同的图像，并响应鼠标动作，执行指定的行为。创建按钮元件的方法如下：

(1) 选择菜单“插入”→“新建元件”，符号类型选择“按钮”，单击“确定”按钮。

(2) 在元件编辑模式下，分别在弹起、指针经过、按下、点击这 4 个空白关键帧处加入关键帧，并改变按钮为不同颜色，设置按钮鼠标响应。

(3) 返回影片编辑模式，选择菜单“窗口”→“库”，将按钮元件拖拽到工作区上，产生一个按钮元件的实例，并测试按钮效果。

8.6.5　编辑元件

编辑元件时，Flash CS5 会更新影片中该元件的所有实例。切换到元件编辑模式下编辑元件的方法有多种：

(1) 双击某个元件的一个实例。

(2) 选择菜单“窗口”→“库”，在库面板中双击元件图标。

(3) 选择某个元件的一个实例，选择菜单“编辑”→“编辑元件”。

(4) 在某个元件的实例上单击鼠标右键，选择快捷菜单“编辑”。

8.6.6　实例的创建与编辑

1. 创建与编辑实例

元件创建完成后，就可以在电影中的任意地方运用该元件的实例。创建实例的方法如下：在时间轴上选取一个图层，选择菜单“窗口”→“库”命令打开库面板，将库面板中的元件拖动到舞台上，此时元件就变为实例。

每个实例都有与元件相分离的属性。因此在创建元件实例时，可以改变实例的色彩、透明度或亮度，可以重新定义实例的类型(例如将图形改为影片剪辑)，也可以调整实例的大小比例、旋转角度和倾斜等属性。

设置色彩效果属性可在属性面板中进行。在“样式”下拉列表中，有亮度、色调、高级和 Alpha(透明度)等选项，如图 8－32 所示。

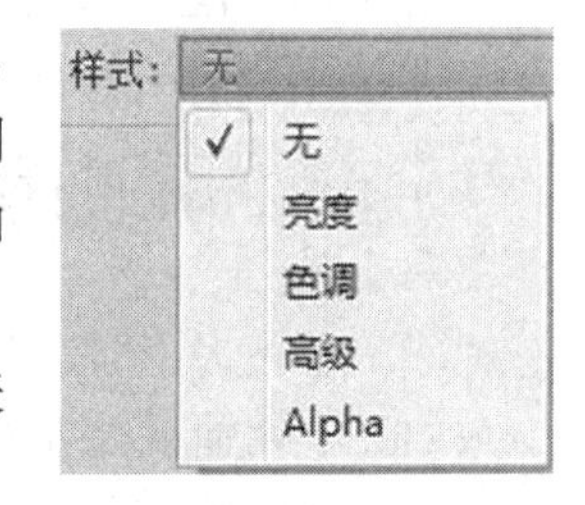

图 8－32　实例样式

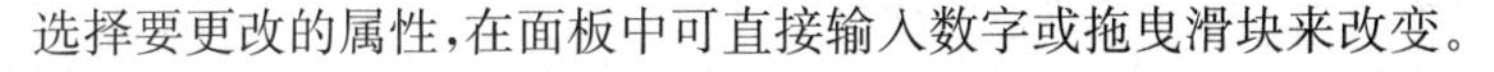

选择要更改的属性，在面板中可直接输入数字或拖曳滑块来改变。

2. 分离实例

实例不能像图形或文字那样改变填充，但将实例分离后就会切断实例与元件的联系。如果想对实例做较大修改，而不影响实例所属的元件及其他实例，则应分离实例。

8.7　时间轴

8.7.1　时间轴的基本概念

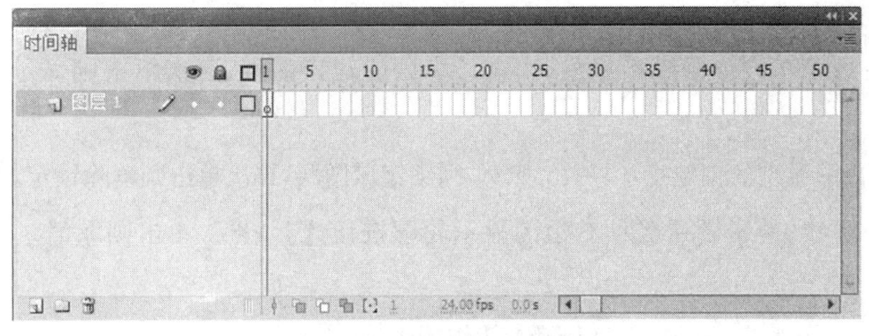

图 8－33　时间轴面板

时间轴用于组织和控制影片内容在一定时间内播放的层数和帧数。时间轴的组成主要有图层、帧和播放头，如图 8－33 所示。时间轴的左边是图层操作区，每个图层分别控制不同的动画效果，Flash CS5 动画中往往应用多个图层组合成复杂的动画。时间轴的右边是帧操作区，主要用于控制图层在整个动画播放过程中的运动变化。时间轴顶部的时间轴标识指示帧编号，播放头指示当前显示的帧。

8.7.2 创建和编辑图层

当创建一个新的 Flash 文档之后，它就包含一个图层，可以添加更多的图层，以便在文档中组织插图、动画和其他元素。在 Flash CS5 动画中，每个图层就像一张透明纸，在每张纸上可以绘制不同的对象，如果一个图层上没有内容，那么就可以透过它看到下面图层中的对象。因此，每个图层都是相对独立的，有独立的时间轴和独立的帧，在图层上绘制和编辑对象时，不会影响其他图层上的对象。

1. 新增图层

通常新创建的文件只有一个图层，若无法满足编辑的需要还可以增加图层。增加图层有以下 3 种方法：

(1) 单击时间轴左下方的插入图层按钮 。

(2) 选择菜单“插入”→“时间轴”→“图层”命令。

(3) 在时间轴的图层上单击鼠标右键，从弹出的菜单中选择“插入图层”命令。

2. 选取图层

当一个文件有多个图层时，只有图层成为当前层才能进行编辑。图层的名称旁边出现一个铅笔图标 时，表示该图层是当前的工作图层，当前图层只有一个。要选取图层有以下 3 种方法：

(1) 单击时间轴上图层的名称。

(2) 单击时间轴上的任意一帧。

(3) 选取舞台上的对象，则对象所在的图层即被选中。

3. 图层的重命名

新建图层后，系统默认的图层名称为“图层 1”“图层 2”……，可以用以下方法给图层重新起一个有意义的名字：

(1) 双击要改名的图层，在出现的编辑框中输入新的图层名。

(2) 在要改名的图层上单击鼠标右键，从弹出的菜单中选择“属性”命令，就打开了“图层属性”对话框，在“名称”栏中输入新的图层名。

4. 图层的状态

在图层编辑区有代表图层状态的 3 个图标 ，它们分别是显示/隐藏图层、锁定/解除锁定图层和显示所有图层轮廓。

(1) 单击图层名称右边第 1 列的眼睛指示栏，出现 则隐藏该图层，再次单击则显示该图层。

(2) 单击图层名称右边第 2 列的锁定指示栏，出现 则锁定该图层，再次单击则解除锁定。

(3) 要查看对象的轮廓线，单击图层名称右边的显示轮廓按钮 ，再次单击则取消。

5. 绘图纸按钮

在时间轴下面有几个绘图纸按钮 ，其作用依次如下：

(1) 绘图纸外观：在工作区中显示几个帧的图像，这也叫洋葱皮效果。这时在帧的上方有一个大括号一样的效果范围，两头可以拖动范围。

(2) 绘图纸外观轮廓：只显示出图形的边框，没有填充色，因而显示速度要快一些。

（3）编辑多个帧：可以同时编辑两个以上的关键帧，可以同时选中，也可以单独修改。

（4）修改绘图纸标记：可以设置显示洋葱皮的数量和显示帧的标记，默认两张绘图纸。

8.7.3　时间轴上的帧操作

时间轴上的帧分为 3 种类型：关键帧、空白关键帧和普通帧，它们的含义如下：

（1）关键帧：定义动画变化的帧，在关键帧上会呈现出关键性的动作或内容上的变化。关键帧以实心的小圆点表示，每一层的第 1 帧都是关键帧。

（2）空白关键帧：此类帧所对应的工作区中没有任何对象，可以在其上绘制图形，如果在空白关键帧上添加了内容，它就变为关键帧。空白关键帧以空心圆点表示。

（3）普通帧：出现在时间轴中的帧都是普通帧，它起着过滤和延长关键帧内容显示的作用。时间轴上的普通帧是以空心方格表示。

1. 插入帧

在时间轴中，插入帧的方法有以下 3 种：

（1）插入关键帧：在时间轴上选取要插入关键帧的位置，选择菜单“插入”→“时间轴”→“关键帧”，也可单击鼠标右键选择快捷菜单“插入关键帧”。

（2）插入空白关键帧：选取要插入空白关键帧的位置，选择菜单“插入”→“时间轴”→“空白关键帧”，也可单击鼠标右键选择快捷菜单“插入空白关键帧”。

（3）插入普通帧：选取要插入帧的位置，按[F5]键或选择菜单“插入”→“时间轴”→“帧”，也可单击鼠标右键选择快捷菜单“插入帧”。

2. 复制、移动或删除帧

在制作动画时，有时需要对所创建的帧进行复制、移动或删除等，其操作方法如下：

（1）复制帧：选中一帧或多帧，按住[Alt]键拖拽鼠标或选择菜单“编辑”→“时间轴”→“复制帧”/“粘贴帧”，也可以单击鼠标右键选择快捷菜单“复制帧”/“粘贴帧”。

（2）移动帧：选中一帧或多帧，直接用鼠标拖拽到所需位置或选择菜单“编辑”→“时间轴”→“剪切帧”/“粘贴帧”，也可以单击鼠标右键选择快捷菜单“剪切帧”/“粘贴帧”。

（3）删除或清除帧：选中一帧或多帧，选择菜单“编辑”→“时间轴”→“删除帧”/“清除帧”，也可以单击鼠标右键选择快捷菜单“删除帧”/“清除关键帧”/“清除帧”。

3. 动画帧的显示状态

在 Flash 中，可以通过时间轴中帧的显示情况判断出动画的类型，以及动画中存在的问题，如表 8－1 所示。

表 8－1　帧的显示状态

帧显示状态	说明
	补间动画的关键帧除第一帧为小圆点外，其他为菱形的小黑点，背景为淡蓝色。
	传统补间的关键帧有黑色的小圆点，首帧和末帧之间通过黑色箭头连接，背景为淡紫色。
	补间形状的关键帧有黑色的小圆点，首帧和末帧之间通过黑色箭头连接，背景为淡绿色。
	虚线表示在创建补间动画中存在错误，无法正确完成动画制作。
	单个的关键帧有黑色小圆点，关键帧后面的淡灰色帧表示和前面帧的内容相同，白色小矩形表示包含相同内容的帧的结束。
	出现一个小 a，表示在这一帧中已经被分配了动作(Action)，当影片播放到这一帧时会执行相应的动作。

8.8 动画制作

在 Flash CS5 中可以创建两种动画序列，即逐帧动画和补间动画。在逐帧动画中，用户需要为每一帧创建图像；而补间动画只需要创建对象属性值改变的关键帧，中间的过渡帧将由 Flash CS5 通过计算自动生成，使得画面从一个关键帧过渡到另一个关键帧。

8.8.1 逐帧动画

逐帧动画是通过修改每一帧中的内容而产生的，即每一帧都是关键帧。它特别适合于那些复杂的、每一帧的图像都有变化的动画，而且这种变化不仅是简单的移动。因为 Flash CS5 需要存储每一个完整的帧，所以与补间动画相比，逐帧动画的文件尺寸增大得很快。

【例 8-1】逐帧动画的制作。

① 新建一个文件，设置舞台大小为 550×400 像素，背景为白色。

② 为动画序列的第 1 帧创建图形。可以使用绘图工具在舞台上直接绘图，如图 8-34 所示。也可以从剪贴板粘贴图像或导入一个图像文件。

③ 第 1 帧制作完成后，单击时间轴的第 2 帧，选择菜单“插入”→“空白关键帧”命令，在舞台上继续绘图。如果希望利用前一帧的图形做一些修改，也可以选择菜单“插入”→“关键帧”命令，这样第 2 帧中也复制了前一帧的内容，可以在此基础上修改，如图 8-35 所示。

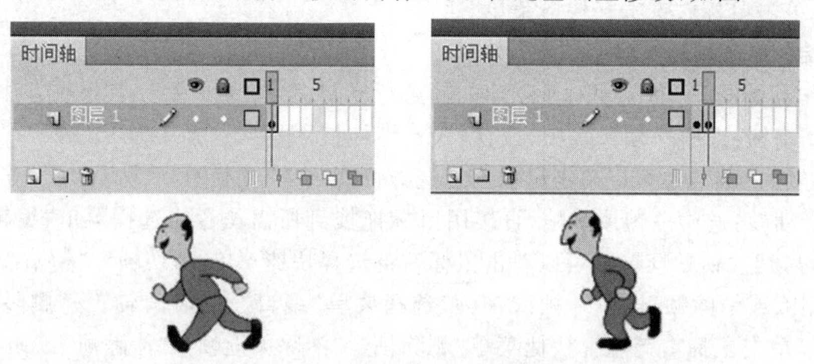

图 8-34 开始帧绘图　　图 8-35 加入第 2 帧

④ 用同样的方法插入第 3 帧、第 4 帧、第 5 帧……，并分别在舞台上绘制新的关键帧内容，直到完成动画，如图 8-36 所示。

图 8-36 创建其他帧的内容

⑤ 要测试动画序列，可选择菜单“控制”→“播放”命令或按[Enter]键。

8.8.2　补间动画

逐帧动画制作既费时又费力，因此应用较多的还是补间动画。这类动画只需制作引起变化的关键帧，由 Flash 通过计算生成各关键帧之间的各个帧，因此文件尺寸很小。

Flash CS5 可以创建 3 种类型的补间动画：补间动画、补间形状和传统补间。传统补间是旧版本的 Flash 使用的动画制作方式，需要在开始帧和结束帧加入关键帧并定义实例的位置、大小、透明度等属性，然后执行菜单“插入”→“传统补间”命令来完成。Flash CS5 引入的补间动画可以替代传统补间且功能更强大和灵活，所以传统补间不做详细介绍。

补间动画可以实现的动画是针对同一对象的位置、大小、颜色、透明度、旋转等属性的改变，可实现诸如淡入淡出、动态切换画面等变化效果。

补间动画要求使用元件实例，制作流程如下：先选取舞台上的对象，单击右键，从弹出菜单中选择“创建补间动画”。创建补间后，补间动画中的时间轴以淡蓝色显示，在时间轴中拖动补间范围的任一端，可以调整动画的起始位置和长度。然后把红色播放头移到时间轴中需要改变属性的位置，更改对象属性，Flash 会自动转换为关键帧并添加菱形的小黑点，剩下的工作 Flash 会自动完成。

【例 8－2】基本的补间动画——汽车移动动画。

① 新建一文件，设置舞台大小为 550×400 像素，背景为白色。

② 选择菜单“文件”→“导入”→“导入到舞台”命令，将“道路”图像导入到舞台上。在属性面板中把高和宽设为和舞台一样大小，X 和 Y 值均设为 0，与舞台对齐。同时将“图层 1”重命名为“背景”，如图 8－37 所示。

③ 新建图层并命名为“汽车”，选择菜单“文件”→“导入”→“导入到舞台”命令，将“汽车”图像导入到舞台上。选择“任意变形工具”，将其调整到合适大小，并移动到舞台的中央，如图 8－38 所示。

图 8－37　导入的背景图片

图 8－38　导入汽车图片后

④ 选择“汽车”对象，单击右键，从弹出菜单中选择“创建补间动画”，在时间轴中拖动结束帧至第 50 帧。把红色播放头移至第 50 帧，选择“任意变形工具”，将其放大并移到适当位置。选中“背景”层的第 50 帧，单击右键，选择“插入帧”插入延伸帧，效果如图 8－39 所示。

图 8 - 39 时间轴显示效果

⑤ 动画完成,按[Ctrl+Enter]组合键测试动画,可以看到汽车由远至近运动。

图 8 - 40 导入的背景图片

【例 8 - 3】沿路径运动的补间动画——飞舞的蝴蝶。

① 新建一个文件,设置舞台大小为 550×400 像素,背景为白色。选择菜单"文件"→"导入"→"导入到舞台"命令,导入"花丛"图片到舞台。在属性面板中把高和宽设为和舞台一样大小,X 和 Y 值均设为 0,与舞台对齐。同时将"图层 1"重命名为"背景",如图 8 - 40 所示。

② 新增图层并命名为"蝴蝶"。选择菜单"文件"→"导入"→"导入到舞台"命令,导入"蝴蝶"图片到舞台,选择"任意变形工具" ,将其向右旋转并移动到舞台外部左上角位置,如图 8 - 41 所示。

③ 选中"背景"层的第 50 帧,单击右键,选择"插入帧"插入延伸帧。选择"蝴蝶"对象,单击右键,从弹出菜单中选择"创建补间动画",在时间轴中拖动结束帧至第 50 帧。把红色播放头移至第 50 帧,将其拖曳到如图 8 - 42 所示位置。可以看到舞台上有一条运动轨迹线。

图 8 - 41 加入蝴蝶元件

图 8 - 42 将蝴蝶移到结束位置

④ 选择工具中的选择工具,调整运动轨迹线如图 8 - 43 所示。

⑤ 选中时间轴上的补间动画,在属性面板中,设置缓动值为 50,使蝴蝶的运动由快至

慢；选择“调整到路径”选项，使蝴蝶的头部始终向着运动轨迹的方向，如图 8-44 所示。

图 8-43　调整运动轨迹

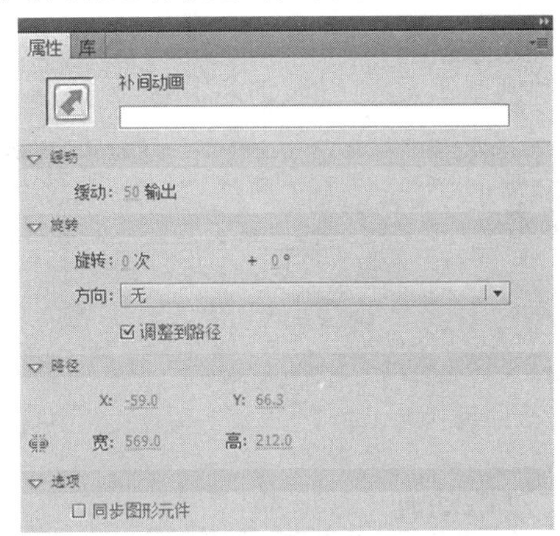

图 8-44　动画属性面板

⑥ 动画完成，按[Ctrl＋Enter]组合键测试动画，可以看到蝴蝶沿路径飞舞。

8.8.3　补间形状

补间形状是用于在不同关键帧中的形状之间插入无定形变化的技术，必须由两个对象来完成。最初以某一形状出现，随着时间的推移，起初的形状逐渐转变为另外一种形状，并且还可以对形状的位置、大小和颜色产生渐变效果。

补间形状和补间动画的主要区别在于，补间动画的对象必须为元件，而补间形状的对象必须是打散的图形。注意千万不能定义为元件，因为元件是没有形状的。

【例 8-4】制作圆形、文字、五角形之间的形状互变。

① 新建一个文件，设置舞台大小为 400×300 像素，背景为白色。

② 选定时间轴第 1 帧，在工具箱中选择椭圆工具，按住[Shift]键，绘制 4 个绿色渐变无边框圆球，如图 8-45(a)所示。选择时间轴的第 10 帧，插入关键帧，延续圆球状态。

③ 选定时间轴第 25 帧，插入关键帧；在第 25 帧处，选择文本工具，在 4 个圆球上分别输入文字，并将圆球删除，如图 8-45(b)所示。选中文字，选择菜单“修改”→“分离”，将文字分离为形状，才能变形。选择时间轴的第 30 帧，插入关键帧，延续文字状态。

④ 选定时间轴第 45 帧，插入关键帧；在第 45 帧处，选择多角星形工具，在属性面板中单击“选项”按钮，设置样式为“星形”，边数为 5，星形顶点大小为 0.50；在原来文字的位置，分别绘制 4 个五角星形，然后删除文字，如图 8-45(c)所示。选择时间轴的第 50 帧，插入关键帧，延续五角星形状态。

⑤ 选定时间轴第 1 帧，单击鼠标右键选择快捷菜单“复制帧”，然后选定第 65 帧，单击鼠标右键选择快捷菜单“粘贴帧”，使第 65 帧与第 1 帧都是圆球状态，这样可以使形状变化最后回到圆球状态。

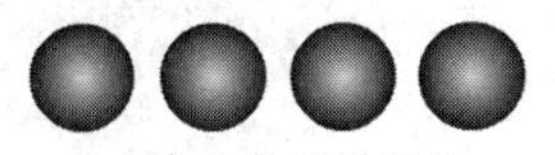

(a)第 1 帧圆球形状

文 字 变 形

(b)第 25 帧文字形状

(c)第 45 帧五角星形形状

图 8-45　形状补间动画

⑥ 选定时间轴第 10 帧，单击鼠标右键选择快捷菜单“创建补间形状”；选定时间轴第 30 帧，单击鼠标右键选择快捷菜单“创建补间形状”；选定时间轴第 50 帧，单击鼠标右键选择快

捷菜单“创建补间形状”。分别添加 3 个形状渐变，即由圆球变文字、文字变星形、星形变回圆球。

⑦ 动画制作完成，时间轴如图 8－46 所示。按[Ctrl＋Enter]组合键测试动画。

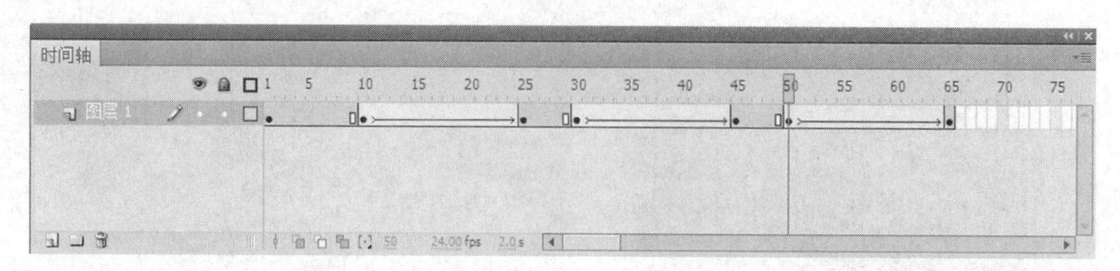

图 8－46 完成时的时间轴

8.8.4 遮罩动画

Flash CS5 中的遮罩可以理解成一个窗户，假设我们透过窗户看窗外的美景，所能看到的只是窗户这个范围的景物，其他的景物都被墙壁遮住了。如果选中一个层设置成遮罩层，那么这个图层的绘画就相当于窗户，而没有绘画的地方则相当于墙壁。

遮罩动画由遮罩层和被遮罩层构成。

遮罩层中的图形对象在播放时是看不到的，遮罩层中的内容可以是图形、影片剪辑、按钮、位图、文字等，但不能使用线条。

被遮罩层中的对象只能透过遮罩层中的对象被看到。在被遮罩层，可以使用图形、影片剪辑、按钮、位图、文字、线条等。下面以一个简单的遮罩文字例子来说明遮罩的原理。

【例 8－5】遮罩文字动画。

① 新建一个文件，设置舞台大小宽为 600 像素，高为 300 像素。

② 选择菜单“文件”→“导入”→“导入到舞台”命令，将一张“美景”图片导入到舞台。在属性面板中把高和宽设为和舞台一样大小，X 和 Y 值均设为 0，与舞台对齐。同时将图层重命名为“背景”，如图 8－47 所示。

③ 单击时间轴下方的“新建图层”按钮，新建图层并命名为“文字”；选择文字工具 T，选择属性面板中的“传统文本”和“静态文本”，设置字体为“华文琥珀”，大小为 200 点，颜色任意；输入“美景”两个字并移动到舞台左侧，此时的时间轴与舞台如图 8－48 所示。

图 8－47 导入背景图片

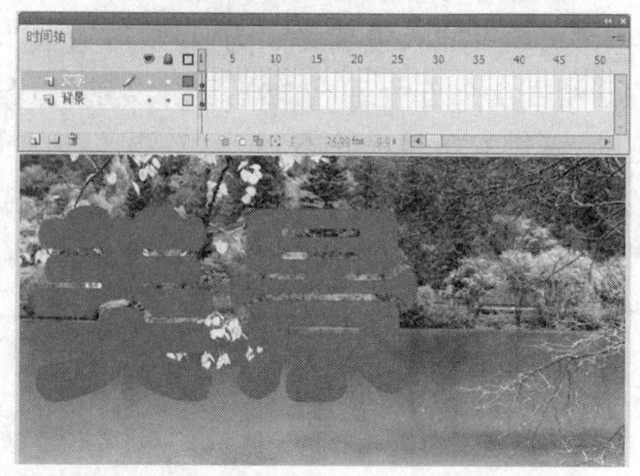

图 8－48 添加文字图层

④ 在图层面板上，右键单击“文字”图层，从弹出的菜单中选择“遮罩层”命令，这时除文字之外，其余部分的图像都被遮盖了。注意选择了“遮罩层”命令后，有关系的两个层会自动

锁定,此时的时间轴及舞台显示状态如图8-49所示。

到此不难看出,Flash的遮罩也可以理解成一块有洞的布,蒙在一幅图画上。我们只能看到洞下面的图画,其他部分都被遮住了,而这个洞就是作为“遮罩”图层填充有颜色的部分(此例就是“美景”两个字)。

如果想让遮罩文字不断闪烁,可以通过移动下层的背景图片产生动画效果。操作如下:

(1) 先暂时取消遮罩。在图层面板上用鼠标右键单击“文字”图层,从弹出的菜单中重新选择“遮罩层”命令,遮罩即被取消;然后分别单击两个层上的 标记,取消对层的锁定。

(2) 选中“文字”图层的第30帧,单击右键,从弹出的菜单中选择“插入帧”命令。

(3) 选中“背景”图层的图片对象,单击右键,从弹出的菜单中选择“创建补间动画”命令,在时间轴中拖动结束帧至第30帧。

(4) 把红色播放头移至第15帧,将图片向舞台左侧移动,注意不要移出文字外,如图8-50所示。再把红色播放头移至第30帧,将图片向舞台右侧移动至起始位置。

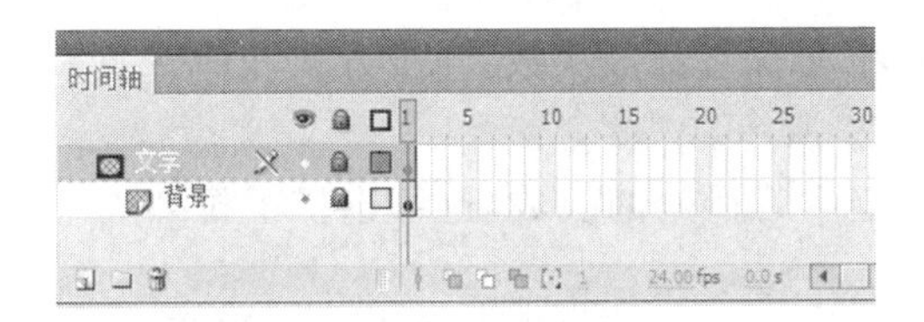

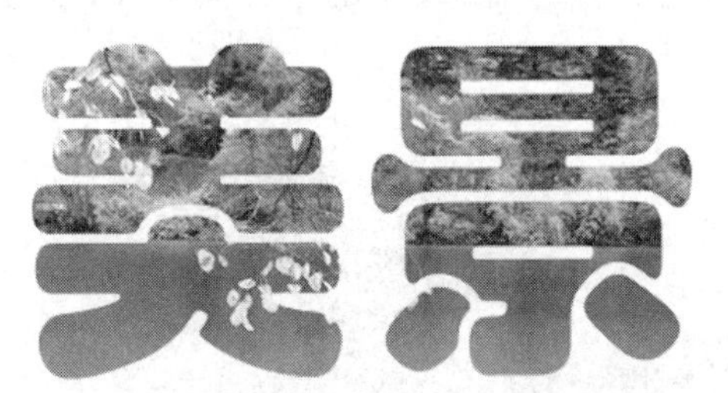

图8-49　设置遮罩后的显示状态

图8-50　第15帧图片相对文字层的位置

(5) 再将“文字”图层设置成“遮罩层”,最后按[Ctrl+Enter]组合键测试动画。

提示:只有遮罩层和被遮罩层同时处于锁定状态时,才会显示遮罩效果。需要对这两个图层中的内容进行编辑时,可单击该图层面板上的 按钮将其解锁,编辑结束后再将其锁定。

8.8.5　动画中导入声音

在Flash CS5中不能自己创建或者录制声音,动画中所使用的声音文件,一部分可以从Flash CS5的公用库所提供的声音素材中选择,大多数情形则需要从外部导入到Flash中。在Windows系统下,可以导入的声音文件类型为.wav,.mp3,.aif和.asnd(Adobe的声音格式)。导入外部声音文件加入动画中的方法如下:

(1) 打开要加入声音动画的文件,选择菜单“文件”→“导入”→“导入到库”命令,在弹出的对话框中选择要导入的声音文件。导入的声音文件被放置在Flash的库中。

提示:如果导入时出现错误,则是因为声音文件的码率太大或采样频率不一致,可通过音频编辑软件对声音文件进行转换,设定较小的码率和恒定的采样频率,如码率为128kbps,采样频率为44.1KHz。

(2) 为声音创建一个图层。单击时间轴上的插入图层按钮 ，创建一个新图层，将它命名为“声音”；在希望开始播放声音的位置插入一个关键帧，假如需要在第 5 帧插入声音，先选中“声音”图层的第 5 帧，按[F7]键插入一个空白关键帧，然后按[Ctrl+L]组合键，打开库面板；从库中将导入的声音元件拖动到舞台上，声音就出现在指定的帧位置，此时舞台上没有任何变化，只要将声音图层的帧延长，就会看到声音的波形，如图 8-51 所示。

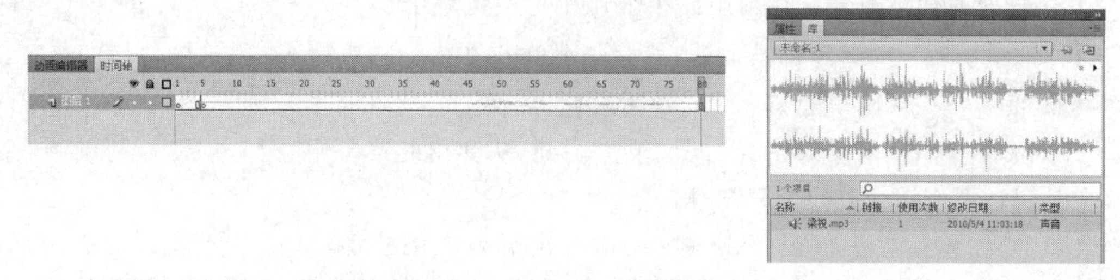

图 8-51 将库面板的声音添加到图层中

(3) 可以通过属性面板对声音进行编辑及控制，如设置播放次数、同步方式和声音效果等。选定声音图层中的声音帧，属性面板如图 8-52 所示。

① 播放次数：在“重复”后的文本框中可以指定声音播放的次数，也可选择下拉列表中的循环播放。

② 同步方式：单击“同步”后方的下拉列表框，出现如图 8-53 所示的多种同步方式，功能如下：

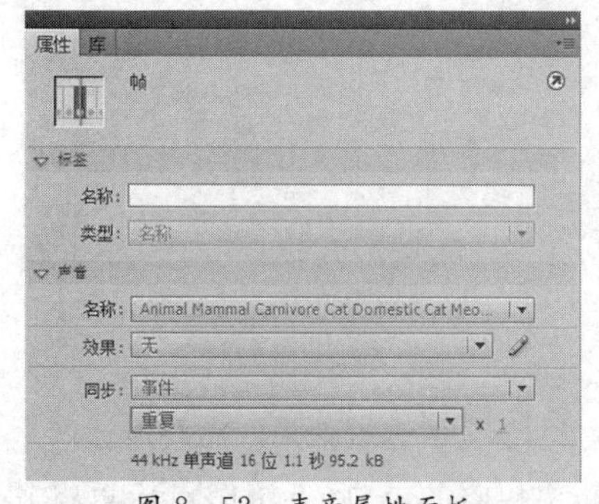

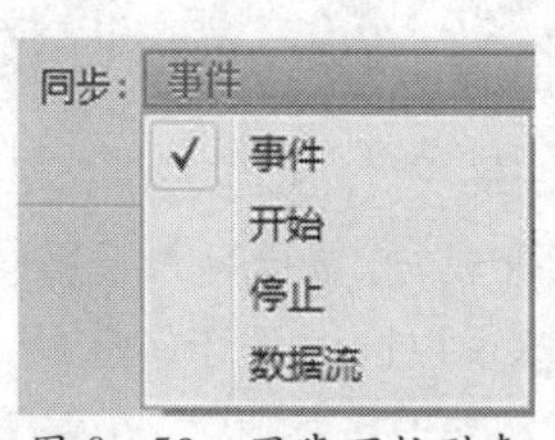

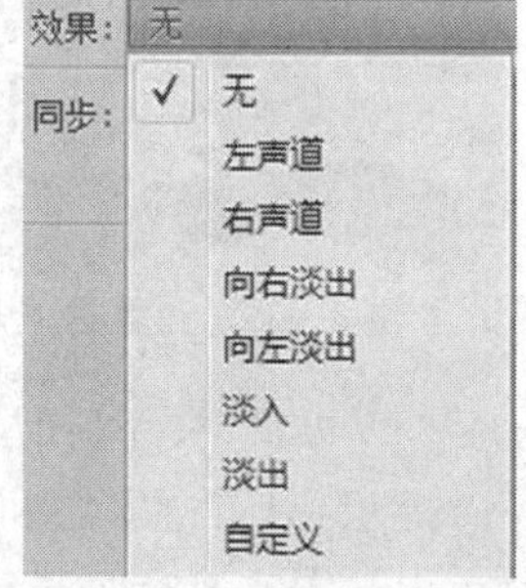

图 8-52 声音属性面板　　图 8-53 同步下拉列表　　图 8-54 效果下拉列表

• “事件”：这是默认的选项，此项的控制播放方式是当动画运行到引入声音的帧时，声音将被打开，并且不受时间轴的限制继续播放，直到单个声音播放完毕或是按照设定的播放次数播放完毕。当动画循环播放时每次开始声音都将重新开始，这样动画就将出现多个声音叠加。

• “开始”：此项的控制播放方式是当动画运行到引入声音的帧时，声音开始播放，但在声音播放过程中如果再次遇到引入同一声音的帧时，将继续播放该声音，而不播放再次引入的声音，则不会出现“事件”方式引发的声音叠加现象。

• “停止”：停止声音的播放。

• “数据流”：使声音与动画同步，当动画运行到引入声音的帧时，声音开始播放，当动画结束时声音也随之停止。

③ 声音效果：单击“效果”后方的下拉列表框，出现如图 8-54 所示的多种声音效果，功能如下：

• “左声道”：只在左声道播放。

• “右声道”:只在右声道播放。
• “向右淡出”:控制声音在播放时从左声道切换到右声道。
• “向左淡出”:控制声音在播放时从右声道切换到左声道。
• “淡入”:随着声音的播放逐渐增加音量。
• “淡出”:随着声音的播放逐渐减小音量。
• “自定义”:允许用户自行编辑声音的效果,选择该项后,将弹出“编辑封套”对话框,其中上半部分为左声道,下半部分为右声道,可以通过鼠标单击控制线增加控制点并向下拖动创建自定义的声音淡入和淡出点。

8.9　创建交互式动画

Flash CS5 动画最大的特点就是具有交互性,也就是通过单击鼠标或键盘控制动画,使动画画面产生跳转变化或执行其他一些动作。

8.9.1　动作脚本和动作面板

Flash CS5 具有强大的交互性是因为使用了动作脚本。动作脚本是一种编程语言,Flash CS5 有两种版本的动作脚本语言,分别是 ActionScript 2.0 和 ActionScript 3.0,ActionScript 3.0 是最新版本,使用面向对象编程(Object Oriented Programming,OOP),更方便创建大型、复杂的应用程序。

动作面板是为了方便使用 Flash CS5 的脚本编程语言 ActionScript 而专门提供的一种简易操作界面,用户只需移动鼠标,在命令列表中选择合适的动作命令,并进行必要的设置即可。

在 ActionScript 3.0 中,与 ActionScript 2.0 不同,不支持针对舞台上的对象直接设置动作脚本,只支持对所选关键帧进行动作脚本设置。也可以通过设置如图 8-55 所示的文档属性面板上的“类”并单击类文本框后面的“编辑类定义”按钮 新建 ActionScript 类文件编辑动作脚本。

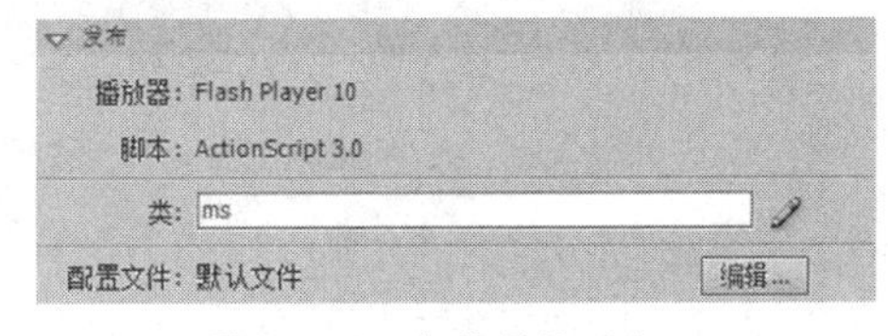

图 8-55　文档属性面板

选择菜单“窗口”→“动作”命令(或按[F9]键),可以调出如图 8-56 所示的动作面板。

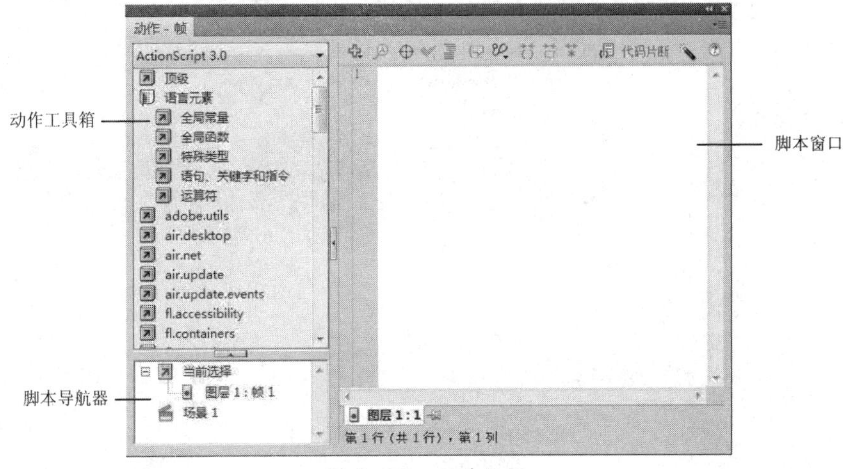

图 8-56　动作面板

动作面板是由动作工具箱、脚本窗口和脚本导航器3部分组成的。

"动作工具箱"包括全局常量、全局函数、ActionScript 3.0类、类方法、类属性、类事件、运算符、语句、关键字、特殊类型、指令等,用鼠标单击就可以直接添加到脚本窗口中。

"脚本窗口"用来输入动作语句。除了可以在动作工具箱中用双击语句的方式添加动作脚本外,还可以直接在脚本窗口中输入动作脚本。

"脚本导航器"用于显示添加有脚本的Flash元素的分层列表。使用导航器可以在各个脚本之间快速切换。单击脚本导航器中的某一项目,则该项目的脚本将显示在脚本窗口中,并且播放头定位在时间轴的相应位置上。

8.9.2 创建交互式动画

【例8-6】由按钮控制播放的动画。

① 打开例8-3完成的动画。在"蝴蝶"图层上方创建一新图层,重命名为"按钮";选择菜单"窗口"→"公用库"→"按钮"命令,打开按钮库,任选"播放"和"停止"两个按钮拖入到舞台的右上方,如图8-57所示。

图8-57 添加"播放"和"停止"按钮

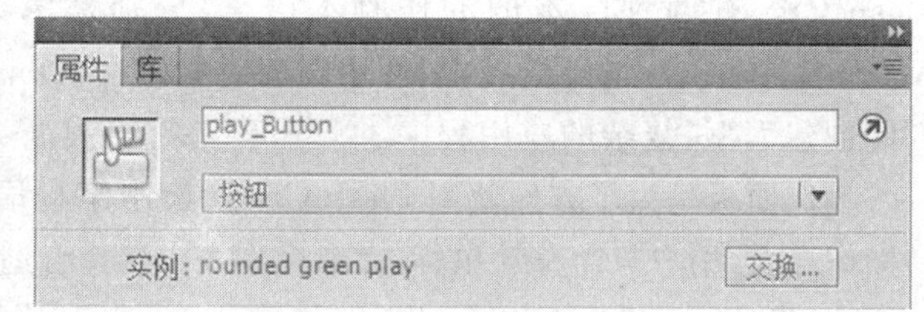

图8-58 为按钮命名

② 选择舞台上的"播放"按钮,在属性面板中为实例命名为"play_Button",如图8-58所示;同样的,为"停止"按钮命名为"stop_Button"。

③ 在"按钮"图层上方创建一新图层,重命名为"Action";选择第1帧,选择菜单"窗口"→"动作"命令(或者按[F9]键),打开动作面板,输入如下代码,如图8-59所示:

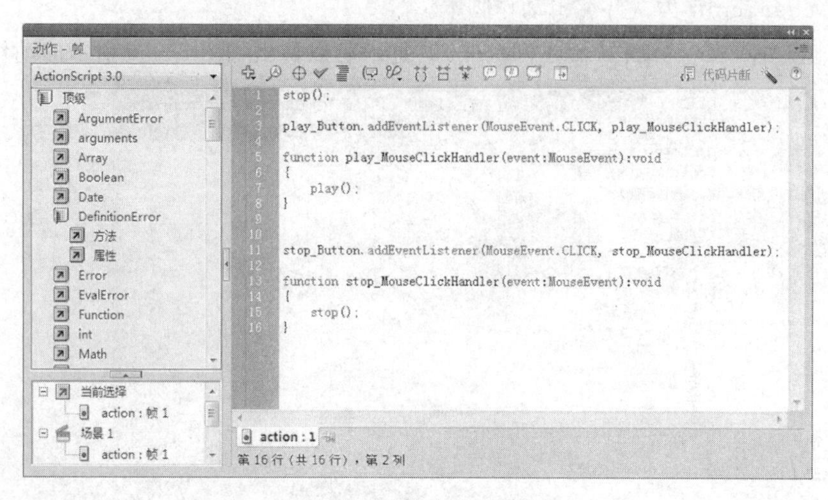

图8-59 为第1帧添加脚本

```
 stop();
play_Button.addEventListener(MouseEvent.CLICK, play_MouseClickHandler);
function play_MouseClickHandler(event:MouseEvent):void
{    play();}
stop_Button.addEventListener(MouseEvent.CLICK, stop_MouseClickHandler);
function stop_MouseClickHandler(event:MouseEvent):void
{    stop();}
```

④ 按[Ctrl+Enter]组合键测试动画，此时动画停止，单击“播放”按钮，动画开始播放；再单击“停止”按钮，动画停止播放；再单击“播放”按钮则继续播放。

习　题

8.1　简述构成动画的基本规则。

8.2　Adobe Flash CS5 动画的基本特点是什么？

8.3　理解帧、元件、实例和场景的概念，以及在动画中所扮演的角色。

8.4　实例和元件的区别是什么？

8.5　补间动画和补间形状的主要区别是什么？

8.6　Adobe Flash CS5 中导入外部图片文件和其他格式文件的方法是什么？

8.7　简述制作遮罩动画的方法？如果要修改遮罩效果应如何操作？

8.8　交互式动画的含义是什么？

8.9　谈谈学习 Adobe Flash CS5 的经验和体会。你觉得学好 Adobe Flash CS5 并能掌握实际应用的关键是什么？

第9章 计算机网络初步

9.1 计算机网络简述

9.1.1 计算机网络的定义和功能

1. 计算机网络的定义

计算机网络就是利用通信线路和设备，将分布在不同地理位置，具有独立功能的多个计算机系统或共享设备连接起来，以功能完善的网络软件（即由网络通信协议、信息交换方式及网络操作系统等构成）实现网络中资源共享、信息传递和分布式处理的系统。

2. 计算机网络的功能

虽然各种特定的计算机网络可以有不同的功能，但是它们共同的功能有如下几个方面：

（1）用户间信息交换。

这是计算机网络最基本的功能，主要完成计算机网络中各个节点之间的系统通信。

（2）资源共享。

所谓的资源是指构成系统的所有要素，包括软、硬件资源，如：计算处理能力、大容量磁盘、高速打印机、绘图仪、通信线路、数据库、文件和其他计算机上的有关信息。由于受经济和其他因素的制约，这些资源并非（也不可能）所有用户都能独立拥有，所以网络上的计算机不仅可以使用自身的资源，也可以共享网络上的资源。从而增强了网络上计算机的处理能力，提高了计算机软硬件的利用率。

（3）其他功能。

其实通信和资源共享只是计算机网络最基本和最重要的功能，实质上计算机网络功能远不止这些，随着网络技术和网络社会的发展，计算机网络的功能也将得到进一步的扩展和升华。

① 高可靠性。

任何一个系统都可能发生故障，人们还为此开发了容错计算机系统，以适应人们对高可靠性系统的需求。其实，计算机网络本身就是一个高度冗余的计算机系统，联网的计算机可以互为备份，一旦某台计算机发生故障，则另一台计算机可代替它，继续其工作。更重要的是，由于数据和信息资源存放于不同的地点，因此可防止由于故障而无法访问或由于灾害造成数据破坏。

② 多媒体化。

多媒体不仅是电信网、广播电视网的发展趋势，更是计算机网络的显著特征。由于局域网传输速率和个人计算机处理速度的迅速提高，计算机网络多媒体的应用越来越丰富，比如：数据库的多媒体化、Web的多媒体化、网络应用的多媒体化、电子商务的多媒体化等。

③ 协同计算。

在网络操作系统的调度和管理下，网络中的多台计算机可协同工作来解决复杂而大型的任务。

④ 分布式处理。

对于大型的课题，可以分为许许多多的小题目，由不同的计算机分别完成，然后再集中起来，解决问题。

9.1.2　计算机网络的分类

从不同的角度，可以对计算机网络进行不同的分类，通常可以按网络交换技术、网络拓扑结构和网络覆盖的地理范围分类。

1. 按网络交换技术分类

根据通信网络使用的交换技术方式的不同，可分为电路交换、报文交换、分组交换。这里所提的交换，实际上是一种转接，是在交换通信网中实现数据传输的必不可少的技术。

2. 按网络的拓扑结构分类

由于拓扑结构具有总线型、星型和环型 3 种基本结构，因此根据网络拓扑结构的不同，计算机网络也可分为总线型、星型和环型网络 3 种基本类型。在实际应用中，是多种结构的混合连接，形成较复杂的混合型网络。

3. 按网络覆盖的地理范围分类

按网络覆盖的地理范围的大小，可将计算机网络分为局域网（Local Area Network，LAN）、广域网（Wide Area Network，WAN）和城域网（Metropolitan Area Network，MAN）3 种。

（1）局域网。

局域网是一个覆盖地理范围相对较小（10 km 以内）的高速网络，现在带宽一般在 10 M 以上，经常应用于一个学校或公司内部，在地理范围上一般是一座大楼或一组紧邻的建筑群之间，也可小到一间办公室或一个家庭。局域网是计算机网络的最基本形式。

（2）广域网。

广域网是覆盖地理范围广阔的数据通信网络，它常利用公共数据网络提供的便利条件进行传输，是一种可跨越国家及地区的遍布全球的计算机网络。一般以高速电缆、光缆、微波天线等远程通信形式连接。

（3）城域网。

城域网是覆盖地理范围介于局域网和广域网范围之间（10～100km）的通信网络，基本上是一种大型的局域网，通常使用与局域网相似的技术。城域网是一个比局域网覆盖范围更大，支持高速传输和综合业务（支持声音和影像）的适合大的城市地区使用的计算机网络。

9.1.3　计算机网络拓扑结构

网络拓扑结构是指网络上计算机、电缆及其他组件相互连接的几何布局结构。拓扑结构具有总线型、星型和环型 3 种基本类型。

1. 总线拓扑

总线拓扑结构是将所有设备连接到公用的共享电缆上，如图 9－1 所示。采用单根传输线作为传输介质，所有的站点都通过相应的硬件接口直接连接到总线上。任何一个站的发送信号都可以沿着介质传播，而且能被其他站接收。

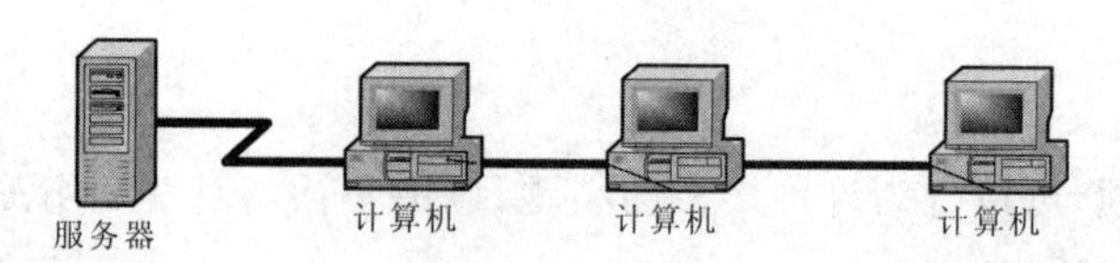

图 9-1 总线拓扑结构

2. 星型拓扑

星型拓扑结构有一个中央结点，网络的其他结点，如工作站和其他设备都与中央结点直接相连，如图 9-2 所示。

3. 环型拓扑

环型拓扑结构是用一根单独的电缆将网络中的设备连成一个环，如图 9-3 所示。

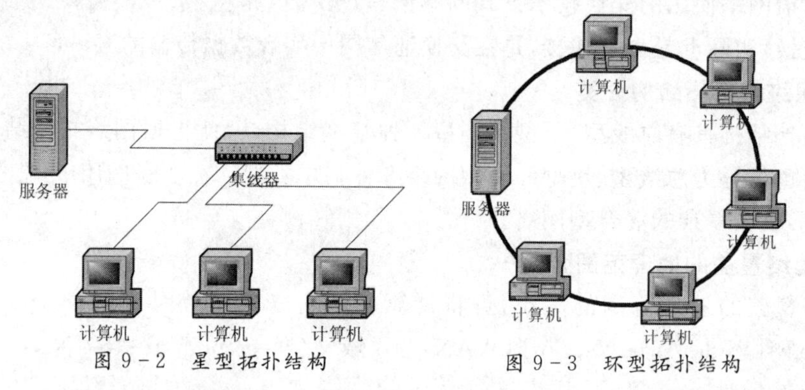

图 9-2 星型拓扑结构

图 9-3 环型拓扑结构

在实际应用中，计算机网络的结构往往是多种拓扑结构的混合连接，上面 3 种基本结构可以结合起来形成更复杂的混合结构，如树型、网状型等。另外，随着无线网络的迅速发展，一种称为蜂窝型的新型网络拓扑结构在无线网络中也得到了广泛应用。

9.1.4 计算机网络构成

计算机网络是由硬件和软件两大部分组成的，网络硬件主要由服务器、工作站、外围设备等组成，网络软件则包括通信协议和网络操作系统。

1. 网络硬件

(1) 服务器。

服务器(Server)是整个网络系统的核心，它为网络用户提供服务并管理整个网络。根据服务器担负网络服务功能的不同又可分为文件和打印服务器、应用程序服务器、邮件服务器、通信服务器、传真服务器、目录服务服务器等类型。当然，在小型网络中，许多服务功能是放在同一个实际的物理服务器中完成的。因此，更多的时候服务器是指软件意义上的服务器。

(2) 工作站。

工作站(Workstation)是指连接到网络上的计算机，它只是一个接入网络的设备，它的接入和离开对网络系统不会产生影响。在不同的网络中，工作站又被称为“结点”或“客户机”。

(3) 外围设备。

外围设备是连接服务器与工作站的一些连线或连接设备，如调制解调器、集线器、交换机、路由器等。

2. 网络软件

(1) 通信协议。

通信协议是指网络中各方事先约定所达成的一致的、必须共同遵守和执行的通信规则，可以简单地理解为各计算机之间进行相互会话所使用的共同语言。两台计算机在进行通信时，必须使用相同的通信协议。

在相互通信的不同计算机进程之间，存在着一定次序的相互理解和相互作用的过程，协议就规定了这一过程的进展过程，或者定性地规定这些过程应能实现哪些功能，应满足哪些要求。为了实现这些要求，存在着各种各样的协议。例如，为了传输文件，就有一个文件传输协议，它明确规定文件如何存取、如何发送、如何接收、出错应如何处理等规则。

（2）网络操作系统。

网络操作系统是使网络上各种计算机能方便有效地共享网络资源，为网络用户提供所需的各种服务的软件和有关规程的集合。网络操作系统（Network Operating System, NOS）的作用相当于网络用户与网络系统之间的接口。在各种网上都应配置 NOS，而且 NOS 的性能对整个网络的性能有很大的影响。

常见的网络操作系统有 UNIX、Linux、Windows NT、Windows Server 2000、Windows Server 2003、Windows Server 2008、Windows Server 2012、Windows Server 2016 等。

3. 网络的逻辑功能构成

计算机网络从逻辑功能上可以分为资源子网和通信子网两部分，如图 9-4 所示。

资源子网：网络的外围，提供各种网络资源和网络服务。

通信子网：网络的内层，负责完成网络数据传输、转发等通信处理任务。

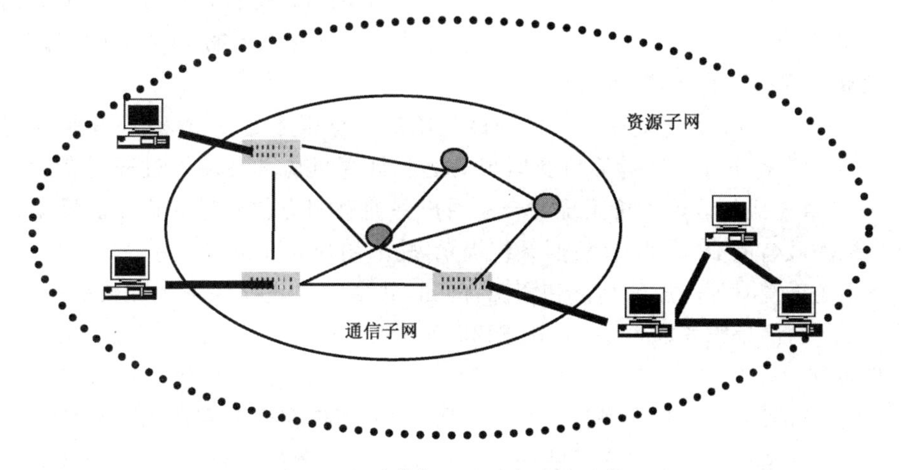

图 9-4　计算机网络逻辑功能结构

9.2　Internet 基本知识

9.2.1　Internet 概述

“Inter”在英语中的含义是“交互的”，“net”是指“网络”，Internet 的标准中文名称为“因特网”，人们也常把它称为“互联网”或“国际互联网”。Internet 并不是一个具体的网络，它是全球最大的、开放的、由众多网络互连而成的一个广泛集合，有人称它为“计算机网络的网络”。它允许各种各样的计算机通过拨号方式或局域网方式接入到 Internet，并以 TCP/IP

协议进行数据通信。由于越来越多人的参与,接入的计算机越来越多,Internet 的规模也越来越大,网络上的资源变得越来越丰富。正是由于 Internet 提供了包罗万象、瞬息万变的信息资源,它正在成为人们交流和获取信息的一种重要手段,对人类社会的各个方面产生着越来越重要的影响。

9.2.2 Internet 提供的服务

1. 电子邮件

电子邮件(E-Mail)是 Internet 的主要用途之一。E-Mail(Electronic Mail)是一台计算机上的用户向另一台计算机的用户发送信息的一种方式。所发送的信息不但可以包含文本、文件甚至还包括图片和声音。只要知道对方的 E-Mail 地址,用户就可以通过网络方便地接收和转发信件,还可以同时向多个用户传送信件。

2. 万维网

万维网 WWW 的含义是(World Wide Web,环球信息网),是一个基于超文本方式的信息查询服务。通过超文本方式将 Internet 上不同地址的信息有机的组织在一起,用户可以在客户端通过浏览器(如 IE、Chrome、FireFox 等)浏览网页中的信息,而且 WWW 方式仍然可以提供传统的 Internet 服务,如 Telnet、FTP、Gopher、E-Mail 等。

3. 文件传输

文件传输是指计算机网络上主机之间传送文件,它是在网络通信协议 FTP(File Transfer Protocol)的支持下进行的。Internet 网上的两台计算机在地理位置上无论相距多远,只要两者都支持 FTP 协议,网上的用户就能将一台计算机上的文件传送到另一台。

4. 共享远程的资源(远程登录)

远程登录(Telnet)是 Internet 提供的最基本的信息服务之一,远程登录是在网络通信协议 Telnet 的支持下使本地计算机暂时成为远程计算机仿真终端的过程。在远程计算机上登录,必须事先成为该计算机系统的合法用户并拥有相应的帐号和口令。登录时要给出远程计算机的域名或 IP 地址,并按照系统提示,输入用户名及口令。登录成功后,用户便可以实时使用该系统对外开放的功能和资源,例如:共享它的软硬件资源和数据库,使用其提供的 Internet 的信息服务,如:E-mail、FTP、WWW 等等。

5. 新闻组

新闻组(Usenet)是一种专题讨论性质的服务,为用户在网上交流和发布信息提供的一种服务。每一个组都有一个名字反映该组谈论的内容。例如,comp 是关于计算机的话题,sci 关于自然科学各分支的话题,rec 关于娱乐活动的情报和评论,soc 关于社会现象及社会科学各分支的话题,talk 为热门话题,misc 为其他话题。

6. 电子公告牌

电子布告栏(BBS)是 Internet 上最常用的方式之一。只要用户通过某种连接手段(如远程登录)与电子布告栏服务的主机相连,即可阅读 BBS 上公布的任何信息,用户也可以在 BBS 上发布自己的信息供别人阅读。国内的 BBS 比较多,也有许多人参与,现在已发展成各大网站的所谓"论坛"。

7. 网上 IP 电话

IP 电话是利用 Internet 实时传送语音信息的服务,使用 IP 电话可以大大降低通信成本。从类型上划分,IP 电话大体上可以分为 3 大类:

PC to PC,这种IP电话是Internet上使用得最多的语音传输方式,它需要有相应的服务器及客户端软件支持,如Microsoft公司的NetMeeting、Vocal Tech公司的Internet Phone、清华大学开发的Cool-Audio等。

PC to Phone,这种IP电话通话时只需要主叫方(PC)接入Internet,将语音信号通过特定的服务器转接到被叫方的普通电话机上。支持这种方式的软件有Internet Phone、Net2Phone等。

Phone to Phone,这种形式是目前一般家庭用户使用最多的,直接在普通电话机上使用即可。国内的中国电信、中国联通等公司都提供这种服务。

8. 网络日志(Blog)

Blog是Web Log的缩写,中文意思是“网络日志”。在网络上发表Blog的构想始于1998年,但到了2000年才开始流行。在网络上发表Blog的人称为Blogger(中文翻译为“博客”)。博客们将其每天的心得和想法记录下来,并予以公开,与其他人进行交流。由于它的沟通方式比电子邮件和讨论组更加简单方便,Blog已成为家庭、公司、部门和团队之间越来越盛行的沟通工具。微博就是其中一种。目前,Blog已经成为一种新的学习方式和交流方式,有人称之为“互联网的第4块里程碑”。

9. P2P

P2P是“peer-to-peer”(点对点)的缩写,它最直接的功能就是让用户可以直接连接到网络上的其他计算机,进行文件共享与交换。长久以来,人们习惯的互联网是以服务器为中心的,客户向服务器发送请求,然后得到服务器返回的信息;而P2P则以用户为中心,所有计算机都具有平等的关系,每一个用户既是信息的提供者也是信息的获得者,他们都可以从其他的任何运行相同P2P协议的计算机检索或者获得信息。目前基于P2P的应用软件很多,如eMule、Donkey、Gnutella、BitTorrent等。

10. 即时通信(Instant Messaging)

Instant Messaging(即时通信、实时传信)的缩写是IM,这是一种可以让使用者在网络上建立某种私人聊天室(Chatroom)的实时通信服务,俗称聊天工具。大部分的即时通信服务提供了状态信息的特性——显示联络人名单,联络人是否在线及能否与联络人交谈。目前在互联网上受欢迎的即时通信软件包括腾讯微信、QQ、MSN Messenger(Windows Live Messenger)、飞信、Skype、Google Talk、阿里旺旺等。很多即时通信软件除了可进行文字信息的通信外,还可进行语音及视频方式的交流。

9.2.3 TCP/IP协议

网络并不是仅仅连上通信线路即可实现通信。不同的网络类型、不同的网络设备、不同的网络操作系统,他们的数据传输形式可能各不相同。为了确保相互之间顺利的信息交换,需要一种标准语言。网络协议就是计算机彼此交流的标准语言。

在Internet上规定使用的网络协议标准是TCP/IP协议,它是TCP以及IP等协议的组合,即传输控制协议/互联网协议。主要用于在安装了不同的硬件和不同的操作系统的计算机之间实现可靠的网络通信。其中,TCP协议可以保证数据包传输的可靠性;IP协议可以保证数据包能被传到目标计算机。除了TCP、IP协议外,TCP/IP协议组合还包括有FTP、Telnet、SMTP等协议。

1. TCP 协议

TCP 协议全称 Transmission Control Protocol(传输控制协议),该协议主要用于在主机间建立一个虚拟连接,以实现高可靠性的数据包交换。它对网络传输只有很基本的要求,通过呼叫建立连接,进行数据交换,最终终止会话,从而完成交互过程。在传送中,如果发生丢失、破坏、重复、延迟和乱序等问题,TCP 就会重传这些数据包,最后接收端按正确的顺序将它们重新组装成报文。

2. IP 协议

IP 协议全称 Internet Protocol(互联网协议),主要规定了数据包传送格式以及数据包如何寻找路径最终到达目的地。因此它主要负责 IP 寻址、路由选择和 IP 数据包的分割和组装。IP 协议在传送过程中不考虑数据包丢失或出错,纠错功能由 TCP 协议来保证。

通常所说的 IP 地址可以理解为符合 IP 协议的地址。目前常用的 IP 协议是 IP 协议的第四版本 IPv4,是互联网中最基础的协议。IPv4 使用了 32 位地址,最多支持 4 294 967 296 (2 的 32 次方)个地址连接到 Internet。随着互联网的迅猛发展,IP 地址的需求越来越大,因此出现了 IPv6 协议,即 IP 协议的 6.0 版本,IPv6 将 IP 地址空间扩展到 128 位,从而包含 2^{128} 个 IP 地址。IPv4 将以渐进的方式过渡到 IPv6,IPv6 与 IPv4 可以共存。

3. IP 地址

Internet 是一个庞大的全球性系统,在网上若想正确地访问每台机器,就必须有一个能唯一标识该计算机位置的东西,这就是 IP 地址。IP 地址以系统的方法,按国家、区域、地域等一系列的规则来分配,以确保数据在 Internet 上快速、准确传送。

目前 Internet 中广泛使用的 IPv4 协议,也就是人们常说的 IP 协议,它所使用的 IP 地址是一个 32 位的二进制数字,写成 4 个十进制数字字段,中间用圆点隔开,书写的形式为 xxx. xxx. xxx. xxx。其中,每个字段都在 0～255 之间取值。IP 地址一般分为 3 类:A 类、B 类、C 类,A 类地址中第一个字节表示网络地址,而后 3 个字节表示网络内计算机的地址;B 类地址中的前 2 位地址表示网络地址,后 2 位表示网络内计算机的地址;C 类地址中的前 3 位地址表示网络地址,后 1 位表示网络内计算机的地址。A 类地址用于非常巨大的计算机网络,B 类地址次之,C 类地址则用于小网络。

IPv6 采用了长度为 128 位的 IP 地址,IPv6 的地址格式与 IPv4 不同。一个 IPv6 的 IP 地址由 8 个地址节组成,每节包含 16 个地址位,以 4 个十六进制数书写,节与节之间用冒号分隔,其书写格式为 x:x:x:x:x:x:x:x,其中每一个 x 代表 4 位十六进制数。

注意:在 Internet 里,一个主机可以有一个或多个 IP 地址,就像一个人可以有多个通信地址一样,但两个主机或多个主机却不能共用一个 IP 地址。

4. 域名系统

因为接入 Internet 的某台计算机要和另处一台计算机通信就必须确切地知道对方的 IP 地址。人们要记住这么多枯燥的数字不是容易的事,所以人们习惯用字母来表示计算机名字。Internet 上的每台计算机都必须具有唯一的名字才能区分开来,这就产生了域名系统(Domain Name System,DNS),并按地理和机构类别来分层。每个域名也由几部分组成,每部分称之为域,域与域之间用圆点“.”分隔。例如:www. fosu. edu. cn 表示佛山大学的域名。域名中的最后一个域有约定,可以区分组织或机构的性质。常用的有:edu(教育机构)、com(商业机构)、mil(军事部门)、gov(政府机关)、org(其他机构)。在美国,通常就用它们作为最后一个域。而在美国以外的其他国家和地区,则用标准化的两个字母的代码来作为最后一个域，如cn表示中国，hk表示中国的香港地区等。

名字仅是为了帮助人们便于记住和输入网址使用的，在IP分组中使用的还是IP地址。在Internet中的许多称为域名服务器的系统可以帮助用户自动地从域名来找到其相应地址。当某个本地域名服务器找不到相应地址时还会与其他的域名服务器联系来进行查找，而这个操作对用户是透明的（此处的“透明”是指该操作对用户来说是看不到的，也不需要看到的）。

9.2.4 连接Internet

用户接入Internet的方式多种多样，但实际上可归结为主机方式和网络方式两大类。主机方式，接入的计算机必须有一个由互联网信息中心（Network Information Center，NIC）统一分配的IP地址。网络方式，指用户利用自己所处的某个网络（一般是局域网）接入。当该网路已经连接到Internet时，网络上的所有用户也就入网了。至于如何连接Internet，可以是专线，也可以是高速调制解调器。

普通用户，不管是组织机构用户还是个人或家庭用户，由于没有固定的IP地址，他们的计算机是不能直接接入Internet的，只能通过线路连接到本地的某个网络上，提供这种接入服务的运营商叫做互联网服务提供商（Internet Service Provider，ISP），该网络就是ISP的网络。我国主要的ISP是中国电信、中国联通、中国移动等。

ISP通过专线和Internet上的其他网络连接，保证24小时连续的网络服务。接入专线可以使用光缆、公共通信线路等。下面介绍几种常用接入技术。

1. 拨号上网

拨号上网，即Modem（调制解调器）接入。尽管现在已经有许多速度更快、性能更好的接入技术，但Modem接入仍然是传统的最具代表性的接入方式。

Modem是英文Modulator和Demodulator的缩写，中文名称叫调制解调器，也就是俗称的“猫”，是一个数字信号与模拟信号之间的转换设备，要通过电话线进行数据传输。Modem首先将计算机输出（一般为串行口输出）的数字信号转换成模拟信号，送到线路上传输，然后在接收端还原为发送前的数字信号，再提交给计算机进行处理。由数字信号转换成模拟信号的过程称为调制，模拟信号转换成数字信号的过程就是解调，Modem的作用实际就是一个信号变换器。

由此可见，在使用Modem接入网络时，因为要进行两次数字信号与模拟信号之间的转换，所以网络连接速度较低，而且性能较差。最快的Modem其下行传输速率只达到56 Kbps，而上行传输速率只有33.6 Kbps。在网络中，“上行”是指信息从本地计算机向其他计算机发送，“下行”是指信息从其他计算机流向本地计算机。

通常，人们以拨号上网传输速率的上限56Kbps为分界，将56Kbps及其以下的接入称为“窄带”，之上的接入方式则归类于“宽带”。从2010年世界电信日开始，又将传输速率不到4Mbps的一概称为窄带，只有4Mbps及以上才能被称为宽带。

拨号上网需要的设备比较简单，包括一台计算机、一根电话线、一个调制解调器。所以拨号上网投资少、配置简单、通信费用低。但缺点也很明显，速度慢，通信质量无保证，易发生掉线，而且上网的时候，电话不能同时通话。

2. ISDN接入

综合业务数字网（Integrated Services Digital Network，ISDN），ISDN方式接入Internet可提供比普通拨号上网更高的传输速率，达到128 Kbps。

ISDN是一个全数字的网络，不论话音、文字、数据还是图像信号等，只要可以转换成数字信号，都能在ISDN网络中进行传输，而且同一个接口可以连接多个用户终端，不同终端可以同时使用。这样，用户只要一个接口就可以使用各类不同的业务，所以，打电话和上网两不误。虽然传输速率提高了，但还是不能满足人们对视频、图像等高速传输的需求。

3. ADSL接入

非对称数字用户线路(Asymmetric Digital Subscriber Line，ADSL)，是数字用户线路(Digital Subscriber Line，DSL)大家庭中的一员。DSL包括HDSL、SDSL、VDSL、ADSL和RADSL等，一般统称为xDSL，它们主要的区别体现在信号传输速率和距离的不同，及上行速率、下行速率对称性不同两个方面。其中，ADSL因其技术较为成熟，已经有了相关的标准，所以发展较快，也备受关注。

ADSL属于非对称式传输，它以铜质电话线作为传输介质，ADSL调制解调器采用频分复用的方法，划分出3个频段，分别传送电话语音信号和上下行数字信号，可在一对铜线上支持上行速率640Kbps～1Mbps、下行速率1～8Mbps的非对称传输，符合Internet和视频点播(Video On Demand，VOD)等业务的运行特点，有效传输距离在3～5km范围内。

由于每根线路由每个ADSL用户独有，因而带宽也由每个ADSL用户独占，不同ADSL用户之间不会发生带宽的共享，可获得更佳的通信效果。

4. Cable Modem接入

目前，在全球范围内两种最具影响力的宽带接入技术是基于铜质电话网络的ADSL和基于有线电视网络CATV的Cable Modem(线缆调制解调器)。

Cable Modem是通过现有的有线电视网宽带网络进行数据高速传输的通信设备，其最大特点就是传输速率高，下行速率一般在3～10Mbps之间，最高可达30Mbs，而上行速率一般为0.2～2Mbps，最高可达10Mbps。用户端为10M BASE-T或100M BASE-T以太网接口。

由于CATV网是使用同轴电缆构成的树型网络，采用频分复用技术对电视节目进行单向传输，因此需用一种叫做光纤同轴混合网(Hybrid Fiber Coaxial，HFC)来进行改造。HFC网主干线路采用光纤，频带宽，能双向传输，但需要相当的改造资金的投入。

同轴电缆调制解调器以标准的以太网接口与用户的计算机相连，其主要功能是负责把有线电视网络或HFC网络的下行射频(Radio Frequency，RF)信号转换为计算机可以接收的以太网信号，同时把计算机发送的信号转换为上行的射频信号。同轴电缆调制解调器有很好的抗干扰性能。

用户终端可以始终挂在网上，无须拨号。Cable Modem实现了永远连接，只要开机就能使用网络。

Cable Modem用户在同一小区内共享带宽资源，平时不占用带宽，只有当有数据下载时才会占用。系统支持弹性扩容，最简单的方法是增加数字频道，每增加一个频道，系统便增加相应的带宽资源。

5. 光纤接入

这里的光纤接入是指用户端通过光纤接入Internet。

在现有的有线介质中，因为光纤具有传输距离长、容量大、速度快、对信号无衰减及原材料丰富等特点，成为传输介质中的佼佼者，并在全球得到了广泛的应用。在前面谈到的有线接入中，不管用户端采用哪一种方式，网络骨干部分大多数使用的是光纤。而这里关注的是用户端的接入方式，随着光纤到路边(Fiber To The Curb，FTTC)、光纤到大楼(Fiber To

The Buibding,FTTB)及光纤到小区(Fiber To The Zone,FTTZ)的实现以及光纤及其设备价格的不断下降,使光纤到用户(Fizber To The Home,FTTH)及光纤到桌面也逐步成为现实,真正突破 Internet 的接入带宽瓶颈。

6. 无线接入

随着笔记本电脑、个人数字助理(Personal Digital Assistant,PDA)、手机等移动通信工具的普及,用户端的无线接入业务需求在迅速增长,人们需要在移动的过程中能够随意地接入 Internet。那么,人们借助无线接入技术,就可以随时随地轻松地接入互联网。

(1) 移动互联网。

移动互联网是一个新型的融合型网络,是移动通信技术和互联网技术充分融合的产物。在移动互联网环境下,人们可以通过智能手机、PDA、车载终端等设备访问互联网,随时随地享受互联网提供的服务。

移动互联技术源于 20 世纪 40 年代中期出现的蜂窝电话和随后产生的无绳电话等移动通信技术。蜂窝技术是把移动电话的服务区分为一个个正六边形的小区,每个小区设置一个基站,这样的结构酷似一个个“蜂窝”。蜂窝技术是移动通信的基础,所以把这种移动通信方式称为蜂窝移动通信。

① 模拟蜂窝技术。

第 1 代移动通信系统(1G)都采用的是模拟蜂窝技术,如高级移动电话服务系统(Advanced Mobile Phone System,AMPS)和总访问通信系统(Total Access Communication System,TACS)等。在整个无线接入方式中,模拟技术只是一种过渡技术,没有什么发展空间,已被数字技术所取代。

② 数字蜂窝技术。

最早出现的数字蜂窝技术标准便是时分多址(Time Division Multiple Access,TDMA),随后又出现了码分多址(Code Division Multiple Access,CDMA)和移动通信全球系统(Global System of Mobile Communication,GSM,也称之为全球通)。GSM 能够提供 13Kbps 的语音服务和 9.6Kbps 的数据服务,它的功能正在不断完善,以提供更高速率的数据服务。WAP 手机上网主要是基于数字蜂窝技术,这是第 2 代移动通信技术(即 2G)。

③ 3G 移动通信技术。

3G,即第 3 代移动通信技术,是无线通信与互联网等多媒体通信相结合的新一代移动通信系统,也是支持高速数据传输的蜂窝移动通信技术,其传输速率在高速移动环境中支持 144Kbps,步行慢速移动环境中支持 384Kbps,静止状态下支持 2Mbps。3G 服务除了能够同时间传送声音(通话)以外,它还能够处理图像、音乐、视频流等多种媒体业务,提供包括网页浏览、电子邮件、电话会议、电子商务等多种信息服务。目前,3G 存在 3 种主流技术标准:WCDMA、CDMA2000、TD - SCDMA。

④ 4G 移动通信技术。

4G,即第 4 代移动通信技术。国际电信联盟的无线电通信部门(ITU - R)指定的 4G 标准为 IMT - Advanced,设定 4G 服务的峰值速度要求在高速移动的通信环境达到 100 Mbps,固定或低速移动的通信环境达到 1 Gbps。目前公布的两项国际标准分别是 LTE - Advance 和 IEEE,一类是 LTE - Advance 的 FDD 部分和中国主导制定的 TD - LTE - Advanced 的 TDD 部分。另外一类是基于 IEEE 802.16m 的技术。

长期演进(Long Term Evolution,LTE)是 3G 的演进,它改进并增强了 3G 的空中接入技术,采用OFDM和MIMO作为其无线网络演进的标准。LTE-Advanced是LTE的升级版,由3GPP所主导制定,完全向后兼容LTE,在LTE上通过软件升级即可,峰值速率为下行1Gbps,上行500Mbps。频分双工长期演进技术(Frequency Division Duplexing-Long Time Evolution,FDD-LTE)是最早提出的LTE制式,技术最成熟,全球应用最广泛,终端种类最多。时分双工长期演进技术(Time Division Duplexing-Long Time Evolutition,TDD-LTE),又称TD-LTE,是LTE的另一个分支,峰值速率达到下行100Mbps,上行50Mbps。

全球微波互联接入(Worldwide Interoperability for Microwave Access,WiMAX),WiMAX的另一个名字是IEEE 802.16。WiMAX的技术起点较高,WiMAX所能提供的最高接入速度是70M,这个速度是3G所能提供的宽带速度的30倍。

无线城域网升级版(WirelessMAN-Advanced),又称WiMAX-Advanced、即IEEE 802.16m,是WiMAX的升级演进,由IEEE制定,WiMAX Forum所主导,接收下行与上行最高速率可达到300Mbps,在静止定点接收可高达1Gbps。

严格意义上来讲,LTE和WiMAX(IEEE 802.16)不符合IMT-Advanced的要求,只达到3.9G,但由于它们是先行者仍可以被认为是“4G”。

4G是集3G与WLAN于一体,能快速传输数据、高质量音频、视频和图像等,能以100Mbps以上的速度下载,比家用宽带ADSL(4Mbps)快25倍,满足了几乎所有用户对于无线服务的要求。4G可以在DSL和Cable MODEM没有覆盖的地方部署,然后再扩展到整个地区,4G有着不可比拟的优越性。

第5代移动电话行动通信标准,也称第5代移动通信技术(5G),也是4G之后的延伸,5G网络的理论下行速度为10Gb/s(相当于下载速度1.25GB/s),预计2020年开始推向商业化。

(2) 宽带无线接入。

本地多点分配业务(Local Multipoint Distribution Service, LMDS),也称为固定无线宽带无线接入技术,这是一种解决最后一公里问题的微波宽带接入技术,由于工作在较高的频段(24GHz~39GHz),因此可提供很宽的带宽(达1GHz以上),又被喻为“无线光纤”技术。它可在较近的距离实现双向传输话音、数据图像、视频等宽带业务,并支持ATM、TCP/IP和MPEG II等标准。LMDS采用一种类似蜂窝的服务区结构,将一个需要提供业务的地区划分为若干服务区,每个服务区内设置基站,基站设备经一点到多点的无线链路与服务区内的用户端通信。每个服务区覆盖范围为几公里至十几公里,并可相互重叠。

(3) 卫星接入。

卫星接入是利用卫星通信系统提供的接入服务,它由人造卫星和地面站组成,用卫星作为中继站转发地面站传入的无线电信号。卫星通信初期的主要功能是弥补有线系统的不足,提供电话、电传和电视信号的传输服务,后来开始提供数据接入服务。随着Internet和移动通信的迅速发展,卫星通信可用于宽带多媒体服务和移动用户接入服务的系统。其中能够为用户提供电话、电视和数据接入服务的卫星小数据站(Very Small Aperture Terminal,VSAT)业务,其下行速率为400Kbps~2Mbps,成为其他Internet接入技术的有力补充和竞争对手。与3G、4G技术的相互融合将成为卫星通信发展的必然趋势。

9.3 浏览万维网

9.3.1 万维网的基本知识

1. 万维网概述

万维网的缩写为WWW，也称为“Web”“W3”等。WWW使用超文本（Hyper Text）组织、查找和表示信息，利用链接从一个站点跳到另一个站点。这样就彻底摆脱了以前查询工具只能按特定路径一步步地查找信息的限制。由于万维网的出现，使Internet从仅由少数计算机专家使用变为普通百姓也能利用的信息资源，它是Internet发展过程中的一个非常重要的里程碑。

超文本文件由超文本标记语言（Hyper Text Markup Language，HTML）格式写成，这种语言是WWW描述性语言。WWW文本不仅含有文本和图像，还含有作为超链接的词、词组、句子、图像和图标等。这些超链接通过颜色和字体的改变与普通文本区别开来，且含有指向其他Internet信息的URL地址。将鼠标移到超链接上并单击，Web就根据超链接所指向的URL地址跳到不同站点、不同文件，链接同样可以指向声音、电影等多媒体，超文本与多媒体一起形成超媒体（Hyper Media），因而万维网是一个分布式的超媒体系统。

WWW以客户机/服务器方式工作，客户机和服务器都是独立的计算机。当一台连入网络的计算机向其他计算机提供各种网络服务（如数据、文件的共享等）时，它就被叫做服务器。而那些用于访问服务器资料的计算机则被叫做客户机。客户机负责向服务器请求WWW文档，并解释服务器传来的用HTML语言书写的文档，将其中包含的文本、图像、声音和动画等信息按预先定义好的格式显示在屏幕上。服务器存储WWW文档，并且运行HTTP协议软件，当有客户机软件请求服务器上某一文档时，服务器通过HTTP协议将对方所请求的文档通过网络传送给客户机。

2. 网页

网页（Web Page）是网站的基本信息单位，也称为页面。通常一个网站是由众多不同内容的网页组成的。一个网页通常是以一个HTML文件的形式存放，由文字和图片构成，复杂一些的网页还会有声音、图像、动画等多媒体内容。几乎所有的网页都包含链接，可以方便地跳转到其他相关网页或是相关网站。

当在Internet上浏览某个网站时，浏览器首先显示的那个网页叫做首页。首页通常是指一个网站的第一页，可以把首页看作一个网站的入口，通过首页可以非常方便地访问该网站的其他网页。

3. 统一资源定位器

统一资源定位器（Uniform Resource Locator，URL）是一种用于表示因特网上可用资源的语法及语义。URL的思想是为了使所有的信息资源都能得到有效利用，从而将分散的孤立信息点连接起来，实现资源的统一寻址。这里的“资源”是指在Internet可以被访问的任何对象，包括文件、文件目录、文档、图像、声音、视频等。URL大致由3部分组成：协议、主机名和端口、文件路径。其中对于常用服务端口可以省略，格式如下：

[协议]://[主机]:[端口]/[路径]

例如,佛山科学技术学院主页的超文本传送协议的 URL 为 http://www.fosu.edu.cn/index.html,FTP 的 URL 为 ftp://ftp.fosu.edu.cn。

4. 超文本标记语言

HTML 是一种用来制作 WWW 网页的简单标记语言。用 HTML 编写的超文本文档称为 HTML 文档,它能独立于各种操作系统平台(如 UNIX、Windows 等)。HTML 文档(即 Homepage 的源文件)是一个放置了标记的 ASCII 文本文件,通常它带有.html 或.htm 的文件扩展名。

HTML 语言是通过利用各种标记符来标识文档的结构以及标识超链(Hyper Link)的信息。虽然 HTML 语言描述了文档的结构格式,但并不能精确地定义文档信息必须如何显示和排列,而只是建议 Web 浏览器应该如何显示和排列这些信息,最终在用户面前的显示结果取决于 Web 浏览器本身的显示风格及其对标记的解释能力。这就是为什么同一文档在不同的浏览器中展示的效果会不一样。

HTML 标记符的明显特征是代码用尖括号"＜＞"括起来,且一般情况下,起始标记符如(＜HEAD＞)和结束标记符(如＜/HEAD＞)必须成对出现,下面是一个简单的 HTML 文件:

```
<HTML>
<HEAD>
<TITLE>Sample HTML Document </TITLE>
</HEAD>
<BODY>
<H1> A Sample HTML Document</H1>
<A HREF="http://www.fosu.edu.cn"> 佛山科学技术学院</A>
</BODY>
</HTML>
```

9.3.2 网页浏览

1. 浏览器

浏览器是用户浏览 Internet 信息时的客户端软件,它可以向 Web 服务器发出请求,并对服务器传送来的信息进行解释、组织、重现。第一个图形化的 Web 浏览器 Mosaic 是由美国国家超级计算机应用中心(National Center for Supercomputing Applications,NCSA)于 1993 年发布的,该浏览器能够显示文本及图像,并且允许用户使用鼠标来浏览超媒体文档。Mosaic 浏览器对于浏览器软件的发展产生重要的影响,目前流行的浏览器产品继续保留了 Mosaic 的一些重要特征。浏览器软件的种类很多,下面是目前市场上比较流行的几种浏览器产品。

(1) Internet Explorer。

Internet Explorer(简称为 IE)是微软公司提供的浏览网页的客户端软件,适用于 Windows 系列操作系统,因为与 Windows 操作系统捆绑安装,使得该浏览器成为大多数用户的选择。

(2) Firefox。

Firefox(火狐)浏览器是开源基金组织 Mozilla 研发的一种具有弹出窗口拦截、标签页浏览及隐私与安全功能的网页浏览器。它的"开放源代码"特性决定了 Firefox 在开源社区拥有众多的支持者，这些用户往往都是专业技术人员，在体验过程中一旦发现问题，通常会在第一时间提出来并在社区相互交流、一同解决，不仅效率高，而且不会产生酬劳问题，对Firefox的发展大有好处。可以说，获得众多软件开发人员的无偿支持是Firefox在市场上迅速取得成功的关键所在。未来，开源之势将愈演愈烈，这更让Firefox拥有了与IE不一样的境遇。

(3) Maxthon。

Maxthon(傲游)浏览器是一款基于IE内核的、多功能、个性化、多标签浏览器。它允许在同一窗口内打开任意多个页面，减少浏览器对系统资源的占用率，提高网上冲浪的效率。

Maxthon支持各种外挂工具及IE插件，使用户可以充分利用所有的网上资源，主要特点有：多标签浏览界面、鼠标手势、超级拖拽、隐私保护、广告猎手、RSS阅读器、IE扩展插件支持、外部工具栏、自定义皮肤等。能有效防止恶意插件，阻止各种弹出式、浮动式广告，加强网上浏览的安全。

(4) Google Chrome。

Google公司于2008年9月发布了自己的浏览器产品Google Chrome。Google Chrome基于开源浏览器引擎Webkit开发，内置独立的JavaScript虚拟机V8以提高浏览器运行JavaScript的速度，且包含了一系列功能帮助用户保护计算机不受恶意网站的攻击，使用诸如安全浏览、沙盒和自动更新等技术，帮助防御网上诱骗。

此外，Google Chrome在使用习惯和用户界面方面也有自己的特点，如网页标签位于程序窗口的外沿，地址栏支持输入自动补全，首页功能包含最常访问的9个页面截图以及最新的搜索、书签和最近关闭的标签等。

2. 使用IE浏览多页

Internet Explorer是微软公司提供的浏览网页的客户端软件，适用于Windows系列操作系统，本书以Internet Explorer 11(IE11)为背景介绍它的用法。

启动IE的方法有如下3种：

(1) 用鼠标左键单击桌面任务栏上的快捷启动图标 。

(2) 用鼠标左键双击桌面的IE应用程序图标 。

(3) 选择菜单"开始"→"程序"→"Internet Explorer"命令。

IE11的选项卡界面已经移至底部，并且新增了Windows 8.1设备与Windows Phone同步标签的功能。IE11也开始支持WebGL，并允许网站创建单独的动态瓷贴模块，让用户可以将其添加到开始屏幕上，获得RSS更新。

IE的主窗口如图9-5所示，由地址栏、浏览窗口和状态栏等组成。用户可以根据自己的习惯，通过"查看"→"工具栏"菜单来隐藏或显示指定的工具栏。

(1) 地址栏。

地址栏用来输入要访问目的地的URL。通过URL来完整地描述Internet上超媒体文档的位置。目标文档可能在本地磁盘上，也可能在局域网的某台计算机上，更多情况是Internet上一个网站的地址。简单地说，URL约定了资源所在地址的描述格式，通常将它简称为"网址"。

① URL地址的一般格式：

[协议:]//[主机名]:[端口号]/[文件路径]/[文件名]。

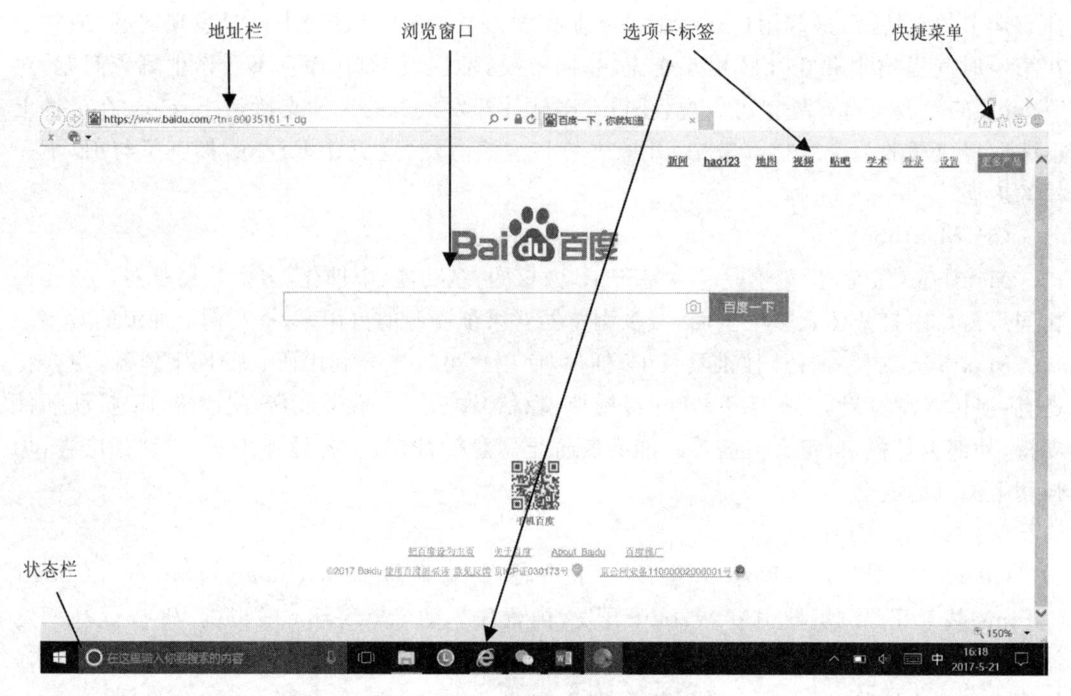

图 9－5 Internet Explorer 窗口

② 格式说明：

• 协议：指 HTTP、FTP、Telnet、FILE 等信息传输协议。最常用的是 HTTP 协议，它是目前 WWW 中应用最广的协议。当 URL 地址中没有指定协议时，默认的就是 HTTP 协议。

• 主机名：指要访问的主机名字，可以用它的域名，也可以用它的 IP 地址表示。

• 端口号：指进入服务器的通道。只有用户指定的端口号与服务器端指定的端口号一致时，用户才能得到要求的服务。一般服务器管理者将希望任何用户都能访问的服务指定为默认端口，如 HTTP 协议的端口号为 80，Gopher 协议的端口号为 70，FTP 协议的端口号为 21。如果客户端在输入 URL 地址时留空端口号，就是使用默认端口号。有时候为了安全，不希望任何人都能访问服务器上的资源，就可以在服务器上对端口号重新定义，即使用非默认的端口号，此时访问服务器就不能省略端口号了。

• 文件路径：指明要访问的资源在服务器上的位置(其格式与 DOS 系统中的格式一样，通常由目录/子目录/文件名这种结构组成)。与端口号一样，路径并非总是需要的。

必须注意，在浏览器中输入地址时可以省略协议，这时 HTTP 是默认协议，但主机名是不可缺少的，文件路径和文件名根据具体情况也可以省略。此外，WWW 上的服务器很多是区分大小写字母的，要注意正确的 URL 大小写表达形式。

③ URL 示例：

http://www.edu.cn/examples/mypage.html 含义为：通知浏览器使用 HTTP 协议，请求调用服务器 www.edu.cn 上的 examples 目录下的 mypage.html 这一文档。

ftp://user@202.192.116.26 含义为：在浏览器中使用 FTP 协议访问 FTP 服务器 202.192.116.26，并以用户名 user 登录。

202.187.16.125 含义为：使用 HTTP 协议访问主机 202.187.16.125 的 WWW 服务的

默认目录中的默认文件。

使用 Internet 的域名服务，可以保证 Internet 上机器名字的唯一性，而每台机器中文件所处的目录及其文件名也是唯一的，这样通过 URL 就可以唯一地定位 Internet 上所有的资源。

(2) 选项卡。

IE 提供单窗口多选项卡的浏览界面，用户可以在同一个窗口中打开多个选项卡浏览不同的网页。选择快捷菜单“工具”→“Internet 选项”命令，在打开的对话框中选择“常规”标签，如图 9-6 所示，在“选项卡”栏单击“设置”，包含了所有关于选项卡的设置信息。

使用浏览器浏览 Web 页的方法主要有两种：输入地址浏览指定网页和通过超级链接浏览下级网页。

① 浏览指定地址的网页。

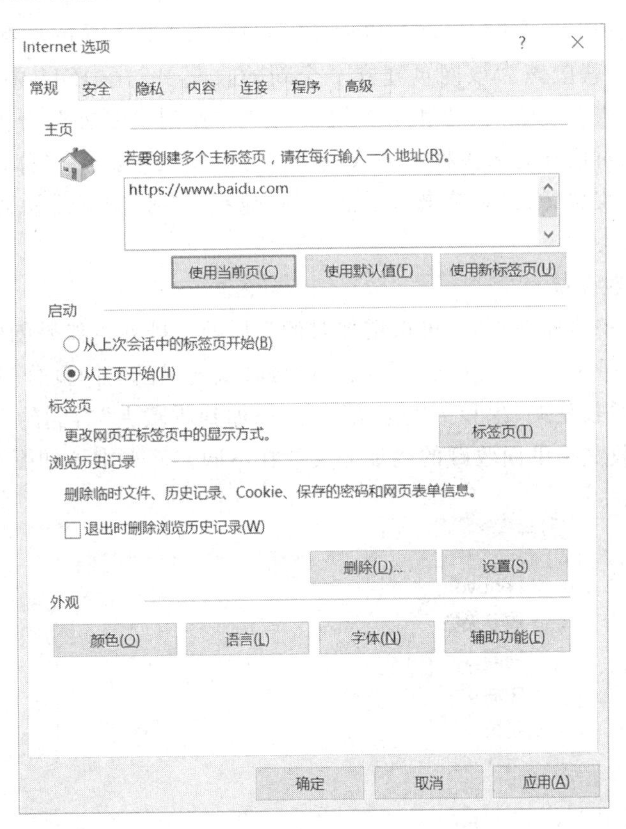

图 9-6 “Internet 选项”对话框

在地址栏中直接输入希望浏览的网页地址，如 http://www.fosu.edu.cn，回车后 Internet Explorer 将开始连接服务器，然后显示网页。IE11 可以保存以前输入过的地址，以便于查找以前访问过的站点、文件夹和文档。只要在地址栏中键入一部分以前输入过的 Web 页地址，则地址栏下面自动弹出一个与输入内容匹配的下拉列表，按键盘的↑、↓键从列表中找到需要的网址后按回车键或用鼠标单击该网址，就可以访问该网页。

② 通过超级链接浏览网页。

一般在访问某个网站时，首先浏览到的是该网站的主页，很多更详细、更具体的信息都是通过主页中的超级链接提供的。当鼠标移动到页面的某一个对象上指针变为 ☝ 时，说明该对象有超级链接，用鼠标左键单击它可以访问链接的下一级信息。

注意：在显示超级链接的下级信息时，有时会自动打开一个新的浏览器窗口，有时直接在当前窗口显示，这是网页设计者指定的。如果用户要将在当前窗口显示的信息显示在新窗口中，可以在超级链接的对象上单击鼠标右键，在弹出的快捷菜单中选择“在新窗口中打开”项。

9.3.3 网址的收藏

浏览网站的时候，经常要记一些网站的地址，或者有时经常访问的网站中的某个网页的地址又很繁琐，要想记住并输入这些网址，是比较费力的。这时我们可以把经常要访问的网页的地址加入到收藏夹中，下次再进入某个网页的时候，就到收藏夹中找到该网页，单击进入即可。

1. 建立收藏夹

如果用户正在浏览一个网页，认为以后还有可能访问该页面并希望下次能很方便地打开此页面，这时用户就应该为该网页建立一个新的收藏夹。在IE11中创建收藏夹的步骤为：选择快捷菜单“查看收藏夹、源和历史记录”→“添加到收藏夹”，会弹出标题为“添加收藏”的对话框，在该对话框的名称栏中输入一个自己好记的收藏夹名称，浏览器会把当前网页的标题作为默认收藏夹名称，单击对话框中的“确定”按钮，浏览器就会把当前网页的网址添加到新建的收藏夹中。

2. 组织、删除收藏夹

用户向收藏夹中增加网页时，可按增加时的先后顺序排列。如果创建的收藏夹多了，会对用户以后的使用带来一定的麻烦。所以可以将收藏夹里面的网页分门别类的放在不同文件夹中。点击“查看收藏夹、源和历史记录”，在“添加到收藏夹”右侧的下拉列表中选择“整理收藏夹”即可对收藏夹里面收藏的网址分类放在不同文件夹中。如图9-7所示。

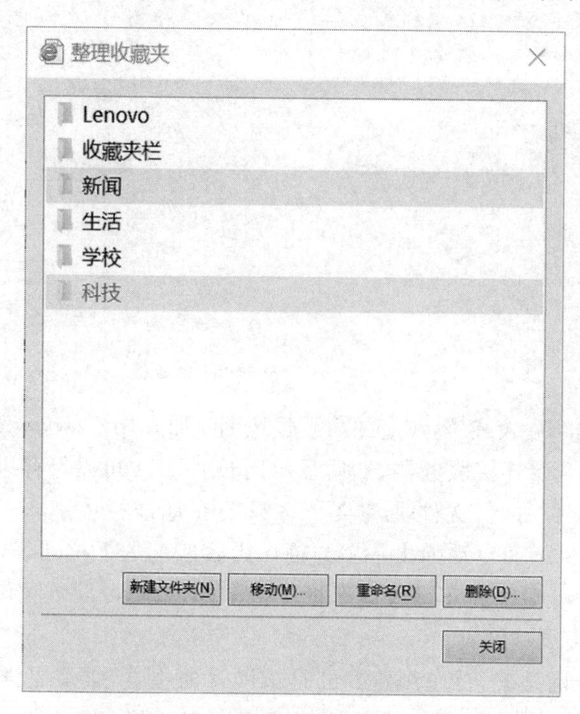

图9-7 “整理收藏夹”对话框

删除收藏夹里的网址或文件夹比较简单，打开“整理收藏夹”的对话框，选中要删除的网址或文件夹，单击对话框中的“删除”按钮，就可以将指定的网址或收藏夹删除了。

9.3.4　保存网上信息

当用户在网上搜索到有用的信息时，经常想将这些信息保存到本地磁盘上以便以后随时脱机查阅，保存 Web 页的方法有多种，这里介绍两种常用的方法。

1. 保存整个网页

要保存当前整个 Web 页到本地计算机磁盘中，在 IE11 中选择菜单“文件”→“另存为”，弹出“保存 Web 页”对话框，指定保存文件的路径、文件名，在“保存类型”的下拉列表中选择适当的保存类型，按“保存”按钮，就可以按指定的方式保存网页。4 种保存类型的含义分别如下：

(1) “网页，全部”：该选项可将当前 Web 页面中的图片、框架和样式表文件等全部保存到一个“文件名.files”的文件夹（目录）下，IE 将自动修改 Web 页中的链接，以便用户可以离线浏览当前页；

(2) “Web 档案，单一文件”：将当前的 Web 页和所有被当前页显示的文件一起保存到一个文件中，而不会生成附加的其他文件和文件夹，用户同样也可以在离线后用 IE 浏览保存的当前页面；

(3) “网页，仅 HTML”：保存当前显示的 HTML 文件，不保存图片、声音或其他文件；

(4) “文本文件”：自动去掉当前 Web 文件中的所有 HTML 标签，排版后只生成一个带有该网页中所有文本信息的文件。

2. 保存网页中的各种信息

(1) 保存图片。

网页中的图片有两种存在方式：一种是插入网页中的图片，一种是作为背景的图片。无论是哪种图片，都可以将它保存到本地，作为独立的图片文件存在。在网页中的图片上单击鼠标右键，如果该图片是插入网页中的图片，则在弹出快捷菜单中，会有“图片另存为”选项，选择此项，就可保存图片；如果该图片是背景图片，则弹出的快捷菜单中会有“背景另存为”选项，选择此项，就可保存背景图片。

(2) 保存网页中的文本。

当我们在网页中查找资料时，这些信息很多时候是网页中的文本，要想把这些文本保存下来，只需选中它们，单击鼠标右键，在弹出的快捷菜单中选择“复制”选项，如果要想把这些信息粘贴到 Microsoft Office Word 文档中，最好选择 Microsoft Office Word 中的“选择性粘贴”，在弹出对话框中的“形式”选项栏中，选择“无格式文本”即可。

(3) 保存 Flash 动画。

网页中除了图片、文本、超链接之外，很多网页中都会有 Flash 动画，尤其是许多 Flash 爱好者将各种主题的 Flash 动画放到网页上，供用户欣赏，对于喜欢的 Flash 动画，可以把它保存到本地，随时欣赏。事实上，在我们观看网页中 Flash 动画的时候它已经存在于我们的本地机中了，只要找到它，保存到我们指定的位置即可。在 IE 中，选择菜单“工具”→“Internet 选项”，在弹出的对话框中的“常规”选项卡中点击“设置”，打开“网站数据设置”对话框，在“Internet 临时文件”栏中单击“查看文件”按钮，在出现的窗口中，会看到很多文件类型，将文件按类型排序，找到类型是“swf”的文件，选择需要的 Flash 动画文件，拷贝到指定的位置。

(4) 保存 MIDI、MP3 音乐等。

如果网页中超级链接的目标是 RM、WMA、MP3 等音乐，则在链接上单击鼠标左键，在“文件另存为”框中设置好保存文件的位置和名称后，就会开始下载链接的对象到本地磁盘，下载完成后，用户就可以使用播放器在本地磁盘播放、使用该文件。

注意：现在音乐的播放下载很多需要安装客户端才允许播放下载，如百度音乐、QQ 音乐等。

9.3.5 使用搜索引擎

专门提供信息检索功能的服务器叫搜索引擎，搜索引擎大多都具有庞大的数据库，可利用 HTTP 协议访问这些数据库，利用菜单或关键字查找信息。Internet 上常见的中文信息搜索引擎有很多，例如百度(www.baidu.com)、Google(www.google.com)。

1. Baidu(百度)搜索引擎

“百度”是目前全球最大的中文搜索引擎，也是全球最优秀的中文信息检索与传递技术供应商，中国所有具备搜索功能的网站中，由百度提供搜索引擎技术支持的超过 80%。百度的使用非常简单、快捷，并提供了几种不同类型数据的搜索页面，包括新闻、网页、贴吧、MP3、图片、网站等。

(1) 网页搜索。

在 IE11 的地址栏中输入网址 http://www.baidu.com，出现如图 9-8 所示的百度主页。默认的是搜索网页，在搜索框内输入需要查询的内容，按[Enter]键，或者用鼠标点击搜索框右侧的“百度一下”按钮，就可以得到最符合查询需求的网页内容。例如在搜索框内输入“酷狗”，搜索到的结果网页如图 9-9 所示，其中包括以下几项主要信息：

图 9-8 百度搜索引擎主页

图 9-9 百度搜索结果页的顶端

① 搜索结果标题:点击标题,可以直接打开该结果网页。

② 搜索结果摘要:通过摘要,可以判断这个结果是否满足搜索需要。

③ 百度快照:是该网页在百度的备份,如果原网页打不开或者打开速度慢,可以查看快照浏览页面内容。

④ 相关搜索:是其他和你有相似需求的用户的搜索方式,按搜索热门度排序。如果你的搜索结果效果不佳,可以参考这些相关搜索,见图 9-10 所示。

图 9-10　百度搜索结果页的底端

如果在当前页面中的搜索结果不能满足要求,可以在页面的底端,点击“下一页”或点击数字链接,查看其他更多的搜索结果。如果通过一个关键字查找的结果不够精确,还可以在当前结果页中的搜索框内清除原来的关键字,输入第 2 个关键字,然后单击“在结果中找”按钮,进行进一步的精确查找。

另外,在搜索的结果当中,有时候如果输入的查询词很长,百度在经过分析后,给出的搜索结果中的查询词,可能是拆分的。如果想在结果中出现完整的查询词,只需给查询词加上双引号即可。

(2) 图片搜索。

在百度主页或任何搜索结果页的顶部,点击“图片”超链接,切换到图片搜索网页。在图片搜索框中输入要搜索的关键字,例如:“风景”,再点击“百度搜索”按钮,即可搜索出相关的全部图片。如果想搜索新闻图片,则需要选中“新闻图片”单选框即可。也可以选择其他图片尺寸的单选框,来获得不同大小的图片。在搜索结果页面中,点击合适的图片,可将图片放大观看。如果想看到更多的图片,可以点击页面底部的翻页来查看更多搜索结果。

(3) 其他资源搜索。

除了网页和图片搜索以外,百度还提供了“新闻”“MP3”“贴吧”等专门的搜索页面。其中新闻搜索可用来搜索指定关键词的新闻全文或标题;MP3 搜索可直接下载搜索到的 MP3 音乐,贴吧搜索是专门用来搜索各种贴吧论坛中贴出的文章。

9.4 文件的传输

一般来说,用户联网的首要目的就是实现信息共享,除了利用上述的搜索引擎可以找到自己所需要的各种文本、声音、图像信息之外,文件传输也是信息共享非常重要的一个途径之一。在 Internet 中实现文件传输一般是通过 FTP 实现的。

9.4.1 FTP 概述

1. 基本概念

文件传送协议(File Transfer Protocol,FTP),主要作用就是让用户连接上一台所希望浏览的远程计算机。这台计算机必须运行着 FTP 服务器程序,并且储存着很多共享的软件及其他文件,其中包括计算机软件、图像文件、文本文件、声音文件等等。这样的计算机称为 FTP 站点或 FTP 服务器。通过 FTP 程序,用户可以查看到 FTP 服务器上的文件。

FTP 也是一个客户机/服务器系统。客户机通过一个支持 FTP 协议的客户机程序,连接到在远程主机上的 FTP 服务器程序,并通过客户机程序向服务器程序发出命令,服务器程序执行该命令,并将执行的结果返回到客户机。在 FTP 的使用当中,用户经常遇到两个概念:“下载”(Download)和“上传”(Upload)。“下载”文件就是从远程主机拷贝文件到自己的计算机上;“上传”文件就是将文件从自己的计算机中拷贝到远程主机上。

2. FTP 帐号和密码

要实现对 FTP 服务器的访问,必须拥有它的帐号和密码。有许多 FTP 服务器是允许匿名登录的,即默认用户名为 Anonymous,密码为用户自己的邮件地址。但也有许多 FTP 是不允许匿名登录的,用户必须拥有合法的帐号和密码才能允许登录,否则无法访问 FTP 服务器的资源。以匿名身份登录 FTP 服务器后,只能实现下载功能。以合法用户进行登录,则可实现管理员赋予的包括创建/删除文件、创建/删除目录、上传/下载等功能,但合法用户访问的目录只能是自己的目录及公共目录,其他用户的目录则不能访问,以此保护用户的文件不被非法访问。

3. 访问 FTP 的方法

登录到 FTP 服务器的方法有很多,最常用的有两种方法:一种是直接在 Web 浏览器上进行;另一种是使用 FTP 客户端程序,如 CuteFTP、WS_FTP、AceFTP 等。需要注意的是,通过 IE 浏览器访问 FTP 站点、上传或下载文件,会比利用 FTP 工具传输文件的速度慢些。

9.4.2 用浏览器上传和下载文件

1. 登录 FTP 服务器(站点)

打开 IE11 浏览器,在地址栏上输入:“ftp://FTP 服务器地址”,即弹出如图 9-11 所示的登录对话框,在对话框中输入用户名和密码即可以合法身份登录。

当以合法的用户名登录某一 FTP 站点后,就可以看到该站点下的所有共享信息,如图 9-12 所示是登录 FTP 站点看到的目录资源。

若想在资源管理器视图下浏览,则可以在资源管理器视图下,在地址栏输入 FTP 地址,得到的效果如图 9-13 所示。

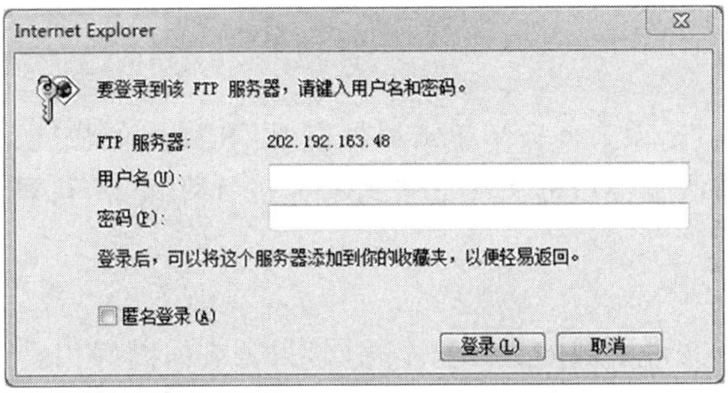

Internet Explorer

要登录到该 FTP 服务器，请键入用户名和密码。

FTP 服务器：　202.192.163.48

用户名(U)：

密码(P)：

登录后，可以将这个服务器添加到你的收藏夹，以便轻易返回。

匿名登录(A)

登录(L)　取消

图 9-11　用户登录对话框

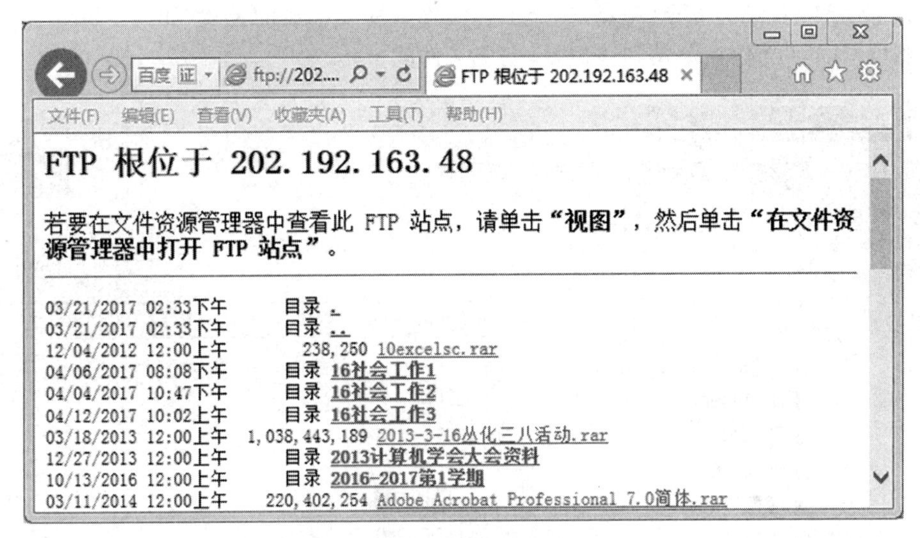

图 9-12　FTP 站点根目录资源

图 9-13　资源管理器视图下的站点根目录资源

2. 传输文件

(1) 下载文件。

选择想要下载的文件(或文件夹),单击鼠标右键,在弹出的快捷菜单中选择"复制到文件夹"选项,即可实现将服务器中的文件下载到本地机计算机上,也可直接将其拖动到本地计算机的文件夹中。

(2) 上传文件。

文件上传的过程和文件下载的过程基本相同,只是方向刚好相反,首先在本地的资源管理器中,选择所要上传的文件(或文件夹),如图 9-14 中的文件夹"C 语言"。并复制该文件夹,然后进入已经登录的 FTP 站点,选择上传文件夹所要存放的位置(如同在资源管理器中操作),将"C 语言"文件夹粘贴到该位置,完成文件的上传。

图 9-14　本地资源管理器的资源

登录上 FTP 服务器后,除了可以完成文件的上传和下载,还可以在登录的服务器中,利用菜单对服务器端文件(或文件夹)进行简单的管理,例如文件的复制、移动、删除、重命名,新建文件夹等,操作基本上和在资源管理器中的操作类似,这里不再详细介绍。

9.4.3 用 FTP 工具上传和下载文件

专门的 FTP 工具有很多,这里以 CuteFTP 8.0 为例,来说明如何使用文件传输工具进行文件的上传和下载。

CuteFTP 8.0 无需安装,直接运行即可使用,为方便使用可以在桌面建立一个快捷方式。通过点击桌面上的图标来启动。

1. 登录 FTP 服务器

要想通过 FTP 传输文件,首先必须连接 FTP 服务器,连接的方法有两种:

(1) 快速连接。

启动 CuteFTP 后，在出现的 CuteFTP 的主窗口中，选择菜单“文件”→“快速连接”，或单击工具栏 按钮，会出现“快速连接”工具栏，在对应的文本框中分别输入要登录的 FTP 服务器的地址(域名或 IP 地址)，用户名和密码，端口号可以保持默认值不变，然后按[Enter]键或单击后面“连接”按钮，开始建立连接，如图 9-15 所示。

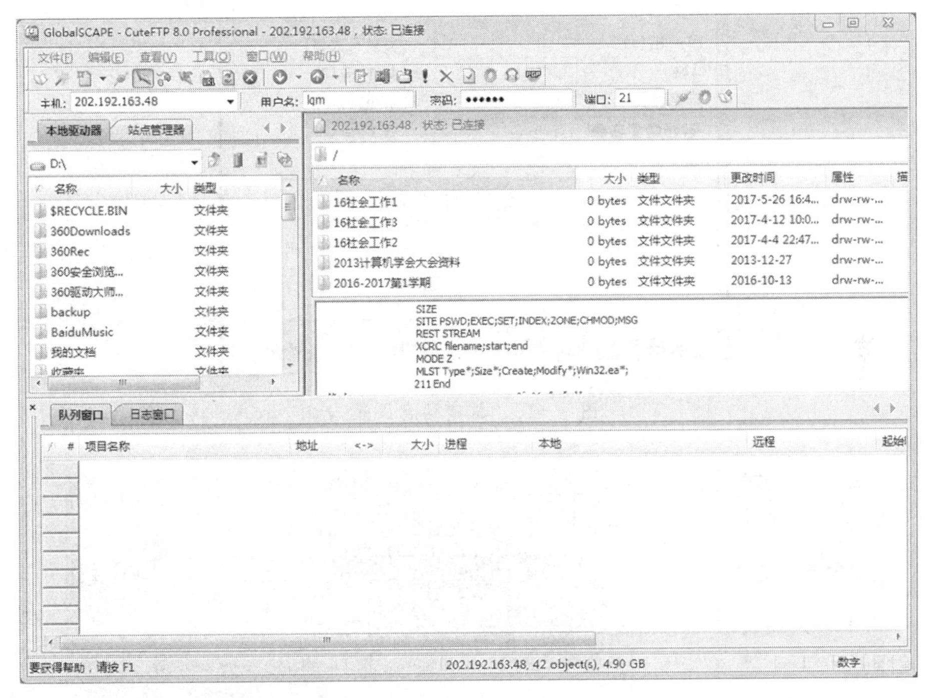

图 9-15　“快速连接”窗口

(2) 在站点管理器中建立连接。

通过这种方法可以直接选择某一已经存在的 FTP 服务器(站点)的地址进行连接，就不需每次登录的时候都要录入服务器地址和用户信息。除了 CuteFTP 已经保存的一些 FTP 站点外，也可以通过站点管理器将用户经常用到的 FTP 服务器的地址和用户信息存储起来，具体步骤如下：

① 在站点管理器窗口左边的部分，选择某一文件夹作为当前文件夹，或者选择菜单“文件”→“新建文件夹”，建立一个自己的文件夹，作为当前文件夹。

② 选择菜单“文件”→“新建站点”，在当前文件夹中增加一个站点纪录，新建站点处于编辑状态，如图 9-16 所示，相关信息显示在窗口的右侧，用户可以输入信息，包括站点标签也就是站点名(由用户自己定义)，紧接着的 3 项信息分别是 FTP 服务器的地址、用户名和密码，连接端口号通常采用默认值。

③ 信息录入后，单击窗口下方的“确定”按钮即可。

2. 上传和下载文件

登录 FTP 服务器后，会弹出一个显示本地机资源和远程服务器资源的 CuteFTP 主窗口，如图 9-17 所示，窗口由 4 部分组成，顶部水平窗口显示 FTP 命令及连接站点的信息，中间部分左窗格显示的是本地硬盘上的当前目录，右窗格显示的是已连接的 FTP 服务器的当前目录中的信息，底部窗格用于临时存储传输文件和显示传输队列信息。

在 CuteFTP 中，文件上传、下载的方法可以有以下 4 种：

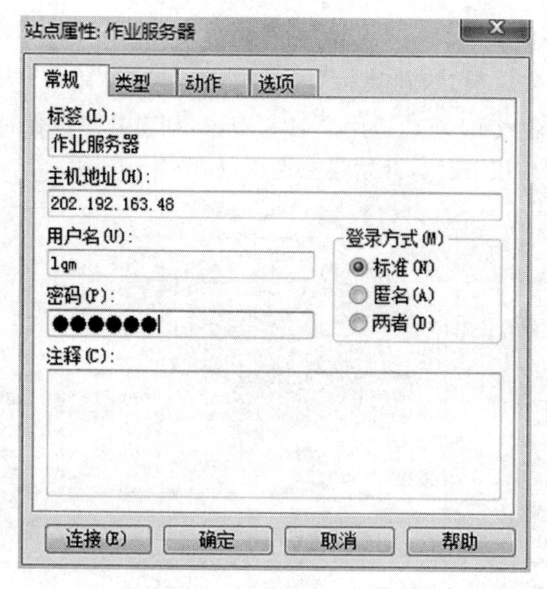

图 9－16　新建站点设置

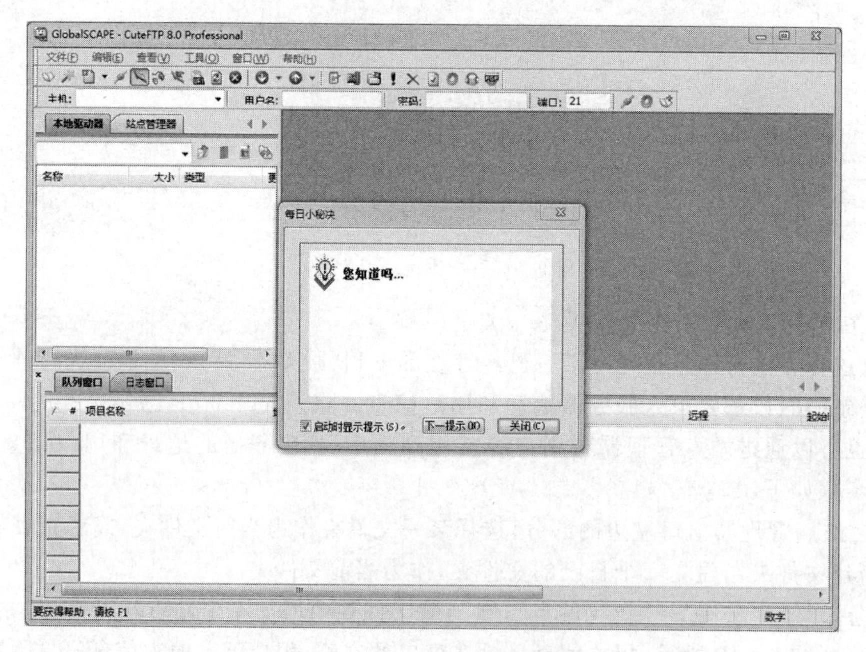

图 9－17　CuteFTP 的主窗口

(1) 在 CuteFTP 主窗口中，首先在左窗格中单击鼠标左键选中要传输的文件(文件夹)，也可以使用[Shift]键和[Ctrl]键选择多个文件(文件夹)，再在右窗格中选择文件所要上传到的位置，然后将文件(文件夹)从左窗格拖曳到右窗格中，即可实现文件上传。将文件(文件夹)从右窗格拖曳到左窗格指定的目录中，可实现文件的下载。

(2) 在选定的文件上双击，可以实现文件传输，但每次只能传输一个文件。

(3) 选中要传输的文件(文件夹)，单击工具栏中的 ⇩ 或 ⇧ 按钮，实现传输。

(4) 选中需要传输的文件(文件夹)，单击鼠标右键，在弹出的快捷菜单中选择“下载”或“上传”。

3. CuteFTP 的文件管理

CuteFTP 可以为服务器或本地计算机的文件进行日常的管理，包括文件重命名、文件删除、创建目录、更改目录等。方法如下：选定要进行操作的文件，单击鼠标右键，弹出如图 9-18 所示的快捷菜单（服务器端），选择相应的命令，就可以进行相应的操作。

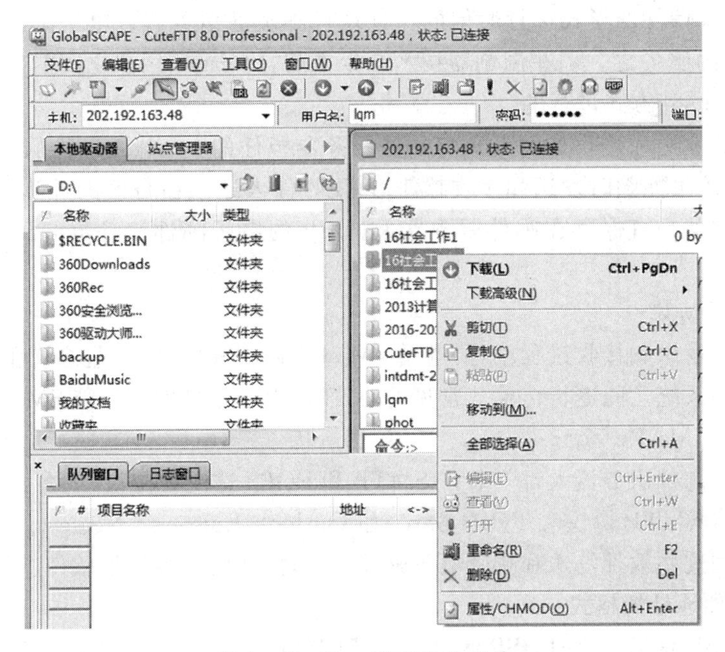

图 9-18　CuteFTP 快捷菜单

以在服务器端创建目录为例进行说明，具体方法是：在 CuteFTP 主窗口中单击右侧的服务器文件列表窗格，使它成为活动窗格（标题栏变成蓝色），进入所要创建的文件夹所属的父目录，单击鼠标右键，在弹出的快捷菜单中，选择“建立新目录”选项，弹出如图 9-19 所示的对话框，在文本框中输入新的目录名，单击“确定”按钮即可。在本地计算机中创建新目录，只要先激活本地计算机文件列表窗格，其他操作同上。对于在 CuteFTP 中进行的其他的文件管理工作，这里就不再详细叙述。

图 9-19　“建立新目录”对话框

9.5　收发电子邮件

收发电子邮件是 Internet 提供的最普通、最常用的服务之一。通过 Internet 可以和网上的任何人交换电子邮件。因为它发送速度快、收发方便、成本低廉、邮件包含的信息多样化等特点，使它越来越成为人们工作和生活中不可缺少的通信工具。

9.5.1 电子邮件的基本知识

1. 邮件服务器

电子邮件(E-mail,或 Electronic Mail)是指在 Internet 上或常规计算机网络上各个用户之间,通过电子信件的形式进行通信的一种现代邮政通信方式。电子邮件是 Internet 上最常用、最基本的服务之一。在浏览器技术产生之前,Internet 用户之间的信息发布和交流大多是通过 E-mail 方式进行的。

电子邮件的发送和接收是由 ISP 的邮件服务器担任的。ISP 的邮件服务器 24 小时不停地运行,用户才可能随时发送和接收邮件,只要收件人还未在自己的计算机上接收邮件,发送给他的邮件就一直保存在邮件服务器上。ISP 的电子邮件服务器起到网上"邮局"的作用。

2. 电子邮件协议

电子邮件在发送和接收过程中,要遵循一些基本协议和标准,这些协议和标准保证电子邮件在各种不同系统之间进行传输。常见的协议有:电子邮件发送协议 SMTP、电子邮件接收协议 POP3 和 IMAP4 等。

目前 ISP 的邮件服务器大都安装了 SMTP 和 POP3 这两项协议,大多数电子邮件客户端软件也都支持 SMTP 协议和 POP3 协议,如 Outlook Express、Netscape Messenger 等。用户在首次使用这些软件发送和接收电子邮件之前,需要对邮件收发软件进行设置。

3. 电子邮件地址的格式

当用户向 ISP 登记注册时,ISP 就会在电子邮件服务器上为你开辟一个一定容量的电子信箱,同时给你一个 E-Mail 地址。Internet 上 E-Mail 地址的统一格式是:用户名@域名,"用户名"是用户申请的帐号,"域名"是 ISP 的电子邮件服务器域名,这两部分中间用"@"隔开,如:misslin@fosu. edu. cn 或 qiuhe@126. com。

一个完整的电子邮件包含 3 部分:邮件头、邮件正文、附件。其中邮件正文一般没有格式规定,填写要求比较简单,正文的内容也可以为空;但是邮件头从格式到内容都比较复杂,它是邮件能正确送达的关键,邮件头通常包含下面几部分内容。

发件人电子邮箱地址:这部分通常不需要用户填写,系统会自动以登录的邮箱作为发件人电子邮箱地址。

收件人电子邮箱地址:是信件送达的目的地。一封邮件可以同时发送给多人,所以"收件人"框中可以有多个电子邮件地址,不同的地址之间用逗号或分号隔开。收件人地址是邮件头中不能缺少的部分,必须正确填写。

"抄送":是邮件在发送给收件人的同时抄送的电子邮箱地址,此处可以为空白,即不抄送给任何人,也可以根据用户的需要,输入多个抄送人的邮件地址。当邮件发送后,所有收到邮件的人将看到该邮件发送给了哪些人(在"收件人"和"抄送"中给出的地址),如果是"密送",则框中的地址将不被其他收件人看到。

主题:"主题"框中输入的内容是邮件的标题,收件人在没有打开邮件时就可以看到这部分内容,主题也是必需的,不能为空。

附件是邮件的可选部分,它很大程度地扩展了电子邮件的用途。当用户需要传送长文档或其他格式文件(如音乐、图片、视频、程序文件等其他任何格式的文件)给收件人时,可以通过附件的形式发送。

使用 Internet 提供的电子邮件服务，用户首先要申请自己的电子邮箱，以便接收和发送电子邮件。每个用户的电子信箱都有一个唯一的标识，这个标识通常被称为 E－Mail 地址。

9.5.2　基于 WWW 的电子邮件

基于 WWW 的电子邮件是通过 WWW 浏览器提供电子邮件账户访问的技术，它用起来与浏览网站一样容易。用 WWW 浏览器作为电子邮件客户端程序，能够从任何连接到因特网的计算机访问电子邮件账户，不需要配置客户端软件。WWW 电子邮件业务模式最吸引用户之处还在于“免费”，无论是商用 ISP 还是校园网，所提供的电子邮件服务大多数都是收费的，但也有一些 Internet 站点提供了免费邮件服务，以此来扩大影响，也为了带来便利。

目前，免费邮件服务成为网上最受欢迎的服务之一，并且邮件存放空间越来越大，比如“网易”提供的免费邮箱，空间已经是无限容量的。所谓“免费邮件服务”，就是由某个 WWW 站点提供一个邮件账号与一定的存储空间，供用户收发电子邮件的一种免费服务。如果要使用免费邮件服务，需要使用 WWW 浏览器访问提供该项服务的站点。

各站点提供的免费邮箱的管理方式有所不同，下面以“126 网易”提供的免费邮件服务为例，介绍如何申请免费邮件账号与如何收发电子邮件。

1. 申请免费邮箱

(1) 启动 IE 浏览器，在地址栏中输入邮件服务器网址(例如：http://www.126.com)，回车将进入“网易邮箱”页面，单击“去注册”链接，出现邮箱注册的页面，如图 9－20 所示，网易可提供 163、126 以及 yeah 3 种邮箱服务。

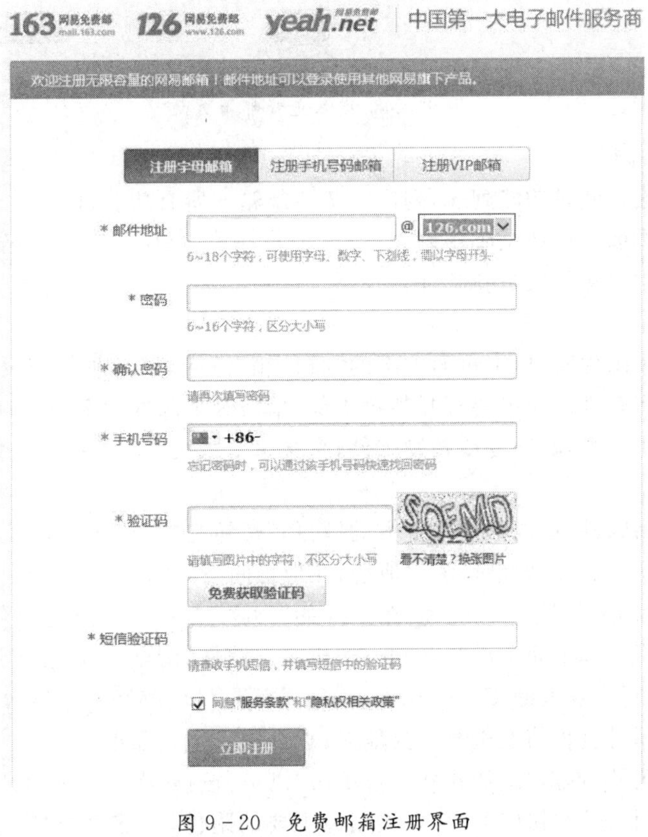

图 9－20　免费邮箱注册界面

(2) 输入用户名和密码等个人信息,后面带“ * ”项目为必须填写项。单击“立即注册”按钮。(用户名和密码一定要记住,邮箱申请成功后,登录时使用。)

(3) 注册成功后,即可获得免费邮箱,可以从网易邮箱首页 http://www.126.com 进入到登录邮箱页面,在相应位置输入用户名和密码,进行登录,进入申请到的邮箱,如图 9-21 所示。

图 9-21 进入免费邮箱页面

2. 使用免费邮箱

免费邮箱页面左侧是功能列表,列出了免费邮箱的所有功能,包括收信、写信、各类文件夹、邮箱服务等,页面的中部是邮箱列表,列出了收件箱、草稿、已发送、已删除的邮件数目,并清楚地显示其中有多少封是新邮件。

(1) 阅读邮件。

阅读收件箱中邮件时,单击页面中部的“收件箱”链接,进入收件箱页面,页面中部列出了收件箱中的所有邮件。如果要打开某封邮件,单击这个邮件的主题,即可在当前页面看到邮件的正文。如果要删除、回复或转发邮件,直接单击该页面上方的相应按钮即可。

(2) 写邮件。

如果要发送新邮件,单击页面左上方的“写信”按钮,进入写邮件页面。在“收件人”框输入收件人的 E-mail 地址,如果是多个地址,在地址间请用“,”隔开,如果该邮件还要抄送给其他人,点击“添加抄送地址”超链接,在出现的“抄送”框中输入其他收件人的 E-mail 地址,如果是多个地址,地址间也用“,”隔开;若想密送信件,请点击“添加密送地址”,将会出现密送地址栏,再填写密送人的 E-mail 地址,密送就是将信秘密发送给收件人以外的人,收件人并不知道您同时也将信发送给了其他人;然后输入主题和正文。

如果邮件有附件,点击“添加附件”,再单击“浏览”按钮,在弹出的对话框中,选择你要添加的附件后单击“打开”按钮即可;如果想删掉不要的附件,只需单击“删除”按钮即可;如果还要添加附件，单击“继续添加附件”。

写好信之后，还可以在“添加信纸”后面的下拉菜单中选择所喜欢的信纸，然后单击页面下面的“发送”按钮，就可以发送邮件了。

(3) 使用通讯录。

如果想将某个联系人添加到通讯录中，首先单击写信页面右上方的“通讯录”下面的“编辑”按钮，进入“通讯录”页面，在通讯录页面右上方点击“新加联系人”，就可以添加新的联系人。如果想要删除地址资料，先在地址左边打钩，选中联系人，然后在页面右下方单击“删除”按钮，弹出确认信息：“您真的要删除这些地址项吗？”，再单击“确定”按钮，就可将选中的地址资料删除。

如果想建一个联系组，首先点击“通讯录”页面左上方的“联系组”，在页面下方的“新建联系组”中输入组名后，单击“新建”按钮。在“所有邮件地址”中选择该组的组员，单击“增加”按钮，就可添加联系组。

建好通讯录后，写邮件时，在“写给”框就可以直接在页面右侧的通讯录中选择联系人或联系组即可。

习　题

9.1　什么是计算机网络？常用的网络有几种类型？其主要功能是什么？

9.2　计算机的网络硬件都包括那些？

9.3　Internet 提供的服务主要有哪些？

9.4　如何保存网页中的 Flash 动画以及 MP3 音乐？

9.5　在网络上传输文件常用的方法有几种？怎样才能既可上传文件又可下载文件？

9.6　收发电子邮件的前提是什么？收发电子邮件可以有几种方法？

参考文献

1. 林冬梅,肖祥慧.计算机应用基础教程.北京:北京邮电大学出版社,2009.
2. 郭伟刚,骆懿玲.大学计算机基础.北京:电子工业出版社,2009.
3. 李斌,黄绍斌.Excel 2010 应用大全.北京:机械工业出版社,2010.
4. 前言文化.无师自通:Word/Excel 高效办公综合应用从入门到精通.北京:科学出版社,2011.
5. 杨继萍,吴军希,孙岩.PowerPoint 2010 办公应用从新手到高手.北京:清华大学出版社,2011.
6. 前言文化.Photoshop CS5 数码照片处理完全学习手册.北京:科学出版社,2011.
7. 黄活瑜.Photoshop CS5 完美广告设计案例精解.北京:科学出版社,2012.
8. 新视角文化行.Flash CS5 动画制作实战从入门到精通.北京:人民邮电出版社,2010.
9. Keith Peters.Flash ActionScript 3.0 动画教程.王汝义,译.北京:人民邮电出版社,2008.
10. 龙马高新教育.新编 Word 2013 从入门到精通.北京:人民邮电出版社,2015.
11. 任强,陈少迁,彭佳,陈国良.Word 2013 实用技巧大全.北京:电子工业出版社,2015.
12. 宋翔.Word 排版技术大全.北京:人民邮电出版社,2015.